21世纪高等学校计算

大学计算机应用基础教程
（WPS版）

龚玉清 程 宇 朱 云 梁艳春 主 编
王 婧 邓秀华 郎六琪 邓 华 副主编

清华大学出版社
北京

内 容 简 介

本书是面向大学一年级学生和初学者编写的计算机应用基础教材,内容包括计算机基础知识、操作系统、计算机网络与信息安全、WPS文字文档编辑、WPS表格处理、WPS演示文稿制作、数字媒体技术和计算机新技术。本书以培养学生解决实践应用问题的能力为导向,让学生在透彻理解基本知识的基础上熟练掌握基本操作与技能;同时注重在教材中融入思政元素,便于教师润物无声地展开课程思政教育。

全书共分8章。第1章是计算机基础知识,讲述计算机发展历史与基本原理;第2章是操作系统,以Windows 10为例讲解基本操作;第3章是计算机网络与信息安全,讲解网络无处不在的当下如何掌握计算机网络基础应用;第4章是WPS文字文档编辑,讲解文档基本操作技能方法;第5章是WPS表格处理,讲解电子表格的基本编辑操作;第6章是WPS演示文稿制作,讲解演示文稿制作的基本流程和方法;第7章是数字媒体技术,讲解音频、图像、动画、视频、虚拟现实等技术;第8章是计算机新技术,重点讲解人工智能、大数据和云计算。全书覆盖了全国计算机等级考试一级计算机基础及WPS Office、二级WPS Office高级应用与设计的全部知识点,每章配置了相关习题,并提供了课件、实例的素材、源文件等资源。依托学堂在线平台,与珠海金山办公软件有限公司共建与教材配套的"计算机应用基础"在线开放课程。

本书适合作为高等院校、职业院校以及各类培训学校计算机基础课程的教学用书,也可作为高等学历继续教育和全国计算机等级考试WPS Office应用科目的参考用书,还可以作为国家机关、企事业单位办公人员提升计算机办公应用水平的自学参考用书。

版权所有,侵权必究。举报: 010-62782989, beiqinquan@tup.tsinghua.edu.cn。

图书在版编目(CIP)数据

大学计算机应用基础教程:WPS版 / 龚玉清等主编.
北京:清华大学出版社,2024.8(2025.10 重印).--(21世纪高等学校计算机教育实用系列教材).-- ISBN 978-7-302-67114-5

Ⅰ.TP3
中国国家版本馆CIP数据核字第20243WY770号

责任编辑:贾 斌 薛 阳
封面设计:常雪影
责任校对:徐俊伟
责任印制:沈 露

出版发行:清华大学出版社
网　　址:https://www.tup.com.cn,https://www.wqxuetang.com
地　　址:北京清华大学学研大厦A座　　　邮　编:100084
社 总 机:010-83470000　　　邮　购:010-62786544
投稿与读者服务:010-62776969, c-service@tup.tsinghua.edu.cn
质量反馈:010-62772015, zhiliang@tup.tsinghua.edu.cn
课件下载:https://www.tup.com.cn,010-83470236
印 装 者:大厂回族自治县彩虹印刷有限公司
经　　销:全国新华书店
开　　本:185mm×260mm　　　印　张:24　　　字　数:588千字
版　　次:2024年9月第1版　　　印　次:2025年10月第3次印刷
印　　数:3501~4300
定　　价:79.00元

产品编号:102571-01

前言

"计算机应用基础"是大学生入学学习到的第一门计算机相关的基础课程,为其他课程的学习提供了基础性的工具和方法。无论是上网检索文献资料、远程发送文件、收发电子邮件,还是撰写毕业论文、制作数据表单、介绍设计方案的演示文稿,都离不开计算机应用基础知识和基本技能。

本书以大学计算机基础课程教学基本要求为依据,以 Windows 10、WPS Office 为对象,按照"思政育人、学为中心、案例实践、融合开放"的创新理念和思路,让学习者既能理解计算机应用的基本原理,又可以掌握计算机应用的基本操作,通过线上线下混合学习,使学习者在理解的基础上融会贯通。

全书共分 8 章:

第 1 章计算机基础知识,从计算机发展历史说起,介绍计算机系统的组成,重点介绍微型计算机的硬件系统、信息编码和数据表示,其中信息编码和数据表示是难点,对于程序设计与计算思维只需要概要性地了解,对计算机应用从感性认识上升到理性认识。

第 2 章操作系统,操作系统是介于计算机硬件和其他软件之间的一类系统软件,管理计算机硬件和软件资源,本章要求学习者掌握计算机操作系统的基本操作、文件管理、应用程序和系统设置等。

第 3 章计算机网络与信息安全,在介绍计算机网络及 Internet 的基础上,重点介绍互联网提供的信息服务和信息安全,尤其是计算机病毒的防范。

第 4 章 WPS 文字文档编辑,本章介绍文档的创建和编辑、格式设置、表格编辑、插入对象以及长文档排版,重点和难点是格式设置和长文档排版,尤其是邮件合并、自动生成目录。

第 5 章 WPS 表格处理,深入讲解电子表格的基本操作和图表制作,难点是公式与函数的应用,例如 if 函数、vlookup 查找函数、函数与其他函数的嵌套使用等。

第 6 章 WPS 演示文稿制作,讲解演示文稿制作的基本流程,从设置版面、插入对象、设置动画、设置幻灯片切换方式,到最后的演示文稿放映、保存、打包、输出等。演示文稿制作难度不大,但是要制作出特色鲜明、美观统一的演示文稿,还是需要下大工夫。

第 7 章数字媒体技术,讲解音频处理、图像处理、动画制作、视频处理和虚拟现实等技术,突出声音、图像和视频等处理软件应用技能的学习与掌握,有利于培养学生的数字媒体素养与技能。

第 8 章计算机新技术,讲解人工智能、大数据和云计算等新技术,深入理解技术特点、应用场景、研究领域及发展趋势。

本书重点突出了计算机应用基础课程的基础性、应用性和操作性,同时融入了很多德育元素,将中国的好故事、好素材融入到文本、图表或者演示文稿中。

本书具有以下突出特点：

(1) 课程思政，立德树人。深度挖掘计算机基础课程的德育元素，融入中国飞速发展的生动素材，让学习者在潜移默化之中受到教育。例如，介绍中国古老的珠算，讲解中国古代源远流长的朴素的计算方法和思维，增强文化自信；介绍当前中国先进的高速计算机"神威·太湖之光"，让学习者深刻了解中国科技飞速发展，增进民族自豪感。

(2) 应用主导，学为中心。无论是上网使用信息服务，还是使用办公软件编辑文档或演示文稿，所有实例和知识点均列出操作步骤，并配有插图讲解，学习者易学易用，上手快。实现同样的目的有多个方法，本书重点突出最优的解决方法，使学习者的操作效率大幅提升。

(3) 突出实践，助力考级。本书提供了丰富的习题和案例素材文件，为学习者提供了很好的实际操作练习环境。学习者可以通过与效果图的对比，总结反思，举一反三，从而提高练习的熟练度和准确度。本书与全国计算机等级考试一级计算机基础及 WPS Office 应用、二级 WPS Office 高级应用与设计考试大纲（2023 年版）对应衔接，有助于学习者熟练掌握相关知识点及其操作。

(4) 夯实基础，拓展前沿。本书设计了"应用基础+前沿拓展"的菜单式教学内容体系。根据学生计算机基础起点水平不同、各专业对计算机基础课程的需求不一致等情况，应用基础模块（第1~6章）用于指导不同起点的学生有重点地掌握计算机基础知识，学会计算机的基本操作；前沿拓展模块（第7、8章）追踪学科发展前沿，渗透专业思想，拓展学生视野，培养计算思维。

(5) 校企共建，开放共享。本书是珠海科技学院和珠海金山办公软件有限公司合作共建课程的成果，汇聚了校企双方的优质资源和聪明才智，开启了校企合作共建鲜活的课程资源的新路子。本书基于学堂在线平台建有"计算机应用基础"在线开放课程（开课机构为珠海科技学院；授课教师为龚玉清、邓华等人），建有教学微视频、课件、习题、案例素材等立体化的配套教材资源。

本书由珠海科技学院的龚玉清、程宇、朱云、梁艳春、王婧、邓秀华、郎六琪、朱天元，以及珠海金山办公软件有限公司的邓华编写，其中第1章和第4章由龚玉清编写，第3章由王婧编写，第2章和第5章由程宇编写，第6章由朱云和邓秀华编写，第7章和第8章由朱云编写，全书由龚玉清统稿，梁艳春指导课程思政内容的编写，郎六琪提供技术指导，邓华、朱天元指导 WPS 文字、WPS 表格和 WPS 演示内容的编写，刘金蟾负责 WPS 内容的校对工作。本书是 2021 年度广东省课程思政改革示范课程"计算机应用基础"（项目负责人：龚玉清）、2024 年度广东省民办高校科研课题"民办高校课程思政融入路径研究"（编号：GMG2024045）、2024 年珠海科技学院教学质量工程建设项目"计算机基础课程教研室"（项目编号：ZLGC20240401）、广东省普通高校创新团队项目"机器学习创新团队"（编号：2021KCXTD015）、广东省重点建设学科科研能力提升项目"机器学习关键技术应用研究"（编号：2021ZDJS138）、广东省重点建设学科科研能力提升项目"智慧大健康数据管理与算力平台关键技术应用研究"（编号：2022ZDJS139）、2021 年度广东省本科高校教学质量与教学改革工程项目（高等教育教学改革建设项目）"计算机公共基础课程思政案例建设"（编号：2021004）、广东省本科高校教学质量与教学改革工程建设项目在线开放课程"平面设计"（编号：2020006）、2021 年度广东省一流本科课程"平面设计"（项目负责人：龚玉清）和"多媒体技术与应用"（项目负责人：王婧）、广东省高等学校教学管理学会课程思政建设项目"计算机应用基础"(编号：X-KCSZ2021066)、教育部产学合作协同育人项目"基于移动互联网和课程思政教育的计算机应用基础课程建设"(编号：202002021024)和"高质量培养办公软件技能应用型人才服务湾区建设的教学改革"(编号：220501701234906)、2022年度广东省本科高校在线开放课程指导委员会研究课题"基于在线开放课程的计算机公共基础课程思政建设路径研究"(项目编号：2022ZXKC561)、珠海科技学院思想政治教育协同育人项目"计算机公共基础课程思政案例设计研究"、珠海科技学院产教融合型培育课程建设项目"计算机应用基础"(项目编号：CJRH2023007)的研究成果，凝结着多位奋斗在计算机教学第一线的老师们的心血，是老师们十多年计算机基础课程教学的经验总结和智慧结晶。本书在编写过程中得到珠海科技学院计算机学院院长梁艳春教授以及刘衍珩、陈立云、傅晓阳、李昱、刘亚松、张立、王晓薇、朱天元、冯广慧、周淑君、王懿鹏、王轶溥、林忠达、黄山、刘金蟾、张金良、李晨瑜等多位老师的大力支持。

  由于编者水平有限，书中不当之处在所难免，欢迎广大同行和读者批评指正。

编 者

2024年8月

目　录

第1章　计算机基础知识 …………………………………………………………………… 1
　1.1　计算机发展概述 ………………………………………………………………… 1
　　1.1.1　计算工具 ……………………………………………………………… 1
　　1.1.2　计算机的产生 ………………………………………………………… 2
　　1.1.3　电子计算机的发展阶段 ……………………………………………… 3
　　1.1.4　计算机的分类 ………………………………………………………… 5
　1.2　计算机系统的组成 ……………………………………………………………… 7
　　1.2.1　冯·诺依曼体系结构 ………………………………………………… 8
　　1.2.2　计算机系统的基本组成 ……………………………………………… 9
　　1.2.3　计算机硬件系统 ……………………………………………………… 10
　　1.2.4　计算机软件系统 ……………………………………………………… 11
　1.3　微型计算机的硬件系统 ………………………………………………………… 13
　　1.3.1　微型计算机的类型 …………………………………………………… 13
　　1.3.2　微型计算机的硬件组成 ……………………………………………… 14
　　1.3.3　微型计算机的总线与接口 …………………………………………… 22
　1.4　信息编码和数据表示 …………………………………………………………… 24
　　1.4.1　信息与数据 …………………………………………………………… 24
　　1.4.2　数据的单位 …………………………………………………………… 24
　　1.4.3　数制 …………………………………………………………………… 25
　　1.4.4　数制之间的转换 ……………………………………………………… 26
　　1.4.5　二进制的算术运算和逻辑运算 ……………………………………… 28
　　1.4.6　数据编码 ……………………………………………………………… 29
　1.5　程序设计与计算思维 …………………………………………………………… 32
　　1.5.1　程序与程序设计 ……………………………………………………… 32
　　1.5.2　计算思维 ……………………………………………………………… 34
　习题1 …………………………………………………………………………………… 36

第2章　操作系统 …………………………………………………………………………… 39
　2.1　操作系统概述 …………………………………………………………………… 39
　　2.1.1　操作系统简介 ………………………………………………………… 39

2.1.2　操作系统分类 ………………………………………………………… 40
　　2.1.3　常见的操作系统 ……………………………………………………… 40
2.2　Windows 操作系统 …………………………………………………………… 42
　　2.2.1　Windows 10 的桌面组成 ……………………………………………… 43
　　2.2.2　Windows 10 的窗口组成 ……………………………………………… 47
　　2.2.3　Windows 10 的菜单 …………………………………………………… 49
2.3　Windows 10 的基本操作 ……………………………………………………… 50
　　2.3.1　启动和退出 ……………………………………………………………… 50
　　2.3.2　文字输入方法 …………………………………………………………… 51
　　2.3.3　鼠标的操作 ……………………………………………………………… 51
　　2.3.4　窗口的操作 ……………………………………………………………… 52
　　2.3.5　菜单的操作 ……………………………………………………………… 52
　　2.3.6　任务栏的操作 …………………………………………………………… 53
2.4　Windows 文件管理 …………………………………………………………… 54
　　2.4.1　Windows 的文件系统 …………………………………………………… 54
　　2.4.2　Windows 的文件组织 …………………………………………………… 55
　　2.4.3　Windows 文件资源管理器 ……………………………………………… 57
　　2.4.4　文件和文件夹的基本操作 ……………………………………………… 58
2.5　Windows 10 系统的设置 ……………………………………………………… 63
　　2.5.1　Windows 设置 …………………………………………………………… 63
　　2.5.2　控制面板的使用 ………………………………………………………… 66
2.6　Windows 10 的系统工具和常用工具 ………………………………………… 71
习题 2 ………………………………………………………………………………… 75

第 3 章　计算机网络与信息安全 …………………………………………………… 77

3.1　计算机网络概述 ………………………………………………………………… 77
　　3.1.1　计算机网络的形成与发展 ……………………………………………… 77
　　3.1.2　计算机网络的分类 ……………………………………………………… 78
　　3.1.3　计算机网络的拓扑 ……………………………………………………… 80
　　3.1.4　计算机网络的体系结构与网络协议 …………………………………… 81
　　3.1.5　计算机网络的组成 ……………………………………………………… 83
　　3.1.6　结构化布线与组网方法 ………………………………………………… 87
3.2　Internet 基础 …………………………………………………………………… 89
　　3.2.1　Internet 的发展 ………………………………………………………… 89
　　3.2.2　Internet 的协议 ………………………………………………………… 90
　　3.2.3　地址与域名服务 ………………………………………………………… 91
　　3.2.4　Internet 接入技术 ……………………………………………………… 94
3.3　Internet 信息服务 ……………………………………………………………… 96
　　3.3.1　Internet 的功能与应用 ………………………………………………… 96

   3.3.2 Internet 基本服务功能 …… 99
 3.4 Internet 信息安全基础 …… 104
   3.4.1 网络管理简介 …… 105
   3.4.2 网络管理的功能 …… 106
   3.4.3 网络安全简介 …… 107
   3.4.4 网络信息安全指标 …… 109
   3.4.5 安全防御技术 …… 109
 3.5 计算机安全与病毒防护 …… 111
   3.5.1 计算机安全的定义 …… 111
   3.5.2 计算机存储数据的安全 …… 111
   3.5.3 计算机硬件的安全 …… 112
   3.5.4 常用防护策略 …… 113
习题 3 …… 114

第 4 章　WPS 文字文档编辑 …… 116

 4.1 创建和编辑文档 …… 116
   4.1.1 WPS Office 的启动与退出 …… 116
   4.1.2 WPS 首页的组成 …… 117
   4.1.3 WPS 文字的工作窗口组成 …… 118
   4.1.4 WPS 文字的基本操作 …… 120
   4.1.5 文本的编辑 …… 123
 4.2 文档格式设置 …… 128
   4.2.1 页面格式设置 …… 129
   4.2.2 文本格式设置 …… 131
   4.2.3 段落格式设置 …… 134
 4.3 表格编辑处理 …… 138
   4.3.1 表格的创建与编辑 …… 138
   4.3.2 表格数据的排序与计算 …… 143
 4.4 插入各类对象 …… 145
   4.4.1 文本类对象 …… 145
   4.4.2 图形类对象 …… 149
   4.4.3 图片类对象 …… 151
   4.4.4 符号类对象 …… 154
 4.5 长文档排版 …… 156
   4.5.1 创建和应用样式 …… 157
   4.5.2 文档的分页、分节和分栏 …… 158
   4.5.3 设置文档的页眉和页脚 …… 160
   4.5.4 设置项目符号和编号 …… 161
   4.5.5 插入脚注、尾注和题注 …… 163

         4.5.6　自动生成文档目录 …………………………………… 165
         4.5.7　邮件合并 …………………………………………… 167
         4.5.8　审阅与修订文档 …………………………………… 170
   习题 4 …………………………………………………………… 170

第 5 章　WPS 表格处理 …………………………………………… 173
   5.1　电子表格概述 ……………………………………………… 173
         5.1.1　WPS 表格功能 ………………………………………… 173
         5.1.2　电子表格的启动和退出 ……………………………… 173
         5.1.3　WPS 表格的工作环境 ………………………………… 174
         5.1.4　基本操作对象 ………………………………………… 176
   5.2　电子表格基本操作 ………………………………………… 177
         5.2.1　工作簿基本操作 ……………………………………… 177
         5.2.2　工作表基本操作 ……………………………………… 178
         5.2.3　单元格基本操作 ……………………………………… 180
         5.2.4　数据的基本操作 ……………………………………… 182
   5.3　工作表格式化 ……………………………………………… 186
         5.3.1　行高和列宽 …………………………………………… 186
         5.3.2　设置单元格格式 ……………………………………… 186
         5.3.3　条件格式 ……………………………………………… 193
         5.3.4　单元格样式 …………………………………………… 198
         5.3.5　表格样式 ……………………………………………… 201
   5.4　公式与函数 ………………………………………………… 203
         5.4.1　公式概述 ……………………………………………… 203
         5.4.2　公式基本操作 ………………………………………… 204
         5.4.3　单元格引用 …………………………………………… 206
         5.4.4　使用函数 ……………………………………………… 208
         5.4.5　常用函数 ……………………………………………… 211
   5.5　数据管理 …………………………………………………… 225
         5.5.1　排序 …………………………………………………… 225
         5.5.2　筛选数据 ……………………………………………… 229
         5.5.3　分类汇总 ……………………………………………… 234
         5.5.4　数据透视表 …………………………………………… 236
   5.6　图表操作 …………………………………………………… 242
         5.6.1　创建图表 ……………………………………………… 242
         5.6.2　编辑和美化图表 ……………………………………… 245
         5.6.3　创建迷你图 …………………………………………… 247
   习题 5 …………………………………………………………… 249

第 6 章 WPS 演示文稿制作 ······ 252

6.1 初识 WPS 演示文稿 ······ 252
- 6.1.1 WPS 演示文稿的基本概念 ······ 252
- 6.1.2 WPS 演示文稿的创建 ······ 255
- 6.1.3 演示文稿的保存、导出与恢复 ······ 256
- 6.1.4 视图模式 ······ 260
- 6.1.5 退出 WPS 演示文稿 ······ 261
- 6.1.6 WPS 演示文稿的共享 ······ 261

6.2 演示文稿的基本设置 ······ 261
- 6.2.1 幻灯片母版设置 ······ 262
- 6.2.2 基本版面设置 ······ 264
- 6.2.3 其他对象的插入 ······ 265

6.3 丰富与美化演示文稿内容 ······ 274
- 6.3.1 文字的使用与格式化 ······ 274
- 6.3.2 综合案例 1——创建演示文稿 ······ 275

6.4 幻灯片的动画设置 ······ 279
- 6.4.1 设置对象的动画效果 ······ 279
- 6.4.2 动画的基本设置 ······ 281
- 6.4.3 综合案例 2——添加幻灯片动画 ······ 283

6.5 幻灯片的切换与放映 ······ 286
- 6.5.1 幻灯片的切换 ······ 286
- 6.5.2 幻灯片的放映 ······ 287

习题 6 ······ 290

第 7 章 数字媒体技术 ······ 293

7.1 数字媒体技术概述 ······ 293
- 7.1.1 媒体、数字媒体与数字媒体技术 ······ 293
- 7.1.2 从模拟信号到数字信号 ······ 295
- 7.1.3 数据压缩 ······ 295

7.2 音频处理技术 ······ 297
- 7.2.1 数字音频文件格式 ······ 298
- 7.2.2 数字音频软件 ······ 299

7.3 图像处理技术 ······ 301
- 7.3.1 图形文件格式 ······ 301
- 7.3.2 图像文件格式 ······ 302
- 7.3.3 图像处理软件 Photoshop ······ 303

7.4 动画制作技术 ······ 319
- 7.4.1 动画文件格式 ······ 319

7.4.2　动画制作软件 ………………………………………………… 320
　　　7.4.3　Flash 动画实例 ……………………………………………… 322
7.5　视频处理技术 …………………………………………………………… 325
　　　7.5.1　视频文件格式 ………………………………………………… 326
　　　7.5.2　视频编辑软件 Premiere ……………………………………… 328
7.6　虚拟现实技术 …………………………………………………………… 331
　　　7.6.1　虚拟现实技术的分类 ………………………………………… 332
　　　7.6.2　虚拟现实技术的特征 ………………………………………… 332
　　　7.6.3　虚拟现实的关键技术 ………………………………………… 333
　　　7.6.4　虚拟现实技术的应用 ………………………………………… 333
习题 7 ……………………………………………………………………………… 336

第 8 章　计算机新技术 …………………………………………………………… 338

8.1　人工智能 ………………………………………………………………… 338
　　　8.1.1　人工智能的定义与学派 ……………………………………… 338
　　　8.1.2　人工智能的研究领域 ………………………………………… 340
8.2　大数据 …………………………………………………………………… 348
　　　8.2.1　从数据到大数据 ……………………………………………… 348
　　　8.2.2　大数据技术 …………………………………………………… 350
8.3　云计算 …………………………………………………………………… 356
　　　8.3.1　云计算的发展 ………………………………………………… 356
　　　8.3.2　云计算的特点 ………………………………………………… 357
　　　8.3.3　云计算的服务层次 …………………………………………… 358
　　　8.3.4　云计算的分类 ………………………………………………… 358
习题 8 ……………………………………………………………………………… 360

附录 A　全国计算机等级考试一级 WPS Office 考试大纲（2023 年版） …………… 362

附录 B　全国计算机等级考试二级 WPS Office 高级应用与设计考试大纲
　　　　（2023 年版） ……………………………………………………………… 365

附录 C　习题答案 ………………………………………………………………… 367

参考文献 …………………………………………………………………………… 372

第 1 章　计算机基础知识

计算机被称为是 20 世纪人类最伟大的科学技术发明之一。从人类最初的口耳相传、结绳记事到如今的无处不在的计算机，计算机的产生从来不是一蹴而就的，而是一个为更快更好地实现计算功能渐进演化的进程。从各类高速计算机到小型微型计算机，到各类可穿戴式的电子设备，计算机的功能和形态已经发生了巨大的变化。例如，智能手机、iPad 等都是一种微型计算机，其功能作用早已超越了最初的计算功能。我们常说的计算机，指的是电子计算机，是一种能够依据编制好的程序指令实现各类任务的、自动高速、精确运行的电子设备。计算机深刻而彻底地改变着人类的生产生活方式。

1.1　计算机发展概述

人类为了实现计算功能发明多种计算工具，这些工具经历了漫长的演化过程，而真正意义上的第一台电子计算机产生，从 1946 年至今也不过短短的 70 多年。电子计算机的发展可以划分为四代，分别是以电子管、晶体管、集成电路和大规模及超大规模集成电路等基本元件为标志。按照计算机的运算速度、字长和存储容量等指标，可以把计算机分为巨型机、大型机、小型机、微型机和嵌入式计算机，不同类型的计算机体现了人类的创新精神和非凡智慧，其中中国的超级计算机"神威·太湖之光"充分展示了在计算机领域的中国力量。

1.1.1　计算工具

人类使用的计算工具经历了从简单到复杂、从低级到高级的发展过程。各类计算工具，例如算筹、算盘、计算尺、手摇机械计算机、电动机械计算机等，是为了实现计算功能而产生，精算的精度也逐步提高。世界上最早的计算工具是我国春秋战国时期产生的算筹。根据史书的记载和考古材料的发现，古代的算筹（如图 1-1 所示）实际上是一根根同样长短和粗细

图 1-1　算筹

的小棍子,一般长为13~14cm,径粗0.2~0.3cm,多用竹子制成,也有用木头、兽骨、象牙、金属等材料制成的,大约270多枚为一束,放在一个布袋里,系在腰部随身携带。

课程思政

中国珠算项目列入联合国科教文组织人类非物质文化遗产目录

中国是四大文明古国中文明成果保存最为完整的唯一国家,算盘就是一颗璀璨的明珠。世界上第一种手动式计数器是中国古代的算盘。珠算,就是以为算盘工具进行数字计算的一种方法,被誉为中国的第五大发明。算盘是我国东汉时期被称为"算圣"的天文学家和数学家刘洪发明的一种简便的计算工具,如图1-2所示。汉代徐岳撰写的《数术记遗》最早记录"珠算",其中说到:"珠算,控带四时,经纬三才"。

图1-2 算盘

2013年12月4日,联合国科教文组织保护非物质文化遗产政府间委员会第八次会议正式通过决议,正式将中国珠算项目列入科教文组织人类非物质文化遗产目录。我国古代在生产力不发达的条件下,以算盘为代表的主要计算工具在当时起着重要的计算作用。以算盘为计算工具的珠算及其源远流长的朴素的计算方法和思维,作为人类文明的瑰宝而纳入人类非物质文化遗产目录,获得世界的肯定和赞誉。我们要进一步增强对中华文明和文化的自信,体会算盘作为计算工具蕴含的计算思维。

1642年,法国物理学家帕斯卡(Blaise Pascal)发明了齿轮式加减法器;1673年,德国数学家莱布尼茨(G.N.Won.Leibniz)在齿轮式加减法器的基础上增加了乘除法器,研制了能够进行四则运算的机械式计算器。1822年,英国数学家查尔斯·巴贝奇(Charles Babbage)设计了差分机,1834年他又设计了分析机,这个分析机具有输入、处理、存储、输出和控制5个基本装置,体现了现代电子计算机的结构和设计思想,被称为现代通用计算机的雏形。

1936年,英国数学家图灵提出的图灵机,将复杂的计算过程还原成简单的操作,用机器来模拟人们用纸笔进行数学计算的过程,为现代计算机的产生提供了理论准备。

1.1.2 计算机的产生

1946年,美国宾夕法尼亚大学研制成功了世界上第一台全自动电子计算机ENIAC(Electronic Numerical Integrator And Computer,电子数值积分计算机),可用于各种科学计算。这台计算机是一个庞然大物,占地面积为170m^2,总重达到30t,功率为150kW,每秒钟可以完成5000次加法运算或者400次减法运算,是手工计算效率的20万倍,如图1-3所示。ENIAC作为第一代电子计算机是采用电子管为主要元件的电子设备,需要配备专门的

操作员来进行计算,如图1-4所示。在计算前需要根据计算步骤,花费好几天的时间来连接外部线路,更换计算题目时,又需要重新连线。

图1-3　世界上第一台全自动电子计算机ENIAC

图1-4　ENIAC操作员

ENIAC是计算机发展历史上的里程碑,具有划时代的意义,代表着计算机时代的到来。从此,计算机技术就以惊人的速度飞速发展,从它的问世到如今短短的七十多年,计算机技术已经渗入到人类的生产生活的方方面面。

1.1.3　电子计算机的发展阶段

从第一台电子计算机产生起,计算机就朝着处理速度更快、体积更小的方向发展。根据电子计算机采用的电子元器件,可以将电子计算机的发展分为四代,如表1-1所示。

第一代(1946—1957年)是电子管计算机,采用的基本元件是电子管,内存储器采用水银(汞)延迟线,外存储器采用磁鼓,外部设备有读卡机、纸带机等。由于当时的技术限制,第一代电子计算机每秒只能处理几千条指令,内存容量仅有数千字节,主要采用机器语言作为

表 1-1　电子计算机的发展阶段

特　征	第一代 （1946—1957 年）	第二代 （1958—1964 年）	第三代 （1965—1970 年）	第四代 （1971 年至今）
基本元件	电子管	晶体管	集成电路	大规模和超大规模集成电路
内存储器	汞延迟线	磁芯存储器	半导体存储器	半导体存储器
外存储器	磁鼓	磁鼓、磁带	磁带、磁盘	磁盘、光盘等
外部设备	读卡机、纸带机	读卡机、纸带机、电传打字机	读卡机、打印机、绘图机	键盘、显示器、打印机、绘图仪等
编程语言	机器语言	汇编语言、高级语言	汇编语言、高级语言	高级语言、第四代语言
系统软件	无	操作系统	操作系统、实用程序	操作系统、数据库管理系统
应用范围	科学计算	科学计算、数据处理、工业控制	各个领域	更广泛地用于各个领域

编程语言，没有操作系统软件，主要用于科学计算。第一代计算机体积大，能耗高，速度低，造价高，使用不方便，主要用于军事和科研部门的科学计算。

第二代（1958—1964 年）是晶体管计算机，采用的基本元件是晶体管，内存储器采用磁芯存储器，外存储器采用磁鼓、磁带，外部设备除了读卡机、纸带机，还有电传打字机。第二代电子计算机处理速度大大提高，每秒能够处理几百万条指令，内存容量达到几十千字节，编程语言主要采用汇编语言和高级语言。计算机中出现了操作系统，能够对计算机的硬件和软件资源进行统一管理；应用范围扩展到科学计算、数据处理和工业控制等领域。和第一代计算机相比较，第二代计算机体积小，重量轻，耗电少，成本低，可靠性高。

第三代（1965—1970 年）是集成电路计算机，采用的基本元件是中小规模集成电路，内储存器采用半导体存储器，外存储器出现了磁盘，外部设备进一步多样化，有打印机、绘图机等。第三代计算机处理速度进一步提高，每秒能够处理几千万条指令，内存容量达到几十千字节到几兆字节，编程语言主要采用汇编语言和高级语言。操作系统软件在功能和规模上发展迅速，能够日趋成熟和完善；应用范围涉及到科学技术和工业生产等各个领域。第三代计算机在体积、重量、功耗等方面进一步减小，运算速度、存储容量等进一步提升。

第四代（1971 年至今）是大规模、超大规模集成电路计算机。由于集成电路技术发展，集成度从中小规模逐步发展到大规模、超大规模的水平，采用的基本元件是大规模、超大规模集成电路，内存储器采用半导体存储器，外存储器进一步多样化，除了磁盘，还有光盘、闪盘等多种类型，外部设备也日渐丰富多样。第四代计算机处理速度达到了每秒钟数亿条指令，内存达到几十兆字节，编程语言采用高级语言和第四代语言。操作系统不断完善，出现分时系统、实时系统、嵌入式系统、个人操作系统、网络操作系统等多种类型，计算机更加广泛地应用于各个领域，计算机的发展进入到网络时代。

从计算机的发展历程看，支撑计算机飞速发展的主要是硬件技术的发展。自从集成电路出现，英特尔（Intel）创始人之一戈登·摩尔（Gordon Moore）提出来摩尔定律，指出当价格不变时，集成电路上可容纳的元器件的数目，约每隔 18—24 个月便会增加一倍，性能也将提升一倍。这一定律揭示了信息技术发展的速度。尽管这种趋势已经持续了半个世纪,摩尔定律仍应该被认为是观测或推测,而不是一个物理或自然法则。

计算机具有自动控制、高速运算、记忆存储、逻辑判断等能力,广泛应用于各行各业,例如科学计算、数据处理、办公自动化、电子商务、实时控制、计算机辅助系统、人工智能、网络应用等。未来计算机将朝着巨型化、微型化、网络化和智能化的方向发展。

1.1.4 计算机的分类

计算机按照结构原理可以分为模拟计算机、数字计算机和混合式计算机;按照计算机用途可以分为专用计算机和通用计算机。目前较为普遍的分类方法是按照计算机的运算速度、字长和存储容量等指标,把计算机分为巨型机、大型机、小型机、微型机和嵌入式计算机。

1. 巨型机

巨型机是一种超大型的电子计算机,也被称为超级计算机。巨型机有很强的科学计算和数据处理的能力,在所有的计算机类型中,其主要特点表现为占地面积大、价格最贵、功能最强、浮点运算速度最快,主要用于大型的科学计算和数据处理任务,例如天气预报、空间技术、石油勘探、战略武器设计、社会模拟等领域,其研制水平、生产能力及应用程度,成为衡量一个国家科技实力的重要标志之一。近年来,我国在巨型机的开发应用领域表现卓越,我国的超级计算机"神威·太湖之光"和"天河二号"多次荣膺榜首。

课程思政

超级计算机:飞速发展的中国科技力量

2019年全球超级计算机500强榜单在德国法兰克福举行的国际超级计算大会上正式发布。根据榜单来看,中国超算上榜数量蝉联第一,中国超级计算机"神威·太湖之光"和"天河二号"分列第三名和第四名。

神威·太湖之光,如图1-5所示,是由中国国家平行计算机工程技术研究中心(NRCPC)开发的系统,安装在国家超级计算无锡中心,它由超过1000万个SW26010处理器内核提供支持。天河二号超级计算机,由中国国防科技大学(NUDT)开发,部署在国家超级计算广州中心。它结合使用Intel Xeon和Matrix-2000处理器,实现了61.4 petaflops的HPL结果。

从制造商来看,2019年榜单中,联想、浪潮和中科曙光分别以173台、71台和63台的数量位居全球超算制造商前三位,继续保持了上榜数量优势。

从地区来看,中国境内有219台超算上榜,在上榜数量上位列第一;美国以116台位列第二;日本29台上榜,排第三;其次是法国19台,英国18台。

超级计算机代表了一个国家的科技实力,也进一步反映了一个国家的综合实力。我国的超级计算机不仅上榜数量最多,而且多次进入前十排行榜,这表明中国科技力量在飞速发展,彰显了中国制造在高科技领域的不断突破。我们要增进对中国制造、中国科技实力的信心,增强对中国制度的自信,满怀爱国主义精神,投入到祖国富强、民族复兴的伟大事业中。

图1-5 中国超级计算机"神威·太湖之光"

2. 大型机

大型机(mainframe)，或称大型计算机，使用专用的处理器指令集、操作系统和应用软件，其特点是体型大，可通用，内存达到TB级，处理速度快，具有很强的非数值计算能力，主要用于商业领域，例如银行、企业、电信等。大型机大量采用冗余备份技术，确保数据安全及稳定，内部结构通常有两套。

大型机广泛用于科学和工程计算、信息的加工处理、企事业单位的事务处理等，由于微型计算机和计算机网络的飞速发展，大型机的使用范围大大减小了，但是它的I/O能力、非数值计算能力、稳定性和安全性都远远超过微型计算机，所以还是有一定的应用空间。

3. 小型机

小型机是指采用精简指令集处理器，性能和价格处于个人服务器和大型机之间的一种高性能的计算机。小型机结构简单，可靠性高，成本较低，不需要经过长期培训即可维护和使用。小型机在中国常用来指UNIX服务器，1971年贝尔实验室发布多任务多用户操作系统UNIX，随后被一些商业公司采用，成为后来服务器的主流操作系统。该服务器类型主要用于金融证券和交通等对业务的单点运行具有高可靠性要求的行业。

生产UNIX服务器的厂商主要有IBM、HP、甲骨文(收购SUN公司)、浪潮、富士通。典型机器如IBM的RS/6000、Power8、Power9，HP的SuperDome、RX9800、RX9900，浪潮的天梭K1950等。

小型机跟普通的服务器有很大的差别，小型机有高可靠性，计算机能够持续运转，从来不停机。小型机有高可用性，重要资源都有备份；能够检测到潜在要发生的问题，并且能够转移其上正在运行的任务到其他资源，以减少停机时间，保持生产的持续运转；具有实时在线维护和延迟性维护功能。小型机有高服务性，能够实时在线诊断，精确定位出根本问题所在，做到准确无误的快速修复。

4. 微型机

微型机是指微型计算机，简称为微机。微型机是由大规模集成电路组成的体积较小的电子计算机，具有功耗低、成本低、灵活性强、性价比高的优点，因而得到了广泛的应用。微型机的类型包括台式机、电脑一体机、笔记本电脑、平板电脑和智能手机等。

自1981年美国IBM公司推出第一代微型计算机IBM-PC以来,微型机以其执行结果精确、处理速度快捷、性价比高、轻便小巧等特点,迅速广泛应用于社会各个领域,且技术不断更新、产品快速换代,从单纯的计算工具发展成为能够处理数字、符号、文字、语言、图形、图像、音频、视频等多种媒体信息的强大多媒体工具。如今的微型机产品无论从运算速度、多媒体功能、软硬件支持还是易用性等方面都比早期产品有了很大飞跃。

例如,个人计算机中的台式机,如图1-6所示,是一种常用的微型机,也叫桌面机,相对于笔记本和一体机体积较大,主机、显示器等设备一般都是相对独立的,一般需要放置在电脑桌或者专门的工作台上。多数人家里和公司用的个人计算机是台式机。台式机的性能相对较笔记本电脑要强。

图1-6 国产品牌联想台式机

5. 嵌入式计算机

嵌入式计算机是以应用为中心,以计算机技术为基础,并且软硬件可裁剪,适用于应用系统对功能、可靠性、成本、体积、功耗有严格要求的专用计算机系统,它一般由嵌入式微处理器、外围硬件设备、嵌入式操作系统以及用户的应用程序等四个部分组成。

嵌入式计算机集系统的应用软件与硬件于一体,具有软件代码小、高度自动化、响应速度快、可独立工作等特点,特别适合于要求实时和多任务的体系。嵌入式系统几乎包括了生活中的所有电器设备,如掌上电脑、计算器、电子表、电话机、收音机、录音机、影碟机、手机、电话手表、平板电脑、电视机顶盒、路由器、数字电视、多媒体播放设备、汽车、火车、地铁、飞机、微波炉、烤箱、照相机、摄像机、读卡器、POS机、洗衣机、热水器、电磁炉、家庭自动化系统、电梯、空调、安全系统、导航系统、自动售货机、消费电子设备、工业自动化仪表、医疗仪器、互动游戏机、VR、机器人、视频学习机、点读机等。

1.2 计算机系统的组成

1936年英国数学家图灵(A.M.Turing)提出的图灵机,成为现代电子计算机的理论模型。10年后的1946年,美籍匈牙利数学家冯·诺依曼提出了计算机设计的基本思想,这些基本思想成为后来计算机设计的主流思想。计算机系硬件系统包括运算器、控制器、存储器、输入设备和输出设备等五大部分；而计算机软件系统包括系统软件和应用软件两大类。计算机的硬件和软件是相辅相成、互相依存的关系。

1.2.1 冯·诺依曼体系结构

被称为"现代计算机之父"的美籍匈牙利数学家冯·诺依曼（如图 1-7 所示），提出了计算机设计的三个基本思想：

图 1-7 现代计算机之父冯·诺依曼

（1）计算机由运算器、控制器、存储器、输入设备和输出设备 5 个基本部分组成。
（2）计算机的指令和数据采用二进制表示。
（3）程序和数据存放在存储器中，计算机依次自动执行。

冯·诺依曼计算机工作原理的核心是"程序存储"和"程序控制"。程序存储是指将程序设计语言编写的程序和需要处理的数据，通过输入设备输入并存储在计算机的存储器中；程序控制是指在程序执行时，由控制器取出程序，按照程序规定的步骤或用户的要求，向计算机的相关部件发出指令并控制它们执行相应的操作，执行的过程不需要人工干预而自动连续地进行。

从第一台冯·诺依曼计算机诞生到今天，计算机科学技术发生了日新月异的变化，但整个主流体系结构依然采用的是冯·诺依曼体系结构，计算机系统由运算器、控制器、存储器、输入设备和输出设备 5 个基本部分组成，如图 1-8 所示。

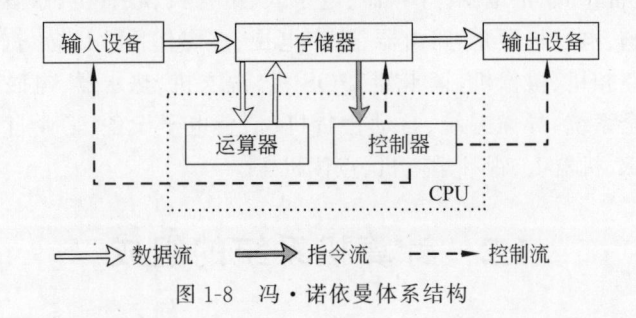

图 1-8 冯·诺依曼体系结构

1.2.2 计算机系统的基本组成

计算机系统由硬件系统和软件系统两大部分组成,如图 1-9 所示。

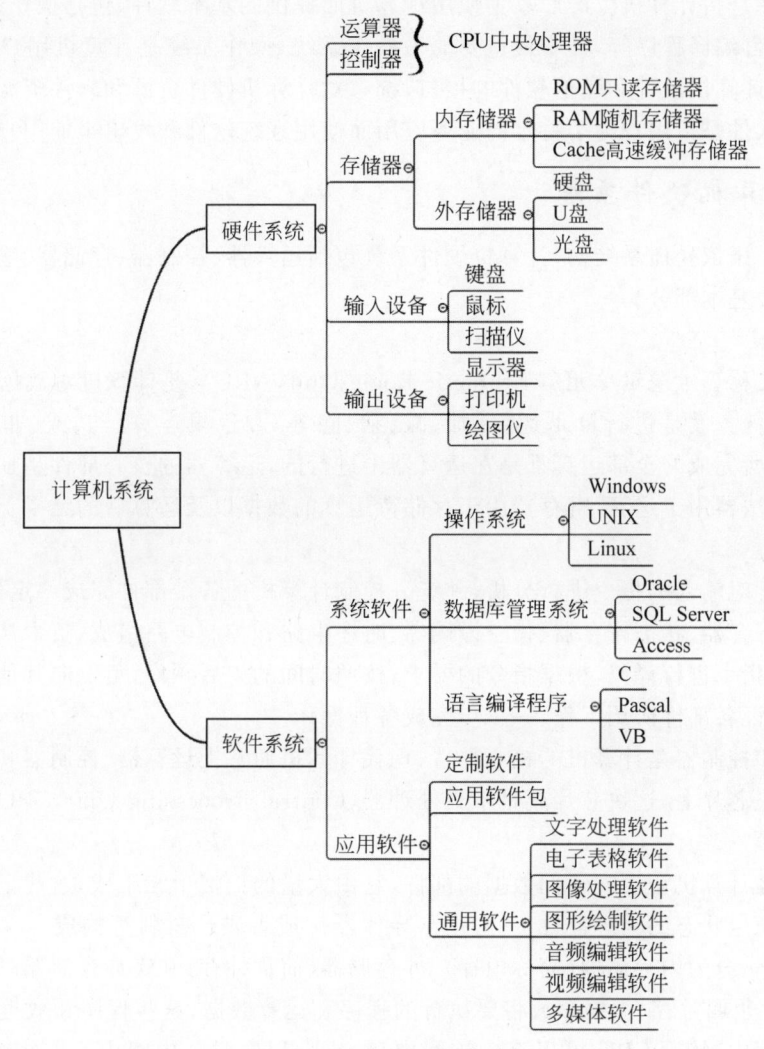

```
计算机系统
├── 硬件系统
│   ├── 运算器 ┐
│   │         ├── CPU中央处理器
│   │   控制器 ┘
│   ├── 存储器
│   │   ├── 内存储器
│   │   │   ├── ROM只读存储器
│   │   │   ├── RAM随机存储器
│   │   │   └── Cache高速缓冲存储器
│   │   └── 外存储器
│   │       ├── 硬盘
│   │       ├── U盘
│   │       └── 光盘
│   ├── 输入设备
│   │   ├── 键盘
│   │   ├── 鼠标
│   │   └── 扫描仪
│   └── 输出设备
│       ├── 显示器
│       ├── 打印机
│       └── 绘图仪
└── 软件系统
    ├── 系统软件
    │   ├── 操作系统
    │   │   ├── Windows
    │   │   ├── UNIX
    │   │   └── Linux
    │   ├── 数据库管理系统
    │   │   ├── Oracle
    │   │   ├── SQL Server
    │   │   └── Access
    │   └── 语言编译程序
    │       ├── C
    │       ├── Pascal
    │       └── VB
    └── 应用软件
        ├── 定制软件
        ├── 应用软件包
        └── 通用软件
            ├── 文字处理软件
            ├── 电子表格软件
            ├── 图像处理软件
            ├── 图形绘制软件
            ├── 音频编辑软件
            ├── 视频编辑软件
            └── 多媒体软件
```

图 1-9 计算机系统的组成

计算机硬件是指组成计算机的各类物理设备,是看得见、摸得着的实际物理设备,具体包括运算器、控制器、存储器、输入设备和输出设备等五大部分,是计算机运行的物质基础。在计算机运行时,这五大部分协同配合,完成任务。其工作原理为:首先输入设备接收外部信息(程序和数据),控制器发出指令将数据送入内存储器,然后向内存储器发出取指令命令。在取指令命令下,程序指令逐条送入控制器。控制器对指令进行译码,并根据指令的要求,向存储器和运算器发出存数、取数命令和运算命令,经过运算器计算并把计算结果存在存储器内。最后在控制器发出的取数和输出命令的作用下,通过输出设备输出计算结果。

计算机硬件当中,运算器和控制器组成中央处理器 CPU,CPU 和内存储器合称为主机,输入设备、输出设备和外存储器合称为外部设备。计算机硬件即由主机和外部设备组成。

计算机软件系统是指为运行、维护、管理、应用计算机所编制的所有程序和数据的集合，包括系统软件和应用软件两大类。没有安装任何软件的计算机称为裸机。

系统软件是指计算机生产厂家为使用计算机而提供的基本软件，包括操作系统、数据库管理系统、语言编译程序等，其中最重要的是操作系统，操作系统是计算机用户和硬件之间的接口，也是计算机硬件和其他软件的接口，统一对计算机硬件资源和软件资源实施管理和调度。应用软件是指用户为了特定的业务应用而使用系统软件开发出来的用户软件。

1.2.3　计算机硬件系统

根据冯·诺依曼体系结构，计算机硬件系统包括运算器、控制器、存储器、输入设备和输出设备等五大基本部分。

1. 运算器

运算器又称算术逻辑单元（Arithmetic Logic Unit，ALU），是计算机对数据进行处理的部件，其主要任务就是进行算术运算（加、减、乘、除等）和逻辑运算（与、或、非、异或、比较等）。计算机所完成的全部运算都是在运算器中进行的，运算器的核心部件是加法器和若干个寄存器，加法器用于运算，寄存器用于存储待运算的数据以及运算后的结果。

2. 控制器

控制器是对输入的指令进行分析，并统一控制计算机的各个部件完成一定任务的部件，一般由指令寄存器、状态寄存器、指令译码器、时序电路和控制电路组成，负责从存储器中取出指令，并对指令进行译码，根据指令的要求，按照时间的先后顺序，负责向其他各部件发出控制信号，保证各部件协调工作，一步步完成各种操作。

运算器和控制器是计算机的核心部件，现代计算机通常把运算器、控制器和若干寄存器集成在同一块芯片上，这块芯片就是中央处理器（Central Processing Unit，CPU）。

3. 存储器

存储器是计算机记忆或存储数据的部件，它由大量的记忆单元组成，这些记忆单元是一种具有两个稳定状态的物理器件，一般由半导体器件或者磁性材料等构成。存储器存放各类程序和数据，分为内存储器（简称内存）、外存储器（简称外存）和缓冲存储器（简称缓存）。

（1）内存也叫主存，主要存放将要执行的程序和运算数据，这些程序和数据首先要从外存调入到内存中，然后CPU可以直接访问内存，执行程序时从内存中读取指令，并且在内存中存取数据。内存的优点是速度快，成本较高，但是容量相对外存较小。

（2）外存也叫辅存，主要存放不经常使用的程序和数据，CPU不能够直接访问外存中的程序和数据。这是因为外存属于外部设备，是为了弥补内存容量不足而配置，通过置换或者虚拟存储技术，来提高内存的使用效率。外存的优点是容量大、成本低，但是存取速度相对内存较慢。

（3）缓冲存储器位于内存和CPU之间，其存取速度非常快，但是存储容量更小，缓冲存储器可以解决存取速度和存储容量之间的矛盾，提高整个计算机系统的运行速度。

现代计算机的存储器系统，包含了各类不同容量、不同访问速度的存储设备，在整个存储系统的层次结构中，层次越高，速度越快，但是价格越高，如图1-10所示。

4. 输入设备

输入设备是用来接收用户输入的数据和程序的设备,将输入的信息转换成计算机能识别的二进制信息,并将其输入到计算机主机内存中。常见的输入设备有鼠标、键盘、扫描仪、光笔、触摸屏、数字化仪、麦克风、数码相机、磁卡读入机、条形码阅读机等。

5. 输出设备

输出设备是输出计算机处理结果的设备,将内存中的信息转换为便于人们识别的形式。常见的输出设备有显示器、打印机、绘图仪、音箱、投影仪等。

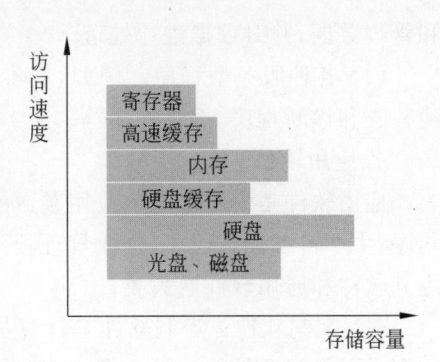

图 1-10 计算机系统的组成

1.2.4 计算机软件系统

计算机软件是计算机系统的重要组成部分,是指为运行、维护、管理计算机所编制的所有程序和数据的集合。软件虽然是无形的,但是对于计算机作用是至关重要的。使用计算机,首先要安装软件,没有安装软件的计算机(裸机)是没有作用的。计算机的硬件和软件是相辅相成的,硬件是计算机的基础,软件是计算机的灵魂,计算机的功能是基于硬件基础上发挥软件作用而产生的。

要区分清楚软件、程序和指令的概念。程序是为了解决某个问题而设计的一系列有序的指令的集合。指令是包含操作码和地址码的二进制代码,其中操作码规定了操作的性质,地址码表示操作数和运算结果的地址。指令的执行过程包括取指令、分析指令、执行指令、程序计算器计数,完成后转入下一条指令的执行过程。

计算机软件分为系统软件和应用软件两大类。

1. 系统软件

系统软件是指为用户有效地使用计算机系统、给应用软件开发和运行提供支持的软件,其主要的功能作用是进行调度、监控和维护系统。系统软件是用户和计算机硬件之间的接口,主要包括如下几类:

(1) 操作系统。操作系统是负责管理和控制计算机所有的硬件和软件资源的系统软件。例如 DOS、Windows、UNIX、Linux 等。操作系统按照用户界面分为命令行界面操作系统和图形用户界面操作系统;按照用户数分为单用户操作系统和多用户操作系统;按照任务数分为单任务操作系统和多任务操作系统;按照系统功能分为批处理系统、分时操作系统、实时操作系统和网络操作系统等。

(2) 程序设计语言处理系统。例如汇编程序、高级语言程序、编译程序和解释程序等。计算机语言编制的程序要执行,首先要翻译成机器语言,即转换为由"1"和"0"组成的一组二进制代码指令,计算机才能够理解并且执行。将高级语言程序翻译为机器语言程序,有编译程序和解释程序两种翻译程序,其中编译程序是把高级语言编写的程序作为一个整体处理,编译后与子程序库链接,形成一个完整的可执行的程序;解释程序对高级语言程序逐句解释执行。这两种方式各有优缺点,编译程序的优点是运行速度快,缺点是编译、链接较为费时;解释程序优点是灵活性强,但是程序的运行效率较低。

(3) 数据库管理系统。例如,Oracle、SQL Server、Access 等数据库管理系统,负责组织和管理数据,并对数据进行处理。

(4) 各种服务型程序。例如,基本输入输出系统(BIOS)、磁盘清理程序、备份程序、故障检查和诊断程序、杀毒程序等。

2. 应用软件

应用软件是为解决某个应用领域的问题而开发设计的计算机程序,例如各类科学计算程序、生产自动控制程序、企业管理程序等。按照应用软件的适用范围,应用软件一般包括定制软件和通用软件两大类。

(1) 定制软件。定制软件是针对具体特定的问题而开发的软件,是为了满足用户特定的需求而专门开发的软件。例如,某学校的校园一卡通管理软件、某企业的人力资源管理软件、某航空公司的售票系统等。

(2) 通用软件。通用软件是为实现某类功能的具有应用普遍性的软件,例如文档处理软件 WPS、图像处理软件 Photoshop、图形绘制软件 CorelDRAW、视频编辑软件 Premiere、网页编辑软件 Dreamweaver 等。这类软件会不断迭代更新,并面向普遍用户使用。

系统软件、应用软件和硬件之间的关系,如图 1-11 所示。

图 1-11 计算机硬件与软件的关系

3. 计算机硬件与软件的关系

计算机的硬件和软件是一个完整的计算机系统相辅相成、互相依存的两大部分。没有硬件,软件就无从发挥作用;没有软件,硬件就是裸机,实现不了功能。硬件和软件只有相互配合,才能发挥整体作用。

拔掉内存条,计算机无法启动,只会听到蜂鸣声;没有操作系统,再好的计算机硬件也无法使用。由此可见,计算机系统软件和硬件虽然处于系统中不同的层次上,但是整体效能作用的发挥是依赖于两者的相互配合。两者之间相互关系体现在如下三个方面:

(1) 硬件和软件相互依存。硬件是软件赖以存在和依托的物质基础,软件的正常工作是硬件发挥作用的唯一途径。计算机系统在操作系统的统一管理下,对软硬件资源进行管理、分配和调度。硬件和软件相互配合,才能为用户服务。

(2) 硬件和软件界限模糊。计算机技术发展,打破了计算机硬件和软件的泾渭分明的界限,计算机的某些功能原来由硬件实现,现在也可以由软件实现。所以说,两者之间的界限没有绝对严格的区分。

(3) 硬件和软件相互促进发展。摩尔定律揭示了计算机硬件发展的速度,为软件的升级迭代提供了强力的支撑;软件的不断发展完善又对硬件提出了更高要求,两者相互促进,实现了计算机系统整体的升级换代。

课程思政	**屠呦呦诺奖演讲强调科研团队合作精神** 2015 年 10 月 8 日,中国科学家屠呦呦获 2015 年诺贝尔生理学或医学奖,成为第一个获得诺贝尔自然学奖的中国人。当这位 85 岁的老人获此殊荣时,她却平静地

> 说:"青蒿素的发现,是中药集体发掘的成功范例。"
>
> 屠呦呦带领她的团队与国内其他机构合作,在经历了190次的实验失败后发现了"青蒿素",全球数亿人因这种"中国神药"而受益。多年从事中药和中西药结合研究的屠呦呦,创造性地研制出抗疟新药——青蒿素和双氢青蒿素,获得对疟原虫100%的抑制率,为中医药走向世界指明一条方向。
>
> 2015年12月7日下午,屠呦呦在瑞典卡罗林斯卡医学院用中文发表《青蒿素的发现:传统中医献给世界的礼物》的主题演讲。
>
> 一袭蓝色礼服盛装出场演讲的屠呦呦在演讲伊始就强调:"诺奖不仅是授予个人的荣誉,也是对全体中国科学家团队的嘉奖和鼓励。"在近30分钟的演讲过程中,屠呦呦多次提及团队合作精神。她指出,没有相互之间无私合作的团队精神,不可能在短期内将青蒿素贡献给世界。
>
> 计算机系统每一个部件只有发挥自己的作用,才能让系统整体协调运行,犹如个人和集体的关系,个人只有充分发挥自身作用,增进团队意识,集体才能产生战斗力,否则就是一盘散沙。我们要领悟到个人和他人、个人和集体的关系,向屠呦呦学习科学严谨、团队合作的精神。

1.3 微型计算机的硬件系统

微型计算机简称微机,俗称电脑,也叫个人计算机或者PC。微型计算机是由大规模集成电路组成的、体积较小的电子计算机。它是以微处理器(CPU)为基础,配以内存储器及输入输出(I/O)接口电路和相应的辅助电路而构成的计算机。微型计算机逐渐呈现产品形态多样化、功能个性化等特点。

1.3.1 微型计算机的类型

1. 台式机(Desktop)

台式机也叫桌面机,是一种独立相分离的计算机,完完全全跟其他部件无联系,相对于笔记本和上网本体积较大,主机、显示器等设备一般都是相对独立的,一般需要放置在电脑桌或者专门的工作台上,因此命名为台式机。台式机具有如下特点:①散热性好,台式机的机箱具有空间大、通风条件好的因素而一直被人们广泛使用;②扩展性好,台式机的机箱方便用户硬件升级,如硬盘;③保护性好,台式机全方面保护硬件不受灰尘的侵害,而且防水性就不错;④操作性好,台式机机箱的开、关键重启键、USB、音频接口都在机箱前置面板中,方便用户的使用。

2. 电脑一体机

电脑一体机,是由一台显示器、一个电脑键盘和一个鼠标组成的电脑,如图1-12所示。它的芯片、主板与

图1-12 电脑一体机

显示器集成在一起,显示器就是一台电脑,因此只要将键盘和鼠标连接到显示器上,机器就能使用。随着无线技术的发展,电脑一体机的键盘、鼠标与显示器可实现无线连接,只有一根电源线。这就解决了一直为人诟病的台式机线缆多而杂的问题。有的电脑一体机还具有电视接收功能。

3. 笔记本电脑(Notebook 或 Laptop)

笔记本电脑也称手提电脑或膝上型电脑,是一种小型、可携带的个人电脑,通常重1～3kg。它和台式机架构类似,但是体积更小、重量更轻、便携性更好,如图 1-13 所示。笔记本电脑除了键盘外,还提供了触控板或触控点,提供了更好的定位和输入功能。笔记本电脑可以分为 6 类:商务型、时尚型、多媒体应用、上网型、学习型、特殊用途。商务型笔记本电脑一般可以概括为移动性强、电池续航时间长、商务软件多。时尚型外观主要针对时尚女性。多媒体应用型笔记本电脑则有较强的图形、图像处理能力和多媒体的能力,尤其是播放能力;多媒体笔记本电脑多拥有较为强劲的独立显卡和声卡,并有较大的屏幕。上网本就是轻便和低配置的笔记本电脑,具备上网、收发邮件以及即时通信(IM)等功能,并可以实现流畅播放流媒体和音乐。上网本比较强调便携性,多用于在出差、旅游甚至公共交通上的移动上网。学习型笔记本采用标准电脑操作,全面整合学习机、电子辞典、复读机、学生电脑等多种机器功能。特殊用途的笔记本电脑是服务于专业人士,可以在酷暑、严寒、低气压、战争等恶劣环境下使用的机型。

4. 平板电脑

平板电脑是一款无须翻盖、没有键盘、大小不等、形状各异,却功能完整的计算机。其构成组件与笔记本电脑基本相同,但它是利用触笔在屏幕上书写,而不是使用键盘和鼠标输入,并且打破了笔记本电脑键盘与屏幕垂直的 L 形设计模式。它除了拥有笔记本电脑的所有功能外,还支持手写输入或语音输入,移动性和便携性更胜一筹。平板电脑,如图 1-14 所示。

图 1-13　笔记本电脑　　　　图 1-14　平板电脑

1.3.2　微型计算机的硬件组成

一个完整的微型计算机系统包括硬件系统和软件系统两大部分,硬件系统由主板、CPU、存储器、各种输入输出设备组成,采用指令驱动方式工作。

1. 主板

主板是微型计算机中最大的电路板,它承载着微处理器、内存、显示接口卡及各种外部设备的接口卡。主板上有 CPU 插槽、内存插槽、PCI 插槽及输入输出扩展槽等,如图 1-15 所示。主板的性能在很大程度上决定了计算机的整体运行速度和稳定性,主板的质量也直接影响个人计算机的性能和价格。

图 1-15 主板

主板上的芯片组是主板的核心组成部分,芯片组的性能优劣决定了主板性能的好坏和级别的高低。芯片组通常由北桥和南桥芯片组成。北桥芯片用来处理高速信号,通常处理中央处理器、存储器、PCI Express 显卡(早年是 AGP 显卡)、高速 PCI Express X16/X8 的端口,还有与南桥之间的通信。南桥芯片用来处理低速信号,负责 I/O 总线之间的通信,如 PCI 总线、USB、SATA、音频控制器、键盘控制器等。南桥芯片不与处理器直接相连,而是通过一定的方式与北桥芯片相连。

主板上有 BIOS 芯片,这块芯片一般是一块 32 针的双列直插式集成电路。它把一组重要的程序固化在 Flash ROM 中,能通过特定的写入程序实现 BIOS 的升级。BIOS 中包括加电自检程序、系统启动自举程序、CMOS 设置程序、主要 I/O 设备的驱动程序和中断服务程序。计算机系统启动时,根据屏幕上的提示,按键盘上的 Delete 键或者 F10 键,即可进入 CMOS 设置的主菜单。

主板上的互补金属氧化物半导体(Complementary Metal Oxide Semiconductor,CMOS)是一块可读写的 RAM 芯片,用来保存 BIOS 设置完电脑硬件参数后的数据和系统时间日期,这个芯片仅仅是用来存放数据的。如果 CMOS 中数据损坏,计算机将无法正常启动。CMOS 采用电池和主板电源供电,当开机时,由主板电源供电;断电后由电池供电。

2. 中央处理器

中央处理器(CPU)是包含运算器、控制器、寄存器的大规模集成电路,如图 1-16 所示,其主要功能是从内存中取出指令,解释并执行指令,处理数据,同时使计算机各部件自动协调地工作。在计算机体系结构中,CPU 是对计算机的所有硬件资源(如存储器、输入输出单元)进行控制调配、执行通用运算的核心硬件单元。CPU 是计算机的运算和控制核心。计算机系统中所有软件层的操作,最终都将通过指令集映射为 CPU 的操作。

影响 CPU 性能的指标主要有主频、CPU 的位数以及 CPU 的缓存指令集。所谓 CPU 的主频,指的就是时钟频率,它直接决定了 CPU 的性能,因此要想增强 CPU 的性能,提高 CPU 的主频是一个很好的途径。而 CPU 的位数指的就是处理器能够一次性计算的浮点数的位数,通常情况下,CPU 的位数越高,CPU 进行运算时的速度就会变得越快。CPU 的位数一般为 32 位或者 64 位。CPU 的缓存指令集是存储在 CPU 内部的、用来计算和控制计

图1-16 中央处理器

算机系统的一套指令的集合。一般来讲，CPU的缓存可以分为一级缓存、二级缓存和三级缓存，而那些处理能力比较强的处理器则一般具有较大的三级缓存。

3. 存储器

存储器分为内存储器和外存储器。

1) 内存储器

简称内存，又称为主存储器，是CPU能够直接寻址的存储空间，存取速度快。内存暂时存放CPU中的运算数据，以及与硬盘等外部存储器交换的数据，包括随机存储器(RAM)和只读存储器(ROM)。

(1) 随机存储器(Random Access Memory，RAM)。随机存储器是可以随机读写数据的存储器，只能用于暂时存放信息，计算机断电后，存储内容立即消失。RAM通常由MOS型半导体存储器组成，根据其保存数据的原理，可以分为动态随机存储器(DRAM)和静态随机存储器(SRAM)。

动态随机存储器(Dynamic RAM，DRAM)，如图1-17所示，其存储单元是由电容和相关元件组成的，电容内存储电荷的多寡代表信号0和1。电容存在漏电现象，电荷不足会导致存储单元数据出错，所以DRAM需要周期性刷新，以保持电荷状态。DRAM结构较简单且集成度高，通常用于制造内存条中的存储芯片。

图1-17 动态随机存储器

静态随机存储器(Static RAM，SRAM)的存储单元是由晶体管和相关元件组成的锁存器,每个存储单元具有锁存"0"和"1"信号的功能。它速度快且不需要刷新操作,但集成度差和功耗较大,通常用于制造容量小但效率高的 CPU 缓存。

(2) 只读存储器(Read Only Memory,ROM)。在制造 ROM 的时候,信息(数据或程序)就被存入并永久保存。这些信息只能读出,一般不能写入,即使机器停电,这些数据也不会丢失。ROM 一般用于存放计算机的基本程序和数据,如 BIOS ROM。其物理外形一般是双列直插式(DIP)的集成块。

2) 外存储器

外存储器简称外存,又称为辅存储器,主要用于保存需要长期保留的程序和数据,计算机断电后仍然能够保存数据,包括硬盘、光盘、U 盘、软盘等。

(1) 硬盘。硬盘是计算机最主要的存储设备,具有固定、密封、容量大、运行速度快、可靠性高等特点,分为机械硬盘、固态硬盘和混合硬盘。机械硬盘采用磁性碟片存储,如图 1-18 所示;固态硬盘采用闪存颗粒存储;混合硬盘则集成了磁性碟片和闪存颗粒。硬盘安装在硬盘盒里,便于携带,就成了移动硬盘,如图 1-19 所示。

图 1-18 机械硬盘内部　　　　　图 1-19 移动硬盘

作为计算机的外存储器,容量、转速、传输速率等是硬盘的主要参数。硬盘的容量以兆字节(MB)或千兆字节(GB)为单位,1GB=1024MB,1TB=1024GB。但硬盘厂商在标称硬盘容量时通常取 1GB=1000MB,因此我们在 BIOS 中或在格式化硬盘时看到的容量会比厂家的标称值要小。现在主流的磁盘容量达到数 TB。转速是磁盘内电机主轴的旋转速度,也是磁盘盘片在一分钟内所完成的最大转速。微型计算机磁盘的转速一般有 5400rpm(转/分钟)、7200rpm 等。

传输速率是指硬盘读写数据的速度,单位为兆字节每秒(MB/s)。硬盘数据传输率又包括了内部数据传输率和外部数据传输率。内部传输率(Internal Transfer Rate)也称为持续传输率(Sustained Transfer Rate),它反映了硬盘缓冲区未用时的性能。内部传输率主要依赖于硬盘的旋转速度。外部传输率(External Transfer Rate)也称为突发数据传输率(Burst Data Transfer Rate)或接口传输率,它标称的是系统总线与硬盘缓冲区之间的数据传输率,外部数据传输率与硬盘接口类型和硬盘缓存的大小有关。Fast ATA 接口硬盘的最大外部传输率为 16.6MB/s,而 Ultra ATA 接口的硬盘则达到 33.3MB/s。

(2) 光盘。光盘是利用激光原理使用光盘驱动器进行读、写的光学存储介质,是已经被淘汰的一种辅助存储器,如图 1-20 所示。光盘分为不可擦写光盘和可擦写光盘,不可擦写光盘如 CD-ROM、DVD-ROM 等,可擦写光盘如 CD-RW、DVD-RAM 等。光盘是用聚焦的氢离子激光束处理记录介质的方法存储和再生信息，又称激光光盘，可以存放各种文本、声音、图形、图像和视频等多种媒体信息。各类光盘的存储容量差异巨大，如 CD 的容量只有 700MB 左右，而 DVD 则可以达到 4.7GB，而蓝光光盘更是可以达到 25GB。它们之间的容量差别，同其相关的激光光束的波长密切相关。光盘按照尺寸大小，可以分为 120 型光盘、小型光盘、名片光盘、双弧形光盘、异型光盘等。

光盘存储器有存储密度高、非接触读写方式、信息保存时间长、盘面抗污染能力强、价格低廉的优点，但是光盘读取需要光盘驱动器，光盘刻录需要配置外部设备刻录机，相对 U 盘还是不够方便。随着计算机网络技术和移动存储技术发展，网络磁盘、U 盘存储更为便捷高效，光盘作为微型计算机的存储介质之一，逐渐被网络磁盘、U 盘所取代。

（3）U 盘。U 盘全称 USB 闪存驱动器，英文名 USB flash disk。它是一种使用 USB 接口的无须物理驱动器的微型高容量移动存储产品，通过 USB 接口与计算机连接实现即插即用，如图 1-21 所示。U 盘集磁盘存储技术、闪存技术及通用串行总线技术于一体。USB 的端口连接计算机，是数据输入/输出的通道。U 盘 Flash（闪存）芯片保存数据，与计算机的内存不同，即使在断电后数据也不会丢失。相比较于磁盘和光盘，U 盘有许多优点：标准统一，体积小巧便于携带，数据传输速度较快，能存储较多数据，并且性能较可靠，支持热插拔。常见的 U 盘容量有 4GB、8GB、16GB、32GB、64GB、128GB 等。随着个性化和功能化的发展，U 盘开发出很多新的功能，如加密 U 盘、启动 U 盘、杀毒 U 盘、测温 U 盘以及音乐 U 盘等，深受用户的喜爱。

图 1-20　光盘与光盘驱动器　　　　　　图 1-21　U 盘

4. 输入设备

输入设备是用户向计算机系统输入数据和信息、进行信息交换的主要设备，不同类型的输入设备将各种类型的数据，如文本、图形、图像、声音等输入到计算机中，从而计算机能够存储、加工处理和输出。计算机的输入设备按功能可分为字符输入设备，如键盘；光学阅读设备，如光学标记阅读机、光学字符阅读机；图形输入设备，如鼠标、操纵杆、光笔；图像输入设备，如摄像机、扫描仪、传真机；模拟输入设备，如语言模数转换识别系统。

1）键盘

键盘是常用的输入设备，它由一组开关矩阵组成，包括数字键、字母键、符号键、功能键及控制键等，如图 1-22 所示。每一个按键在计算机中都有它的唯一代码。当按下某个键时，键盘接口将该键的二进制代码送入计算机主机中，并将按键字符显示在显示器上。当快速大量输入字符，主机来不及处理时，先将这些字符的代码送往内存的键盘缓冲区，然后再从该缓冲区中取出进行分析处理。键盘接口电路多采用单片微处理器，由它控制整个键盘的工作，如上电时对键盘的自检、键盘扫描、按键代码的产生、发送及与主机的通信等。键盘的接口有 AT 接口、PS/2 接口、USB 接口，还有采用蓝牙、红外线等无线技术的无线键盘。

2）鼠标

鼠标是计算机显示系统横纵坐标定位的指示器，也是用户和计算机互动操作的最常用设备。鼠标分为机械鼠标、光电鼠标和无线鼠标。机械鼠标通过装在辊柱端部的光栅信号传感器产生的光电脉冲信号反映出鼠标器在垂直和水平方向的位移变化，再通过计算机程序的处理和转换来控制屏幕上指针箭头的移动。光电鼠标器是通过检测鼠标器的位移，将位移信号转换为电脉冲信号，再通过程序的处理和转换来控制屏幕上的指针箭头的移动。无线鼠标是指无线缆直接连接到主机的鼠标，采用无线技术与计算机通信，从而省去电线的束缚，如图 1-23 所示。无线鼠标通常采用的无线通信方式，包括蓝牙、Wi-Fi（IEEE 802.11）、Infrared（IrDA）、ZigBee（IEEE 802.15.4）等多个无线技术标准。

图 1-22　键盘 　　　　　　　　　　　　　　图 1-23　鼠标

3）扫描仪

扫描仪是利用光电技术和数字处理技术，以扫描方式将图形或图像信息转换为数字信号的输入设备，如图 1-24 所示。

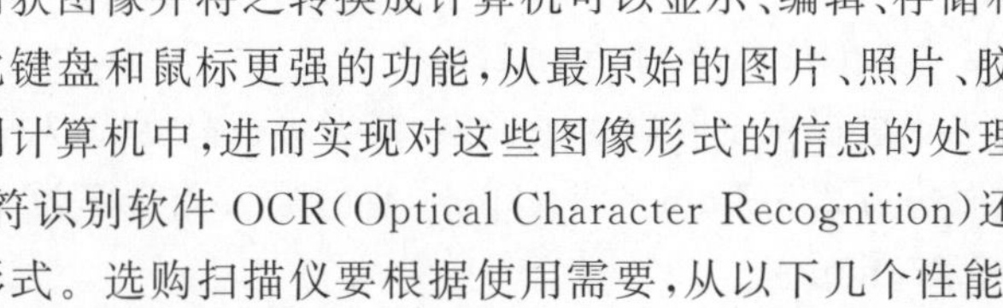

图 1-24　扫描仪

扫描仪是通过捕获图像并将之转换成计算机可以显示、编辑、存储和输出的数字化输入设备。扫描仪具有比键盘和鼠标更强的功能，从最原始的图片、照片、胶片到各类文稿资料都可用扫描仪输入到计算机中，进而实现对这些图像形式的信息的处理、管理、使用、存储、输出等，配合光学字符识别软件 OCR（Optical Character Recognition）还能将扫描的文稿转换成计算机的文本形式。选购扫描仪要根据使用需要，从以下几个性能参数去考虑：

（1）扫描幅面。扫描幅面通常有 A4、A4 加长、A3、A1、A0 等规格。大幅面扫描仪价格很高，一般家庭和办公用户建议选用 A4 幅面的扫描仪。根据需要办公用户也可以考虑选购 A3 幅面甚至更大幅面的扫描仪。

（2）分辨率。分辨率反映扫描图像的清晰程度。分辨率越高的扫描仪，扫描出的图像越清晰。扫描仪的分辨率用每英寸长度上的点数 DPI（Dot Per Inch）表示。一般办公用户建议选购分辨率为 600×1200(水平分辨率×垂直分辨率)的扫描仪。水平分辨率由扫描仪光学系统真实分辨率决定,垂直分辨率由扫描仪传动机构的精密程度决定,选购时主要考察水平分辨率。

(3) 色彩位数。色彩位数反映对扫描出图像色彩的区分能力。色彩位数越高的扫描仪,扫描出图像色彩越丰富。色彩位数用二进制位数表示。例如1位的图像,每个像素点可以携带1位的二进制信息,只能产生黑或白两种色彩。8位的图像可以给每个像素点8位的二进制信息,可以产生256种色彩。常见扫描仪色彩位数有24位、30位、36位和42位等常见标准。

(4) 感光元件。感光元件是扫描仪的眼睛,扫描质量与扫描仪采用的感光元件密切相关,普通扫描仪有用的感光元件有 CCD(Charge Coupled Device)和 CIS(Contact Image Sensor)。CCD 感光元件的扫描仪技术成熟。它配合由光源、几个反射镜和光学镜头组成的成像系统,在传感器表面进行成像,有一定景深,能扫描凹凸不平的实物。CIS 是广泛应用于传真机感光元件,其极限分辨率 600DPI 左右,较 CCD 技术存在一定的差距,仅用于低档平板扫描仪中。

5. 输出设备

输出设备是将计算机处理后的信息以文本、图形、图像、声音等形式进行显示和输出的设备。常见的输出设备有显示器、打印机、绘图仪、投影仪等。

1) 显示器

显示器又称为监视器,是显示人机对话、信息交互的主要设备之一。显示器既可以显示键盘输入的命令或者数据,也可以显示计算机处理数据的结果。根据制作材料和原理的不同,显示器可以分为阴极射线管显示器(Cathode Ray Tube,CRT)、等离子显示器(Plasma Display Panel,PDP)、液晶显示器(Liquid Crystal Display,LCD)、LED(Light Emitting Diode)显示屏等。微型计算机的主流显示器为液晶显示器,如图1-25所示。选择合适的液晶显示器,要考虑到以下几个参数。

(1) 可视面积。液晶显示器所标示的尺寸就是实际可以使用的屏幕范围。个人电脑的液晶显示器尺寸有15英寸、17英寸、19英寸、21.5英寸、22.1英寸、23英寸、24英寸、27英寸、29英寸等。日常所说的屏幕尺寸是指液晶面板的对角线尺寸,以英寸为单位(1英寸=2.54cm)。

图1-25 显示器

(2) 点距。点距等于可视宽度除以水平像素,或者可视高度除以垂直像素。例如,一般14英寸 LCD 的可视面积为 285.7mm×214.3mm,它的最大分辨率为 1024×768,那么点距就是 285.7/1024,即 0.278mm。

(3) 色彩度。LCD 面板上是由 1024×768 个像素点组成显像的,每个独立的像素色彩是由红、绿、蓝(R,G,B)三种基本色来控制。大部分厂商生产出来的液晶显示器,每个基本色(R,G,B)达到6位,即64种表现度。也有不少厂商使用 FRC(Frame Rate Control)技术以仿真的方式来表现出全彩的画面,也就是每个基本色(R,G,B)能达到8位,即256种表现度。

(4) 对比度。对比值是定义最大亮度值(全白)除以最小亮度值(全黑)的比值。CRT

显示器的对比值通常高达 500∶1，以致在 CRT 显示器上呈现真正全黑的画面是很容易的。为了要得到全黑画面，液晶模块必须完全把由背光源而来的光完全阻挡，但在物理特性上，这些组件并无法完全达到这样的要求，总是会有一些漏光发生。一般来说，人眼可以接受的对比值约为 250∶1。

（5）响应时间。响应时间是指液晶显示器各像素点对输入信号反应的速度，此值当然是越小越好。如果响应时间太长了，就有可能使液晶显示器在显示动态图像时，有尾影拖曳的感觉。一般的液晶显示器的响应时间在 5～10ms 之间，而一线品牌的产品中，普遍达到了 5ms 以下的响应时间，基本避免了尾影拖曳问题产生。

2）打印机

打印机是计算机常用的基本输出设备，是将计算机的处理结果打印在纸张上的输出设备。打印机类型多样，按照打印的颜色，分为单色打印机和彩色打印机；按照输出的方式，分为并行打印机和串行打印机；按照工作方式，分为击打式打印机和非击打式打印机。击打式打印机是利用机械原理，打印头通过色带将文字或图形打印在打印纸上。典型的击打式打印机就是针式打印机，如图 1-26 所示，这种打印机按照打印针的数目可以分为 9 针和 24 针等。非击打式打印机是利用光、电、磁、喷墨等

图 1-26　针式打印机

物理和化学方法打印出文字或图形图像，常见的是喷墨打印机和激光打印机，如图 1-27 和图 1-28 所示。选购合适的打印机，要根据使用需要进行选择，可重点关注以下参数。

图 1-27　喷墨打印机　　　　　　　图 1-28　激光打印机

（1）分辨率。打印机分辨率一般指最大分辨率，分辨率越大，打印质量越好。由于分辨率对输出质量有重要影响，因而打印机通常是以分辨率的高低来衡量其档次的。计算单位是 DPI(Dot Per Inch)，其含义是指每英寸内打印的点数。例如一台打印机的分辨率是 600DPI，这就意味着其打印输出每英寸打 600 个点。DPI 值越高，打印输出的效果越精细，越逼真，当然输出时间也就越长，售价越贵。

（2）打印幅面。打印幅面是衡量打印机输出页面大小的指标。针式打印机中一般给出行宽，用一行中能打印多少字符(字符/行或列/行)表示。常用的打印机有 80 列和 132/136 列两种。激光打印机常用单页纸的规格表示，它打印幅面可以将打印机分为 A3、A4、A5 等幅面打印机。打印机的打印幅面越大，打印的范围越大。喷墨打印机也常用单页纸的规格

表示。通常喷墨打印机的打印幅面为 A3 或 A4 大小。有的喷墨打印机也使用行宽表示打印幅面。

（3）首页输出时间。这是激光打印机特有的术语，即在执行打印命令后，多长时间可以输出打印的第一页内容，一般的激光打印机在 15s 内都可以完成首页的输出工作，测试的基准为 300DPI 的打印分辨率，A4 打印幅面，5%的打印覆盖率，黑白打印。

（4）介质类型。打印机所能打印的介质类型有多种。激光打印机可以处理的介质为：普通打印纸、信封、投影胶片、明信片等。喷墨打印机可以处理的介质为：普通纸、喷墨纸、光面照片纸、专业照片纸、高光照相胶片、光面卡片纸、T 恤转印介质、信封、透明胶片、条幅纸等。针式打印机可以处理的介质为：普通打印纸、信封、蜡纸等。

1.3.3 微型计算机的总线与接口

1. 总线

总线是计算机各种功能部件之间传送信息的公共通信干线，是由导线组成的传输线路。衡量总线的主要技术参数有如下几个。

（1）总线的带宽（总线数据传输速率）。总线的带宽指的是单位时间内总线上传送的数据量，即每秒钟传送 MB 的最大稳态数据传输率。与总线密切相关的两个因素是总线的位宽和总线的工作频率，它们之间的关系如下：

$$总线的带宽 = 总线的工作频率 \times 总线的位宽 / 8$$

（2）总线的位宽。总线的位宽指的是总线能同时传送的二进制数据的位数，或数据总线的位数，即 32 位、64 位等总线宽度的概念。总线的位宽越宽，每秒钟数据传输率越大，总线的带宽越宽。

（3）总线的工作频率。总线的工作频率以 MHz 为单位，工作频率越高，总线工作速度越快，总线带宽越宽。

按照计算机所传输的信息类别分类，总线可以分为数据总线、地址总线和控制总线，分别用来传输数据、数据地址和控制信号。

（1）数据总线。数据总线是双向总线，用于微处理器与内存、微处理器与输入输出接口之间传送信息。数据总线的宽度是决定计算机性能的一个重要指标。微型计算机的数据总线大多是 32 位或 64 位。

（2）地址总线。地址总线是单向总线，用于传送微处理器所要访问的存储单元或 I/O 端口的地址信息。地址总线的位数决定了系统所能直接访问的存储器空间的容量。

（3）控制总线。控制总线是双线总线，用于传送控制和应答信号，控制总线上的操作和数据传送的方向，实现微处理器和外部逻辑部件之间的同步操作。

微型计算机常用的系统总线有 ISA 总线、EISA 总线、PCI 总线等。其中，PCI 总线是一种高性能的总线，构成了 CPU 和外部设备之间的高速通道，支持多种外部设备，具有高性能、兼容性好等优点，使得图形、视频、音频、通信设备都能够同时工作。

2. 接口

在高速的 CPU 与低速的外部设备之间进行数据交换，需要一种逻辑部件协调两者之间的工作，这种逻辑部件就是输入输出接口，即 I/O 接口。接口电路具有设备选择、信号变换及缓冲等功能，能够保证 CPU 与外设之间协调一致地工作。

微型计算机的标准接口有串行接口、并行接口、USB 接口等。

（1）串行接口，简称串口，也称串行通信接口或串行通信接口（通常指 COM 接口），是采用串行通信方式的扩展接口。串行接口是指数据一位一位地顺序传送。其特点是通信线路简单，只要一对传输线就可以实现双向通信，从而大大降低了成本，特别适用于远距离通信，但传送速度较慢。串行接口按电气标准及协议可分为 RS-232-C、RS-422、RS-485 等。

（2）并行接口，简称并口，指采用并行传输方式来传输数据的接口标准。并行接口是指数据的各位同时进行传送，其特点是传输速度快，但当传输距离较远、位数又多时，就导致通信线路复杂且成本提高。并行接口传输的位数是以并行方式传输的数据通道的宽度，数据的宽度可以从 1~128 位或者更宽，最常用的是 8 位，可通过接口一次传送 8 个数据位。最常用的并行接口是 LPT 接口。

（3）USB 接口。通用串行总线（Universal Serial Bus，USB）是采用新型的串行技术开发的接口，它只有 4 根线，两根电源，两根信号。USB 接口标准统一，支持热插拔，传输速度快，可以同时连接多个设备，最新一代是 USB 4，传输速度为 40Gb/s。

课程思政

微型计算机（个人计算机）产业领域中的中国力量

在个人计算机的产业领域，2019 年中国品牌联想在全球个人计算机出货量达到第一，其中第三季度，联想个人计算机出货量为 16806 千台，占全球的市场份额 24.7%（见表 1-2）。这从一个方面反映出在微型计算机（个人计算机）产业领域中，中国制造业的规模和数量已经达到世界第一的水平。

表 1-2　2019 年第三季度全球 PC 出货量

公司名称	2019 Q3/千台	市场份额	2018Q3/千台	市场份额	出货量同比增长
联想	16806	24.7%	15888	23.6%	5.8%
惠普	15263	22.4%	14588	21.7%	4.6%
Dell	11324	16.5%	10734	15.9%	5.5%
苹果	5101	7.5%	5299	7.9%	−3.7%
Acer	4206	6.2%	4072	6.0%	3.3%
华硕	3820	5.6%	3997	5.9%	−4.4%
其他	11595	17%	12782	19%	−9.3%
总计	68115	100%	67360	100%	1.1%

中国制造业已经强大到工业生产总值连欧美国家都自叹不如的地步，小到微型计算机，大到有着"基建狂魔"之称的中国基础设施建设，都展示了我们中国强大的制造生产能力。我们的民族品牌、中国制造逐渐走上世界舞台，这是一代又一代中国人的努力才取得的成就。

1.4 信息编码和数据表示

信息与数据相互区别又相互联系,数据是信息的表现形式和载体,而信息是数据的内涵。以二进制表示的常见数据单位有位、字节和字,二进制和八进制、十进制、十六进制可以相互转换。二进制的运算分为算术运算和逻辑运算。计算机中的数据有数值型数据和非数值型数据两大类,其中数值型数据常用的编码有原码、反码和补码等,非数值型的数据有ASCII 码、扩展 ASCII 码、国标码等。

1.4.1 信息与数据

信息看不见摸不着,但是每时每刻都在影响着人类生活。信息,指音信、消息、通信系统传输和处理的对象,泛指人类社会传播的一切内容。人通过获得、识别自然界和社会的不同信息来区别不同事物,得以认识和改造世界。在一切通信和控制系统中,信息是一种普遍联系的形式。1948 年,数学家香农在题为《通信的数学理论》的论文中指出:"信息是用来消除随机不定性的东西"。在计算机系统中,信息是指人们用来表示一定意义的符号的集合,可以是数字、文字、图形、图像、动画、声音、视频等,是人们对客观世界的直接描述。

数据是指对客观事件进行记录并可以鉴别的符号,是对客观事物的性质、状态以及相互关系等进行记载的物理符号或这些物理符号的组合。它是可识别的、抽象的符号。它不仅指狭义上的数字,还可以是具有一定意义的文字、字母、数字符号的组合,图形、图像、视频、音频等,也是客观事物的属性、数量、位置及其相互关系的抽象表示。例如,"0,1,2,…""阴、雨、下降、气温""学生的档案记录""货物的运输情况"等都是数据。数据经过加工后就成为信息。在计算机科学中,数据是指所有能输入到计算机并被计算机程序处理的符号的介质的总称,是用于输入电子计算机进行处理,具有一定意义的数字、字母、符号和模拟量等的通称。计算机存储和处理的对象十分广泛,表示这些对象的数据也随之变得越来越复杂。

信息与数据既有联系,又有区别。数据是信息的表现形式和载体,可以是符号、文字、数字、语音、图像、视频等。而信息是数据的内涵,信息是加载于数据之上,对数据作具有含义的解释。数据和信息是不可分离的,信息依赖数据来表达,数据则生动具体地表达出信息。数据是符号,是物理性的,信息是对数据进行加工处理之后所得到的并对决策产生影响的数据,是逻辑性和观念性的;数据是信息的表现形式,信息是数据有意义的表示。数据是信息的表达、载体,信息是数据的内涵,是形与质的关系。数据本身没有意义,数据只有对实体行为产生影响时才成为信息。

1.4.2 数据的单位

冯·诺依曼体系结构的计算机采用的是二进制来表示数据,这是因为电路设计简单,工作方便可靠,能够简化运算,逻辑性强。二进制的形式存储和运算数据,必须区分清楚以下几个重要概念。

(1) 位。二进制数据中的一个位(bit),即比特,是计算机存储数据的最小单位,简写为 b。一个二进制位只能表示 0 或 1 两种状态,多个二进制位就能够表示更多的状态或信息。

(2) 字节。字节(Byte)是计算机数据处理的最基本单位,作为一个单位来处理的一个二进制数据,是构成信息的一个小单位,简写为 B。最常用的字节是 8 位的字节,即它包含 8 位的二进制数,即 1B=8b。一般情况下,一个 ASCII 码占用一字节,一个汉字国标码占用两字节。

(3) 字。一个字(Word)由一个或多个字节组成。字是计算机系统进行数据处理时,一次存取、加工和传送的数据长度。字长表示了计算机一次能够处理信息的二进制位数,因此它是衡量计算机性能的重要指标,决定了计算机数据处理的速度,字长越长,性能越好。计算机中大多数寄存器的大小是一个字长,内存中用于指明一个存储位置的地址也经常是以字长为单位的。现代计算机的字长通常为 16 位、32 位、64 位。

(4) 数据的换算关系。各类数据的换算关系如下所示:
1B=8b,1KB=1024B,1MB=1024KB,1GB=1024MB,1TB=1024GB,1PB=1024TB,1EB=1024PB。

如何查看一台计算机的内存容量和系统类型呢? 以 Windows 10 为例,在桌面上右击"此电脑",在弹出的快捷菜单中选择"属性",在弹出的"系统"显示窗口中,可以看到"已安装的内存(RAM):16.0GB","系统类型:64 位操作系统,基于 x64 的处理器"。这表明该电脑的内存容量为 16GB,字长为 64 位。

1.4.3 数制

数制,也称为"记数制",是用一组固定的符号和统一的规则来表示数值的方法。任何一个数制都包含两个基本要素:基数和位权。人们习惯使用十进制表示数值,但是计算机通常采用二进制来表示,此外还有八进制和十六进制等数制。

理解掌握数制和数制转换,首先要清楚以下几个概念:

(1) 数码:数制中表示基本数值大小的不同数字符号。例如,十进制有 10 个数码:0、1、2、3、4、5、6、7、8、9。

(2) 基数:数制所使用数码的个数。例如,二进制的基数为 2;十进制的基数为 10。

(3) 位权:数制中某一位上的 1 所表示数值的大小(所处位置的价值)。例如,十进制的 123,1 的位权是 100,2 的位权是 10,3 的位权是 1。二进制中的 1011(一般从左向右开始),第一个 1 的位权是 8,0 的位权是 4,第二个 1 的位权是 2,第三个 1 的位权是 1。

1. 十进制

十进制的特点如下:

(1) 共有 10 个不同的数码:0、1、2、3、4、5、6、7、8、9。

(2) 基数为 10。

(3) 逢 10 进 1(加法运算),借 1 当 10(减法运算)。

(4) 按权展开式,例如:
$$236.89=2\times10^2+3\times10^1+6\times10^0+8\times10^{-1}+9\times10^{-2}$$

2. 二进制

二进制的特点如下:

(1) 共有 2 个不同的数码:0、1。

(2) 基数为 2。

(3) 逢 2 进 1(加法运算),借 1 当 2(减法运算)。

(4) 按权展开式,例如:

$(110101.11)_2 = 1 \times 2^5 + 1 \times 2^4 + 0 \times 2^3 + 1 \times 2^2 + 0 \times 2^1 + 1 \times 2^0 + 1 \times 2^{-1} + 1 \times 2^{-2}$

3. 八进制

八进制的特点如下:

(1) 共有 8 个不同的数码:0、1、2、3、4、5、6、7。

(2) 基数为 8。

(3) 逢 8 进 1(加法运算),借 1 当 8(减法运算)。

(4) 按权展开式,例如:

$(126.67)_8 = 1 \times 8^2 + 2 \times 8^1 + 6 \times 8^0 + 6 \times 8^{-1} + 7 \times 8^{-2}$

4. 十六进制

十六进制的特点如下:

(1) 共有 16 个不同的数码:0、1、2、3、4、5、6、7、8、9、A、B、C、D、E、F。

(2) 基数为 16。

(3) 逢 16 进 1(加法运算),借 1 当 16(减法运算)。

(4) 按权展开式,例如:

$(2BF.C)_{16} = 2 \times 16^2 + B \times 16^1 + F \times 16^0 + C \times 16^{-1}$

1.4.4 数制之间的转换

数值在不同数制之间进行转换,数值大小是不变的,只是表示方式改变了。

1. 二进制数、八进制数、十六进制数转换为十进制数

(1) 二进制数转换为十进制数。要将二进制数转换为十进制数,只需要按权展开,计算和的结果,即可得到相应的十进制数。

例如:
$(1011.01)_2 = 1 \times 2^3 + 0 \times 2^2 + 1 \times 2^1 + 1 \times 2^0 + 0 \times 2^{-1} + 1 \times 2^{-2}$
$= 8 + 0 + 2 + 1 + 0 + 0.25$
$= (11.25)_{10}$

(2) 八进制数转换为十进制数。要将八进制数转换为十进制数,可以 8 为基数按权展开,相加求和,即可得到相应的十进制数。

例如:
$(513.64)_8 = 5 \times 8^2 + 1 \times 8^1 + 3 \times 8^0 + 6 \times 8^{-1} + 4 \times 8^{-2}$
$= 320 + 8 + 3 + 0.75 + 0.0625$
$= (331.8125)_{10}$

(3) 十六进制数转换为十进制数。十六进制数转换为十进制数,以 16 为基数按权展开,相加求和,即可得到相应的十进制数。

例如:
$(ABF.C)_{16} = A \times 16^2 + B \times 16^1 + F \times 16^0 + C \times 16^{-1}$
$= 2560 + 176 + 15 + 0.75$
$= (2751.75)_{10}$

2. 十进制数转换为二进制数、八进制数、十六进制数

十进制整数转换为二进制数、八进制数或十六进制数,通常采用"除 2(8 或 16) 取余法",就是将一个十进制数除以 2(8 或 16),得到一个商和余数 k_0,然后将这个商作为被除数除以 2(8 或 16),得到一个商和一个余数 k_1,不断循环重复上述步骤,直到得到商为 0 为止。

如果一共除了 m 次，则得到的这个进制数为 $k_{m-1},\cdots,k_2k_1k_0$。

十进制小数转换为二进制数、八进制数或十六进制数，通常采用"乘 2(8 或 16) 取整法"，就是将一个十进制小数乘以 2(8 或 16)，取乘积中的整数部分作为相应的进制数的小数点后的第一位（最高位），k_{-1}，反复乘以 2(8 或 16)，逐次得到 $k_{-2},k_{-3},\cdots,k_{-m}$，直到达到所要求的精确度为止，然后把每次乘积的整数部分从左往右依次排列，即 $k_{-1}k_{-2}k_{-3},\cdots,k_{-m}$，这就是转换成的相应的进制数。

以下以十进制数转换为二进制数为例，区分整数部分和小数部分讲解转换过程。

（1）十进制整数转换为二进制数。例如十进制整数 12 转换为二进制数：

　　　　12/2=6　余 0
　　　　6/2=3　余 0
　　　　3/2=1　余 1
　　　　1/2=0　余 1

所以得到的二进制数为 1100。

（2）十进制小数转换为二进制数。例如十进制小数 0.28 转换为二进制数：

　　　　0.28×2=0.56　取整 0
　　　　0.56×2=1.12　取整 1
　　　　0.12×2=0.24　取整 0
　　　　0.24×2=0.48　取整 0

所以如果取前四位，得到的二进制数为 0.0100。

一个包含整数部分和小数部分的十进制数，可以分别转换整数和小数部分，然后将结果连接起来即可。

3. 二进制数与八进制数、十六进制数的相互转换

二进制的基数是 2，八进制的基数是 8，十六进制的基数是 16，之间的对应关系即为 $8=2^3$，$16=2^4$，这就表明，每 3 位二进制数可以表示 1 位八进制数，每 4 位二进制数可以表示为 1 位十六进制数，不同进制之间的对应关系如表 1-3 所示。

表 1-3　不同进制之间的关系

十进制	二进制	八进制	十六进制
0	0000	0	0
1	0001	1	1
2	0010	2	2
3	0011	3	3
4	0100	4	4
5	0101	5	5
6	0110	6	6
7	0111	7	7
8	1000	10	8

续表

十进制	二进制	八进制	十六进制
9	1001	11	9
10	1010	12	A
11	1011	13	B
12	1100	14	C
13	1101	15	D
14	1110	16	E
15	1111	17	F

将一个二进制数转换为八进制数,采用"取三合一法",即以二进制数的小数点为界限,分别往左(整数部分)、往右(小数部分)每 3 位组成一组,将各组二进制按权相加,得到的得数就是一位八进制数;然后按照顺序排列得到的数,小数点的位置不变,最后得到的数字就是转换成的八进制数。如果取到最高位或最低位无法凑足 3 位,可以在小数点的最左边(整数部分)和最右边(小数部分)加 0,凑足 3 位。

例如:将二进制数 10110101.11001 转换为八进制数。

$$
\begin{array}{ccccc}
10 & 110 & 101. & 110 & 01 \\
\downarrow & \downarrow & \downarrow & \downarrow & \downarrow \\
010 & 110 & 101. & 110 & 010 \\
\downarrow & \downarrow & \downarrow & \downarrow & \downarrow \\
2 & 6 & 5. & 6 & 2
\end{array}
$$

所以$(10110101.11001)_2 = (265.62)_8$。

反过来,将一个八进制数转换为二进制数,采用方法为"取一分三法",即将一位八进制数分解成 3 位二进制数,连接这些二进制数,小数点位置不变,即可得到最后转换成的二进制数。

例如:将八进制数 673.31 转换为二进制数。

$$
\begin{array}{ccccc}
6 & 7 & 3. & 3 & 1 \\
\downarrow & \downarrow & \downarrow & \downarrow & \downarrow \\
110 & 111 & 011. & 011 & 001
\end{array}
$$

所以$(673.31)_8 = (110111011.011001)_2$。

与此同理,二进制数转换为十六进制数,采用"取四合一法";十六进制数转换为二进制数采用"取一分四法"。

八进制数与十六进制数相互转换,可以按上述方法,先转换成二进制数,然后再转换为相应进制的数。这样比转换成十进制数然后再次转换的方法效率要更高些。

1.4.5 二进制的算术运算和逻辑运算

二进制的运算区分为算术运算和逻辑运算。

1. 算术运算

二进制的算术运算主要包括加法运算和减法运算,加法运算是逢 2 进 1,减法运算是借 1 当 2,主要运算规则如下:

加法运算:0+0=0 0+1=1 1+0=1 1+1=10(向高位进 1)

减法运算:0-0=0 1-0=1 1-1=0 0-1=1(向高位借 1)

例如:求二进制数 1110 与 1011 的和、差。

计算过程如下:

$$\begin{array}{r}1110\\+1011\\\hline 11001\end{array} \qquad \begin{array}{r}1110\\-1011\\\hline 0011\end{array}$$

2. 逻辑运算

二进制的逻辑运算主要有逻辑与运算(AND)、逻辑或运算(OR)、逻辑非运算(NOT)和逻辑异或运算(XOR),其运算规则如下:

逻辑与:0∧0=0 0∧1=0 1∧0=0 1∧1=1

逻辑或:0∨0=0 0∨1=1 1∨0=1 1∨1=1

逻辑非:0 取反后是 1,1 取反后是 0,即!0=1,!1=0

逻辑异或:0⊕0=0 0⊕1=1 1⊕0=1 1⊕1=0

例如:求 10101100∧10011101、10101100∨10011101、10101100⊕10011101。

计算过程如下:

$$\begin{array}{r}10101100\\\wedge\;10011101\\\hline 10001100\end{array} \qquad \begin{array}{r}10101100\\\vee\;10011101\\\hline 10111101\end{array} \qquad \begin{array}{r}10101100\\\oplus\;10011101\\\hline 00110001\end{array}$$

1.4.6 数据编码

计算机中的数据有数值型数据和非数值型数据两大类。数值型数据常用的编码有原码、反码和补码等。非数值型的数据有 ASCII 码、扩展 ASCII 码、国标码等。

1. 数值型数据编码

数值型数据的正、负采用符号数字化的方法表示,使得计算机能够从编码中判断出该数是正数还是负数。通常指定编码中的最左边 1 位(即最高位)来表示数值的符号,最高位为 0,表示正数;最高位为 1,表示负数。计算机中这种符号化的表示正负的数值称为"机器数(机器码)",机器数对应的原来用正负号和绝对值来表示的数值称为"真值"。

带符号机器数通常采用原码、反码和补码三种表示方式。正数的原码、反码和补码形式相同,负数则有各自的表示方式。

(1) 原码。正数的符号位(最高位)用 0 表示正数,用 1 表示负数,其数值部分是该数的绝对值的二进制表示。例如:

01111111=+127 11111111=-127

一个用 n 位原码表示的整数,由于最高位表示正负符号,那么其数值位只有 $n-1$ 位,其表示的数值范围就是 $-2^{n-1}+1 \sim 2^{n-1}-1$。例如,一个 8 位原码表示的数值范围是 -127

~127(-2^7+1~2^7-1),一个 16 位原码表示的数值范围是 -32767~32767($-2^{15}+1$~$2^{15}-1$)。

(2) 反码。带符号的正数的反码是其本身,与原码相同;负数的反码,保持符号位不变,其余各位取反。例如:

$$(127)_{反}=(127)_{原}=01111111$$
$$(-127)_{原}=11111111 \quad (-127)_{反}=10000000$$

反码的表示范围和原码相同。例如,一个 8 位反码表示的数值范围是 -127~127(-2^7+1~2^7-1),一个 16 位原码表示的数值范围是 -32767~32767($-2^{15}+1$~$2^{15}-1$)。

(3) 补码。正数的补码和原码相同,负数的补码,保持符号位不变,其余各位是原码的每一位取反后在加 1 的结果。由此可见,负数的补码就是它的反码加 1 的结果。例如:

$$(127)_{反}=(127)_{原}=(127)_{补}=01111111$$
$$(-127)_{原}=11111111 \quad (-127)_{反}=10000000 \quad (-127)_{补}=10000001$$

数值型数据无论采用哪种编码方式,其真值是不变的。带符号的整数,在计算机中是采用补码作为机器码,这是因为补码表示 $+0$ 和 -0 的编码是一样的,$(+0)_{补}=(-0)_{补}=0000000$,在数值运算上能够把符号位和数值位一起处理,同时还可以简化运算,通过补码表示方式,能够把减法运算转换为加法运算。

2. 非数值型数据的编码

(1) 西文字符的编码。西文文字和字符常用美国标准信息交换代码(American Standard Code for Information Interchange, ASCII)是由美国国家标准学会(American National Standard Institute, ANSI)制定的,是一种标准的单字节字符编码方案,用于基于文本的数据。它最初是美国国家标准,供不同计算机在相互通信时用作共同遵守的西文字符编码标准,后来它被国际标准化组织(International Organization for Standardization, ISO)定为国际标准,称为 ISO 646 标准。

ASCII 码使用指定的 7 位或 8 位二进制数组合来表示 128 或 256 种可能的字符。标准 ASCII 码也叫基础 ASCII 码,使用 7 位二进制数(剩下的 1 位二进制为 0)来表示所有的大写和小写字母,数字 0 到 9、标点符号,以及在美式英语中使用的特殊控制字符,其中:

0~31 及 127(共 33 个)是控制字符或通信专用字符(其余为可显示字符),如控制符:LF(换行)、CR(回车)、FF(换页)、DEL(删除)、BS(退格)、BEL(响铃)等;通信专用字符:SOH(文头)、EOT(文尾)、ACK(确认)等;ASCII 值为 8、9、10 和 13 分别转换为退格、制表、换行和回车字符。它们并没有特定的图形显示,但会依不同的应用程序,而对文本显示有不同的影响。

32~126(共 95 个)是字符(32 是空格),其中 48~57 为 0 到 9 十个阿拉伯数字。

65~90 为 26 个大写英文字母,97~122 号为 26 个小写英文字母,其余为一些标点符号、运算符号等。

后 128 个称为扩展 ASCII 码。许多基于 x86 的系统都支持使用扩展(或"高")ASCII。扩展 ASCII 码允许将每个字符的第 8 位用于确定附加的 128 个特殊符号字符、外来语字母和图形符号。

(2) 汉字字符的编码。汉字信息处理系统一般按照编码、输入、存储、编辑、输出和传输等步骤,其中最为关键的是汉字的编码问题。

课程思政

汉字字符编码

汉字的编码问题是汉字进入计算机的关键问题，只有解决这个难题，汉字才能够输入计算机，并完成存储、编辑等操作。与西文字符相比较，汉字因为数量庞大、字形复杂、存在一音多字和一字多音的现象，编码要复杂困难得多。

外国人断言汉字只能以拼音表示，但是经过我国科研人员的艰苦攻关，成功实现了计算机显示汉字。实现汉字的编码，体现了我国专业技术人员突破创新、攻坚克难的精神，值得学习发扬光大。一个汉字用两个字节来表示，前一个字节中，小于127的字符的意义与原来相同，但两个大于127的字符连在一起时，就表示一个汉字，前面的一个字节（称之为高字节）从0xA1用到0xF7，后面一个字节（低字节）从0xA1到0xFE，这样我们就可以组合出大约7000多个简体汉字了。在这些编码里，我们还把数学符号、罗马希腊的字母、日文的假名都编进去了，连在ASCII里本来就有的数字、标点、字母都统统重新编了两个字节长的编码，这就是常说的"全角"字符，而原来在127号以下的那些就叫"半角"字符了。这种汉字方案叫作GB 2312。GB 2312是对ASCII的中文扩展。

为避免同西文的存储发生冲突，GB 2312字符在进行存储时，通过将原来的每个字节第8bit设置为1，同西文加以区别，如果第8bit为0，则表示西文字符，否则表示GB 2312中的字符。实际存储时，采用了将区位码的每个字节分别加上A0H(160)的方法转换为存储码，计算机存储规则是此编码的补码，而且是位码在前，区码在后。

汉字在不同的处理环节需要不同的编码方式，例如，输入汉字需要使用输入码，存储汉字使用机内码，显示打印汉字使用字形码。

汉字输入码，又称外码，是指用户从键盘上输入代表汉字的编码，由拉丁字母、数字或者特殊字符构成。各种汉字输入码采用不同的符号系统来代表汉字进行输入，分为音码、形码和混合编码三类。例如，根据汉字的发音输入的全拼输入法、简拼输入法等，根据汉字的字形输入的五笔字型输入法，根据汉字的发音和字形混合输入的太极码等。

汉字机内码，又称内码，是指计算机内部存储处理加工和传输汉字采用由0和1符号组成的代码。无论采用何种输入码，进入计算机后就必须立即转换为机内码，才能够被计算机识别、存储和读取。根据国标码的规定，每一个汉字都有确定的二进制代码，在计算机内部汉字代码都用机内码，在磁盘上记录汉字也用机内码。机内码的规则是将国标码的高位字节、低位字节各自加上128（十进制）或80（十六进制），这样处理的目的，是为了使汉字内码区别于西文的ASCII编码，因为ASCII编码的高位均为0，而汉字内码的每个字节的高位均为1，这样就不会造成中西文混排时的乱码现象。

汉字字形码，是汉字字库中存储的每个汉字的字形信息，其作用是将汉字在显示器或者打印机上输出。字形码有点阵编码和矢量编码两种方式，采用点阵编码方式得到的编码集合就是点阵字库，通常有16×16点阵、24×24点阵、48×48点阵等。全部汉字字形码的集合就组成了汉字字库，汉字字库分为软字库和硬字库两种，软字库采用文件的形式存放在磁盘上，目前以软字库为主。硬字库是字库固化在一个存储芯片中，通过接口卡的方式与计算机连接,所以常常也被称为汉卡。矢量编码方式的的字形码,可以使得汉字显示无极缩放,却不会变形,这是因为这些字形是通过数学曲线描述,通过数学计算进行渲染而成。矢量字体主要包括 Type1、TrueType、OpenType 等几类,它们与平台无关。

1.5 程序设计与计算思维

程序设计是计算机专业人员为了解决某个问题、完成某项任务而进行的程序编制活动。面向多个应用领域的高级程序设计语言类型多样,不断迭代,凸显了模块化、简明性和形式化的发展趋势。从结构化程序设计到面向对象的程序设计,体现了人类对现实世界的认识和理解的深化,也折射出通过抽象和自动化完成问题求解的计算思维的本质。

1.5.1 程序与程序设计

1. 数据结构、算法与程序

数据结构是指所有数据元素以及数据元素之间的关系,是相互之间具有某种或某几种特定关系的数据元素的集合,数据结构包括数据的逻辑结构、数据的存储结构和数据的运算三个方面的内容,其中数据的逻辑结构包括集合、线性结构、树状结构、图形结构,它们表达了数据之间多样的线性或者非线性关系。

算法是基于计算思维的解决问题的方法的描述,由一系列操作步骤组成,通过这些步骤的自动执行可以解决指定的问题。解决不同的问题可能需要不同的算法,解决同样一个问题可能有多种算法,算法有五个基本特征,即有穷性、确定性、可行性、输入和输出。

从静态的角度看,程序是一系列计算机指令的集合;从动态的角度看,程序是描述一定数据的处理过程。计算机科学家尼古拉斯·沃斯(Niklaus Wirth)提出如下公式:

$$程序 = 数据结构 + 算法$$

这个公式揭示了程序和数据结构及算法之间的关系,程序既包含了特定关系的数据,也包含了体现问题解决过程的算法。

2. 程序设计语言及应用领域

程序设计语言是用于书写计算机程序的语言,其基本功能就是描述数据和对数据的运算。程序设计语言有3个方面的因素,即语法、语义和语用。语法表示程序的结构或形式,亦即表示构成语言的各个记号之间的组合规律,但不涉及这些记号的特定含义,也不涉及使用者。语义表示程序的含义,亦即表示按照各种方法所表示的各个记号的特定含义,但不涉及使用者。语义表示程序与使用者的关系。

程序设计语言的发展经历了从低级语言到高级语言的过程,现在人们常说的程序设计语言一般都是指高级语言,如 Java、C、C++、Python 等。由于每种语言特点不同,适用领域也不同:

(1) 科学工程计算。需要大量的标准库函数,以便处理复杂的数值计算,可供选用的语言有 FORTRAN 语言、C 语言等。

(2) 数据处理与数据库应用。SQL 为 IBM 公司开发的数据库查询语言,4GL 称为第 4 代语言。

(3) 实时处理。实时处理软件一般对性能的要求很高,可选用的语言有汇编语言、Ada

语言等。

（4）系统软件。如果编写操作系统、编译系统等系统软件时,可选用汇编语言、C 语言、Pascal 语言和 Ada 语言。

（5）人工智能。如果要完成知识库系统、专家系统、决策支持系统、推理工程、语言识别、模式识别等人工智能领域内的系统,应选择 Prolog、Lisp 语言。

3. 程序设计语言的分类

按照程序设计语言与计算机硬件的关联程度,可以分为三类,即机器语言、汇编语言和高级语言。

（1）机器语言。机器语言是计算机能够直接识别的指令的集合,其指令是由 0 和 1 为基数的二进制代码组成。每一条指令规定了计算机要完成的某个操作,包含操作码和操作数两个部分,操作码决定要完成的操作,操作数是指参加运算的数据及其所在的地址单元。机器语言是一种面向机器的语言,编写程序相当繁杂冗长。

（2）汇编语言。汇编语言是对机器语言进行符号化改进的结果,也称符号语言。汇编语言能够让程序设计人员使用类似英语缩写的助记符来编写程序,摆脱了复杂烦琐的二进制数据代码。用汇编语言编写程序比机器语言更加直观,可读性更好。汇编语言编写的程序,必须通过汇编程序将其翻译成机器语言程序,计算机才能够识别和执行。机器语言和汇编语言都是低级语言。

（3）高级语言。高级语言是一种采用接近数学语言和自然语言的语法、符号来描述操作的程序设计语言,是一种独立于机器、面向过程或对象的语言。高级语言编写的程序更接近人们认识问题的抽象层次,其运行与具体的机器无关。高级语言面向用户,容易学习使用,如当前热门的高级语言 Python。

4. 程序设计方法

程序设计是通过编写计算机程序来解决某个问题,通常包括确定问题、分析问题、设计算法、程序实现、程序测试和程序维护的过程步骤。从程序设计的演进过程看,程序设计产生了结构化程序设计和面向对象程序设计两种主要方法。

（1）结构化程序设计。结构化程序设计（Structured Programming）是进行以模块功能和处理过程设计为主的详细设计的方法,其主要思想是功能分解并逐步求精,采用顺序结构、选择结构和循环结构三种基本结构。结构化程序设计是过程式程序设计的一个子集,它对写入的程序使用逻辑结构,使得理解和修改更有效更容易,是面向过程方法的改进,结构上将软件系统划分为若干功能模块,各模块按要求单独编程,再由各模块连接、组合构成相应的软件系统。该方法强调程序的结构性,所以容易做到易读,易懂。该方法思路清晰,做法规范,深受设计者青睐。

结构化程序设计思想是最早由 E.W.Dijikstra 在 1965 年提出的,结构化程序设计思想确实使程序执行效率提高,程序的出错率和维护费用大大减少。按照这种原则和方法可设计出结构清晰、容易理解、容易修改、容易验证的程序,结构化程序设计的目标在于使程序具有一个合理结构,以保证和验证程序的正确性,从而开发出正确、合理的程序。

（2）面向对象程序设计。面向对象程序设计（Object Oriented Programming,OOP）作为一种新方法,其本质是以建立模型体现出来的抽象思维过程和面向对象的方法。模型是用来反映现实世界中事物特征的。任何一个模型都不可能反映客观事物的一切具体特征,只能对事物特征和变化规律的一种抽象,且在它所涉及的范围内更普遍、更集中、更深刻地描述客体的特征。通过建立模型而达到的抽象是人们对客体认识的深化。面向对象程序设计方法是尽可能模拟人类的思维方式,使得软件的开发方法与过程尽可能接近人类认识世界、解决现实问题的方法和过程,也使得描述问题的问题空间与问题的解决方案空间在结构上尽可能一致,把客观世界中的实体抽象为问题域中的对象。

面向对象程序设计的基本原则是计算机程序由单个能够起到子程序作用的单元或对象组合而成。面向对象程序设计达到了软件工程的三个主要目标:重用性、灵活性和扩展性。面向对象程序设计=对象+类+继承+多态+消息,其中核心概念是类和对象。

面向对象程序设计以对象为核心,该方法认为程序由一系列对象组成。类是对现实世界的抽象,包括表示静态属性的数据和对数据的操作,对象是类的实例化。对象间通过消息传递相互通信,来模拟现实世界中不同实体间的联系。在面向对象的程序设计中,对象是组成程序的基本模块。

1.5.2 计算思维

1. 计算思维的概念

人类的历史,是认识和改造自然的过程。人类认识和理解自然的过程,经历了经验的、理论的和计算的三个阶段。计算机的出现和应用,推动整个过程进入到计算的阶段。计算思维是人类思维和计算机能力的综合,它不同于一般的数学思维或工程思维。

2006年3月,美国卡内基-梅隆大学周以真教授首次提出,计算思维是运用计算机科学的基础概念进行问题求解、系统设计,以及理解人类行为,包括一系列广泛的计算机科学的思维方法,本质是为问题进行建模并模拟。2010年,周以真教授又指出,计算思维是与形式化问题及其解决方案相关的思维过程,其解决问题的表示形式应该能有效地被信息处理代理执行。

计算思维吸取了问题解决所采用的一般数学思维方法,现实世界中巨大复杂系统的设计与评估的一般工程思维方法,以及复杂性、智能、心理、人类行为的理解等的一般科学思维方法。它的本质是抽象(Abstract)和自动化(Automation),它反映了计算的根本问题,即什么能被有效地自动执行。

2011年,国际教育技术协会(ISTE)和计算机科学教师协会(CSTA)给出了计算思维的定义:计算思维是一个问题解决的过程,该过程包括以下特点。

(1) 制定问题,并能够利用计算机和其他工具来帮助解决该问题。
(2) 要符合逻辑地组织和分析数据。
(3) 要通过抽象(如模型、仿真等)再现数据。
(4) 通过算法思想(一系列有序的步骤)支持自动化地解决方案。
(5) 分析可能的解决方案,找到最有效的方案,并且有效地结合这些步骤和资源。
(6) 将该问题的求解过程进行推广并移植到更广泛的问题中。

2. 计算思维的特性

(1) 计算思维是概念化,不是程序化。计算机科学不是计算机编程。像计算机科学家那样去思维,意味着远不止能为计算机编程,还要求能够在抽象的多个层次上思维。
(2) 计算思维根本的,不是刻板的技能。计算思维作为根本技能,是每一个人为了在现代社会中发挥职能所必须掌握的。刻板技能意味着机械的重复。计算思维绝不是简单机械的重复,而是在抽象和自动化的过程中创新。

(3)计算思维是人的,不是计算机的思维方式。计算思维是人类求解问题的一条途径,但决非要使人类像计算机那样地思考。计算机枯燥且沉闷,人类聪颖且富有想象力,是人类赋予计算机激情。使用计算设备,人类就能用自己的智慧去解决那些在计算时代之前不敢尝试的问题,实现"只有想不到,没有做不到"的境界。

(4)计算思维是数学和工程思维的互补与融合。计算机科学在本质上源自数学思维,因为像所有的科学一样,其形式化基础建筑于数学之上。计算机科学又从本质上源自工程思维,因为人们建造的是能够与实际世界互动的系统。计算机学家虽然必须受限于现实的设备和环境,但是能够利用构建虚拟世界的自由,使人们能够设计超越物理世界的各种系统。

(5)计算思维是思想,不是人造物。计算思维不只是人们生产的软件硬件等人造物,这些人造物以物理形式到处呈现并时时刻刻渗入人们的生活,更重要的是借此接近和求解问题、管理日常生活、与他人交流和互动。

(6)计算思维面向所有的人,所有地方。当计算思维真正融入人类活动的整体以致不再表现为一种显式的哲学的时候,它就将成为一种现实。

计算思维是每个人的基本技能,不仅仅属于计算机科学家。像计算机科学家一样思考,不仅仅是计算机专业人员为了解决计算机问题的要求,也是其他各行各业的人员为发挥计算机在本行业中的作用而必须掌握的必备技能。

3. 计算思维的解题方法

近现代以来,计算机飞速发展,早已从最早的数值计算发展到融入各个学科和行业,深刻地影响和改变着人类的思维方式。计算思维已经成为各个专业利用计算机求解问题的一条基本途径。

要将学科或者行业领域的具体问题通过计算机来解决,一般要经过以下几个必要步骤:

(1)界定问题,厘清解题的条件。在抽象的原则指导下,将问题尽可能简化,将隐藏在复杂现象下的必要条件找出来,对问题进行抽象描述。

(2)选择合适的算法来解决问题,算法有有穷性、确切性、输入项、输出项和可行性等五个基本特征。建立算法就是要确定问题的数学模型,找出问题的已知条件、要求的目标和两者之间的联系。算法的描述形式有数学模型、数据表格、结构图形、伪代码、程序流程图等。算法代表着用系统的方法描述解决问题的策略机制,能够对一定规范的输入,在有限时间内获得所要求的输出。如果一个算法有缺陷,或不适合于某个问题,执行这个算法将不会解决这个问题。不同的算法可能用不同的时间、空间或效率来完成同样的任务。一个算法的优劣可以用空间复杂度与时间复杂度来衡量。

(3)程序设计。程序设计是使用某种程序设计语言对算法的具体实现,执行程序就是执行用编程语言表述的算法。程序设计过程应当包括分析、设计、编码、测试、排错等不同阶段。程序设计一般遵循以下几个原则。

① 自顶向下。指从问题的全局下手,把一个复杂的任务分解成许多易于控制和处理的子任务,子任务还可能做进一步分解,如此重复,直到每个子任务都容易解决为止。

② 逐步求精。将现实问题经过几次抽象(细化)处理,最后到求解域中只是一些简单的

算法描述和算法实现问题。即将系统功能按层次进行分解,每一层不断将功能细化,到最后一层都是功能单一、简单易实现的模块。

③ 模块化。指解决一个复杂问题时自顶向下逐层把软件系统划分成一个个较小的、相对独立但又相互关联的模块的过程。

习 题 1

一、单选题

(1) 计算机系统由( )。
   A. 主机和系统软件组成　　　　　　B. 硬件系统和应用软件组成
   C. 硬件系统和软件系统组成　　　　D. 微处理器和软件系统组成

(2) 运算器的主要功能是( )。
   A. 实现算术运算和逻辑运算
   B. 保存各种指令信息供系统其他部件使用
   C. 分析指令并进行译码
   D. 按主频指标规定发出时钟脉冲

(3) 下列四条叙述中,正确的一条是( )。
   A. 字节通常用英文单词"bit"来表示
   B. 目前广泛使用的 Pentium 机其字长为 5 字节
   C. 计算机存储器中将 8 个相邻的二进制位作为一个单位,这种单位称为字节
   D. 微型计算机的字长并不一定是字节的倍数

(4) 在进位记数制中,当某一位的值达到某个固定量时,就要向高位产生进位。这个固定量就是该种进位记数制的( )。
   A. 阶码　　　　B. 尾数　　　　C. 原码　　　　D. 基数

(5) 下列四种设备中,属于计算机输入设备的是( )。
   A. UPS　　　　B. 服务器　　　C. 绘图仪　　　D. 鼠标

(6) 与十进制数 291 等值的十六进制数为( )。
   A. 123　　　　B. 213　　　　C. 231　　　　D. 132

(7) 静态 RAM 的特点是( )。
   A. 在不断电的条件下,其中的信息保持不变,因而不必定期刷新
   B. 在不断电的条件下,其中的信息不能长时间保持,必须定期刷新才不致丢失信息
   C. 其中的信息只能读不能写
   D. 其中的信息断电后也不会丢失

(8) 微型计算机中使用最普遍的字符编码是( )。
   A. EBCDIC 码　　B. 国标码　　　C. BCD 码　　　D. ASCII 码

(9) 微型计算机中的内存储器,通常采用( )。
   A. 光存储器　　　　　　　　　　　B. 磁芯存储器
   C. 半导体存储器　　　　　　　　　D. 磁表面存储器

(10) 下列四种软件中,属于系统软件的是( )。
　　A. WPS　　　　B. Word　　　　C. DOS　　　　D. Excel
(11) "计算机辅助制造"的常用英文缩写是( )。
　　A. CAD　　　　B. CAI　　　　　C. CAT　　　　D. CAM
(12) 微型计算机硬件系统中最核心的部件是( )。
　　A. 存储器　　　B. I/O 设备　　　C. CPU　　　　D. UPS
(13) 用 MIPS 来衡量的计算机性能指标是( )。
　　A. 处理能力　　B. 存储容量　　　C. 可靠性　　　D. 运算速度
(14) 下列设备中,即可作输入设备又可作输出设备的是( )。
　　A. 图形扫描仪　B. 磁盘驱动器　　C. 绘图仪　　　D. 显示器
(15) 具有多媒体功能的微型计算机系统中,常用的 CD-ROM 是( )。
　　A. 只读型光盘　　　　　　　　　B. 半导体只读存储器
　　C. 只读型硬盘　　　　　　　　　D. 只读型大容量软盘
(16) 存储一个汉字的内码所需的字节数是( )。
　　A. 1　　　　　B. 8　　　　　　C. 4　　　　　D. 2
(17) 十进制数 511 的二进制数是( )。
　　A. 11101110　　B. 11111111　　C. 100000000　　D. 10000001
(18) 与二进制数 01011011 对应的十进制数是( )。
　　A. 123　　　　B. 87　　　　　C. 107　　　　D. 91
(19) 在计算机内部,传送、存储、加工处理的数据和指令都是( )。
　　A. 拼音简码　　B. 八进制码　　　C. ASCII 码　　D. 二进制码
(20) 在微机中的硬盘连同其驱动器属于( )。
　　A. 外(辅助)存储器　　　　　　　B. 输入设备
　　C. 输出设备　　　　　　　　　　D. 主(内)存储器
(21) 某单位的人事档案管理程序属于( )。
　　A. 系统程序　　B. 系统软件　　　C. 应用软件　　D. 目标程序
(22) 在下列存储器中,访问周期最短的是( )。
　　A. 硬盘存储器　B. 外存储器　　　C. 内存储器　　D. 软盘存储器
(23) 在计算机中,用( )个二进制位组成一个字节。
　　A. 4　　　　　B. 8　　　　　　C. 16　　　　　D. 32
(24) 第四代计算机使用的逻辑器件是( )。
　　A. 继电器　　　　　　　　　　　B. 电子管
　　C. 中小规模集成电路　　　　　　D. 大规模和超大规模集成电路
(25) 二进制数运算 1110×1101 的结果是( )。
　　A. 10110110　　B. 00110110　　C. 01111110　　D. 10011010
(26) 逻辑表达式 1010∨1011 等于( )。
　　A. 1010　　　　B. 1011　　　　C. 1100　　　　D. 1110
(27) 下列一组数据中的最大数是( )。
　　A. $(227)_8$　　B. $(1FF)_{16}$　　C. $(1010001)_2$　　D. $(789)_{10}$

(28) 速度快、分辨率高的打印机类型是（　　）。
　　A. 非击打式　　　B. 激光式　　　　C. 击打式　　　　D. 点阵式
(29) 扩展名不是文本文件类型的是（　　）。
　　A. txt　　　　　B. docx　　　　　C. jpg　　　　　　D. wps

二、判断题

(1) CPU 可以直接访问外存储器。　　　　　　　　　　　　　　　　　　　　（　　）
(2) 外存储器包括磁盘存储器、光盘存储器和闪存存储器。　　　　　　　　　（　　）
(3) 计算机中信息存储的最小单位是字节。　　　　　　　　　　　　　　　　（　　）
(4) 键盘是输入设备，显示器是输出设备。　　　　　　　　　　　　　　　　（　　）
(5) 操作系统是一种很重要的应用软件。　　　　　　　　　　　　　　　　　（　　）
(6) 计算机中使用的汉字编码和 ASCII 码是相同的。　　　　　　　　　　　　（　　）
(7) 目前各部门广泛使用的人事档案管理、财务管理等软件属于系统软件。　（　　）
(8) 中央处理器(CPU) 主要的组成部分是运算器和控制器。　　　　　　　　　（　　）
(9) 存储在任何存储器中的信息，断电后都不会丢失。　　　　　　　　　　　（　　）
(10) 操作系统只是对硬盘进行管理的程序。　　　　　　　　　　　　　　　　（　　）

第 2 章　操 作 系 统

一个完整的计算机系统是由计算机的硬件部分和软件部分构成的,在众多的软件中,操作系统是最基本的软件,其他所有的软件都是建立在操作系统之上的。从操作系统的发展来看,一是为方便用户使用计算机,二是为管理计算机硬件和软件资源。Windows 操作系统是目前应用最为广泛的一种图形用户界面操作系统,它利用图像、图标、菜单和其他可视化部件控制计算机,通过使用鼠标,可以方便地实现各种操作,而不必记忆和键入控制命令,非常容易掌握其使用方法。

2.1　操作系统概述

2.1.1　操作系统简介

一台没有安装任何软件的计算机称为裸机,即使这台裸机硬件的运算处理能力很强大,一般的用户也没有办法直接使用它。因此,我们必须为裸机配备软件,方便用户使用和管理计算机的硬件资源和软件资源。

操作系统在计算机系统中扮演这一角色,通常可以把操作系统定义为"用以控制和管理计算机系统资源,方便用户使用计算机的程序的集合"。其主要作用如下。

(1) 管理系统资源,这些资源包括中央处理器、主存储器、输入输出设备和数据文件等。
(2) 使用户能安全方便地使用系统资源,并对资源的使用进行合理调度与分配。
(3) 提供输入输出的便利,简化用户的输入输出工作。
(4) 规定用户的接口,以及发现并处理各种错误。

课程思政

操作系统管理资源兼顾效率与公平

　　计算机操作系统具有处理机管理、存储管理、文件管理、设备管理和用户接口等五个主要功能(如图 2-1 所示),根据用户需求,按照一定的策略和算法来分配和调度资源。计算机操作系统要在尽可能公平的基础上,提高计算机硬件资源,尤其是 CPU 和内存的利用效率,也就是让利用率最大化。

　　例如,在单 CPU 计算机系统中,多个作业或者进程竞争 CPU 的调度,那么采取何种算法能够较好地提高 CPU 的利用率,同时又能够兼顾到不同类型或者长短的作业,这就是操作系统的资源管理功能。其中,就体现了效率与公平的辩证统一的关系,如果只追求效率,那么操作系统就必然对某些作业或进程不利;如果过于讲究公平,则资源的利用效率就会大大降低。

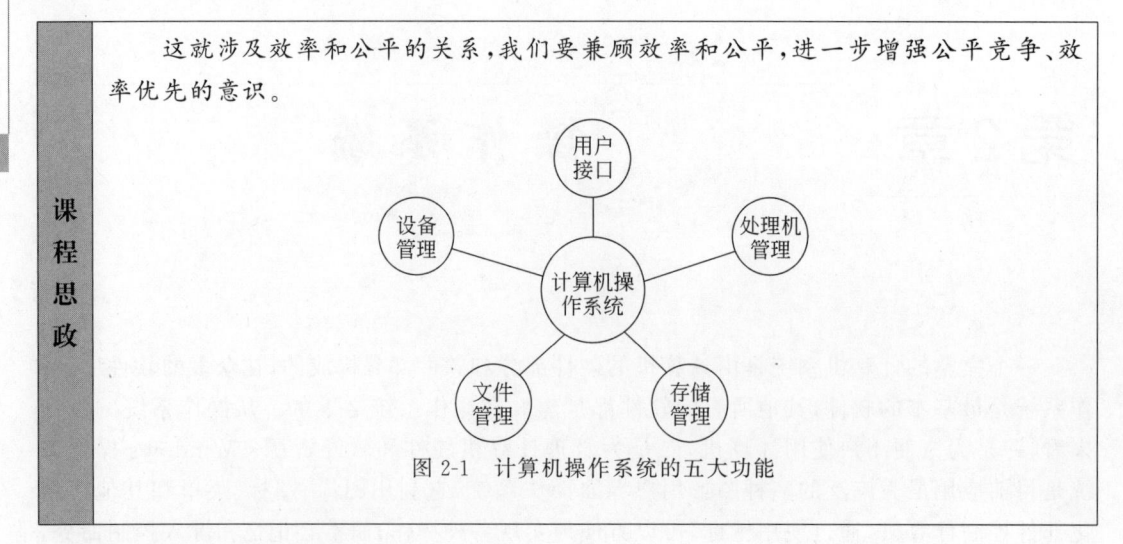

这就涉及效率和公平的关系，我们要兼顾效率和公平，进一步增强公平竞争、效率优先的意识。

图 2-1 计算机操作系统的五大功能

2.1.2 操作系统分类

操作系统有以下多种分类方式。

（1）按与用户对话的界面分类：可分为命令行界面操作系统（MS DOS 等）和图形用户界面操作系统（Windows 7、Windows 10、Linux、macOS 等）。

（2）按能同时支持的用户数为标准分类：可分为单用户操作系统（MS DOS、Windows 7、Windows 10 等）和多用户操作系统（Windows Server 2008、Linux、UNIX 等）。

（3）按能同时运行的任务数为标准分类：可分为单任务操作系统（MS DOS 等）和多任务操作系统（Windows 7、Windows 10、Windows Server 2008、Linux、UNIX 等）。

（4）按系统的功能为标准分类：可分为批处理系统、分时操作系统、实时操作系统、网络操作系统等。

2.1.3 常见的操作系统

操作系统种类很多，目前主要有 DOS、Windows、UNIX、Linux 和 macOS 等。

1. DOS 系统

DOS（Disk Operating System）是 Microsoft 公司研制的安装在个人计算机上的单用户命令行界面操作系统。它曾经广泛地应用在 PC 上，对于计算机的普及可以说是功不可没。DOS 的特点是对硬件要求低，但操作繁杂，现在已经被 Windows 替代。

2. Windows 操作系统

Windows 是基于图形用户界面的操作系统。因其生动、形象的用户界面，十分简便的操作方法，吸引着成千上万的用户，成为目前装机普及率最高的一种操作系统。

Windows 主要有两个系列：一是用于低档 PC 上的操作系统，如 Windows XP、Windows 7、Windows 10 等；二是用于高档服务器上的网络操作系统，如 Windows Server 2003、Windows Server 2008、Windows Server 2012、Windows Server 2019 等。

课程思政

Windows 操作系统版本迭代

Windows 操作系统版本，从最初的 DOS 系统到如今 Windows 10 操作系统，经历了十余次的迭代更新（如图 2-2 所示），形成了一个多系列、多用途的操作系统集合。

Windows 1.0　　　　Windows 2.0　　　　Windows 3.0　　　Windows 3.2中文版
1985年发布　　　　　　　　　　　　　　1992年发布　　　　　1994年发布

Windows 95　　　　Windows 98　　　Windows 2000　　　Windows XP
1995年发布　　　　　　　　　　　　　2000年发布　　　　　2001年发布

Windows 7　　　Windows 8　　　Windows 10　　　Windows 11
2009年发布　　　2012年发布　　　2015年发布　　　2021年发布

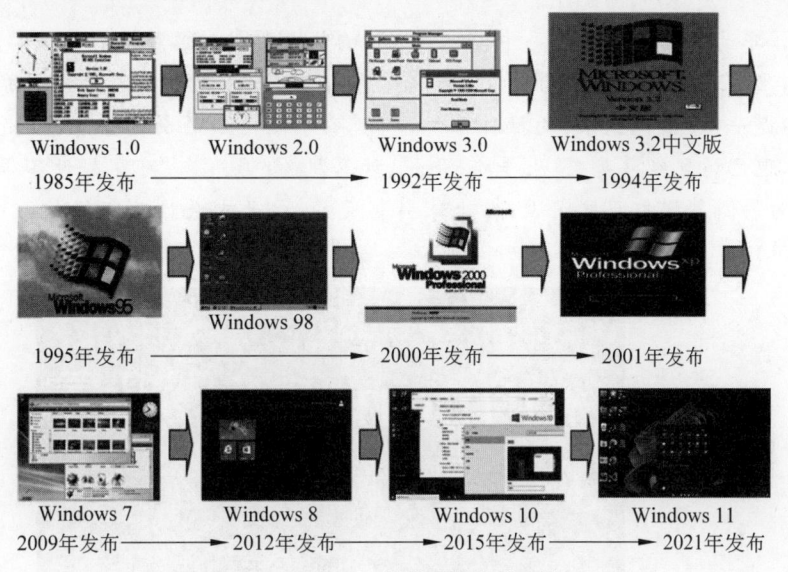

图 2-2　Windows 操作系统版本更新

　　Windows 的不断更新，使得该操作系统具有人机操作性优异、支持的应用软件较多、对硬件支持良好等特点；Windows 操作系统的版本迭代，是面对系统漏洞、嗅探攻击、木马病毒等攻击手段的不断优化改进，体系架构也从 16 位、32 位升级到 64 位，凝聚了计算机技术人员的集体智慧和创造性解决问题的个人贡献。

　　我们要从中感受并学习到终身学习、不断进取的科学精神，学习成长的过程，也是一个"版本迭代"的过程，是一个不断扬弃自我、追求新我的过程。

3. UNIX 操作系统

UNIX 是一种发展比较早的操作系统。其优点是具有较好的可移植性，可运行于许多不同类型的计算机上，具有较好的可靠性和安全性，是一个交互式、多用户、多任务的操作系统。缺点是缺乏统一的标准，应用程序不够丰富，并且不易学习，这些都限制了 UNIX 的普及应用。

4. Linux 操作系统

Linux 是一种源代码开放的操作系统，是目前最大的一个自由免费软件，用户可以通过 Internet 免费获取 Linux 及其生成工具的源代码，然后进行修改，建立一个自己的 Linux 开发平台，开发 Linux 软件。其功能可与 UNIX 和 Windows 相媲美，具有完备的网络功能，是一个多用户、多任务的操作系统。

5. macOS 操作系统

macOS 是在苹果公司的 Power Macintosh 机及 Macintosh 计算机上使用的。它是最早成功的基于图形用户界面的操作系统,它具有较强的图形处理能力,广泛用于桌面排版和多媒体应用等领域。macOS 的缺点是与 Windows 缺乏较好的兼容性,影响了它的普及。

> **课程思政**
>
> **华为鸿蒙操作系统**
>
> 　　华为鸿蒙操作系统是中国华为公司自主开发的计算机操作系统。2019 年 8 月 9 日,华为在东莞举行华为开发者大会(见图 2-3),正式发布操作系统鸿蒙 OS。鸿蒙 OS 是一款"面向未来"的操作系统,一款基于微内核的面向全场景的分布式操作系统,现已适配智慧屏、适配手机、平板、计算机、智能汽车、可穿戴设备等多终端设备。华为的鸿蒙操作系统问世,在全球引起反响,拉开永久性改变操作系统全球格局的序幕。
>
> 图 2-3　华为鸿蒙操作系统发布会现场
>
> 　　鸿蒙问世时,恰逢中国整个软件业亟需补足短板,鸿蒙给国产软件的全面崛起产生战略性带动和刺激。在美国打压中国高科技企业的逆境中,以华为为代表的中国高科技企业,独立发展我国核心技术,代表中国高科技必须开展的一次战略突围,是中国解决诸多卡脖子问题的一个带动点。
>
> 　　中国科技企业及科技工作人员在孕育、创新、突围中成长壮大。我们要学习中国企业自主创新、攻坚克难的创新精神,学习以任正非为代表的中国科技人员孜孜以求、执著奋斗的动人事迹和精益求精、追求卓越、不断创新的工匠精神。

2.2　Windows 操作系统

　　Windows 10 是由微软公司(Microsoft)开发的操作系统,应用于计算机和平板电脑等设备。该系统较之前的版本相对,性能进行了大幅度改进和提升,对硬件性能的要求并没有更高要求,最低配置如下。

(1) 处理器:1GHz 或更快的处理器。

(2) 内存:1GB(32 位)或 2GB(64 位)。

(3) 硬盘空间:16GB(32 位操作系统)或 20GB(64 位操作系统)。

(4) 显卡：DirectX 9 或更高版本。
(5) 分辨率：800×600。

2.2.1 Windows 10 的桌面组成

启动并进入 Windows 10 操作系统后，首先看到的屏幕是桌面，如图 2-4 所示。桌面是用户与计算机之间交互的主屏幕区域。桌面区域包括桌面图标、"开始"按钮、任务栏。

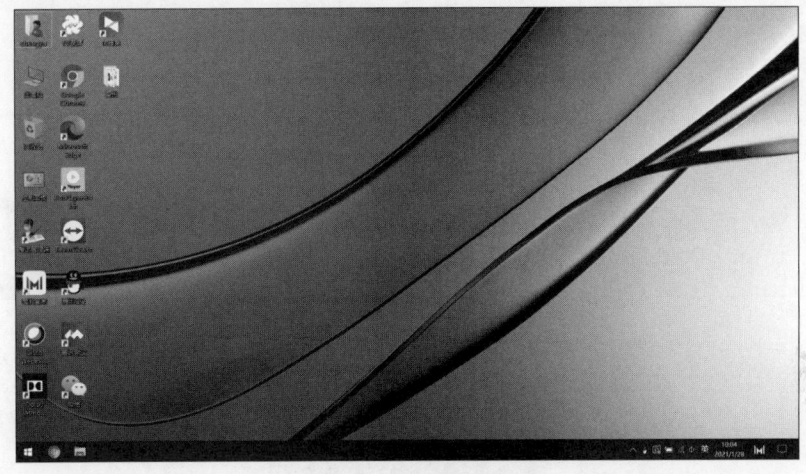

图 2-4 桌面

1. 桌面图标

桌面上带有文字说明的小图片，称为桌面图标。桌面图标通常代表 Windows 环境下的一个可以执行的应用程序，或者指向应用程序的快捷方式，或者一个文件和文件夹。用户可以通过双击图标的方式，打开应用程序或文件夹。

初始安装 Windows 后，桌面上只有一个"回收站"图标，用户通常为了使用方便，将"此电脑""用户文件夹"和"控制面板"也显示在桌面上。方法是：右击桌面空白处，在弹出的快捷菜单中选择"个性化"命令，在打开的"设置"窗口的左侧选择"主题"，然后在右侧的相关设置中选择"桌面图标设置"。在"桌面图标设置"对话框中将相应的项目显示在桌面上。具体操作如图 2-5 所示。

桌面上的图标显示效果如图 2-6 所示。常见图标有以下几种。

(1) "此电脑"图标。该图标为用户访问计算机资源的入口。双击"此电脑"图标后，会打开资源管理器程序，如图 2-7 所示，用户可以在此访问硬盘、光盘、可移动硬盘及连接到计算机的其他设备资源。

右击"此电脑"图标，在弹出的快捷菜单中选择"属性"命令，会打开"系统"属性窗口，如图 2-8 所示，在此窗口中可以查看计算机安装的操作系统版本信息、处理器、内存等基本性能指标。

(2) 用户文件夹图标。Windows 会自动为每个用户创建一个个人文件夹，它是根据用户账户名称命名的。例如，如果用户名称是 user，则该文件夹的名称为 user。双击用户文件夹图标，将打开一个文件夹窗口，如图 2-9 所示，该窗口中包括文档、音乐、图片和视频等子文件夹。用户新建文件在保存时，系统默认保存在用户文件夹下相应的子文件夹中。

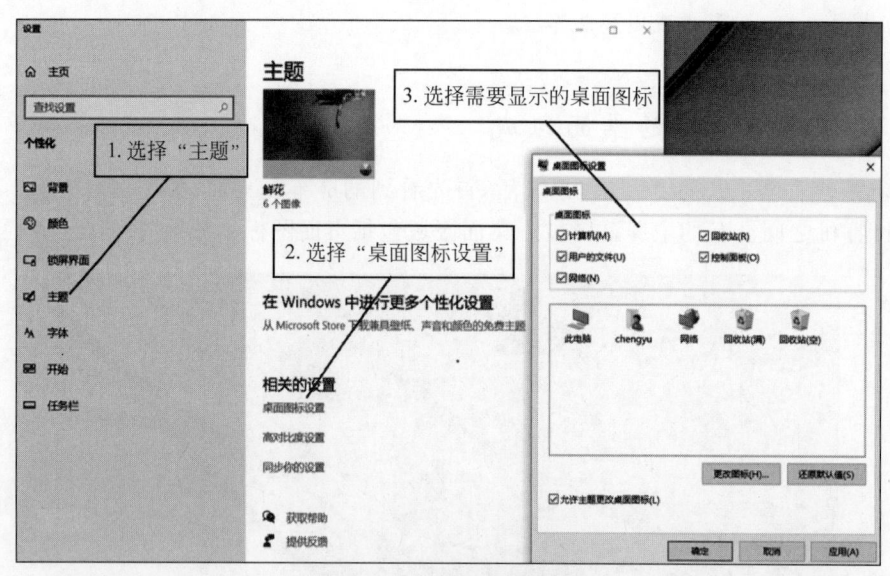

图 2-5 设置桌面图标

图 2-6 桌面上的图标

(3)"回收站"图标。回收站是系统在硬盘中自动生成的特殊文件夹,用来保存被逻辑删除的文件和文件夹。双击"回收站"图标,可以打开"回收站"文件夹窗口,如图 2-10 所示。

在回收站窗口中显示的是以前删除的文件和文件夹的名字,用户可以从中恢复一些误删除的文件和文件夹,也可以将这些文件和文件夹从回收站中彻底删除。注意:文件从回收站中删除后,将无法恢复。

(4)"控制面板"图标。双击"控制面板"图标后,将打开"控制面板"窗口,如图 2-11 所示,该窗口主要用来进行系统相关的设置。用户可以根据自己的喜好设置显示、键盘、鼠标、桌面等对象,还可以添加或删除程序、查看硬件设备等操作。

(5)"快捷方式"图标。图标左下角有箭头标记,双击图标,可以快速打开某个文件、文件夹或应用程序。快捷方式图标是一个连接对象的图标,它不是对象本身,而是指向这个对

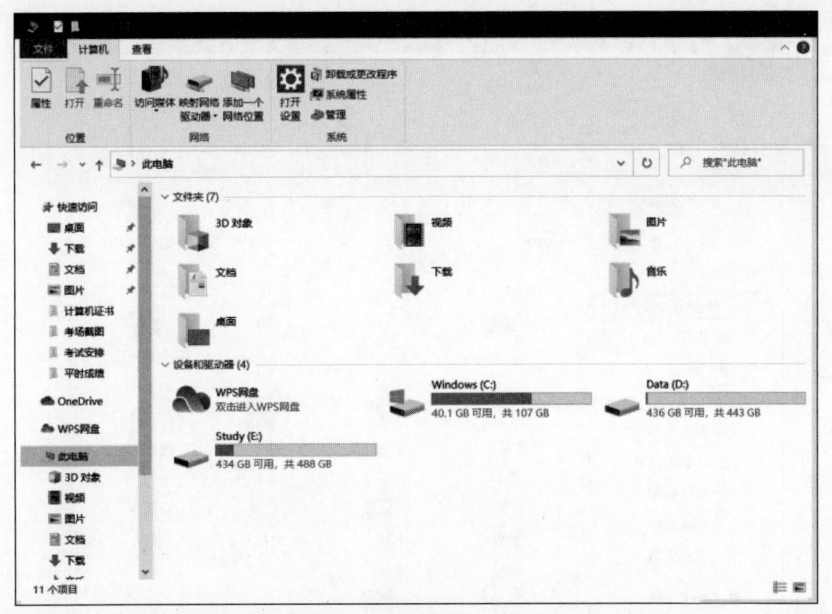

图 2-7 "此电脑"打开窗口

图 2-8 "系统"属性窗口

象的指针,删除快捷方式图标,并不会对原文件有任何影响。

2. "开始"按钮

"开始"按钮位于桌面的左下角。单击"开始"按钮或按键盘的 Windows 键,就可以打开"开始"菜单,如图 2-12 所示,"开始"菜单对应的屏幕为开始屏幕,用户可以在开始屏幕中选择相应的项目,轻松快捷地使用计算机上的所有应用。

3. 任务栏

任务栏位于桌面的底部,如图 2-13 所示。从左到右依次为"开始"按钮、程序按钮区、通知区域、显示桌面。

图 2-9 用户文档

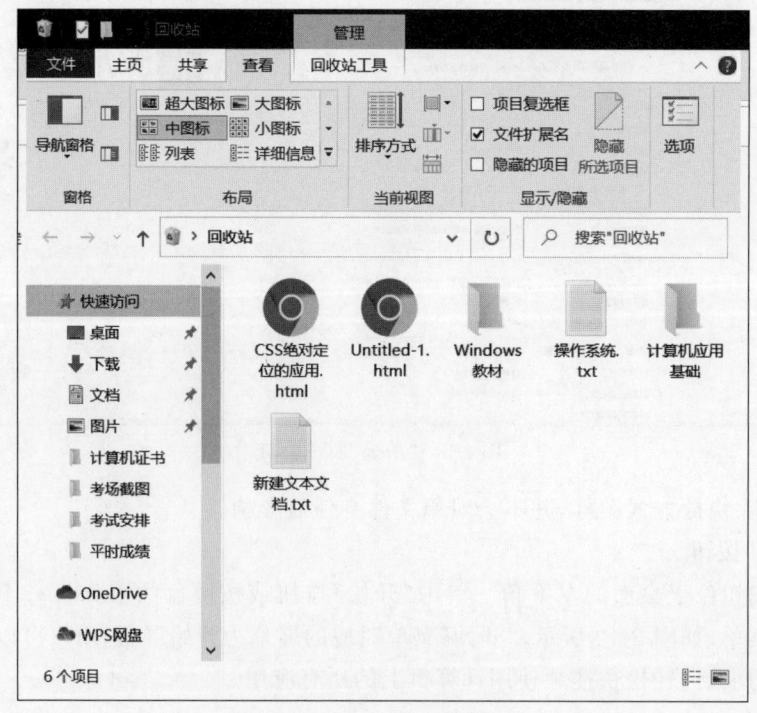

图 2-10 "回收站"文件夹窗口

(1) "开始"按钮。打开"开始"菜单。
(2) 程序按钮区。显示固定在任务栏的快速启动按钮和正在运行的应用程序、文件和

图 2-11 "控制面板"窗口

图 2-12 "开始"菜单

图 2-13 任务栏

文件夹的按钮图标。

(3) 通知区域。显示音量、输入法、系统时间、一些特定的程序(例如,杀毒软件、防火墙等)或计算机状态的图标。

(4) 显示桌面。用来快速将所有程序最小化并显示桌面。

2.2.2　Windows 10 的窗口组成

Windows 10 操作系统采用多窗口技术,常见的窗口可以分为以下 3 类。

1. 应用程序窗口

应用程序窗口是应用程序运行时的工作窗口，如图 2-14 所示。由标题栏、菜单栏、工具栏、最小化按钮、还原按钮、最大化按钮、关闭按钮、状态栏等组成。

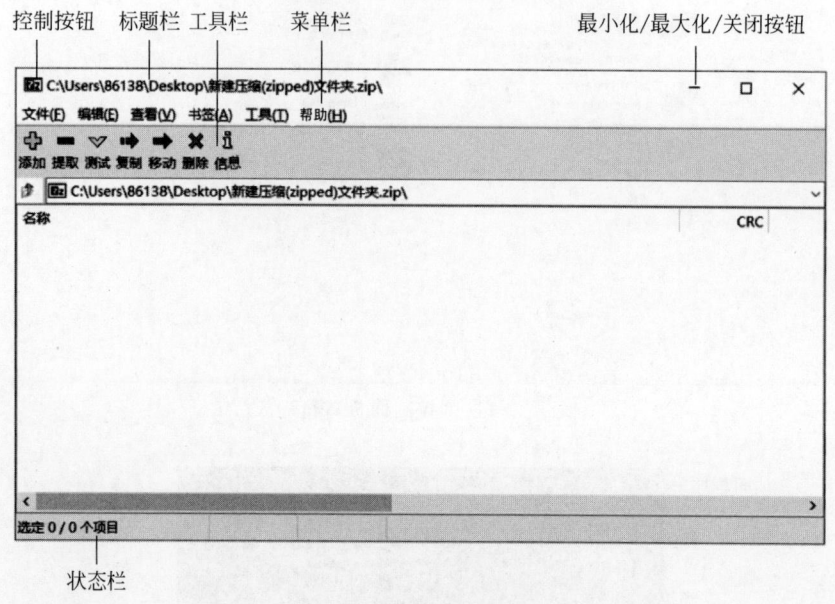

图 2-14　应用程序窗口

2. 文件夹窗口

文件夹窗口用来显示文件夹中的文件及文件夹，如图 2-15 所示。双击某个文件夹即可打开文件夹窗口。

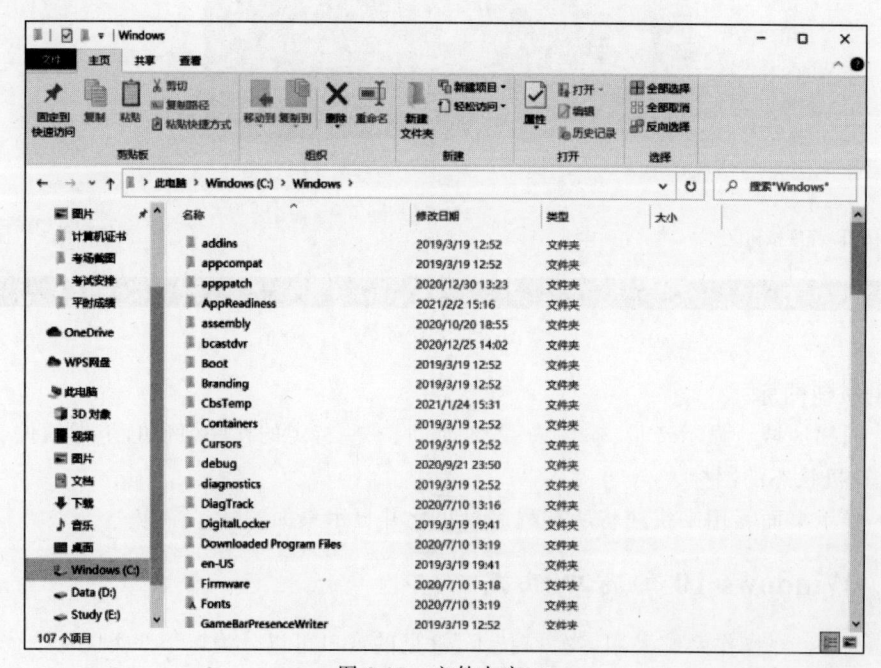

图 2-15　文件夹窗口

3. 对话框

对话框是系统和用户交互信息的窗口，用来输入信息或进行参数设置，如图 2-16 所示。与其他窗口不同，对话框无法实现最大化、最小化或调整大小，只能打开或关闭。

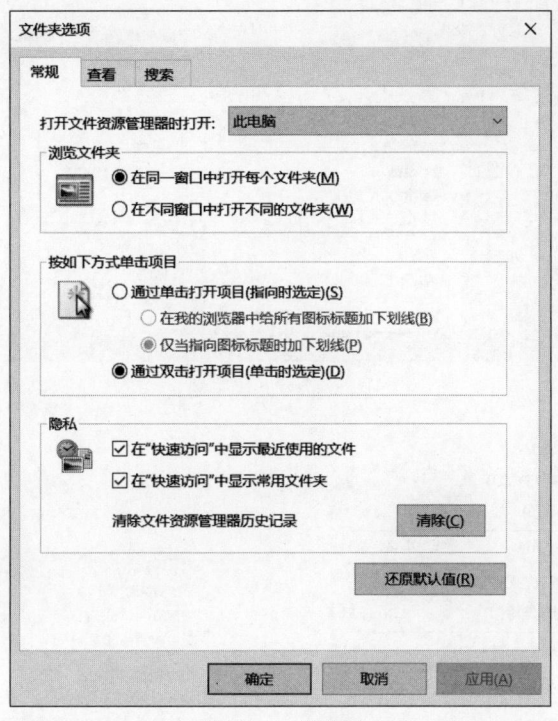

图 2-16 对话框

2.2.3 Windows 10 的菜单

菜单实际是一组操作命令的集合，通过单击就可以实现各种操作，Windows 10 菜单主要可以分为下拉菜单、快捷菜单两种。

1. 下拉菜单

大多数菜单都属于下拉菜单，此类菜单有固定的位置和明显的标志或名称，单击菜单名或标志图标可打开菜单，如图 2-17 所示。

下拉菜单含有若干条命令，为了便于使用，通常命令会按功能分组。当前能够执行的命令项以深色显示，无效的命令项以浅灰色显示；如果菜单命令旁边标有黑色三角形，则表示鼠标移动到该命令后，会弹出相关的子菜单；如果菜单命令旁边标有"…"，则表示选择该命令后会弹出对话框，让用户输入信息或做进一步选择。

2. 快捷菜单

当在窗口的某个位置或某个对象上右击，就会打开一个弹出式的菜单，称为快捷菜单。此类菜单没有固定的位置或标志，有很强的针对性，对不同的操作对象，菜单内容会有很大差别。例如：桌面上右击弹出的快捷菜单和在"此电脑"对象上右击弹出的快捷菜单，如图 2-18 所示。

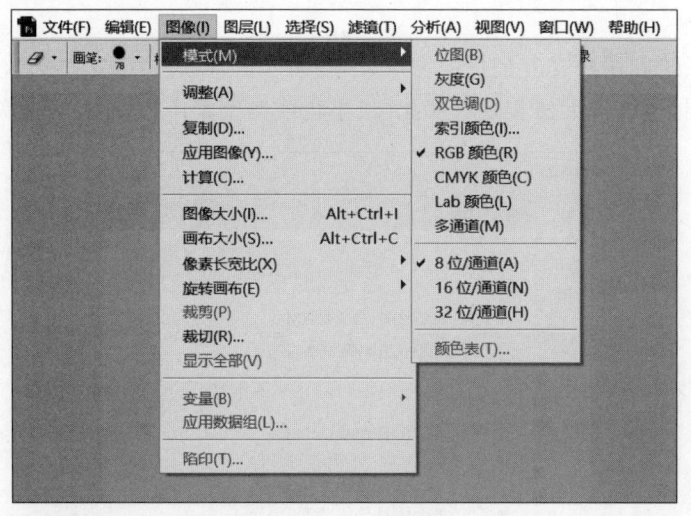

图 2-17 下拉菜单

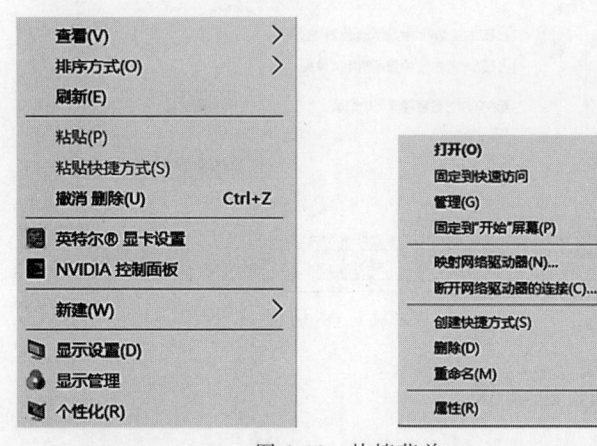

图 2-18 快捷菜单

2.3 Windows 10 的基本操作

2.3.1 启动和退出

1. Windows 10 的启动

计算机安装 Windows 系统后,打开计算机,系统先进行自检,加载驱动程序,检查系统的硬件配置,如果没有问题,自动执行 Windows 系统程序,进入登录界面,选择用户账号,输入密码后,进入系统桌面。

2. Windows 10 的退出

打开"开始"菜单,单击左下角的电源选项,即可打开如图 2-19 所示的子菜单。

(1)"睡眠"命令,计算机进入低能耗状态,显示器将关闭,计算机的风扇通常也会停止,系统只需维持内存中的工作,操作系统会自动保存打开的文档和程序。单击计算机的"电源"按钮或单击鼠标或键盘上任意按键,即可唤醒计算机,唤醒计算机后,系统会自动恢复睡眠前的工作。

（2）"关机"命令，系统会关闭所有打开的程序，退出Windows，完成关闭计算机的操作。

（3）"重启"命令，系统将关闭所有打开的程序，重新启动操作系统。"重启"命令有助于修复计算机运行时产生的错误，有时操作系统更新、安装新的应用程序或卸载应用程序后也需要重启系统。

图 2-19　关闭计算机

2.3.2　文字输入方法

安装 Windows 10 系统后，系统自带汉字的输入法，并在桌面右下角的通知区域显示。如图 2-20 所示。输入法默认为英文输入状态，用户在输入信息时，可以按键盘 Shift 键，切换到中文输入法状态。

Windows 10 自带输入法

图 2-20　输入法

用户也可以自己安装其他输入法，根据输入法的安装向导提示，完成输入法的相关设置。如果需要切换输入法，可以单击输入法标记，在弹出的列表中选择合适的输入法。

在使用输入法时，还可以使用快捷键进行设置，常见的快捷键如下。

- 不同输入法之间切换：按 Ctrl+Shift 键。
- 同一个输入法中英文之间切换：按 Shift 键。
- 英文输入和中文输入法之间切换：按 Ctrl+空格键。
- 全角/半角切换：按 Shift+空格键。
- 中英文标点符号之间切换：按 Ctrl+.键。

2.3.3　鼠标的操作

Windows 是图形化的操作系统，鼠标是在图形操作系统中用得最多的工具。鼠标的主要操作方法如下：

方法 1：左键单击：按一下鼠标左键，表示选中某个对象或启动命令按钮。

方法 2：左键双击：快速连续按两次鼠标左键，表示运行某个对象或执行程序。

方法 3：右击：按一下鼠标右键，表示启动与当前对象相关的快捷菜单。

方法 4：拖曳：按住鼠标左键不放，并移动鼠标指针到另一个位置。表示选中一个区域，或者将对象移动到某个位置。

方法 5：指向：鼠标指针移动到某个位置，但是没有按键。

由于鼠标指针位置不同，往往有不一样的操作，用户可以根据鼠标的形状来判断，如图 2-21 所示为常见的鼠标形状。

鼠标指针	表示的状态	鼠标指针	表示的状态	鼠标指针	表示的状态
↖	准备状态	↕	调整对象垂直大小	✛	精确调整对象
↖?	帮助选择	↔	调整对象水平大小	I	文本输入状态
↖⧖	后台处理	↘	等比例调整对象1	⊘	禁用状态
⧖	忙碌状态	↗	等比例调整对象2	✎	手写状态
✥	移动对象	↑	其他选择	☝	链接状态

图 2-21　鼠标指针的形状

2.3.4　窗口的操作

1. 窗口的移动

将鼠标指向窗口上方的标题栏,按住鼠标左键,拖曳鼠标到指定的位置。

2. 窗口的最大化、最小化和还原

1) 最大化和还原

在窗口右上角单击最大化按钮,即可将窗口充满整个屏幕。已经最大化状态的窗口,在窗口右上角,会出现还原按钮,单击还原按钮,窗口会恢复到最大化前的大小。

在窗口的标题栏位置,双击鼠标左键,窗口会在最大化和还原两个状态之间切换。

2) 最小化和还原

在窗口右上角单击最小化按钮,窗口会缩小为一个图标按钮并显示在任务栏上。单击任务栏上最小化的窗口图标按钮,即可还原窗口。

3. 窗口的关闭

在窗口右上角三个按钮中,关闭按钮是最右面一个。单击关闭按钮,即可关闭窗口,或使用组合快捷键 Alt+F4。

2.3.5　菜单的操作

Windows 主要有下拉菜单和快捷菜单两种。其中快捷菜单的打开方式,通常都是在对象上右击。下拉菜单的打开方式,主要有以下两种。

方法1:单击该菜单项名称。

方法2:如果菜单名称后含有大写的英文字母,可以使用组合快捷键 Alt+英文字母,打开菜单。

执行菜单中的某些命令,主要有以下4个方法。

方法1:打开菜单,单击命令项。

方法2:打开菜单,通过键盘上的方向键,切换到对应的命令项,然后按 Enter 键。

方法3:如果菜单中命令项的名称后有大写英文字母,可以在打开菜单后,直接按对应的字母键。

方法4:如果菜单中命令项的名称后有快捷键,则可以不用打开菜单,直接使用组合快捷键执行该命令。

2.3.6 任务栏的操作

桌面最下方的一条区域是任务栏,用户每打开一个程序或文件,任务栏上就会出现代表这个程序或文件的图标按钮。通过任务栏,用户可以快速在程序以及文件之间进行窗口切换。下面介绍任务栏的一些常用操作。

1. 任务栏上图标按钮的合并方式

当用户打开多个程序或文件时,任务栏区域会被占满,用户可以设置任务栏上图标按钮的合并方式。方法为:在任务栏的空白位置右击,在弹出的快捷菜单中选择"任务栏设置"命令。在"设置"窗口中的"合并任务栏"按钮的下拉列表框中选择需要的选项,如图 2-22 所示。例如,"始终合并按钮""任务栏已满时合并按钮""从不合并按钮"等。

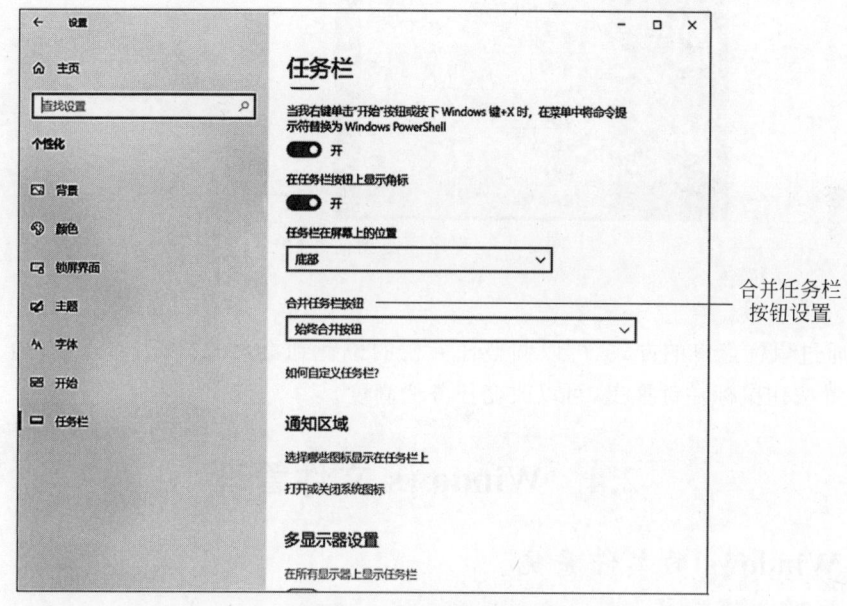

图 2-22 合并任务栏按钮

2. 将程序锁定到任务栏

如果某个程序需要经常使用,可以将这个程序的图标按钮固定在任务栏上,方便用户单击即可启动。方法为:在应用程序对应的图标位置右击,在弹出的快捷菜单中选择"固定到任务栏"命令,如图 2-23 所示。即可将程序图标固定到任务栏,即使程序关闭,图标按钮也一直显示在任务栏上。或者,直接拖曳应用程序的图标按钮到任务栏上,也可以实现将程序图标固定到任务栏上。

如果要取消任务栏上固定的程序图标,可以在任务栏上右击应用程序图标,在弹出的快捷菜单中选择"从任务栏取消固定"命令。

3. 任务栏的高度和位置

Windows 系统中,任务栏的默认位置是在桌面的底部,用户可以根据个人喜好,调整任务栏的大小和位置。方法如下。

(1) 在任务栏的空白位置右击,在弹出的快捷菜单中选择"锁定任务栏"命令,检查前方是否有对号(√),如果前方有对号,代表任务栏是锁定状态,不能修改,单击该命令按钮,即

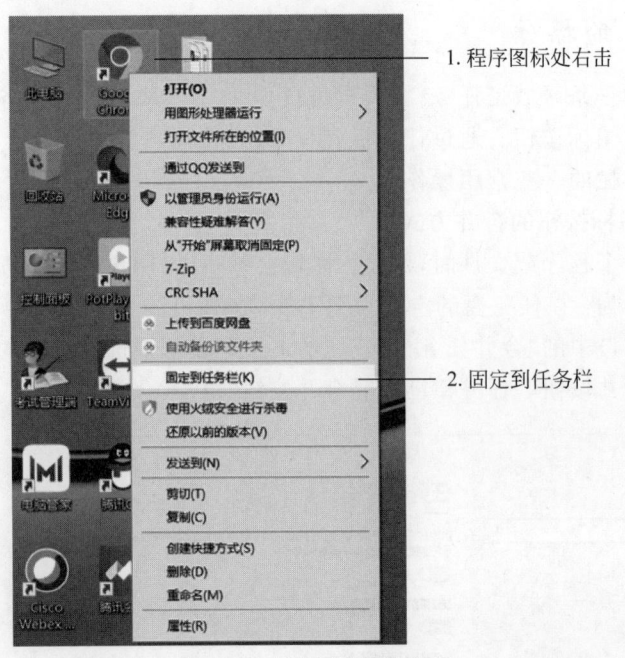

图 2-23　程序固定到任务栏

可取消前方的对号。

（2）通过鼠标拖曳的方式，可以调整任务栏的位置到桌面的顶部、左边、右边。在任务栏边缘位置按住鼠标左键拖曳，可以改变任务栏高度。

2.4　Windows 文件管理

2.4.1　Windows 的文件系统

操作系统中负责管理和存储文件信息的软件称为文件管理系统，简称文件系统。文件系统为用户提供了一种简便、统一的存取信息和管理信息的方法。用文件的概念组织管理计算机系统信息资源和用户数据资源，用户只需要给出文件的名称，使用文件系统提供的操作命令，就可以调用、编辑和管理文件。所以，文件系统使用户彻底摆脱了与外部存储器在物理上的联系，用户需要了解的仅仅是文件的逻辑概念以及系统提供的文件操作命令。

常见的文件系统如下。

1. FAT32

FAT32 指的是文件分配表采用 32 位二进制数记录管理的磁盘文件管理方式。FAT32 是从 FAT 和 FAT16 发展而来的，优点是稳定性和兼容性好，能充分兼容 Windows 10 及以前版本，且维护方便。缺点是安全性差，且最大只能支持 32GB 分区，单个文件最大也只能支持 4GB。

2. NTFS

NTFS 文件系统是一个基于安全性的文件系统，它是建立在保护文件和目录数据基础上，同时照顾节省存储资源、减少磁盘占用量的一种先进的文件系统，Windows 10 操作系统通常使用 NTFS 文件系统。NTFS 文件系统主要优点如下。

1）安全性

NTFS 文件系统能够轻松指定用户访问、操作某一文件或目录的权限大小。NTFS 能用一个随机产生的密钥把一个文件加密，只有文件的所有者和管理员掌握解密的密钥，其他人即使能够登录到系统中，也没有办法读取它。

2）容错性

NTFS 使用了一种被称为事务登录的技术跟踪对磁盘的修改。因此，NTFS 可以在几秒钟内恢复错误。

3）向下的可兼容性

NTFS 文件系统可以存取 FAT 文件系统和 HPFS 文件系统的数据，如果文件被写入可移动磁盘，它将自动采用 FAT 文件系统。

4）大容量

NTFS 彻底解决存储容量限制，最大可支持 16EB。

5）长文件名

NTFS 允许长达 255 个字符的文件名，突破 FAT 的 8.3 标准限制（FAT 规定主文件名为 8 个字符扩展名为 3 个字符）。

3. exFAT

exFAT 是扩展 FAT，即扩展文件分配表，是一种适合于闪存的文件系统。由于 FAT32 不支持 4GB 及其更大的文件，超过 4GB 的 U 盘格式化时默认是 NTFS 分区，但是 NTFS 分区是采用"日志式"的文件系统，需要记录详细的读写操作，因此需要不断读写，会容易伤害闪盘芯片。exFAT 是一个折中的方案，支持 4GB 及其更大的文件，更适合 U 盘使用。

2.4.2 Windows 的文件组织

1. 盘符

计算机的外部存储器一般以硬盘为主。为了便于管理，一般会把硬盘进行分区，划分为多个磁盘分区，每个磁盘分区用盘符表示。硬盘的第一个分区的盘符是 C，如果还有其他分区，则分别为 D、E、…，操作系统一般存放在 C 盘中。为了方便使用，用户可以将计算机中的信息分类存储在不同的逻辑盘中，例如：操作系统文件在 C 盘、软件存储在 D 盘、办公文件存储在 E 盘、音乐影像文件等存储在 F 盘。

2. 文件

文件是按一定格式存储在外存储器中的信息的集合，是操作系统中基本的存储单位。文件通常分为程序文件和数据文件两类。数据文件一般需要和程序文件相关联，才能正常打开。例如，图像数据文件，需要和图像处理程序文件相关联，才能打开看到图像；声音数据文件需要和声音播放程序文件相关联，才能打开听到声音。

为了区分计算机中的不同文件，而给每个文件设定一个指定的名称，即文件名，文件名由主文件名和扩展名组成。

1）文件名命令规则

规则 1：文件名最长可由 255 个字符组成。

规则 2：文件名允许使用空格、数字、英文字母、汉字、特殊符号。

规则3：文件名不能使用以下字符：/、\、|、?、*、<、>、:。
规则4：文件名中可以使用多个分隔符(.)，以最后一个分隔符后面部分作为扩展名。
规则5：文件名不区分大小写。

2) 文件的扩展名

按照文件存储的内容即存储格式，文件可分成不同的类型。文件的类型一般由扩展名表示。例如：example.docx，扩展名为docx，代表这是word文档格式文件。常见的扩展名如表2-1所示。

表2-1 常见扩展名

扩展名	类型及含义	扩展名	类型及含义
doc、docx	Word文档	jpg、jpeg、png、gif	常见图像文件
xls、xlsx	Excel电子表格文件	zip、rar	压缩文件
ppt、pptx	PowerPoint演示文稿文件	mp3、wav、avi	影音文件
txt	文本文档	exe、com	可执行文件
pdf	便携式文档格式	dll	动态链接库文件
bmp	位图文件	html、htm	超文本文件、网页文件

3. 文件夹

文件夹也叫目录，是用来放置文件和子文件夹的容器。文件夹的名称要求与文件名相同，但是不需要扩展名。每个磁盘上必定有，也只能有一个根文件夹，也称为根目录，名为"\"，根目录下可以有很多子文件夹，整个结构像一棵倒置的树，如图2-24所示。

图2-24 目录结构

4. 路径

路径是用来指出文件存放在磁盘中的位置。路径可分为绝对路径和相对路径两种表示方式。

(1) 绝对路径，从根目录开始表示目标文件所在的位置。各级子文件夹直接用"\"分隔。例如：图中calc.exe文件的绝对路径表示为 C:\Windows\System32\calc.exe。

(2) 相对路径，从当前位置开始表示目标文件所在的相对位置。例如：当前位置为Java文件夹中，则calc.exe文件的相对路径表示为..\..\Windows\System32\calc.exe，其中..\表示上一级文件夹(父目录)。

5. 通配符

为了使用户一次能指定符合条件的一批文件，系统提供了通配符？和＊。

其中：?代表任意的一个字符。例如，??f.docx 表示第 1、2 个字符为任意的一个字符、第 3 个字符是 f，扩展名为.docx 的一批文件。＊代表 0 个或任意多个字符。例如，a＊.＊ 表示 a 开头的所有文件。

6. 文件属性

文件属性定义了文件具有某种独特的性质。常见的属性如下：

（1）系统属性。指该文件为系统文件，它将被隐藏起来。通常系统文件不能被查看，也不能被删除，是操作系统对重要文件的一种保护属性，防止这些文件被意外损坏。

（2）隐藏属性。该文件在系统中是隐藏的，在默认情况下用户不能看见这些文件。

（3）只读属性。表示该文件只能读取，不能修改。

（4）存档属性。表示该文件应该被存档，软件可以用该属性来确定文件应该做备份了。

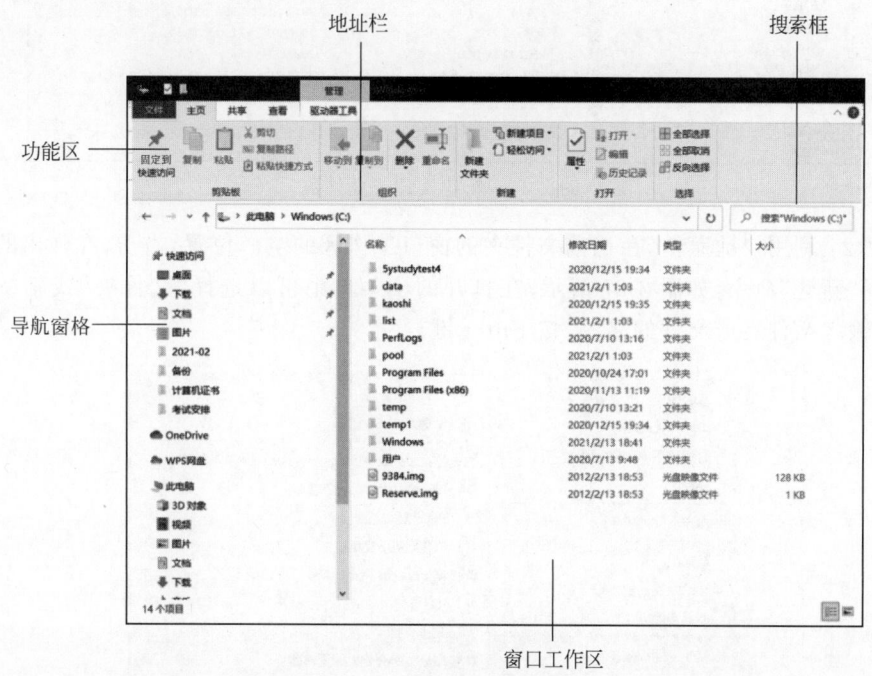

2.4.3 Windows 文件资源管理器

文件资源管理器是 Windows 提供的用于管理文件和文件夹的系统工具。

1. 打开文件资源管理器

方法 1：双击桌面上的"此电脑"图标。

方法 2：单击任务栏上"固定程序区域"的"文件资源管理器"图标。

2. 文件资源管理器窗口的组成

打开"资源管理器"，定位到本地磁盘 C 盘，窗口组成如图 2-25 所示。

图 2-25 文件资源管理器

（1）功能区。包含与文件资源管理器相关的操作，并按照功能划分在不同的选项卡中。

（2）地址栏。显示当前打开的文件夹路径。
（3）搜索框。可以帮助用户在计算机中搜索文件和文件夹。
（4）窗口工作区。显示当前磁盘或文件夹目录中存放的文件和文件夹。
（5）导航窗格。以树型目录结构展示当前计算机中的所有资源。

2.4.4　文件和文件夹的基本操作

1. 创建文件和文件夹

在文件资源管理器中创建文件和文件夹的常用方法如下。

方法 1：利用功能区，在功能区，打开"主页"选项卡，在"新建"选项组中选择"新建文件夹"或"新建项目"中的某一类型文件，如图 2-26 所示，然后输入文件夹或文件的名称，按 Enter 键。

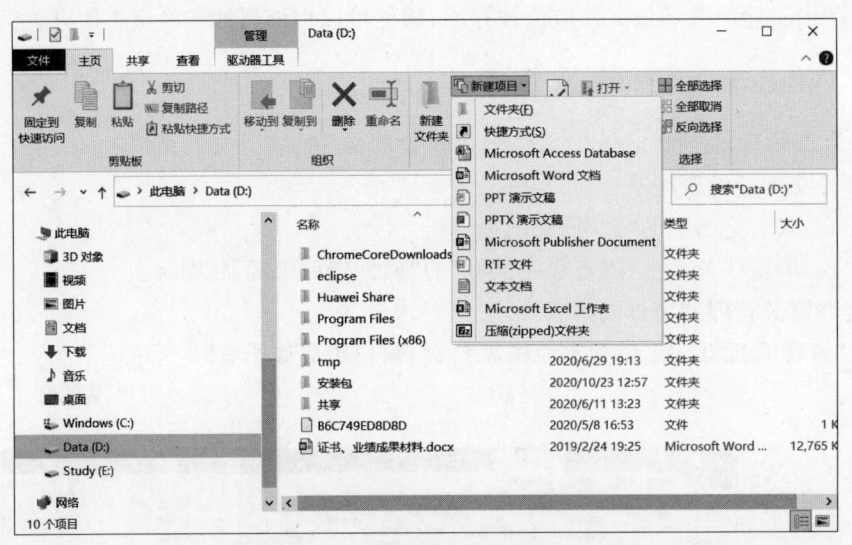

图 2-26　新建文件或文件夹

方法 2：利用快捷菜单，在当前文件夹的窗口工作区的空白位置，右击，在弹出的快捷菜单中选择"新建"命令，如图 2-27 所示，在打开的子菜单中可以选择"文件夹"或某一类型文件，然后输入文件夹或文件的名称，按 Enter 键。

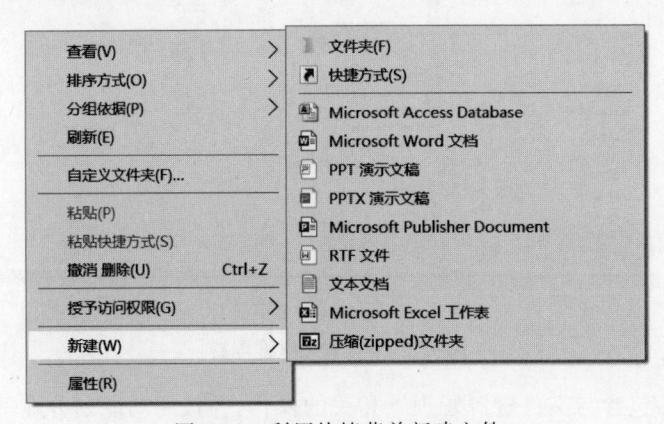

图 2-27　利用快捷菜单新建文件

2. 选择文件和文件夹

在对文件和文件夹做进一步的操作前,首先需要选定文件和文件夹。用鼠标选择文件夹和选择文件的方法相同,这里以选择文件为例,介绍常用的方法。

(1) 选定单个文件。直接单击文件的图标即可。

(2) 选定多个连续的文件。首先选定第一个文件,然后按住 Shift 键,在最后一个要选择的文件图标处,单击,再释放 Shift 键,一组多个连续的文件即可被选定,如图 2-28 所示。或者,使用鼠标拖曳的方法,选择连续排列的多个文件。

图 2-28 选定多个连续的文件

(3) 选定多个不连续的文件。首先按住 Ctrl 键,然后逐个单击需要选择的文件的图标,再释放 Ctrl 键,一组多个不连续的文件即可被选定,如图 2-29 所示。

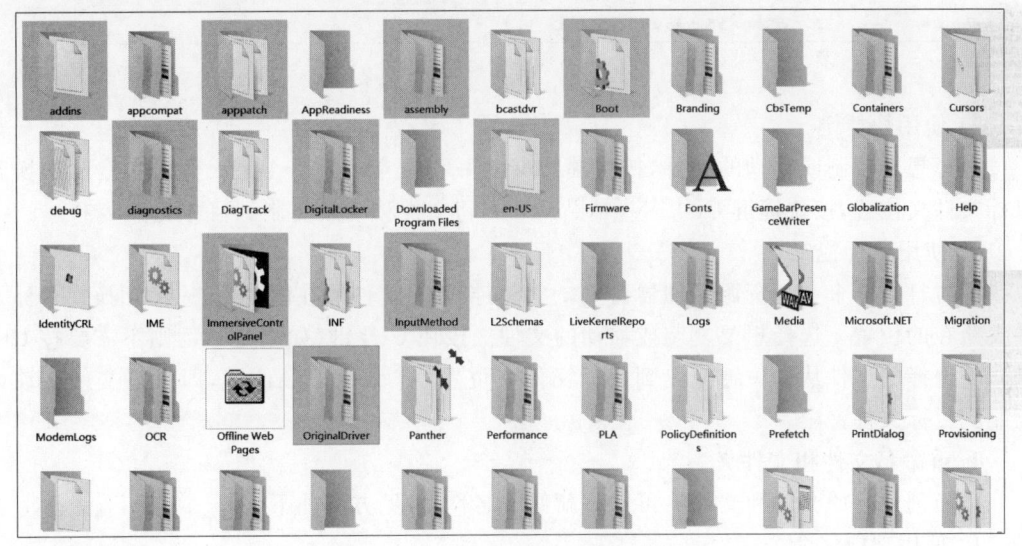

图 2-29 选定多个不连续的文件

(4) 选择全部文件。首先打开文件资源管理器上方的"主页"选项卡,在"选择"选项组中单击"全部选择"命令,即可全部选定。或者使用快捷键 Ctrl+A。

(5) 反向选择,即取消已选择的文件,重新选择原本未选择的所有文件。首先打开文件资源管理器上方的"主页"选项卡,在"选择"选项组中单击"反向选择"命令,即可完成。

(6) 取消已选定的文件。首先按住 Ctrl 键,再单击需要取消选定的文件。如果需要全部取消,只需单击窗口的空白位置即可。

3. 文件和文件夹的移动和复制

在 Windows 中可以将文件和文件夹移动或复制到其他文件夹或磁盘中。文件夹的移动和复制与文件的移动和复制操作相同,这里以文件的移动和复制为例进行介绍。

文件的复制和移动的区别,主要在于原文件是否还在原位置。复制,相当于建立副本,原文件仍在原来的位置，建立的副本会粘贴在目标文件夹中。移动，即剪切，原文件不在原位置，而是剪切后粘贴在目标文件夹中。

移动和复制，一般都是借助于"剪贴板"来完成的。剪贴板是内存中的一块存储区域，用来存放最后一次"复制"或"剪切"的内容。"粘贴"是将剪贴板中的内容取出的操作。

常用的操作方法如下。

1）利用功能区命令

选择想要复制或移动的文件，单击"主页"选项卡，选择"剪贴板"选项组中的"复制"或"剪切"命令，如图 2-30 所示。然后切换目录到目标文件夹位置。再一次单击"主页"选项卡，选择"剪贴板"选项组中的"粘贴"命令，即可将文件移动和复制到目标文件夹中。

图 2-30 "剪贴板"选项组

2）使用快捷键

选择想要复制或移动的文件，按快捷键 Ctrl+C（复制）或 Ctrl+X（剪切），然后切换到目标文件夹位置，按快捷键 Ctrl+V（粘贴），即可将文件移动或复制到目标文件夹中。

3）使用鼠标拖曳

同时打开两个文件资源管理器窗口，一个切换到原文件所在的位置，一个切换到目标文件夹所在的位置。选择想要复制或移动的文件。按住 Ctrl 键（如果是移动则不需要按 Ctrl 键），将选择的文件从原位置拖曳到目标文件夹位置，然后释放 Ctrl 键，即可将文件移动或复制到目标文件夹中。

4. 重命名文件和文件夹

已经创建好的文件和文件夹可以重新修改名称，常见方法如下。

1）使用功能区命令

首先选定要重命名的文件和文件夹。单击"主页"选项卡，选择"组织"选项组中的"重命名"命令，这时选定的文件和文件夹的名称为被选中的状态（蓝底白字），输入新的名称，按 Enter 键即可完成重命名。

2）使用快捷菜单命令

首先选定要重命名的文件和文件夹。在图标位置右击，在弹出的快捷菜单中选择"重命名"命令，这时选定的文件和文件夹的名称为被选中的状态，输入新的名称，按 Enter 键即可。

3）使用快捷键

首先选定要重命名的文件和文件夹。按快捷键 F2，这时选定的文件和文件夹的名称为被选中的状态，输入新的名称，按 Enter 键即可。

5. 删除文件和文件夹

用户可以删除不需要的文件和文件夹,以保持计算机系统的整洁并腾出磁盘空间。如果需要删除文件和文件夹,首先选定需要删除的文件和文件夹,然后执行以下操作。

(1) 使用功能区命令,单击"主页"选项卡,选择"组织"选项组中的"删除"命令。

(2) 使用快捷菜单,在文件和文件夹的图标位置右击,在弹出的快捷菜单中选择"删除"命令。

(3) 使用快捷键,选中文件和文件夹后,按 Del 键。

以上的方法,文件和文件夹都会删除并放在回收站中(回收站已满除外)。如果想彻底删除,可以在上述操作的同时,按住 Shift 键,则删除的对象将不进入回收站。

6. 回收站

回收站是 Windows 系统安装后,桌面上默认显示的图标,也是唯一不能在桌面删除的图标。它的主要作用是存放被删除的文件和文件夹(按住 Shift 键删除的文件除外)。对回收站的主要操作如下。

1) 还原文件

还原文件是指将文件恢复到原来的位置。打开回收站后,选择需要还原的文件和文件夹,然后可以采用以下方法还原文件。

方法1:使用功能区命令,单击"回收站工具"选项卡,选择"还原"选项组中的"还原选定的项目"命令。

方法2:在图标位置右击,在弹出的快捷菜单中选择"还原"命令,如图 2-31 所示。

方法3:使用剪切和粘贴的方式,将文件和文件夹粘贴到适当的文件夹中。

2) 清空回收站

被删除的文件和文件夹存放在回收站中,实际上还是会占用磁盘空间,如果想彻底释放被占据的磁盘空间,需要清空回收站里的内容。常见方法如下。

方法1:打开回收站,单击"回收站工具"选项卡,选择"管理"选项组中的"清空回收站"命令。

方法2:打开回收站,将回收站中的文件全部选中删除。

方法3:在桌面上的回收站图标处右击,在弹出的快捷菜单中选择"清空回收站"命令,如图 2-32 所示。

图 2-31 选择"还原"命令   图 2-32 "清空回收站"命令

7. 搜索文件和文件夹

在文件资源管理器窗口中可以使用搜索功能在当前文件夹中查找文件或文件夹。具体方法如下。

(1) 搜索前先确定搜索的范围,例如:要在 C 盘 Windows 文件夹中搜索 calc.exe(计算器程序)文件,则先将目录切换到 C 盘 Windows 文件夹位置,如图 2-33 所示。

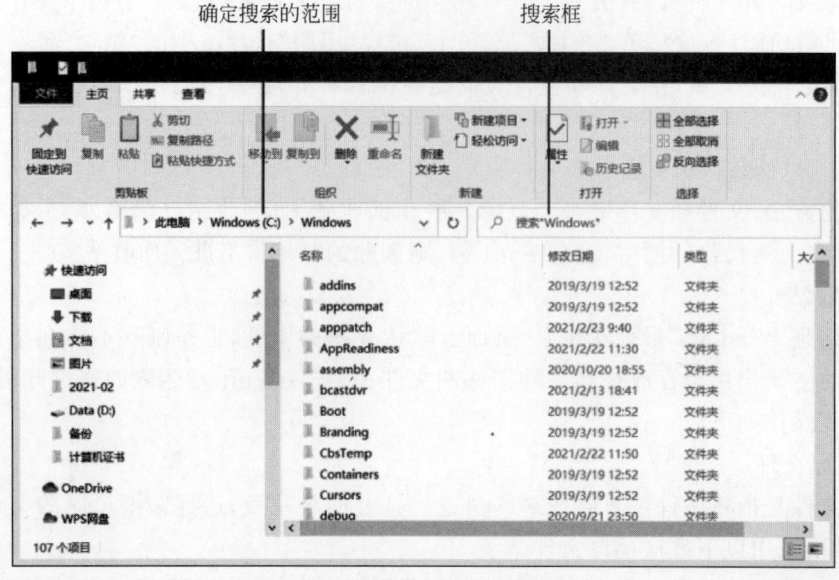

图 2-33　准备搜索文件或文件夹

(2) 在右侧搜索框中输入 calc.exe,系统会自动搜索,并在窗口工作区显示搜索到的相关文件或文件夹,如图 2-34 所示。

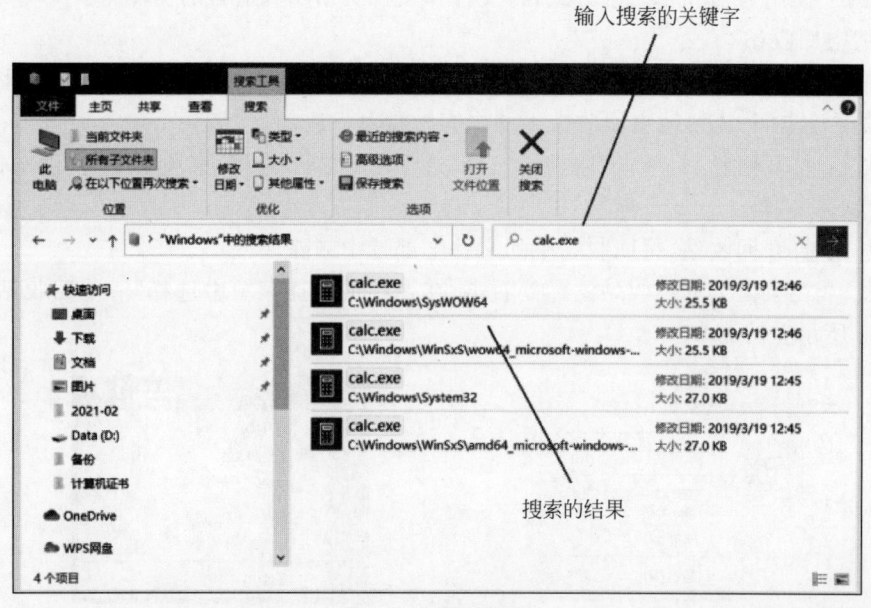

图 2-34　搜索结果

在搜索过程中,如果不清楚文件或文件夹名名称,可以使用通配符"*"和"?"来代替。"*"代表任意多的字符,"?"代表任意一个字符。例如:查找以字母 c 开始的文件,则可以在搜索框中输入"c*.*";如果查找所有文本文档文件,可以在搜索框中输入"*.txt"。

8. 文件和文件夹的属性

系统允许用户查看和修改文件和文件夹的一些相关属性。常用的方法如下。

方法 1：选择文件或文件夹，单击"主页"选项卡，选择"打开"选项组中的"属性"命令。

方法 2：在文件或文件夹图标位置右击，在弹出的快捷菜单中选择"属性"命令。

打开的"属性"对话框如图 2-35 所示。

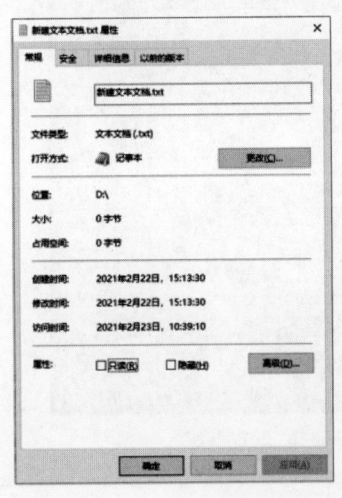

图 2-35　文件属性和文件夹属性

通过"属性"对话框，用户可以查看文件或文件夹大小、位置、创建时间等相关信息。

9. 调整文件夹窗口工作区的显示环境

文件夹的窗口工作区显示文件夹中的内容，包括文件或子文件夹，用户可以设置它们的显示方式和排序方式，还可以设置是否显示隐藏文件或文件夹。

（1）调整对象的显示方式。单击"查看"选项卡，可以通过"布局"选项组中提供的相关命令，选择以何种方式显示文件或文件夹。

（2）调整对象的排序方式。单击"查看"选项卡，可以通过"当前视图"选项组中的"排序方式"命令，选择合适的排序方式。

（3）显示隐藏文件或文件夹。单击"查看"选项卡，可以通过"显示/隐藏"选项组中提供的相关命令，选择是否显示隐藏项目。

2.5　Windows 10 系统的设置

Windows 操作系统允许用户根据自己的喜好修改系统的设置，例如系统的外观、语言、时间、桌面等，还可以进行添加或删除程序、查看硬件设备等操作。

2.5.1　Windows 设置

用户通过"Windows 设置"功能，可以轻松完成系统的个性化设置、应用程序设置、网络设置、系统安全设置等。下面介绍一些常用的功能：

首先打开"开始"菜单，在左侧选择"设置"，如图 2-36 所示，即可打开"Windows 设置"，如图 2-37 所示。

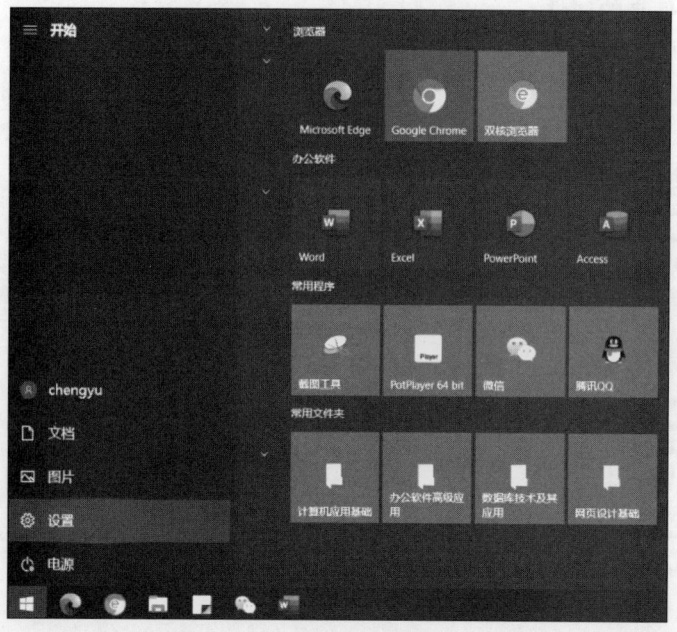

图 2-36　在"开始"菜单中选择"设置"命令

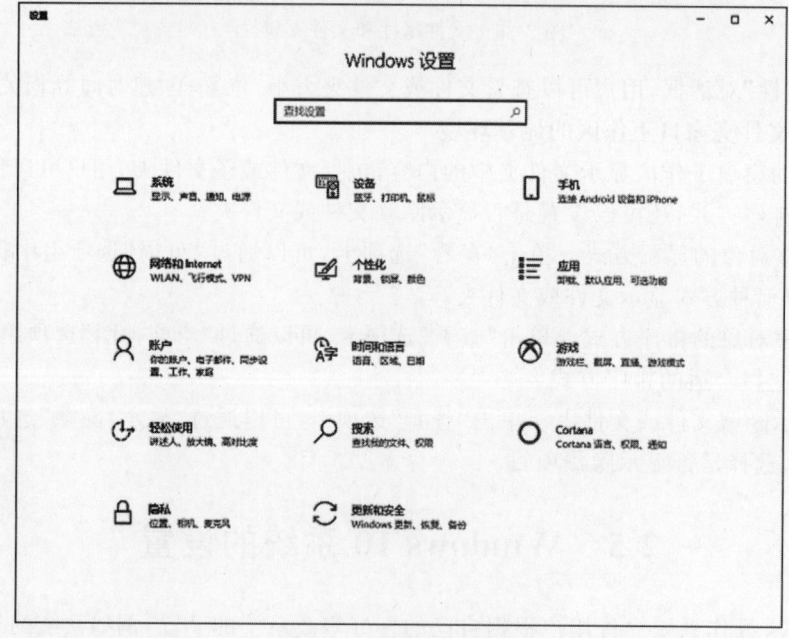

图 2-37　Windows 设置

1. 自定义桌面背景

在"Windows 设置"窗口中选择"个性化",即可进入个性化设置窗口。在左侧导航列表中可以选择"背景"选项,然后在右侧窗口中选择适当的图片,如图 2-38 所示,即可完成桌面背景的修改。

在"个性化"设置窗口,还可以进一步修改系统颜色、锁屏界面、主题、字体等。

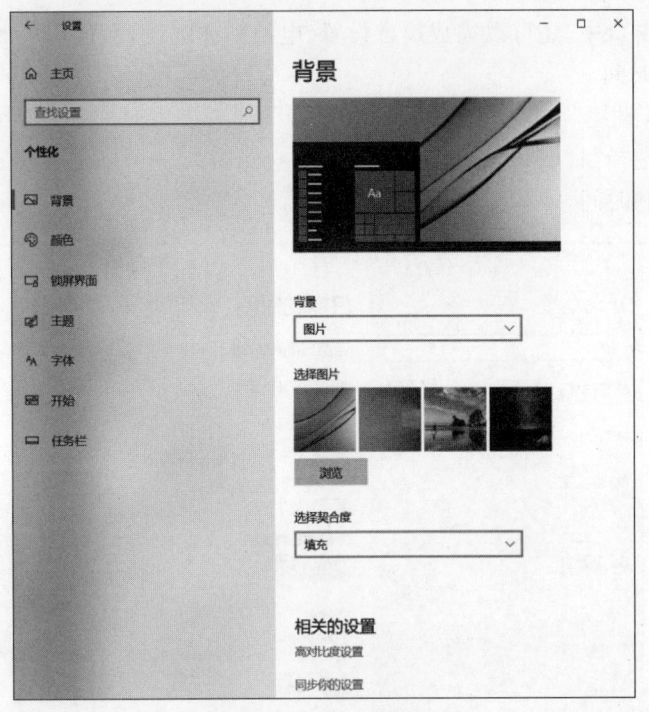

图 2-38　设置背景图片

2. 修改显示分辨率

在"Windows 设置"窗口中选择"系统",即可进入系统设置窗口。在左侧导航列表中可以选择"显示"选项,然后在右侧窗口中选择适当的显示分辨率,如图 2-39 所示,即可完成显示分辨率的修改。

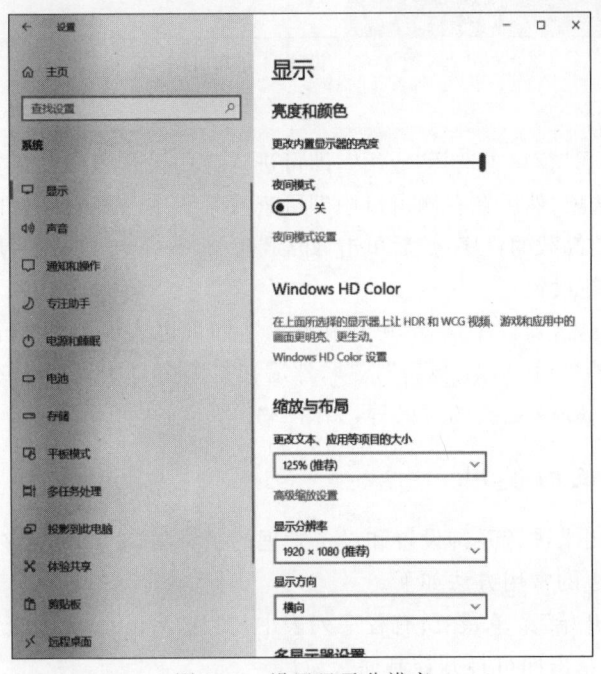

图 2-39　设置显示分辨率

在系统属性窗口中,还可以完成声音设置、电源和睡眠设置、远程桌面等。

3. 修改系统时间

在"Windows 设置"窗口中选择"时间和语言",即可进入时间和语言设置窗口。在左侧导航列表中可以选择"日期和时间"选项,然后在右侧窗口中可以进一步选择自动设置时间或手动设置日期和时间,如图 2-40 所示。

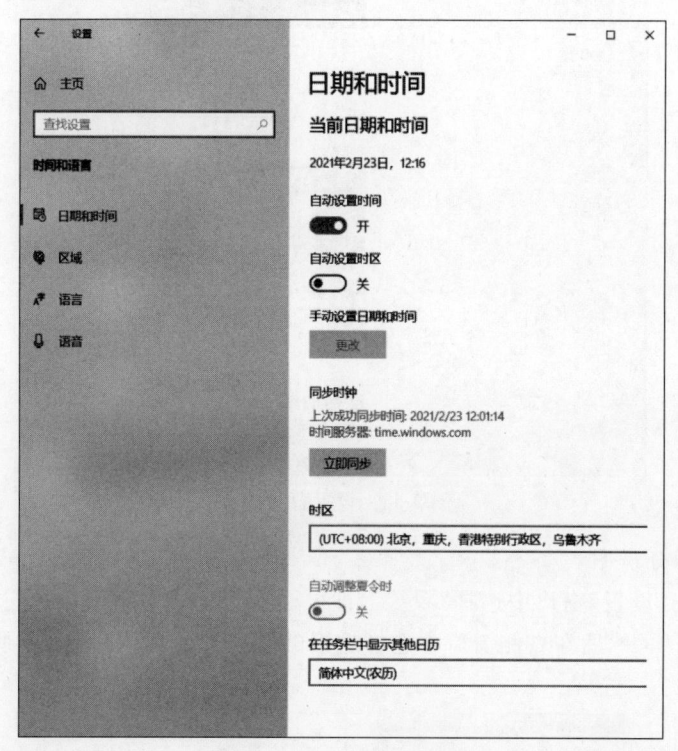

图 2-40 设置日期和时间

4. 卸载应用程序

在"Windows 设置"窗口中选择"应用",即可进入应用设置窗口。在左侧导航列表中可以选择"应用和功能"选项,然后在右侧窗口中即可查看系统中已经安装好的应用程序。在下方功能列表中选择需要卸载的程序,然后单击"卸载"命令,即可卸载应用程序,如图 2-41 所示。

5. Windows 更新设置

在"Windows 设置"窗口中选择"更新和安全",即可进入更新和安全设置窗口。在左侧导航列表中可以选择"Windows 更新"选项,然后在右侧窗口中可以修改是否需要启动自动更新,以及安装 Windows 更新的时段等,如图 2-42 所示。

2.5.2 控制面板的使用

控制面板也是用来进行系统设置和设备管理的工具集,它具有更多、更全面的系统设置工具。打开控制面板的常用方法如下。

方法 1:打开"开始"菜单,在所有程序列表中,找到"Windows 系统"下的"控制面板"命令,如图 2-43 所示,单击即可打开控制面板窗口。

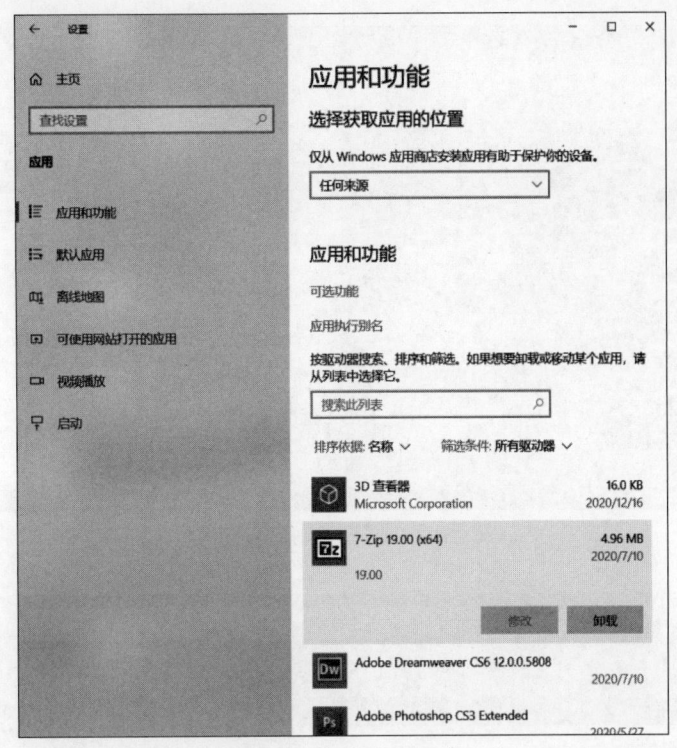

图 2-41　卸载应用程序

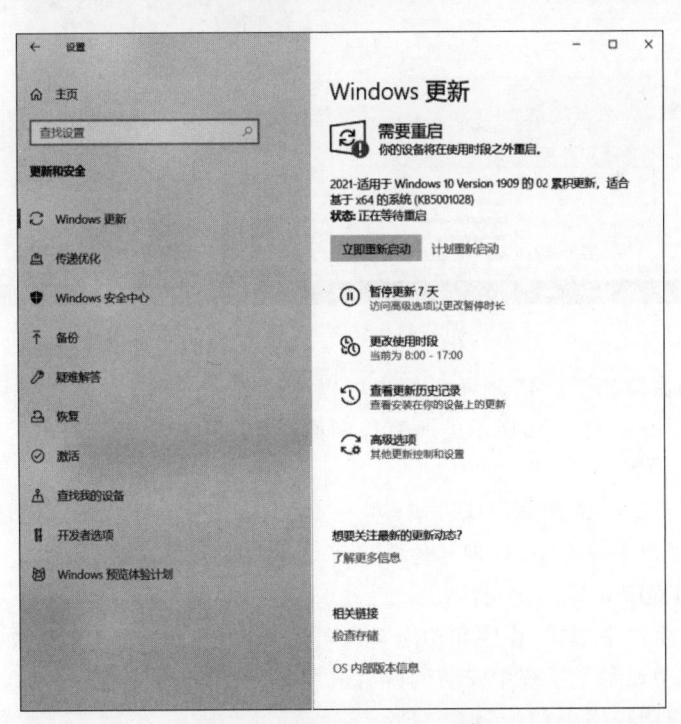

图 2-42　设置 Windows 更新

方法 2：使用 Windows 的搜索功能，搜索"控制面板"，如图 2-44 所示，单击"控制面板"命令，即可打开窗口。

图 2-43 选择"控制面板"命令

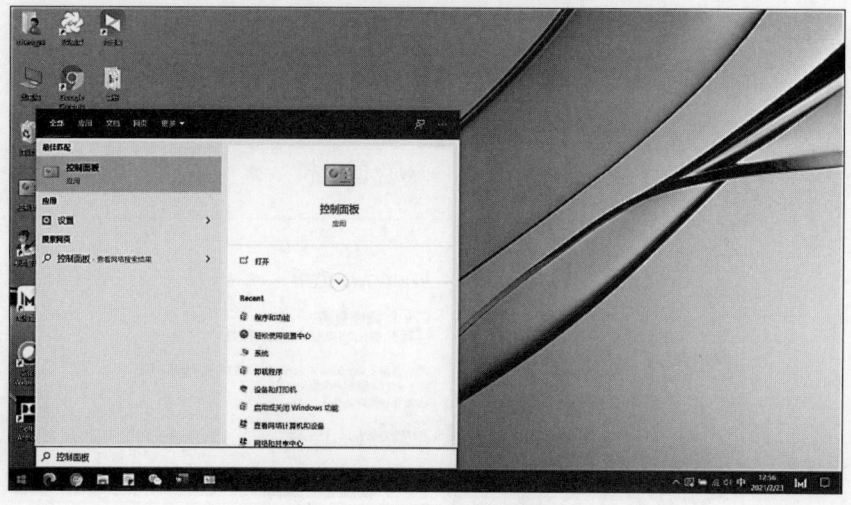

图 2-44 搜索"控制面板"

控制面板的窗口如图 2-45 所示。用户可以通过右上角的查看方式,将查看方式修改为"小图标",即可看到如图 2-46 所示的所有控制面板项窗口。

1. 用户账户设置

在控制面板窗口中选择"用户账户",进入"用户账户"窗口,如图 2-47 所示,即可查看到更改账户名称、更改账户类型、管理其他账户等设置命令。

2. 卸载应用程序

在控制面板窗口中选择"程序和功能",即可进入"程序和功能"窗口,如图 2-48 所示,窗口右侧程序列表中显示了系统中安装的所有应用程序,单击应用程序名称,然后单击"卸载"命令,即可卸载应用程序。

3. 查看计算机系统的基本信息

在控制面板窗口中选择"系统",即可进入"系统"窗口,如图 2-49 所示,窗口右侧中可以查看有关计算机的基本信息,例如系统版本、处理器、内存、计算机名等。

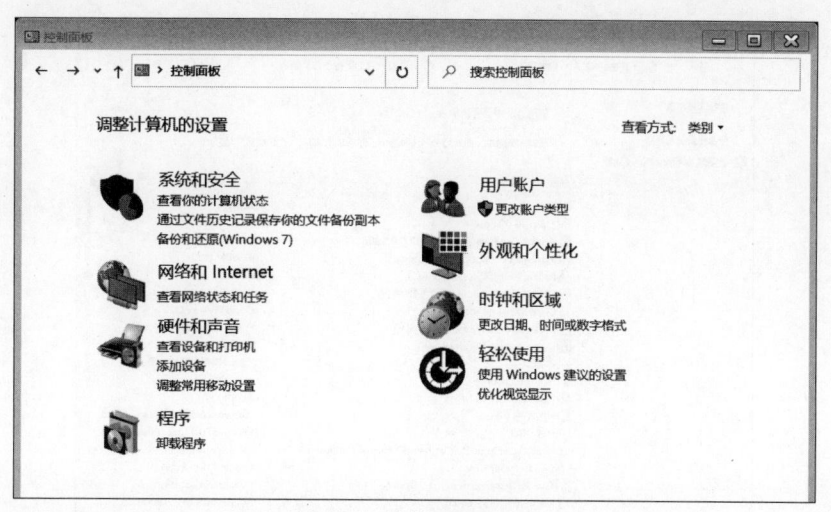

图 2-45　控制面板窗口

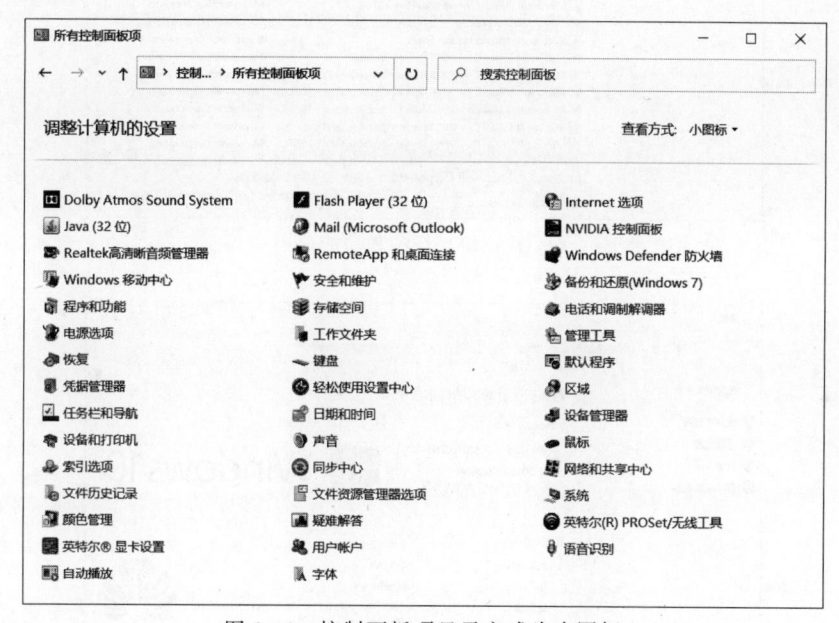

图 2-46　控制面板项显示方式为小图标

图 2-47　用户账户

图 2-48　程序和功能

图 2-49　"系统"窗口

2.6　Windows 10 的系统工具和常用工具

Windows 10 系统安装后,自带了很多实用的系统工具和常用工具。例如记事本、计算器、画图、截图、任务管理器等。

1. 记事本

记事本是 Windows 中常用的一种简单的文本编辑器,用户经常用它编辑一些格式要求不高的文本文档,记事本生成的文件一般为纯文本文件(.txt),即只有文字及标点符号,没有格式。

记事本程序的打开方法:打开"开始"菜单,在所有程序列表中选择"Windows 附件",然后选择"记事本",即可打开记事本程序,如图 2-50 所示。

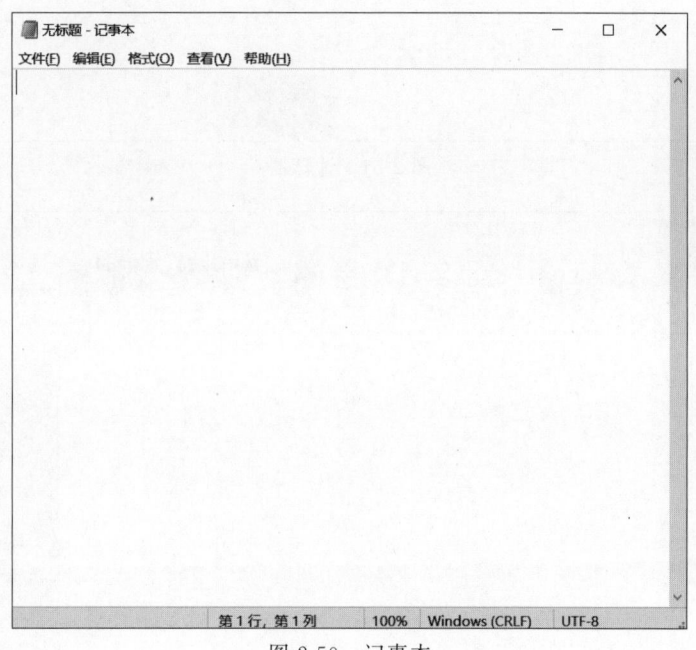

图 2-50　记事本

2. 计算器

Windows 系统自带一款强大的计算器工具,它有多种基本操作模式:基本型、科学型、程序员型等,单击左上角的模式切换按钮,即可进行多种模式的切换。

计算器工具的打开方法:打开"开始"菜单,在所有程序列表中选择"Windows 附件",然后选择"计算器",即可打开计算器程序,如图 2-51 所示。

3. 画图

Windows 系统自带的画图工具,是一款非常实用的图像工具,可以实现绘制图形、编辑图片等。

画图工具的打开方法:打开"开始"菜单,在所有程序列表中选择"Windows 附件",然后选择画图,即可打开画图程序,如图 2-52 所示。

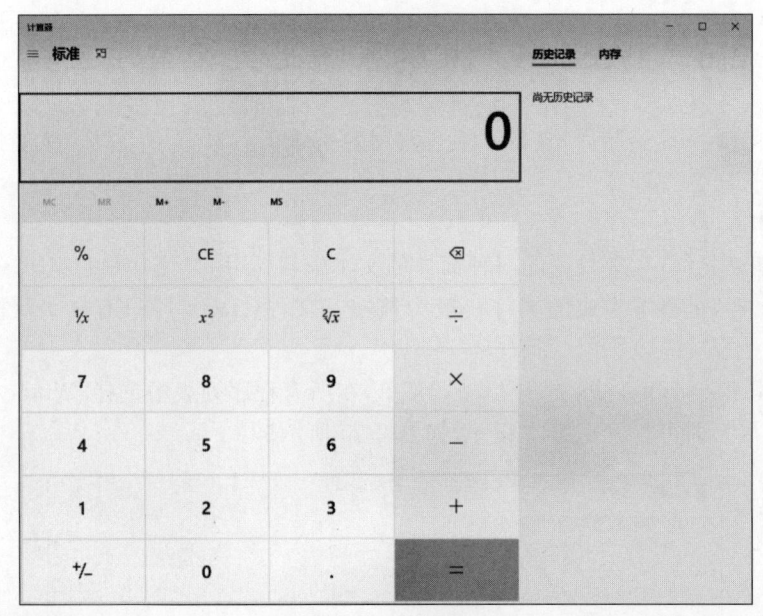

图 2-51 计算器

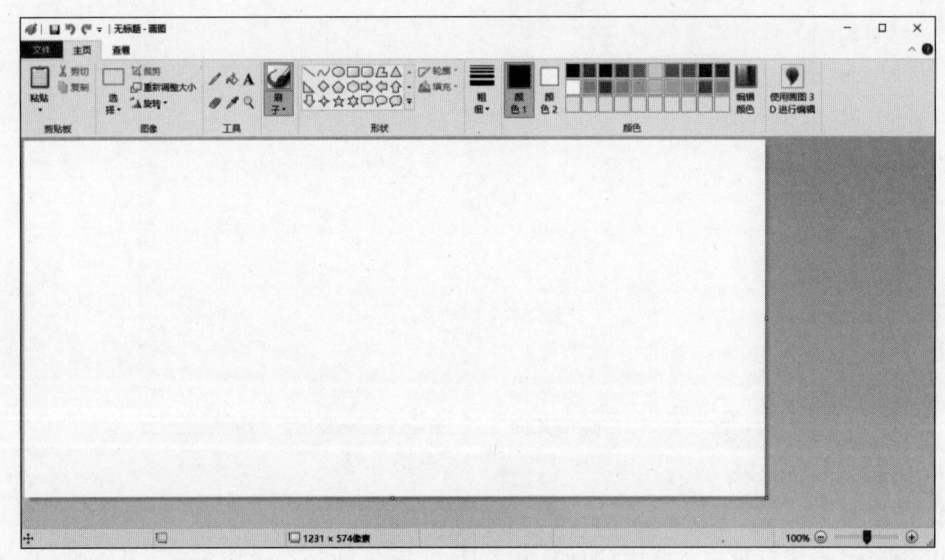

图 2-52 画图工具

4. 截图
Windows 自带的截图工具,简单易用,打开方法:打开"开始"菜单,在所有程序列表中选择"Windows 附件",然后选择"截图工具",即可打开截图工具程序,如图 2-53 所示。

5. 任务管理器
Windows 任务管理器提供了有关计算机性能的信息,并显示了计算机上所运行的程序和进程的详细信息;如果连接到网络,那么还可以查看网络状态并迅速了解网络是如何工作的。在计算机运行过程中,如果某个程序没有响应,或者无法关闭,可以在任务管理器的"进程"选项卡中,找到对应的进程,并结束任务。

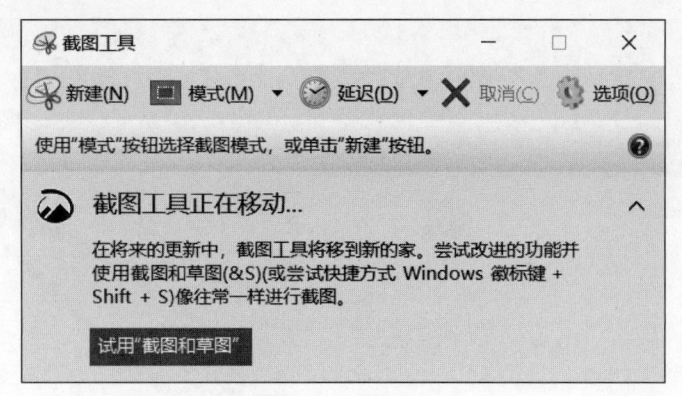

图 2-53　截图工具

任务管理器打开方法：在任务栏位置右击，在弹出的快捷菜单中选择"任务管理器"命令，如图 2-54 所示。或者使用快捷键 Ctrl＋Shift＋Esc。

图 2-54　任务管理器

6. Windows 10 的搜索工具

Windows 10 提供了强大的搜索工具，可以搜索系统中提供的程序以及用户自己安装的应用程序。打开搜索工具的方法：首先打开"开始"菜单，然后输入需要搜索的程序名称，即可完成搜索。例如：如果需要使用计算器工具，可以先打开"开始"菜单，然后直接键盘输入"计算器"，即可在最佳匹配区域中查看到计算器工具，如图 2-55 所示。如果需要使用截图工具，可以在"开始"菜单中，直接输入"截图"，即可在最佳匹配区域中查看到截图工具，如图 2-56 所示。

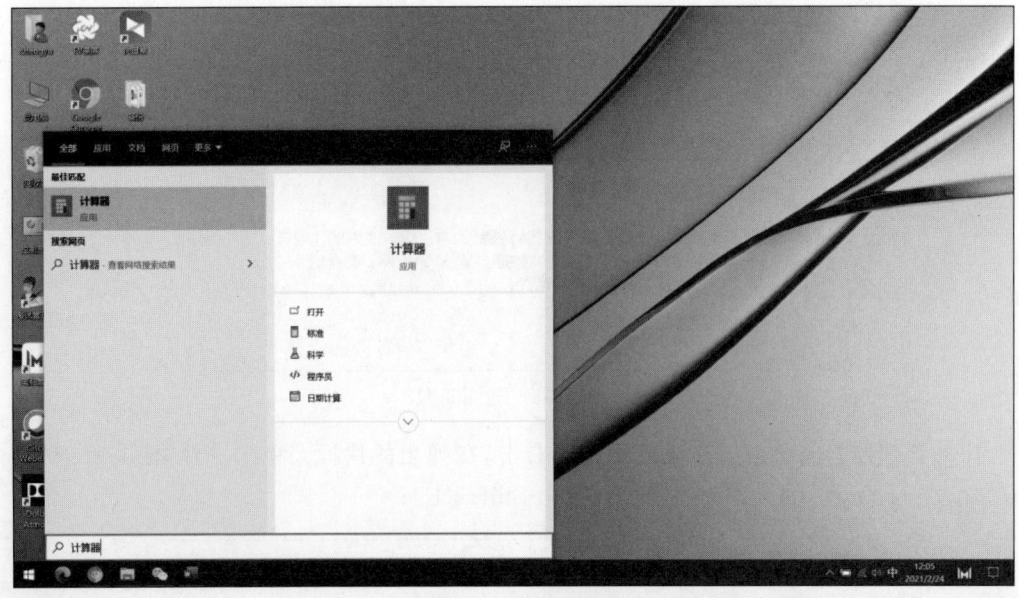

图 2-55　搜索计算器

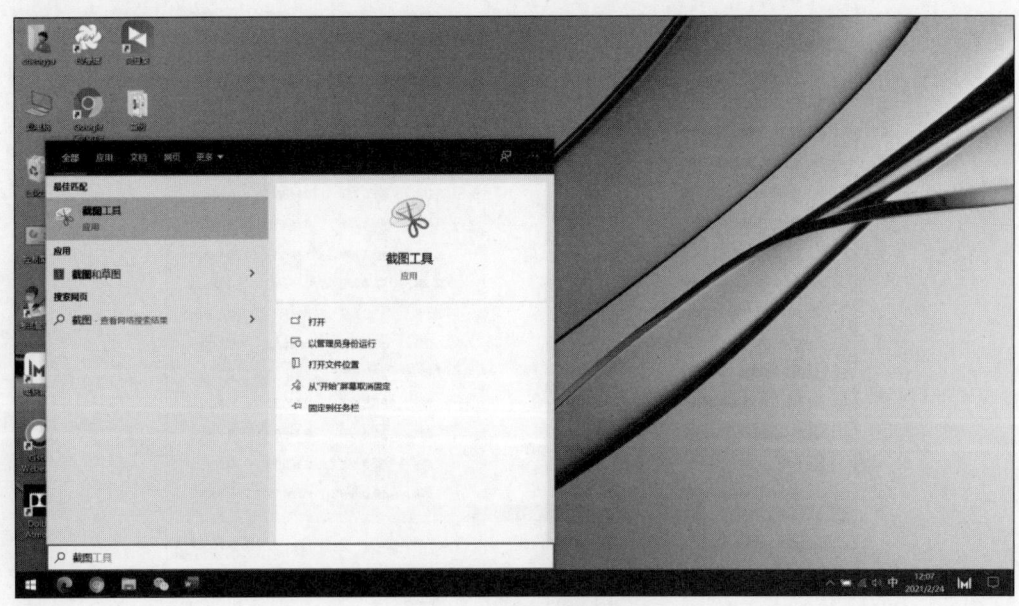

图 2-56　搜索截图工具

7. 常用的快捷键

Ctrl＋C　复制

Ctrl＋V　粘贴

Ctrl＋X　剪切

Ctrl＋S　保存

Ctrl＋F　查找

Ctrl＋Shift　　输入法切换

Ctrl＋空格　常用输入法与英文输入法切换

Alt＋Tab　窗口切换

Alt＋F4　关闭窗口

Ctrl＋Alt＋Del　热启动(不关机而重新启动计算机)

Ctrl＋Shift＋Esc　打开任务管理器

Print Screen　截取全屏

Alt＋Print Screen　截取当前活动窗口

Shift＋Del　不经过回收站删除

Win　打开"开始"菜单

Win＋E　打开资源管理器（Win 为 Ctrl 和 Alt 之间的 Windows 按键）

Win＋D　最小化所有窗口,再一次使用即可还原

习　题　2

一、选择题

(1) 操作系统是一种(　　)软件。
　　A. 操作　　　　　B. 应用　　　　　C. 编辑　　　　　D. 系统

(2) 下列文件扩展名中,(　　)不是常用的图像文件格式。
　　A. BMP　　　　　B. JPG　　　　　C. AVI　　　　　D. PNG

(3) 在 Windows 系统中,(　　)不是文件的属性。
　　A. 存档　　　　　B. 只读　　　　　C. 隐藏　　　　　D. 文档

(4) Windows 操作系统中,文件组织采用(　　)目录结构。
　　A. 分区　　　　　B. 关系型　　　　C. 树型　　　　　D. 网状

(5) 在 Windows 操作系统中(　　)是复制命令的快捷键。
　　A. Ctrl＋C　　　　B. Ctrl＋X　　　　C. Ctrl＋V　　　　D. Ctrl＋Z

(6) 在 Windows 操作系统中,对文件的彻底删除的快捷键是(　　)。
　　A. Ctrl＋C　　　　B. Del　　　　　C. Shift＋Del　　　D. Ctrl＋Del

(7) 在 Windows 操作系统中,要选中文件夹中除某文件外的所有文件的方法是(　　)。
　　A. 全选　　　　　　　　　　　　　B. 先选择该文件,然后反向选择
　　C. Ctrl＋A　　　　　　　　　　　　D. Ctrl＋Z

(8) 文件的类型可以根据(　　)来识别。
　　A. 文件的大小　　B. 文件的用途　　C. 文件的扩展名　D. 文件的位置

(9) 在 Windows 操作系统中,选择多个不连续的文件的方式是(　　)。
　　A. 鼠标拖曳　　　　　　　　　　　B. Ctrl＋鼠标单击
　　C. Shift＋鼠标单击　　　　　　　　D. Ctrl＋A

(10) 在 Windows 操作系统中,下列(　　)是代表任意 1 个字符的通配符。
　　A. *　　　　　　B. ?　　　　　　C. !　　　　　　D. &

二、简答题

(1) 简述操作系统的主要功能。

(2) 简述桌面的基本组成元素及其功能。
(3) 简述窗口和对话框的区别。
(4) 如何删除文件不放入回收站？
(5) 什么是控制面板？它的作用是什么？
(6) 窗口由哪些部分组成？可以对窗口进行哪些操作？

第 3 章　　计算机网络与信息安全

当今,信息已成为与材料、能源同等重要的三大战略资源之一。经过计算机技术与通信技术的不断渗透与相互融合,涉及信息承载、收集、存储、处理、传输和利用的计算机网络产生了,并不断发展壮大。网络与通信新技术日新月异,同时 Internet 的应用更是多种多样,深入到工作、生活的各个角落。网络技术与应用相互促进,不断向前飞速发展。计算机网络与教育,成为信息化社会经济发展的核心支撑。计算机网络已经成为重要的基础设施,决定着国家、企业在未来的核心竞争力,也决定着个人潜能的发掘与人才培养的战略方向。互联网时代学习和使用先进的网络技术,掌握必备的网络基础知识,是适应新世纪信息化、网络化的社会人才需求。

3.1　计算机网络概述

计算机网络本身也在不断的发展,因而计算机网络一直以来也没有一个精确、标准的定义。但了解计算机网络的概念,才能知道计算机网络的结构、组成、功能与特征,才能更好地应用计算机网络。

简单地说,计算机网络是为了实现资源共享而互连在一起的自治计算机系统的集合。对计算机网络的详细描述是:计算机网络是由于通信、共享、合作的需要,利用通信设备、通信线路等多种通信介质,经过接口设备相互连接,将地理上分散的、或远或近的、具有独立功能的、自治的多个计算机系统连接起来,配备相应的网络软件,遵循约定的通信协议,以实现通信和资源共享的系统。

计算机网络从逻辑功能上由通信子网和资源子网两部分组成。通信子网完成数据的传输、交换、转发,如传输介质、交换机、传输线路等。资源子网处理数据、向用户提供网络服务与信息资源,如计算机、终端、连网外设、软件与信息。可以这样理解,提供网络接入的通信供应商、单位、学校拥有通信子网,而个人拥有的计算机、软件、MODEM 或网卡等就是资源子网。

3.1.1　计算机网络的形成与发展

计算机网络的发展经历了低级到高级、简单到复杂、单机系统到多机系统的发展过程。了解计算机网络的发展,可以更清楚地认识到网络未来的发展方向。

(1) 20 世纪 50 年代,真正的计算机网络还没有出现,还是"主机+终端"的天下。那时占主要地位的是 IBM 和其他供应商制造的大型机,以集中控制方式工作。许多台不具有独立处理能力的终端,通过通信线路连接到中央服务器也就是主机上,而主机之间是独立的,因此仅提供以主机为中心的、基本的信息交换服务。此时,计算机技术与通信技术逐渐融合,人们完成了数据通信技术与计算机通信网络的初级理论研究,为不久之后计算机网络诞生奠定了理论基础。"主机+终端"系统不是真正的计算机网络,但却提供了计算机通信的基本方法。

(2) 20 世纪 60 年代末和 70 年代初,美国出于战略的需要,由国防部高级研究计划局(ARPA)建立了 ARPANET,这成为计算机网络发展的一个里程碑。同时,一群研究者也开始将计算机连接在一起并使用数据分组交换机来交换信息的概念。ARPANET 与分组交换技术,为 Internet 的形成奠定了技术基础。

(3) 20 世纪 70 年代中后期到 80 年代初,微机系统大规模出现,同时出现了各式各样的广域网、局域网与公用分组交换网,由于种类繁多,无章可循,国际标准化组织 ISO 提出了 OSI 网络参考模型,为计算机网络的发展确定了参考的模式。

(4) 20 世纪 80 年代,美国国家科学基金会 NSF 决定,构建可以向大学研究组开放的 ARPANET 的后继网络,从而导致创建了称为 NSFNET 的高速主干网,将分布式网状结构更改为分级方案,为目前 Internet 的发展奠定了基础。

(5) 20 世纪 90 年代初,由于浏览器和图形用户界面的出现,Internet 得到广泛应用,同时带动了高速网络技术、网络计算与网络安全技术的研究与发展。众多的计算机网络组成了世界性的 Internet 信息资源网,采用 TCP/IP 协议和分组交换技术,不同的网络之间由路由器连接而成。

当今,Internet 的信息资源涉及到教育、科研、商业、金融、政府、医疗、休闲等多个方面,涉及到 WWW、电子邮件、文件传输、IP 电话、网络游戏、网络办公等多种网络服务。以高速 Ethernet(以太网)为代表的高速局域网技术发展迅速,千兆以太网已普遍应用,交换式局域网和虚拟局域网技术应用广泛,宽带网络建设与应用成为潮流。

与宽带网络密切相关的骨干网技术与接入网技术、基于光纤通信技术的宽带城域网与接入网技术、以及移动计算网络、网络多媒体计算、网络并行计算、网格计算与存储区域网络成为网络应用与研究的热点。

展望未来,网络正在向综合化、宽带化、智能化和个人化方向发展。网络未来发展的目标是提供多媒体综合服务,实现多媒体通信。同时,近几年无线网络发展迅速,无线网络也成为计算机网络未来发展的重要方向。

3.1.2 计算机网络的分类

了解计算机网络的分类,才能对各种不同名称的计算机网络加以区分和识别。根据不同的分类方法,计算机网络的分类是多种多样的。

(1) 根据覆盖的范围和规模,计算机网络可以分为局域网、广域网、城域网。

局域网(Local Area Network,LAN)用于连接一个相对较小的地域,如大厦的一层、一座大厦、一个园区。涉及的设备有 PC、文件服务器、集线器、网桥、交换机、路由器、多层交换机、语音网关、防火墙等。介质类型包括以太网、快速以太网(FE)、吉比特以太网(GE)、令牌环和光纤分布式数据接口(FDDI)。目前使用最多的就是局域网。

广域网(Wide Area Network,WAN)将局域网 LAN 连接在一起。通常在必须连接相隔较远的局域网时才用到。一般是从运营商(如电话公司)租用线路。广域网连接或电路的基本类型有 4 种：电路交换、分组交换、信元交换和专线。在 WAN 线路中使用的连网设备的实例包括电缆和 DSL 调制解调器、通信公司的交换机、信道服务单元 CSU/数据服务单元 DSU、防火墙、调制解调器、网络终端装置 NT 和路由器等。

城域网（Metropolitan Area Network，MAN）是 LAN 和 WAN 的混合物。与 WAN 相似，它连接了在同一地域内的两个或更多的 LAN。通常 WAN 只支持低速到中等速度的接入，而 MAN 提供高速连接，如 T1（1.544Mb/s）和光纤接入业务。光纤接入业务包括 SONET 同步光纤网（Synchronous Optical Network）和 SDH（Synchronous Digital Hierarchy）同步数字系列。MAN 可以提供高速的网络服务，如 ATM 和吉比特以太网。支持 MAN 连接的设备有高端路由器、ATM 交换机和光交换机。

(2) 根据网络内、外部之间的关系，计算机网络可以分为内部网络（内联网）、外部网络（外联网）和互连网络。

内部网络（Intranet）基本上是指本地的网络，仅提供内部的服务。

外部网络（Extranet）是扩展的内部网络，对已知的远程外部用户或外部业务伙伴提供某些内部服务。这些外部用户与内部资源之间的连接是由防火墙和 VPN 保护的。

当未知的外部用户需要访问网络中的内部资源时使用的是互连网络。

internet（首字母是小写的 i）是指外部用户访问公用资源时所使用的所有类型的网络连接。Internet（首字母是大写的 I），是指大多数人和公司访问外部资源时所使用的主要公众网络。

(3) 根据通信信道或传输技术，计算机网络可以分为广播式和点对点式。

广播式网络，多个节点共享通信信道，一个节点广播信息，其他节点都能接收到信息。

点对点式网络，一条通信信道只对应一对节点。

(4) 其他常见的网络类型还有园区网、存储区域网、内容网和虚拟专用网。

园区网一般是指较大规模的局域网或者互联在一起的几个局域网组成的网络。

存储区域网（Storage Area Network，SAN）提供高速的基础设施，以便在存储设备和文件服务器间传送数据。存储设备有时是指存储单元，包括磁盘驱动器、磁盘控制器以及所有必要的线缆。通常情况下，线路使用光纤信道。光纤信道是指一条连接文件服务器、磁盘控制器和硬盘驱动器，并且速率超过 1Gb/s 的光缆。将存储设备和文件服务器分开的优点是更大的灵活性和存储的集中化，管理更加轻松。LAN 中的 SAN 已经非常流行，而有些互联网服务提供商（ISP）在 MAN 中也提供这些服务。由于连接类型和访问速度的限制，WAN 还没有使用。

内容网（Content Network，CN）是为了使用户更容易地访问因特网资源而开发的。CN 可根据数据对如何为单个用户或多个用户获得信息做出智能决策。CN 有如下类别：内容的分发、内容的选路、内容的交换、内容的管理、内容的传输和智能网络服务。CN 一般用于两个方面：缓存已下载的因特网信息；将因特网流量载荷分别由多台服务器负担。第一种，一般是提供代理服务器，这是对内的；第二种，是负载均衡，来自于外部用户的流量载荷可分配给多台内部服务器，从而减轻服务器的拥塞并降低处理外部用户的请求所需的资源，这是对外的。CN 通常用在 LAN 环境中。

虚拟专用网（Virtual Private Network，VPN）是安全网络的一种特殊类型。用于提供跨越公众网络（例如互连网络）的安全连接。外联网通常利用 VPN 在公司及其已知的外部用户或办公室之间提供安全连接。VPN 通常提供身份验证、机密性和完整性，以便在两个站点或设备之间建立一个安全的连接。身份验证用于验证两个对等用户的身份。机密性提供对数据的加密使其在窥探下继续保密。而完整性用于在两台设备或地点之间传送的数据没有被篡改。目前，VPN 应用越来越多。

3.1.3 计算机网络的拓扑

计算机网络拓扑是通过网络中各节点与通信线路、设备之间的几何关系表示的网络结构，反映网络中实体间的结构关系。网络拓扑设计是网络建设中的第一步，决定网络中的线路选择、线路容量、连接方式，直接影响着网络性能、系统可靠性、费用与维护工作。

研究网络拓扑时，一般需要指出一定的研究范围或地域，针对不同的地域范围，有不同的网络规模，根据研究的对象才能确定所属的网络拓扑。

常见的拓扑有：点对点、星状、扩展星状、总线、环状、双环、网状。其网络拓扑如图 3-1 及图 3-2 所示。

1. 点对点

如 WAN 中连接两台路由器的网络拓扑。

2. 星状

周围的节点通过点对点通信线路连接到中心设备上，中心节点控制全网的通信，任何两个节点的通信都通过中心节点。这是一种常用的拓扑类型。

3. 扩展星状

带有子星状的星状拓扑，也叫树状，节点按层次进行连接，信息交换主要在上、下节点之间进行，相邻及同层节点之间一般设计成不进行数据交换或数据交换量很小。这也是一种常用的拓扑类型。主要用于信息的汇聚。

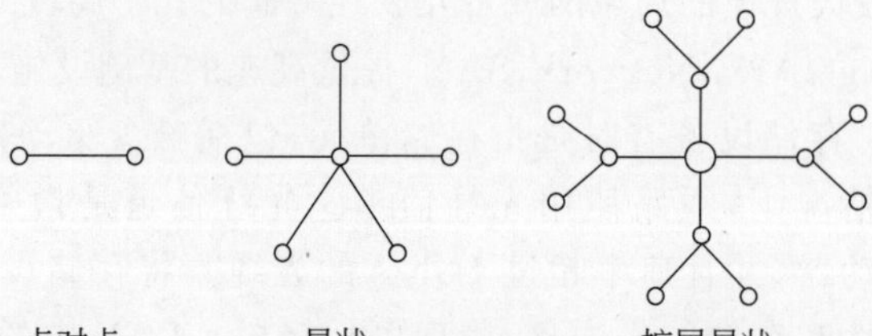

点对点　　星状　　扩展星状

图 3-1　网络拓扑(一)

4. 总线拓扑

一般用于 10Base2 和 10Base5，而且需要特殊的连接器或收发器。如 10Base5 需要插入式分接头 Vampire Tap，又称为 AUI，10Base2 需要 BNC 连接器，又称为 T 型头。总线拓扑现在已很少使用。10Base2 是指带宽最大为 10Mb/s、传输距离最长为 185m 的基带 Base 传输网络，一般也叫细缆网；10Base5 是指带宽最大为 10Mb/s、传输距离最长为 500m 的基带 Base 传输网络，一般也叫粗缆网。此外，还有 10BaseT，是指带宽最大为 10Mb/s 的双绞线网络。

5. 环状拓扑

主要用于令牌环网，节点通过点对点通信线路构成闭合回路。现在已基本不使用。

6. 双环

一般用于冗余,光纤分布式数据接口 FDDI 即为双环的一种。通信运营商的核心光纤网络一般都采用双环结构。

7. 网状拓扑

一般又称作无规则结构。现实中不可能做到完全网状,因为随着节点的增多,需要的线路越来越多。网状拓扑的节点之间连接是任意的,没有规律。虽然冗余性保证了网络的可靠性,但必须采用适当的路由算法与流量控制方法。现实中的广域网基本上都是网状拓扑结构。我们每天都在使用的 Internet 就是一个超大型、世界级的网状网。

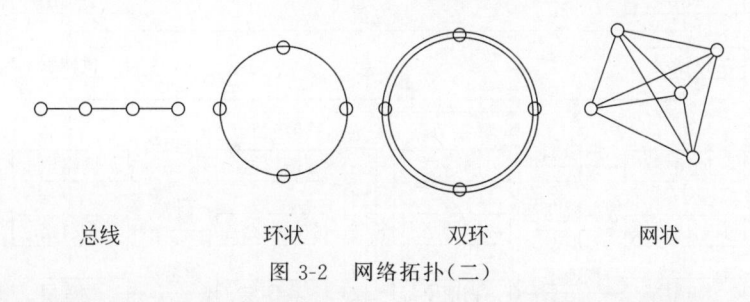

总线　　环状　　双环　　网状

图 3-2　网络拓扑(二)

注意,拓扑结构分为物理拓扑和逻辑拓扑。物理拓扑是描述如何将设备用线缆物理地连接在一起,如 10BaseT 拥有物理星状,而 FDDI 具有物理双环。逻辑拓扑是描述设备之间如何通过物理拓扑进行通信。物理拓扑与逻辑拓扑是相对独立的。所有类型的以太网在设备之间通信时,使用的是逻辑总线型拓扑。如,10BaseT,物理上是星状拓扑,而逻辑上是总线型拓扑。令牌环网也是,物理上是星状拓扑,而逻辑上是环状拓扑。FDDI 网的物理与逻辑拓扑都是环状。

对网络拓扑的总结如下:以太网,物理上是星状、总线型、点对点,逻辑上是总线型;FDDI,物理上是环状,逻辑上也是环状;令牌环(Token Ring),物理上是星状,逻辑上是环状。

3.1.4　计算机网络的体系结构与网络协议

复杂的计算机网络之所以能够正确、顺利地传输信息、交换数据,是因为连接到网络中的各个节点都必须遵守一定的规则,这个规则就是网络协议(Protocol)。网络协议,就是网络通信必须遵守的规则、约定与标准。协议由语法、语义、时序三部分组成。

网络体系结构是对网络功能的、抽象的精确定义,指导网络的具体实现。

计算机网络的体系结构采用层次结构,这样可以保证各层之间既相互独立又具有灵活性,高层使用低层提供的服务,不需知道低层的具体实现,每一层的变化不会影响其他层,这样既易于实现和维护,也易于标准化。

国际标准化组织(International Organization for Standardization,ISO)提出了开放系统互连(Open Systems Interconnection,OSI)参考模型,如图 3-3 所示。描述信息在计算机之间的传递,以通用的方式描述网络通信的概念和术语。但实际应用中的网络,其实根本不能很好地适合 OSI 模型,OSI 参考模型只用作理论教学或故障排除的辅助工具。例如 TCP/IP 协议只有四层,其中某些层合并成一层。ISO 开发的七层 OSI 模型,可以对网络设备之间数据处理和传输的方式获得更好的理解,以及为新网络标准和技术的实施提供指导。OSI参考模型帮助理解信息是如何在网络设备之间传递的。在OSI参考模型中,尤其要理解下三层是如何工作的,下三层对应通信子网,大多数网络设备都在下三层运行,上四层对应资源子网,上三层通常是应用程序的一部分。

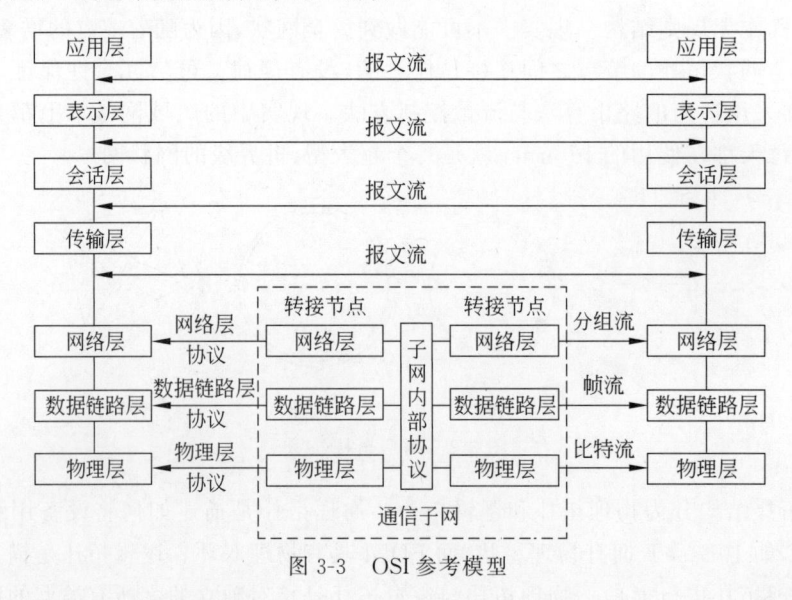

图 3-3　OSI 参考模型

OSI 从上到下各层及功能如下。

1. 应用层(Application Layer)

提供人与应用程序交互的界面,是最终用户可以看到的部分。如一些常用的应用程序Telnet、FTP、Web 浏览器、E-mail 等。

2. 表示层(Presentation Layer)

处理信息的表示方式,如数据的格式、加解密、压缩与恢复等,负责定义信息是如何通过用户正在使用的界面呈现给用户的。

3. 会话层(Session Layer)

负责启动连接的建立和终止,组织会话进程之间的通信,并管理数据交换。

4. 传输层(Transport Layer)

提供可靠的端到端服务,向上三层(资源子网)屏蔽下三层(通信子网)的细节。传输层负责连接的实际技术细节,同时对数据提供可靠和不可靠的传输。对于可靠的连接,传输层负责差错侦测和差错校正,出错重传。对于不可靠连接,传输层仅提供差错侦测,差错校正交给高层(一般为应用层)处理。不可靠传输提供尽力传送。

5. 网络层(Network Layer)

以分组为单位对数据信息进行路由选择、拥塞控制和提供网络互连功能,并为使用逻辑地址或第三层地址的网络提供逻辑拓扑。要在不同的网络类型之间传递数据,也就是需要连接不同类型的网络设备,需要使用路由器。所以,路由器是工作在 OSI 第三层的设备。

6. 数据链路层(Data Link Layer)

以帧为单位提供带有差错控制、流量控制的无差错数据链路。数据链路层提供物理地址或硬件地址。这些硬件地址通常称为媒体访问控制(Media Access Control,MAC)地址。

这种通信只适合于某些在同一类型的数据链路层介质(或同一条线)上的设备。为了穿越不同的介质类型,如以太网和令牌环,必须使用第三层及第三层的路由器设备。这一层的网络设备主要有网桥、交换机、网络接口控制器、网络接口卡(NIC)。

7. 物理层(Physical Layer)

利用物理介质透明传输比特流。提供网络连接的物理技术细节。连网设备的接口类型、连接设备线缆的类型、线缆每一端的连接器、线缆上每个连接的针脚排列。

3.1.5 计算机网络的组成

计算机网络由网络设备、传输介质和软件组成。

1. 网络设备

(1) 集线器,应用于局域网,对网络信号进行再生和重定时,用来延伸传输距离和便于工程布线。连接在集线器上的计算机都在同一个冲突域中,因而随着连接计算机数量的增多,网络性能会明显下降。集线器已经基本被交换机所取代。

(2) 中继器,对网络信号进行再生和重定时,仅对信号进行放大以延长传输距离。

(3) 网桥,用来创建两个或多个局域网分段,其中每一个分段都是一个独立的冲突域,过滤局域网通信流,从而产生更大的可用带宽。将本地的通信数据流保留在本地,而不向外发送。实际上,目前网桥的功能都由交换机承担。

(4) 二层交换机,具有集线器与网桥的双重功能,并且性能更好。交换机是目前使用最多的网络设备。连接在同一交换机的计算机,处在同一个广播域。

(5) 路由器,是网络互连设备,连接不同种类的网络。例如,以太网、令牌环、光纤分布式数据接口 FDDI、ATM 等几种网络,通过路由器连接在一起。交换机、集线器不具有这样的功能。路由器进行网络信息的路由选择,决定信息如何传递。路由器一般用于连接广域网,如连接 X.25、ISDN、帧中继、ATM、卫星链路、微波、租用和拨号线、同步链路等。路由器是一种比较复杂的设备,内置的路由器系统软件可以对数据进行处理,如过滤、转发、优先、复用、加密以及压缩等。

(6) 三层交换机,具有二层交换机与部分路由器功能的交换机。在中小型局域网或园区网中,可以作为核心交换设备,并且可以代替路由器的一部分功能。

(7) 防火墙,是在网络结构中分隔内部信息与外部信息,对内部网络与信息进行保护的网络设备。

(8) 认证服务器或交换机,是对用户身份进行校验与核对,仅允许合法用户使用资源的设备或网络服务。

(9) 语音网关,具有特定使用目的的网络设备。用于在计算机网络上传输语音、对语音数据进行转换的设备。例如,提供 IP 电话服务的网络服务商需要使用语音网关。

(10) DSL 设备,用于以 ADSL 等方式接入网络的网络设备。

(11) 调制解调器(Modem),在公用电话网中,使用拨号上网用户的网络设备。

(12) 无线接入点(AP),也叫作基站,是一个无线局域网的收发器。可以充当无线集线器,作为一个独立的无线网络的中心点;也可以作为无线网桥,为无线与有线网络的连接点。多个 AP 可以提供无线漫游功能。

(13) 无线网桥,提供无线以太网间高速、长距离及视距的连接。

(14) 网卡(Network Interface Card,NIC),又称网络适配器,网卡一般插在计算机的主板插槽上,用来将网络传输介质的信号转换成计算机能够识别的信号。同时,网卡提供MAC物理地址。带有RJ-45接口的PCI网卡和ISA网卡如图3-4所示。

图 3-4 带有 RJ-45 接口的 PCI 网卡和 ISA 网卡

网卡负责将用户要传递的数据转换为网络上其他设备能够识别的格式,通过网络介质传输。它的主要技术参数为带宽、总线方式、电气接口方式等。它的基本功能为:从并行到串行的数据转换,包的装配和拆装,网络存取控制,数据缓存和网络信号。网卡有 8 位、16 位、32 位、64 位、128 位。常用的为 16 位、32 位和 64 位。

按网卡所支持带宽的不同可分为 10MB/s 网卡、100MB/s 网卡、10/100MB/s 自适应网卡、1000MB/s 网卡几种;根据网卡总线类型的不同,主要分为 ISA 网卡、EISA 网卡和 PCI 网卡三大类,现在多为 PCI 网卡。ISA 总线网卡的带宽一般为 10MB/s,PCI 总线网卡的带宽从 10MB/s 到 1000MB/s 都有。同样是 10MB/s 网卡,因为 ISA 总线为 16 位,而 PCI 总线为 32 位,所以 PCI 网卡要比 ISA 网卡快。选择网卡时,现在大多选用 PCI 总线的网卡,因为新的计算机主板已经基本没有 ISA 总线接口。

根据传输介质的不同,网卡有 AUI 接口(粗缆接口)、BNC 接口(细缆接口)和 RJ-45 接口(双绞线接口)三种接口类型。现在主要是 RJ-45 接口,BNC 接口与 AUI 接口的网卡已经很少见。100MB/s 和 1000MB/s 网卡一般为单口卡(RJ-45 接口),在选用网卡时还要注意网卡是否支持无盘启动,必要时还要考虑网卡是否支持光纤连接,而服务器应该采用千兆以太网网卡,以提高整体系统的响应速率。

现在大多选用(10MB/s)/(100MB/s)自适应网卡。所谓(10MB/s)/(100MB/s)自适应是指网卡可以与远端网络设备(集线器或交换机)自动协商,确定当前的可用速率是 10MB/s 还是 100MB/s。对于新建的网络来说,一般直接选用 100MB/s 网卡,因为现在很少有 10MB/s 的网络设备,对于兼容建立比较早的网络,应该选择(10MB/s)/(100MB/s)自适应网卡,这样既有利于保护已有的投资,又有利于网络的进一步扩展。

另外,适用性好的网卡应通过各主流操作系统的认证,至少具备如下操作系统的驱动程序:Windows、Netware、Linux、UNIX 和 OS/2。由于网卡技术的成熟性,目前生产以太网网卡的厂商除了国外的 3COM、英特尔和 IBM 等公司之外,台湾地区的厂商以生产能力强且多在内地设厂等优势,其价格相对比较便宜。

(15) 无线网卡,无线网络用户的网络适配器,可以是 PCMCIA 或 PCI 卡,一般为笔记本电脑或桌上型工作站提供无线接入。

对应于 OSI 的下三层,即通信子网,各层常用的设备总结如下。

网络层设备:路由器。

数据链路层设备：交换机、网桥、网卡。
物理层设备：集线器。

2. 传输介质

常用的网络传输介质有：同轴电缆、双绞线、光纤与无线介质。最先使用的是同轴电缆，但现在主要使用双绞线和光纤。随着无线通信技术的发展，无线通信应用也越来越多。

（1）同轴电缆。同轴电缆分为粗缆和细缆二种，是最早使用的传输介质，现在计算机网络使用很少，大多用于有线电视网。同轴电缆中央是一根铜线，外面是绝缘层，由内部导体环绕绝缘层以及绝缘层外的金属屏蔽网和最外层的护套组成。同轴电缆结构如图 3-5 所示。金属屏蔽网可防止中心导体向外辐射电磁场，也可用来防止外界电磁场干扰中心导体的信号。

采用细缆组网，还需要 BNC 头、T 形头及终端匹配器等。网卡必须有 BNC 接口，如图 3-6 所示。

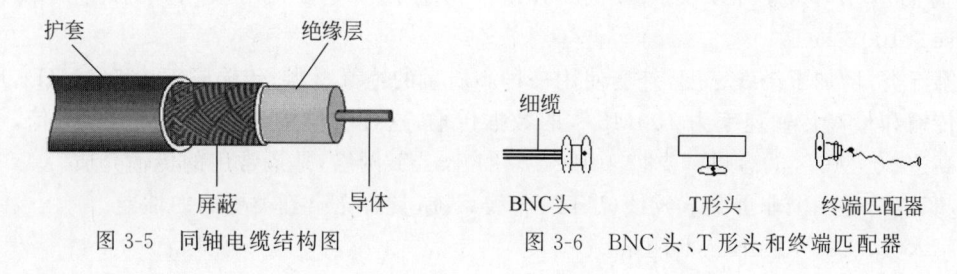

图 3-5 同轴电缆结构图　　图 3-6 BNC 头、T 形头和终端匹配器

细缆组网的参数如下。

最大的干线段长度：185m，即 10Base2 的由来，10 表示传输速率为 10Mb/s，Base 表示采用基带传输技术，2 表示最大距离几乎为 200m。

最大网络干线电缆长度：925m。

每条干线段支持的最大节点数：30 个。

BNC 头、T 形头之间的最小距离：0.5m。

粗缆组网时，还需要转换器、DIX 连接器及电缆、N-系列插头、N-系列匹配器。而且网卡必须有 DIX 接口。

粗缆组网的参数如下。

最大的干线长度：500m，即 10Base5 的由来。

最大网络干线电缆长度：2500m。

每条干线段支持的最大节点数：100 个。

收发器之间的最小距离：2.5m。

收发器电缆的最大长度：50m。

（2）双绞线（Twisted Pair Wire, TP）是最常用的一种传输介质。如图 3-7 所示，双绞线是由相互按一定扭矩绞合在一起的类似于电话线的传输媒体，每根线加绝缘层并有色标来标记。成对线的扭绞旨在使电磁辐射和外部电磁干扰减到最小。

双绞线可分为非屏蔽双绞线（Unshielded Twisted Pair, UTP）和屏蔽双绞线（Shielded Twisted Pair, STP）。一般使用比较多的是 UTP。EIA/TIA（电气工业协会/电信工业协会）定义了五种双绞线类型，类型如下。

第一类，主要用于传输语音，主要用于 20 世纪 80 年代初之前的电话线缆，不用于数据

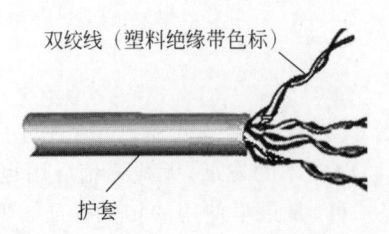

图 3-7 双绞线

传输。

第二类，用于支持最高 4Mb/s 网络的电缆，在局域网中很少使用。

第三类，在从前的 10Mb/s 以太网中使用，最高支持 16Mb/s，主要用于 10BaseT。

第四类，是对第三类的改进，用于最高 16Mb/s 的语音和数据传输，支持距离更长且速度更高的网络环境，可以支持最高 20Mb/s 的容量。主要用于基于令牌的局域网和 10BaseT/100BaseT。

第五类，增加了绕线密度，外套使用一种高质量的绝缘材料，传输频率为 100MHz，用于语音传输和最高传输速率为 100Mb/s 的数据传输，这种电缆用于高性能的数据通信，可以支持高达 100Mb/s 的容量。支持 10BaseT/100BaseT 网络，是最常用的传输介质。

超五类，是一个非屏蔽双绞线(UTP)布线系统，具有比第五类更高的性能。

第六类，支持 1000BaseT 网络。

在综合布线工程中，使用最多的是三类、四类、五类和超五类，在高性能服务器和核心交换机之间一般使用六类。在需要支持较远距离时，一般也使用超五类和六类。

使用双绞线组网，双绞线和其他网络设备（例如网卡）连接必须是 RJ-45 头（也叫水晶头），如图 3-8 所示。

图 3-8 RJ-45 头

双绞线技术规范可归结为 5-4-3-2-1 规则：

允许 5 个网段，每网段最大长度 100m；

在同一信道上允许连接 4 个中继器或集线器；

在其中的 3 个网段上可以增加节点；

在另外 2 个网段上，除做中继器链路外，不能接任何节点；

上述将组建 1 个大型的冲突域，最大站点数 1024，网络直径达 2500m。

(3) 光纤。光纤一般用于远距离、高速率、高带宽、抗干扰和保密性高的领域。光缆是由许多细如发丝的塑胶或玻璃纤维外加绝缘护套组成，光束在玻璃纤维内传输，防磁防电、传输稳定、质量高、适于高速网络和骨干网。光纤传输信息是光束，而非电气信号，所以传输的信号不受电磁的干扰。光纤分为单模光纤和多模光纤。长距离时（一般超过 40km），一般使用激光光源和单模光纤，单模光纤只传输一束光。较短距离（几百米到几千米），一般使用 LED 光源和多模光纤，多模光纤传输多束光。

(4) 无线介质。无线介质不使用电子或光学导体，而是使用空气作为通信通路。无线介质一般应用于难以布线的场合、远程通信或移动通信,主要有无线电、微波及红外线三种类型。使用最广泛的是无线电。无线电的频率范围在 10～16kHz 之间,但大部分无线电频率范围都已被电视、广播以及重要的政府和军队系统占用,所以电磁波频率的范围(频谱)是相当有限的。无线电波可以穿透墙壁,也可以到达普通网络线缆无法到达的地方。无线网络应用越来越多。

3. 软件

软件分为系统软件和应用软件。与网络相关的、重要的系统软件是网络操作系统。常见的网络操作系统有 Windows Server、Windows NT Server、Linux、UNIX、Netware、Windows for Workgroups。

计算机网络与计算机一样,也是由硬件和软件组成。没有软件,尤其是网络操作系统,计算机网络就不能起到任何作用,不能提供任何网络服务功能。网络操作系统是利用通信子网的数据传输功能,为资源子网的用户提供信息与资源管理服务,提供各种网络服务功能的软件。

网络操作系统(Network Operating System,NOS)除具备单机操作系统的进程管理、内存管理、文件管理、设备管理、输入输出管理外,还具有提供高效可靠的网络通信能力和多项网络服务功能,如远程管理、文件传输、电子邮件、远程打印等。

NOS 是使连网计算机能够方便而有效地共享网络资源,为网络用户提供所需的各种服务的软件与协议的集合。NOS 的基本任务就是:屏蔽本地资源与网络资源的差异性,为用户提供各种基本网络服务功能,完成网络共享系统资源的管理,并提供网络系统的安全性服务。

网络操作系统可以分成专用和通用二类。专用网络操作系统是为特殊需求设计的,通用网络操作系统提供基本的网络服务功能和多方面的应用需求。

网络操作系统的基本功能有:文件服务、打印服务、数据库服务、通信服务、信息服务、分布式服务、网络管理服务、Internet/Intranet 服务。

随着 Internet 的广泛应用,现在的网络操作系统,都综合了大量的 Internet 综合应用技术。除了基本的文件服务、打印服务等标准服务外,全新的或更新的 Internet 服务不断出现。如增强的目录服务与内容服务。在应用服务器方面,基于 B/S 结构、利用中间件技术等实现的 Web 数据库技术得到广泛的应用,大多数的网络应用都由 C/S 结构转变为 B/S 结构,应用更简洁,发布更简单。几乎所有的网络操作系统都支持多用户、多任务、多进程、多线程,支持抢先式多任务,也支持对称多处理(SMP)技术。

3.1.6 结构化布线与组网方法

1. 结构化布线

网络设计完成之后,就需要进行网络工程,也就是综合布线,又称作结构化布线。网络中出现的网络故障,小部分是由于网络设计不合理造成的,而绝大多数是由于网络传输介质引起的,也就是因为结构化布线不合理、不合格、不规范造成的。因此,在网络工程中,结构化布线是相当重要的。

结构化布线,不仅仅是专门用于计算机网络的结构化布线,它同时将电话、电源等系统综合起来,并使之适应计算机网络的要求。因为计算机网络和电话是属于电工中的"弱电",而电源是属于"强电",二者是不能在一起的,否则将产生很强的电磁干扰,影响计算机网络与电话的性能。

所以结构化布线就是指使用标准的组网和通信器件,按照规定的标准,在建筑物或建筑物之间安装和连接计算机网络和电话交换系统的网络传输设备与通信线路。结构化布线包括布置电缆线、配件(如转接设备、用户终端设备接口以及与外部网络的接口),不包括各种交换设备,但需要为各种交换设备设计和预留出位置与空间。结构化布线所使用的器件包括各类传输介质、各类介质的端接设备、连接器、适配器、插座、插头、跳线、光电转换与多路复用器等电器设备、电气保护设备与安装工具。

结构化布线与传统布线不同。传统布线是交换设备到哪里,布线就到哪里,而结构化布线是为交换设备预留空间,一次性将建筑物中或建筑物之间的所有位置都预先布线,然后根据实际情况调整内部跳线装置,将交换设备连接起来。传统布线开始是节省投资的,不用为目前不使用的布线进行投资,但随着长期发展,后期布线的费用会急剧增加,而且有可能破坏建筑物。结构化布线虽然开始可能没有完全使用,看起来有些"浪费",但从长远发展来看,后期基本不需要增加费用,也不会对建筑物造成破坏。

典型的综合布线包括如图 3-9 所示几个部分:水平子系统、管理子系统、工作区子系统、垂直子系统、建筑群子系统、设备间子系统等。

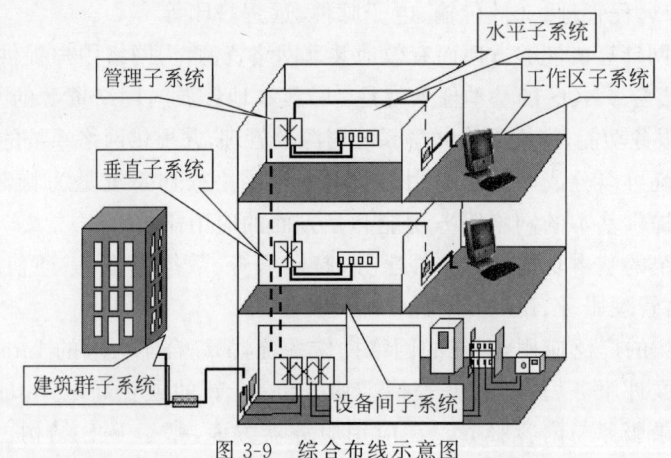

图 3-9 综合布线示意图

随着结构化布线技术的应用,人们将计算机网络、信息服务和建筑物安全监控等集成在一个系统中,这样形成了智能大楼的概念。智能大楼具有四个要素:投资合理、高效、安全和便利。智能大楼除了结构化布线系统外,还包括办公自动系统、通信自动化系统、楼宇自动化系统、计算机网络。

综合布线一般具有很好的开放式结构,采用模块化结构,具有良好的可扩展性、很高的灵活性。传输介质主要采用 UTP 与光纤,连接各种设备,如语音设备、数据通信设备、交换设备、传真设备和计算机网络。

2. 组网方法

使用双绞线组网是目前流行的组网方式。基于 UTP 的以太网结构简单,造价低,组织方便,易于维护。

从前使用 UTP 组建 10BaseT 标准的以太网时,需要使用带有 RJ-45 接口的以太网卡、集线器 HUB、3 或 5 类 UTP、RJ-45 连接头。在这种方式中,HUB 是中心设备,它是对"共享介质"的总线型局域网结构的一种"变革"。在采用 CSMA/CD 介质访问控制方法的前提下,通过 HUB 与 UTP 实现了物理上的星型与逻辑总线结构。

使用 HUB 和 UTP 组网,可分为单一集线器结构、多集线器级联结构和堆叠式集线器结构。单一集线器适宜于小型工作组规模局域网,所有节点通过 UTP 直接与 HUB 连接在一起。多个集线器通过级联,将更多的节点连接在一起,从而扩大网络覆盖范围。堆叠式集线器适用于中、小型企业网,它由一个基础集线器与多个扩展集线器组成。集线器具有网络管理功能,同样实现更多节点的联接,而且具备一定的网络管理功能。

目前,使用最多的是快速以太网组网。组网方法基本还是沿用前面普通的组网方法,但设备有所变化。快速以太网使用 100BaseT 集线器/交换机、10/100BaseT 网卡、双绞线或光缆。现在大多使用交换机,而很少再使用集线器,因为交换机具有更高的性能与更强的网络管理功能。快速以太网最初作为局域网的主干,现在主干或核心一般都采用千兆以太网,在网络的汇聚层使用千兆以太网或快速以太网,在接入层一般使用快速以太网。

正如前面提到的,千兆以太网组网现在一般用于核心或主干,它与前二种组网有一定的区别。千兆以太网组网一般使用如下设备:1000Mb/s 以太网交换机(一般是三层交换机)、100Mb/s 交换机(二层交换机)、10/100Mb/s 以太网卡、双绞线或光缆。一般在设计千兆以太网组网时,需要对网络进行合理的设计,合理地进行网络流量与带宽的分配,并且根据网络的规模与布局,来选择合适的二级或三级网络结构。千兆以太网组网的思路是,在网络主干与核心使用高性能的千兆以太网核心交换机(三层交换机),在网络支干部分使用性能一般的千兆以太网汇聚交换机(三层或二层交换机),在接入层使用快速以太网即 100Mb/s 以太网交换机(二层交换机),在用户端使用(10MB/s)/(100MB/s)以太网卡。

3.2 Internet 基础

Internet 是计算机网络的一种,现在已成为计算机网络的代名词,体现在工作、学习、生活的各个方面。Internet 可以说是遍布全世界大大小小、各式各样网络组成的一个松散结合的全球性的网络,这是一个多层次的网络空间,它通过利用 TCP/IP 传送数据,使网络上各个计算机可以交换各种信息,形成一个全球性的信息与资源的大集合。Internet 系统不是传统意义上的计算机网络,而是提供对全球所有可开放的计算机网络及增值网互联的综合数据多媒体通信网络。它具有如下特点:

(1) 由数不清的计算机网络互联而成;
(2) 是一个世界性的网络,不属于任何人、任何组织;
(3) 采用 TCP/IP;
(4) 采用分组交换技术;
(5) 由众多的路由器连接而成;
(6) 一个信息资源网络。

3.2.1 Internet 的发展

美国出于军事战略目的建立起来的 ARPANET 是 Internet 的雏形。Internet 就是基于 ARPANET 发展起来的。当军事设施转为民用而且方便好用,ARPANET 便飞速发展起来，连接的节点逐渐增多，E-mail、FTP、Telnet 成为早期主要的网络应用。

随着应用的深入和发展壮大，统一纷乱复杂的网络局面的 TCP/IP 便随之诞生。有了 TCP/IP 的标准，最终推动 Internet 得到迅速发展，也奠定了 TCP/IP 在 Internet 中不可动摇的地位。

由于 ARPANET 的军事目的，真正带动 Internet 发展起来的，是在 ARPANET 的技术基础上产生并逐渐分离出来的美国国家科学基金会建立的网络 NSFNET。在大学中诞生，基于教育与科研的 NSFNET，才是真正的 Internet 的基础。

随着发展，NSFNET 中接入的不再只是学术团体、研究机构，更多的企业与个人用户也不断加入，Internet 的使用不再限于纯计算机专业人员，逐渐渗透到社会生活的方方面面。20 世纪 90 年代初期，Internet 成为一个"网际网"，随着计算机网络在全球的拓展和扩散，美洲以外的网络也逐渐接入 NSFNET 主干及其子网，使 Internet 逐渐分布到全球各地。

我国 Internet 起步较晚，但发展比较迅速。最早是电子邮件使用阶段，1987 年 9 月 20 日，钱天白教授发出我国第一封电子邮件。在第一阶段，通过拨号 X.25 实现与 Internet 电子邮件转发系统的转接，在小范围内为国内某些大学、研究所提供电子邮件服务。1994 年 5 月，我国正式加入 Internet。由此，我国 Internet 进入第二阶段，即 1994 年至 1995 年，是我国教育科研网发展阶段。这一阶段，通过 TCP/IP 连接，实现了 Internet 的全部功能。继此之后，我国建成中国教育和科研网 CERNET。1995 年 5 月，原邮电部开通了 CHINANET，向公众提供 Internet 服务。至此，我国 Internet 进入第三阶段，即商用阶段。接着出现了中国科技网 CSTNET 和中国金桥网 CHINAGBN，与 CHINANET、CERNET 一起，构成中国四大骨干网。

由于 Internet 的商业化和逐渐普及，而且业务量与用户逐渐增多，致使 Internet 的性能越来越差。于是一些大学提出建立 Internet2 的计划。尽管这一计划将采用新一代 Internet 技术，但并不是取代现有的 Internet，也不是为普通用户新建另一个网络。未来的 Internet2 是组建一个为其成员组织服务的专用网络，初始运行速率可达 10Gb/s。总之，未来将利用更加先进的网络服务技术，开展全球通信、数字地球、环境检测、预报、能源与地球资源的利用研究，以及紧急事务的快速反应系统的研究与应用。

3.2.2 Internet 的协议

TCP/IP 是 Internet 支持的唯一的通信协议。虽然 Internet 由无数个网络和成千上万台计算机组成，而且管理结构也是松散的。TCP/IP 是一个协议族，除了代表 TCP 和 IP 这两个通信协议外，还包括与 Internet 通信相关的数十种协议，如 ARP、RARP、UDP、DNS、ICMP、POP、FTP 等。TCP/IP 对 Internet 中主机的寻址方式、命名机制、信息的传输规则以及各种服务功能做了详细的规定。TCP/IP 成功解决了不同网络之间难以互连的问题，实现了异构网络之间的互连通信。虽然 TCP/IP 不是 OSI 的标准，但 TCP/IP 被公认为当前的工作标准，也就是事实上的标准。尽管在局域网中，也可以用其他协议，如 IPX 和 NetBEUI，但它们都不能完成连接到 Internet 的需求。

TCP/IP 的体系结构与 OSI 参考模型的体系结构是不一样的，它将 OSI 中的某几层合并为一层，一共为四层：网络接口层、互联网层、传输层和应用层，如图 3-10 所示。主要是把千差万别的 OSI 网络层和数据链路层协议的物理网络，在传输层和网络层建立一个统一的虚拟的逻辑网络,屏蔽或隔离所有物理网络的硬件差异。

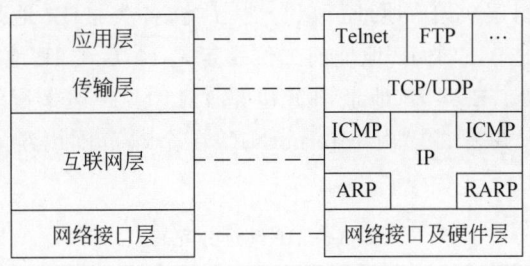

```
应用层       -----    Telnet  FTP   ...
传输层       -----       TCP/UDP
                     ICMP      ICMP
互联网层     -----            IP
                      ARP      RARP
网络接口层   -----    网络接口及硬件层
```

图 3-10 TCP/IP 的组成

下面介绍 TCP/IP 中的四个层次及作用。

1. 应用层

应用层是 TCP/IP 的第一层,是直接为应用进程提供服务的。

(1) 对不同种类的应用程序它们会根据自己的需要来使用应用层的不同协议,邮件传输应用使用了 SMTP、万维网应用使用了 HTTP、远程登录服务应用使用了有 Telnet 协议。

(2) 应用层还能加密、解密、格式化数据。

(3) 应用层可以建立或解除与其他节点的联系,这样可以充分节省网络资源。

2. 传输层

作为 TCP/IP 的第二层,传输层在整个 TCP/IP 中起到了中流砥柱的作用。且在传输层中,TCP 和 UDP 也同样起到了中流砥柱的作用。

3. 互联网层

互联网层在 TCP/IP 中的位于第三层。在 TCP/IP 中互联网层可以进行网络连接的建立和终止以及 IP 地址的寻找等功能。

4. 网络接口层

在 TCP/IP 中,网络接口层位于第四层。由于网络接口层兼并了物理层和数据链路层,所以,网络接口层既是传输数据的物理媒介,也可以为网络层提供一条准确无误的线路。

TCP/IP 能够迅速发展起来并成为事实上的标准,是它恰好适应了世界范围内数据通信的需要。它有以下特点。

(1) 协议标准是完全开放的,可以供用户免费使用,并且独立于特定的计算机硬件与操作系统。

(2) 独立于网络硬件系统,可以运行在广域网,更适合于互联网。

(3) 网络地址统一分配,网络中每一设备和终端都具有一个唯一的地址。

(4) 高层协议标准化,可以提供多种多样的可靠网络服务。

3.2.3 地址与域名服务

1. IP 地址

与电话网的电话机相似,Internet 成千上万台机器中的每一台主机也需要分配一个需要唯一确定的地址,就是 IP 地址。IP 地址是由授权机构统一分配的,采取层次结构。IP 地址的层次是按逻辑网络结构进行划分的,一个 IP 地址由 32 位二进制数表示,由二部分组成,即网络号与主机号,网络位用于识别一个逻辑网络,而主机位用于识别网络中的一台主机。

按照 IP 地址的逻辑层次，IP 地址可以分为五类，各类按 IP 地址的前几位来区分。A 类 IP 地址第一位一定是 0，B 类 IP 地址前二位一定是 10，C 类 IP 地址前三位一定是 110，D 类 IP 地址前四位是 1110，E 类 IP 地址前五位是 11110。一般情况下，D 类与 E 类很少使用。其中 A、B、C 三类（见表 3-1）由 InternetNIC 在全球范围内统一分配，D、E 类为特殊地址。

表 3-1 IP 地址分配表

类别	最大网络数	IP 地址范围	单个网段最大主机数	私有 IP 地址范围
A	126(2^7-2)	1.0.0.1～127.255.255.254	16777214	10.0.0.0～10.255.255.255
B	16384(2^{14})	128.0.0.0～191.255.255.255	65534	172.16.0.0～172.31.255.255
C	2097152(2^{21})	192.0.0.0～223.255.255.255	254	192.168.0.0～192.168.255.255

IP 地址一般写成 4 个用小数点隔开的十进制整数，每个整数对应一个字节（8 位），称点分十进制标记法。A 类地址用于大型网络，用 7 位表示网络，第 1 位整数为 1～127，其余 24 位表示主机，因而支持提供大量的主机的网络。B 类地址用于中型网络，第一位整数为 128～191，它用 14 位表示网络，16 位表示主机。C 类地址用于小网络，第一位整数为 192～233，用 21 位表示网络，8 位表示主机，理论上最多只能连接 256 台设备。D 类地址用于多播地址，而 E 类保留为今后使用。

根据 IP 地址，网络可以判定是否通过某个路由器将数据传递出去。通过分析要传送数据的目的 IP 地址，如果其网络地址与当前所在的网络相同，则数据直接传递，不需经过路由器。如果网络地址不同，则数据必须传递给一个路由器，经路由器到达目的网络。负责中转数据的路由器必须根据数据中的目的 IP 地址决定如何将数据转发出去。

在网络中每台主机必须至少一个 IP 地址，而且这个 IP 地址必须是全网唯一的。在网络中允许一台主机有两个或多个 IP 地址。

有几个特殊的 IP 地址，它们是网络地址、广播地址、回送地址和本地地址。网络地址由 IP 地址中的网络位与全 0 的主机位构成，用来表示一个具体的网络。广播地址分为直接广播地址和有限广播地址。直接广播地址由 IP 地址中的网络位与全 1 的主机位构成，作用是主机向其他网络广播信息。全"1"的 IP 地址，即 255.255.255.255 叫做有限广播地址，用于本网广播。回送地址是保留的 127.0.0.1，它是一个 A 类地址，用于本机的网络软件测试以及本地机器进程通信。使用回送地址发送数据，协议软件还可进行任何网络传输，再工作在本机，因此网络号 127 的数据报不可能出现在任何网络上。另外，有些 IP 地址（如 10.*.*.*、172.16.*.*-172.32.*.*、192.168.*.*）是不分配给特定网络用户的，用户可以在本地的内部网络中使用这些 IP 地址，这些地址也不会被路由到本地内部网络之外，如果需要与外部网络相连，必须将这些 IP 地址转换为（利用 NAT）可以在外部网络中使用的 IP 地址，这一特点可以节省 IP 地址的使用，解决 IPv4 地址不足的问题。

由于 A、B、C 类地址中的主机数都是固定的，有可能不适合具体的应用，因此可能造成 IP 地址使用上的浪费，因而在实际应用中，需要对 IP 地址进行再次划分，这种技术叫做划分子网。子网编址（Subnet Addressing）又叫子网寻径（Subnet routing），是广泛使用的 IP

网络地址复用方式。

前面介绍过,IP 地址由二部分组成,网络位与主机位。划分子网是网络位通过向主机位借位,从而扩大网络数,在标准的 A、B、C 类地址中划分出新的、小型的网络。正常情况下,在 IP 地址中区分网络位与主机位是通过网络掩码实现的,标准网络掩码的网络位为全 1,主机位为全 0,通过与 IP 地址进行"与"运算,从而得出网络位(主机位全 0)。在划分子网时,在 IP 地址中区分网络位与主机位是通过子网掩码实现的,因为是从主机位中借位给网络位,因此,子网掩码中的网络位要比标准网络掩码中的网络位要长几位。需要说明一点,尽管在子网掩码中允许出现不连续的 0 与 1,但这样的子网掩码给分配主机地址和理解寻径都带来一定困难,因而实际中都使用连续方式的子网编码(见表 3-2)。

表 3-2 默认子网掩码

类别	子网掩码的二进制数值	子网掩码的十进制数值
A	11111111 00000000 00000000 00000000	255.0.0.0
B	11111111 11111111 00000000 00000000	255.255.0.0
C	11111111 11111111 11111111 00000000	255.255.255.0

另外一种用于区分 IP 地址中网络位与主机位的方法是无类别域间路由(CIDR),它是通过在 IP 地址后添加"/数字"来表示 IP 地址中前多少位用于表示网络位,从而提供一种方便的划分子网的方法,例如 172.16.0.0/16,用于表示前 16 位为网络位。

2. 域名服务

通过 IP 地址,就可以定位 Internet 中的主机,IP 地址提供了一种统一的寻址方式,定位主机后就可以使用主机提供的网络服务。但是 IP 地址是由数字组成的,记忆起来比较困难。为了方便记忆,Internet 在 IP 地址的基础上,提供了一种方便用户使用的字符型主机命名机制,这就是域名系统 DNS。尽管 DNS 在某种程度上说增加了网络的复杂性、浪费了一定的带宽,但这种更高级的地址形式,使网络使用更加方便。

DNS 采用层次命名机制。其结构是一棵具有许多分支子树的分层树,是 Internet 的一部分。根据这种命名就可以唯一确定 Internet 的主机。首先,DNS 把整个因特网划分为多个域,这些域称为顶级域,顶级域具有通用的国际域名。顶级域的划分采用了组织模式和地理模式。前七个域对应于组织模式,其余的域应用于地理模式。地理模式即按照国家进行划分的。每个申请加入因特网的国家可以作为一个顶级域,并向国际组织 NIC(Network Information Center)注册一个顶级域名,例如中国的域名是 cn。其次,NIC 将顶级域的管理权分派给指定的管理机构,各管理机构对其管理的域继续划分为二级域,依次向下,划分为三级域、四级域等。

下列是一些顶层 Internet 的域:

政府部门:GOV

科技技术:TECH

教育机构:EDU

组织(非盈利型或非商业型):ORG

商业:COM

军事：MIL

网络服务供给者：NET

顶级、巅峰（行业标杆）：TOP

国家域，如 CA(加拿大)、UK(英国)、JP(日本)、DE(德国)、AU(澳大利亚)，在 US(美国)域中，对 50 个州中的每一个都有一个两字母的代码名。这些域由那些局限于一个国家的公司或组织命名用。而国际性公司使用 COM 域。

Internet 中的这种命名结构只代表一种逻辑组织方法，不代表实际的物理连接。位于同一域中的主机并不一定要连接在一个网络或位于一个地区中，它们可以分布在任何地方。

域名的书写，采取由小到大的顺序，顶级域名在最右边，例如 www.baidu.com，com 是顶级域名，baidu 是二级域名，www 为主机名。

DNS 系统仅为用户的使用提供了方便，计算机之间的通信并不能通过主机名进行通信，实际上还是使用 IP 地址完成数据传输的。所以，因特网应用程序接收到用户输入的域名时，必须找到与域名相对应的 IP 地址，完成这种功能的服务器就叫做域名服务器。Internet 中有大量的域名服务器，每台域名服务器保存着它所管辖区域内的主机名称与 IP 地址的对照表。

在 Internet 中，对应于域名结构，域名服务器也具有一定的层次。这个树形的域名服务器的逻辑结构是域名解析赖以实现的基础。总的来说，域名解析采用自顶向下的算法，从根服务器开始直到叶服务器，一直找到所需的名字-地址映射为止。

3.2.4 Internet 接入技术

因特网服务提供商(Internet Service Provider, ISP)是用户接入 Internet 的入口点。ISP 有二方面的作用，一是为用户提供 Internet 接入服务，另一方面为用户提供各种类型的信息服务，如电子邮件服务、信息发布代理服务等。下面简单介绍一下接入 Internet 的方法。

1. 通过电话线连接到 Internet（拨号上网）

用户计算机或代理服务器和 ISP 的远程访问服务器(Remote Access Server, RAS)均通过 MODEM 与电话网相连，用户通过拨号方式与 ISP 的 RAS 相连。前面介绍过，MODEM 所起的作用就是进行数字信号与模拟信号的相互转换。电话线上传输的是模拟信号，而计算机中的信号是数字信号，因而计算机中的数字信号要在电话网上传输，就必须经过 MODEM 的转换。用户通过电话线路直接拨通到主机，中间不能靠人转接。线路距离短、质量高、传输速率高就可以，所以应尽量就近接入 Internet 的主机，只要与任何一台主机连通就可以与其他任何一台主机通信。用户通常不需要通过长途线路与 Internet 互连。

用户端只需要一条电话线和一个 MODEM 就完成接入，而 ISP 必须能够同时支持多个用户的连接。一条电话线在一个时刻只能支持一个用户接入，如果要支持多个用户同时接入，则必须提供多条电话中继线。电话拨号线路传输速率较低，一般不支持大量信息的传输，或者支持不好发生断线。现在拨号上网的用户已经很少。

2. 通过数据通信线路连接到 Internet

用户的主机或局域网利用路由器通过数据通信网与 Internet 相连。数据通信网的种类很多，如 DDN、X.25、帧中继、ISDN 等，一般来说，这些数据通信网均由电信运营商经营管理。一般来说，使用数据通信网连接 Internet 通常为具有一定规模的局域网，而不是单个用户。

通过数据通信网连接 Internet，一般需要增加相应的网络设备，与上一级网络或 ISP 进行连接，还需要进行相应的设置。

3. 通过局域网接入 Internet

通过局域网接入 Internet 是一个公司、团体、组织或学校接入的常用方法。本地局域网通过一个或多个路由器与 ISP 相连。这与通过数据通信网接入 Internet 有点相似，其实局域网也是数据通信网，一般也由电信运营商经营管理。

通过局域网连接 Internet，本地网作为 ISP 新增加的一块局域网，利用相应的网络设备，一般是路由器、三层交换机或光纤收发器，与上一级网络或 ISP 进行连接，在路由器或三层交换机上进行相应的设置，完成 Internet 的接入。

4. 通过 ISDN 接入 Internet

ISDN 接入与拨号上网方式有些类似，但速度比拨号上网要快一些。综合业务数字网（Integrated Service Digital Network，ISDN）采用数字传输和数字交换技术，将电话、传真、数据、图像等多种业务综合在一个统一的数字网络中进行传输和处理。ISDN 也是利用原有电话网的数字传输设备与程控交换机，将原来的模拟用户线改造成为数字信号传输线路，这样就为用户提供一个端到端的纯数字传输方式。ISDN 是以综合数字电话 IDN 为基础发展演变而成的通信网，能够提供端到端的数字连接，用来支持包括语音在内的多种电信业务，用户能够通过有限的一组标准化的多用途用户网络接口接入网内。利用一条 ISDN 用户线路，就可以在上网的同时拨打电话、收发传真，就像两条电话线一样。

ISDN 是支持声音和数据通信的一个简单的较高速通信的数字电话服务，由两个 B 通道和一个 D 通道组成，每个 B 通道可以提供 64kb/s 的语音或数据传输，因此，不但可以按 128kb/s 的速率上网，也可以在以 64kb/s 速率上网的同时在另一个通道上打电话，或者同时接听两个电话。

但是，128kb/s 速率的 ISDN 叫做窄带 ISDN（N-ISDN），还是不能满足人们对宽带业务的需求，可以说 ISDN 是昙花一现。

5. 通过 ADSL 接入 Internet

数字用户环路（Digital Subscriber Line，DSL）是以铜质电话线为传输介质的传输技术组合，包括 HDSL、SDSL、VDSL、ADSL 和 RADSL 等，一般称之为 xDSL 技术。它们主要的区别体现在信号传输速度和有效距离的不同以及上行速率和下行速率对称性不同这两个方面。

xDSL 具有很多优势。它以最普通的介质——电话线为传输介质，具有十分广阔的应用空间。最具代表性的技术是非对称数字用户环路（ADSL），具有下行速率高、频带宽、性能优越、安装方便、永远在线等特点。ADSL 不需要改造信号传输线路，完全可以利用普通铜质电话线作为传输介质，配置专用的 MODEM，就可以实现数据高速传输。ADSL 支持上行 640kb/s 到 1Mb/s，下行速率 1～8Mb/s，有效传输距离在 3～5km 内。ADSL 的每个用户都有单独的一条线路与 ADSL 局端相连，结构可以看作是星状结构，数据传输带宽由每一用户独享。通过（ADSL）接入时，用户还可以拥有固定的静态 IP 地址，即以专线入网方式连接。虚拟拨号入网方式提供了简洁的接入设置方法，通过用户账号、密码进行身份验证后,可以获得一个动态的 IP 地址。

6. 通过无线接入 Internet

接入网是指将用户本地网连接到骨干传输网及其业务节点的网络,即通常电信运营商所说的"最后一公里"。固定无线接入技术,是通过在建筑物的屋顶架设射频传输装置,服务区与远端站之间通过无线电波传输数据。采用无线接入方式适用于建筑物之间距离较远、难以布线、布线成本较高,或短时间不能开通 DDN 专线的地区。同时,由于无线接入为一次性投入,可以节省租用专线接入的费用。

无线接入的技术主要有:GSM 接入、CDMA 接入、GPRS 接入、CDPD 接入、LMDS 接入、DBS 卫星接入、蓝牙、HomeRF、EDGE 接入、WCDMA 接入、3G 通信、4G 通信、5G 通信等。

无线局域网的标准是 IEEE 802.11。802.11 定义了使用红外、跳频扩频与直接序列扩频技术,数据传输速率为 1Mb/s 或 2Mb/s 的无线局域网标准。802.11b 定义了使用跳频扩频技术,传输速率为 1、2、5.5 与 11Mb/s 的无线局域网标准。802.11g 是 802.11b 的升级,传输速率是 54Mb/s,802.11a 将传输速率提高到 54Mb/s。802.11n 兼容 2.4G 和 5G 两个频段,传输速率可达到 400+Mb/s,是 802.11g 的 8 倍。

3.3 Internet 信息服务

Internet 提供了丰富的信息资源、快捷方便的通信服务和方便的电子商务应用。随着 Internet 的发展,网络应用越来越丰富。本节将简单举例介绍一下 Internet 的功能与应用,其实真正的 Internet 应用有很多。

3.3.1 Internet 的功能与应用

1. 网络聊天

计算机网络的出现,给人们增加了一种全新的交流沟通方式,网络之所以流行起来,更多是因为网络聊天室的出现,人们通过网络结识更多的朋友。最早的网络聊天是通过 Telnet 应用的 BBS 服务,那是一种基于字符界面的 UNIX 操作环境,用户局限于计算机专业人士与教育界人士。随着基于浏览器网络应用的发展,出现了使用浏览器进行聊天的聊天室。接着,出现了即时通信软件,如 QQ、微信等。

2. 网上购物

随着网络安全性的提高,人们逐渐接受这种新的购物方式。通过 Internet,可以在计算机上直接看到商品的外观、详细介绍、价格,选中所需物品后,可以用信用卡或电子货币在网上支付,再由商家送货上门。经常使用的网上购物网站有阿里巴巴、淘宝、易趣、Amazon 等。越来越多的网站与企业开始提供网上购物的服务,基于 Internet 的网上交易越来越多。

3. 电子商务

电子商务是指利用简单、快捷、低廉的电子通信方式,双方通过计算机网络进行各种商务活动。电子商务主要是以电子数据交换(EDI)和 Internet 完成。电子商务分为两大类:面向顾客和面向商家。面向顾客的电子商务提供个人网上直接购物,也就是网上购物。面向商家的电子商务是为了管理和分析商家顾客的需求,建立自动处理机制。从贸易活动的角度,电子商务可以在多个环节实现,由此可以将电子商务分成两个层次。低层次的电子商务如电子商情、电子贸易、电子合同等,高级的电子商务应该是利用Internet网络能够进行全部的贸易活动,即在网上将信息流、商流、资金流和部分的物流完整地实现。在基于Internet的电子商务过程中,参与电子商务的各方不是物理世界商务活动的直接电子网络化,还需要加入许多网络技术才可以实现,如网上银行、电子支付、数据加密、电子签名等。电子商务的应用功能分为售前、售中和售后三阶段服务。电子商务的应用类型有三种,它们是企业内部的电子商务、企业间的电子商务(B-B模式)、企业与消费者之间的电子商务(B-C模式)。

4. 网络推销或宣传

Internet是一种全新的宣传媒体模式,在推销与宣传方面,已经赶超电视、广播、报纸等宣传媒体。通过网络进行推销与宣传主要有以下几种方式:电子邮件、搜索引擎注册、网络广告。通过网络进行宣传,具有针对性强、费用低廉的特点,而且内容不受限制,推销与宣传效果好、速度快、范围广,可以短时间发布到世界各地。当然,随之产生的大量"垃圾邮件"和在网页上出现的大量占用带宽、占用资源的广告图片与动画,也让许多网络用户深恶痛绝。

5. 网络电话

网络电话(Internet Phone)又称作IP电话,它是利用Internet为语音传输的媒介,从而实现语音通信的一种新的通信技术。由于IP电话通信费用低廉,现在得到了广泛的应用。最初的IP电话是计算机与计算机之间的通话。随着IP电话的优点逐渐被人们认识,许多通信运营商在此基础上进行了开发,从而实现了计算机与普通电话之间的通话。在以上方式基础上,现在已完全实现基于IP电话网的普通电话之间的通信。IP电话成为发展最快、最适合商业化前途的电话。

IP电话与传统电话是有差别的。IP电话的传输媒介是Internet网络,而传统电话为公众电话交换网。IP电话使用分组交换技术,信息根据IP协议分成一个一个分组进行传输,到达目的后再进行还原,而传统电话用的是电路交换方式。IP电话有信息时才占用信道与带宽,而且占用较小的带宽,而传统电话一旦建立连接将一直占用较宽的信道。IP电话费用低廉,但从话音质量上来说,IP电话相对传统电话语音质量较差,其中有带宽、延迟等因素,尤其在网络拥塞时,通话质量难以保证。但随着网络规模的不断扩大,网络建设的进一步发展,IP电话的质量越来越好,现在已完全实现商业化。现在许多即使通信软件也支持语音通信功能。

6. 网上娱乐

网络信息多彩纷呈,现实世界中有的,在网络中几乎都可以找到。畅游Internet,可以听音乐,可以看电影,可以参观博物馆、艺术馆、画廊、展示会,可以参加音乐会,可以了解军事、汽车、时尚、服装、体育、经济。上网已经成为人们娱乐休闲的主要活动。

7. 网络游戏

自Internet普及以来,游戏产业蓬勃发展起来。从前人们认为玩游戏是玩物丧志,现在人们逐渐接受游戏是一种重要的生活休闲活动。只要合理安排时间,游戏可成为人们在紧张的工作、学习之中重要的调节工具。尤其是基于Internet的网络游戏,发展势头极其迅猛,网络游戏用户飞速上涨,网络游戏产业前景极好。

8. 网上图书与报刊

尽管人们生活的水平提高了,图书与报刊的花费不再成为生活中重要的开支,但比较昂贵的图书与报刊价格还是占收入的很大比例。Internet 上的电子新闻、图书、报刊,成为人们获取知识的新方式,这些信息不仅是免费的,而且时效性往往比图书、报刊更强,信息的丰富程度、真实程度更高。网上图书馆更是提供方便、快捷的查找方式,远比直接进入图书馆在书海里寻觅更为简洁。

9. 网络教育

基于 Internet 的网络教育,把教学信息直观、形象、快速、全面、丰富地传递给学生,增强了师生之间的交互性、实时性。利用 Internet 进行远程教育,可以使学生根据实际情况确定学习时间、内容与进度,同时网络技术同多媒体技术、虚拟现实技术相结合,可实现虚拟图书馆、虚拟实验室、虚拟课堂,可为学生提供多层次、全方位的立体化学习环境,而且 Internet 上有丰富的资源,可以丰富相关的教学信息。同时,基于 Internet 的教学方式,可以及时评价与跟踪学生学习成绩与效果。远程教育与网络教育,已经成为一种全新的教育教学模式。

反思"电梯舞"短视频

网上活动必须遵纪守法。Internet 为人们提供服务的同时,网上活动的人也要遵守社会公德和法律规定。

数据显示,自 2011 年各类短视频手机应用上线以来,短视频行业一直处于高速发展状态。2016 年至 2017 年更是迎来了"井喷期",新上线手机应用数量高达 235 款。同时,短视频用户也开始激增,2017 年短视频行业用户已突破 4.1 亿人。然而,繁荣的背后,不少平台为了增加用户数量和吸引流量,不惜哗众取宠、触碰红线,野蛮生长、无序发展的问题也日益凸显。除了荒谬的"电梯舞",各种低俗信息、虚假信息等挑战道德底线甚至触犯法律的内容也时有出现,给未成年人的成长环境造成了负面影响。讽刺"电梯舞"的漫画(见图 3-11)一针见血地批评了这种低俗的行为。

图 3-11 讽刺低俗的"电梯舞"的漫画

> **课程思政**
>
> 人民日报批"电梯舞"视频：低俗不是通俗，欲望不代表希望。《人民日报》刊文称，稍有判断力的人都能想象，电梯内跳舞不仅是不文明行为，更为本人和他人的生命安全埋下了隐患。低俗不是通俗，欲望不代表希望，单纯感官娱乐不等于精神快乐。如果任凭无原则、无底线的娱乐占据人们的精神世界，把内容产品当作追逐利益的"摇钱树"，其结果势必塑造出空虚的生命个体和灵魂。
>
> 为了哗众取宠、博取眼球和流量，通过网络平台发布触及底线、违反社会公德甚至是法律的短视频，必将受到社会谴责和法律制裁。网上无法外之地，我们要强化网络信息分辨能力，树立正确的互联网信息的判断标准，坚守正确的政治立场和价值观念，培养遵纪守法的法制精神。

3.3.2 Internet基本服务功能

Internet的基本网络服务功能有WWW、FTP、E-mail、Telnet、News、BBS等，下面对这些网络服务进行简单介绍。

1. WWW

WWW服务可以说是人们最熟悉、应用最多的网络服务，它几乎成为网络服务的代名词。习惯上，也把WWW叫做Web或3W，现在越来越多的网络服务也都逐渐集成到WWW服务中去。

表面上看，WWW服务就是利用浏览器在网页之间进行浏览，实际上WWW服务包含了许多新的技术。要理解WWW服务，首先需要理解超文本和超媒体。每一个WWW页面，其实都是一个超文本文件HyperText，超文本文件是与其他数据有关联的数据。一个超文本文件就是由一些数据组成，而这些数据又可能与其他文件相关联。在超文本文件里，使用超媒体Hypermedia来指那些包含多种数据形式的组成超文本的文件。

超文本与书籍的有序的信息组织方式不同，超文本类似于将菜单集成于文本信息当中。用户在浏览超文本页面的时候，可以随时选取当中的"链接"而跳转到其他位置。因此，超文本的组织是"无序"的，类似于网状结构。因此，WWW也称为Web。一个超文本可以含有多个链接，这样用户可以根据自己的需要选择链接。

超媒体一般看作是组成超文本的不同格式的文件，扩展了超文本文件包含的信息类型。用户不仅可以从一个超文本跳到另一个超文本，还可以激活一段声音、展示一个图形、播放一段电影或动画。超媒体通过这种集成化的方式，将多种媒体的信息联系在一起。

WWW服务系统由服务器端和客户端组成，WWW服务采用的是C/S(客户机/服务器)工作模式。注意，C/S工作模式有些时候特指"肥客户端/服务器"工作模式，肥客户端指客户端是需要安装、配置的应用程序。而WWW服务系统中，客户端一般是操作系统集成的浏览器，基本不需要用户进行安装与配置，只要网络连通，就可以通过浏览器访问服务器。因此，一种新的工作模式B/S(Browser/Server)用来描述WWW服务系统，因为客户端不需要配置，应用程序的发布与维护都集中在服务器端，而客户端改动较小，这种工作模式又称作"瘦客户端/服务器"工作模式。

WWW服务以超文本标记语言(Hyper Text Markup Language，HTML)与超文本传输

协议(Hyper Text Transfer Protocol，HTTP)为基础，为用户提供界面一致的信息浏览系统。信息资源以超文本文件页面(或称网页、Web 页)的形式存储在服务器(或称 Web 站点、网站)中，这些页面由超文本和超媒体组成，以超文本方式对页面信息进行组织，通过链接将一页信息链接到另一页信息。注意，链接的信息可以在同一服务器上，也可以在其他服务器上。

WWW 服务的工作流程是这样的，用户端浏览器通过用于定位 WWW 网络服务资源的统一资源定位符(Uniform Resource Locators，URL)，向 WWW 服务器发出页面请求，服务器根据客户端的请求内容将包含超文本标识或程序代码的超文本文件返回给客户端，客户端浏览器收到后对标识或代码进行解释，并且将最终的结果展示给用户。

注意，在 WWW 服务中使用的协议是超文本传输协议(HTTP)，它是 WWW 客户机与服务器之间的应用层传输协议。在使用各种网络服务时，都是基于不同的网络协议，这一点必须牢记。比如，在使用浏览器访问 WWW 服务器时，需要在浏览器的地址栏中输入要访问的地址，如果应用的是 WWW 服务，那就应该在地址最前面加上所使用的协议名称，即 http://，当然，使用浏览器访问 WWW 服务，默认的协议就是 http://，因此这个协议名称某些情况下是可以省略的，但是在 WWW 提供特定服务端口号时，协议名称也是必须加上的，比如 http://www.abc.com:81/，这里，www.abc.com 后面的:81，就不是 WWW 服务的标准端口 80，因而此时的协议名称 http://就是不可以省略的。HTTPS 是以安全为目标的 HTTP 通道，简单讲是 HTTP 的安全版，即 HTTP 下加入 SSL 层，HTTPS 的安全基础是 SSL 协议，SSL 依靠证书来验证服务器的身份，并为浏览器和服务器之间的通信加密。

前面提到用于定位 WWW 服务的统一资源定位符 URL。在使用网络服务时，都是通过 URL 对网络服务进行定位，URL 一般由三个部分组成：协议名称、主机名称和路径及文件名。例如 http://www.baidu.com/index.php 中，http://是协议名称，www.baidu.com 是主机名称，而/index.php 就是路径与文件名称。后面将会提到 FTP 服务，它的 URL 示例如 ftp://ftp.abc.com/，这里协议名称就是 ftp://，主机名是 ftp.abc.com。利用浏览器使用 FTP 服务时，协议名称就需要写成 ftp://，而且不能省略。注意，ftp://与 http://是完全不同的两个网络服务，尽管有时使用相同的工具——浏览器。

WWW 服务器中存储的超文本文件是一种结构化的代码文档，采用超文本标记语言 HTML 书写而成，HTML 具有一定的标准。HTML 是 WWW 用于创建超文本文档的基本语言，可以定义格式化的文本、色彩、图像与超文本链接。HTML 的主要特点，一是包括指向其他文档的链接项，二是可以将声音、图像、视频、文字、动画等多媒体信息集成在一起。使用 HTML 语言开发的 HTML 超文本文件一般具有.htm 或.html 后缀，也有嵌入 HTML 语言的其他 WWW 文件，如.php、.jsp、.asp、.aspx 等，制作 HTML 文件的软件也有很多，如 Frontpage、DreamWeaver 等。HTML 语言具有如下特点：通用性、简易性、可扩展性、平台无关性。

主页是特殊的 WWW 页面。有时指整个网站，例如常说的"制作主页"，有时指网站的首页或入口文件。一般情况下，主页就是 WWW 服务器的默认页，在用户输入网站的 URL 时，服务器自动返回给用户的首页面。

WWW 服务的客户端，当然就是浏览器，它负责接收用户的请求，并利用 HTTP 协议将用户的请求传送到 WWW 服务器。在服务器请求的页面送回到浏览器后，浏览器再对页面进行解释,将结果显示在用户的屏幕上。前面曾提到,利用浏览器不仅可以使用 WWW 服务,还可以使用其他服务,如 FTP。常用的浏览器如 IE、Chrome、Firefox 等。

提到 WWW 服务,就要讲一下基于 WWW 服务的搜索引擎。Internet 中有数以百万计的 WWW 服务器,其中提供的信息种类繁多、范围广泛、内容丰富。用户就是靠搜索引擎,在无数的网站中快速、有效地查找想要的信息。

搜索引擎其实也是一个 WWW 网站,它的功能是在 Internet 中主动搜索其他 WWW 服务器中的信息并对其自动索引,将索引内容存储在可以查询的大型数据库中。然后用户利用搜索引擎所提供的分类目录和查询功能迅速查找和定位所需要的信息。

2. FTP

文件传输服务是 Internet 最早的网络服务功能之一,是允许用户在 Internet 主机之间进行发送和接收双向传输文件的协议,即允许用户将本地计算机中的文件上载到远端的计算机中,或将远端计算机中的文件下载到本地计算机中。文件传输协议(File Transfer Protocol,FTP)是文件传输服务所使用的协议。FTP 服务多用于文件下载,利用它可以下载各种类型的文件,包括文本文件、二进制文件以及语音、图像和视频文件等。

当启动 FTP 程序与远程计算机相互传输文件时,可提供 FTP 服务的有两个程序:一是本地机上的 FTP 客户程序提出传输文件的请求,二是运行在远程计算机上的 FTP 服务器程序负责响应请求并把指定的文件传送到提出请求的计算机。从远程计算机复制文件到本地计算机称为下载(Download);从本地计算机复制文件到远程计算机称为上载(Upload)。

FTP 服务也采用典型的客户机/服务器工作模式,应用中可以是 B/S 模式,即通过浏览器使用 FTP 服务,或者是 C/S 模式,使用安装在用户端的专门应用程序访问 FTP 服务。

尽管 FTP 服务与 WWW 服务都是从远端服务器获取文件到本地计算机,但这两种服务还是有区别的。WWW 服务是一种连接、请求、应答、关闭的过程,即一次响应后便断开连接,而 FTP 服务是一种实时的联机服务。

用户在访问 FTP 服务器之前必须进行登录,登录时要求用户给出用户在 FTP 服务器的合法账号与口令,并且只能对授权的文件进行查阅和传输。不过,目前大多数 FTP 服务器都提供匿名 FTP 服务,用户在访问这些服务器时,不需要申请账号,可以直接使用默认用户,如 anonymous,口令是 guest 或者是用户自己输入的电子邮件作为口令,或者服务器会提供登录 FTP 的其他方式。大多数利用浏览器访问匿名 FTP 服务时,一般不需要用户输入用户名和口令,系统会自动添加匿名 FTP 服务的用户与口令。不过,为了保证安全性,几乎所有匿名 FTP 服务只提供下载,而不提供上载服务。

FTP 服务器端的建立与设置比较简单。常用的服务器端有 MS Windows 操作系统中的 Internet 信息服务器,即 IIS 中提供的 FTP Server、ServU 等。这些服务器在安装之后,可设置相应的主目录、用户、文件目录、文件目录对应的用户、用户具有的权限、服务器的安全设置等,然后即可使用。ServU 一般使用得较多,因为它提供了较多的设置与选项,可以提供复杂的服务功能组合。ServU 的安装与设置,有兴趣的读者可以自己试一下,这里就不再详细说明。

FTP 客户端应用程序通常有三种类型:即传统的 FTP 命令行、浏览器和 FTP 下载工具。传统的 FTP 命令行形式是最早的客户端应用程序,现在的操作系统都支持,需要在

DOS 窗口中执行,通过一些命令进行服务器的连接、列目录、下载、上载等。由于记住大量的命令与命令参数并不是一件容易的事情,因而现在普通用户很少使用,而大多使用后两种方式。不过,使用命令行方式的 FTP,对于专业的计算机人士或网络管理人员,还是需要掌握的。

在前面我们介绍过,通过在浏览器中指定 URL 也可以使用 FTP 服务。在使用 WWW 服务时,URL 的协议名称是 http://,而 FTP 服务的协议名称是 ftp://,后面指定 FTP 的主机名称,例如: ftp://ftp.abc.com。

不过,利用命令行和浏览器下载和上载文件,都有可能发生中途中断的情况,一切必须重新开始,使用专门的 FTP 下载工具就不会有这样的问题。FTP 下载工具一方面可以使用多线程或将一个下载任务分解成多个任务来提高下载或上载速度,另一方面可以实现断点续传,即接续前面的断接点完成剩余部分的传输。常用的下载工具有 GetRight、CuteFTP、NetAnts 等。

3. E-mail

E-mail,即电子邮件服务,也是 Internet 最早和使用最广泛的网络服务之一,它为网络用户之间发送和接收信息提供了一种方便、快捷、高效、廉价的现代化通信手段。E-mail 服务已经从最早的文本信息邮件发展到多媒体邮件,成为基于计算机网络的多媒体通信重要手段之一。

E-mail 服务也是采用客户机/服务器模式。使用时可以基于 C/S 结构,也可以使用浏览器的 B/S 结构,现在基于 B/S 结构的邮件服务越来越多。E-mail 服务器有点类似于邮局,一方面负责处理和转发用户发出的邮件,根据用户要发送的目的地址,将邮件传送到目的邮件服务器,另一方面负责接收其他邮件服务器发到本地服务器的邮件,并根据收件人的不同将邮件分发到各自的电子邮箱。

用户使用邮件服务器时,必须具有合法的用户名与密码。用户在邮件服务器上的邮箱,是邮件服务器上一定的存储空间,用于存储用户的邮件。用户的邮箱必须有一个全球唯一的地址,即用户的电子邮件地址。电子邮件地址一般的格式为 username@hostname,前面 username 是用户名,hostname 是邮件服务器的主机名,一般为邮件服务器的域名,@用于分隔用户名和主机名,例如 admin@163.com。

邮件服务器端的安装与配置一般比较复杂,尤其是基于 UNIX/Linux 的邮件服务器,一般有一定的安装技巧。基于 Windows 的邮件服务器一般安装比较简单。需要强调的是,电子邮件系统在投递电子邮件时,需要利用前面所讲的域名系统将 E-mail 地址中的主机域名转换成邮件服务器的 IP 地址。为此需要调用域名服务器,根据主机域名查询该域的资源记录 MX 项,从 MX 记录中得到邮件服务器的域名,再查询资源记录 A,找到邮件服务器的 IP 地址。若查不到该域的 MX 记录,电子邮件系统将主机域名作为邮件服务器的域名,查询其对应的 IP 地址,并将邮件发送到该地址。

这里我们主要介绍一下 E-mail 的使用。

现在大多数商业网站或单位都提供基于浏览器的电子邮件应用程序。基于 C/S 结构,在客户机中需要安装电子邮件应用程序。电子邮件程序一方面负责将用户要发送的邮件传送到邮件服务器,一方面检查用户邮箱、读取邮件,因此电子邮件应用程序可以创建和发送邮件,也可以接收、阅读和管理邮件。此外,电子邮件应用程序还提供通信簿、收件箱助理及账号管理等附加功能。不过,基于 B/S 结构,即使用浏览器收发电子邮件的方式现在也越来越多,并且提供与电子邮件应用程序相似甚至更好的功能,而且用户比较熟悉浏览器界面,使用起来比较简单。

在发送电子邮件时,一般使用简单邮件传送协议(Simple Mail Transfer Protocol,SMTP),而从邮件服务器接收邮件时,一般使用 POP3(Post Office Protocol 3)协议或 IMAP(Interactive Mail Access Protocol)协议。POP3 协议与 IMAP 协议的区别是,POP3 协议不在服务器上保留邮件的复本,而 IMAP 协议在服务器上保留邮件复本,因而 IMAP 适合于用户不在固定的计算机上查看邮件。

电子邮件文件有固定的格式,一般由邮件头(Mail Header)和邮件体(Mail Body)二部分组成。邮件头由多项内容构成,其中一部分内容是电子邮件应用程序根据系统设置自动产生的,如发件人地址、邮件发送的日期与时间等,而另一部分内容则需要根据用户在创建邮件时输入的信息产生,如收件人地址、抄送人地址、邮件主题等。邮件体是实际要传送的内容。传统的电子邮件系统只能传送西文文本,而目前通过使用多目的因特网电子邮件扩展协议(Multipurpose Internet Mail Extensions,MIME)而具有较强的功能,不但可以发送各种文字和各种结构的文本信息,而且还可以发送语音、图像和视频信息。

在使用电子邮件应用程序发送电子邮件时,首先需要对应用程序进行设置。以 Outlook Express 为例,电子邮箱的设置是这样的。选择"工具"菜单,单击"账户",在弹出的"Internet 账号"对话框中,选择"添加"按钮,然后单击"邮件"命令打开"Internet 连接向导";输入自己的昵称或姓名,单击"下一步",输入电子邮件地址,如 admin@163.com,单击"下一步",选择网络服务提供商使用的邮件服务器类型,一般为 POP3 和 SMTP,输入服务器的名称,如 mail.163.com,一般来说,POP3 服务器与 SMTP 服务器相同,设置好接收服务器和发送服务器,单击"下一步";输入邮件账号和密码,一般情况下,单个域的邮件服务器一般只需要输入用户名,例如 admin,如果是提供多个域的邮件服务器,一般需要填入完整的邮箱名称作为用户名,例如 admin@163.com;接下来,确定 Internet 的连接类型,单击"确定"即可。不过,有些邮件服务器提供一些额外的功能,例如出于安全的考虑,需要发送邮件时确定用户身份,服务器判断用户是否有权通过服务器转发邮件,这时,还需要在账户的选项中进行相应的设置。

在编写电子邮件时,最简单的邮件必须包含如下信息:接收人邮箱名、主题和内容,更多的功能,有兴趣的读者可以自己试一试。

在电子邮件系统中,每个邮箱都有密码进行保护,这是一种基本的安全措施。但是,对于电子商务或电子政务系统中传输的机密邮件,还必须使用一些更安全的保证措施,如使用数字证书。数字证书可以在电子事务中证明用户的身份,同时也可以用来加密电子邮件以保护个人隐私。

4. Telnet

Telnet,即远程登录服务,也是最早、最基本的网络服务之一。Telnet 提供大量基于标准协议之上的服务。使本地与远程 Internet 主机连接的服务就叫 Telnet。使用 Telnet,用户必须在自己的计算机上运行 Telnet 程序,该程序通过 Internet 连接用户所指定的计算机。一旦连接成功,Telnet 作为本地计算机与另一台计算机之间的中介而工作。用户通过键盘输入命令控制另一台计算机操作,而另一台计算机运行命令的结果将送到本地计算机的屏幕上显示,即用户通过 Telnet 命令,使自己的计算机暂时成为远程计算机的一个远程终端,可以像一台与远程计算机直接连接的本地终端一样进行工作。

Telnet 一般用于远程操纵 UNIX/Linux 主机、配置与控制远程设备(交换机、路由器等)、使用基于 Telnet 的网络服务,如 BBS、基于字符界面的网络游戏,或者在分布式环境中登录到远程计算机启动远程进程从而达到协同工作。

Telnet 也采用了客户机/服务器工作模式,一般来讲,只能以 C/S 方式工作,在 B/S 结构中也将调用 Telnet 客户端应用程序。在远程登录过程中,用户的实终端(Real Terminal)采用用户终端的格式与本地 Telnet 客户机进程通信;远程主机采用远程系统的格式与远程 Telnet 服务器进行通信。通过 TCP 连接,Telnet 客户机进程与 Telnet 服务器进程之间采用了网络虚拟终端 VNT 标准进行通信。

使用远程登录服务的前提,是用户端与远程服务器必须支持 Telnet。同时,需要在远程服务器上拥有用户名与密码或远程服务器提供公开的用户账户。

用户在使用 Telnet 命令登录远程服务器时,首先要在 Telnet 中指定主机名或 IP 地址,特定的服务,还需要提供端口号,然后输入正确的用户名与密码,有时还要根据对方的要求,回答所使用的仿真终端类型。

5. 其他基本网络服务

1) 新闻服务 News 或新闻组

News 服务是一种利用网络进行专题讨论的国际论坛,它的基本使用方式是利用电子邮件,但与普通的电子邮件通信方式不同。普通的电子邮件是点对点通信方式,而新闻组是采用多对多的传递方式。最大的新闻组叫 USENET。用户可以使用新闻阅读程序访问 USENET 服务器、发表意见、浏览新闻。USENET 的基本组织单位是特定讨论主题的讨论组。

2) BBS 或电子公告板

最早的 BBS 与现在人们常说的 BBS 略有差异,现在所说的 BBS 是基于 WWW 服务的"论坛"。而真正的、早期的 BBS 服务,是基于 Telnet 服务的一种网络服务,用户需要使用 Telnet 登录到 BBS 服务器,在 BBS 服务器上可以聊天、组织沙龙、获得帮助、讨论问题或提供信息。现在的 BBS,可以说是功能进行了升级,基于界面更加友好的浏览器。早期的 BBS,仅仅是基于字符界面的应用。

3.4 Internet 信息安全基础

随着网络应用的普及与深入,网络安全问题日益突出。同时,要想使网络高效、可靠地运行,也要重视网络的管理。网络安全,是网络管理的一部分。对于网络安全来说包括两个方面:一方面包括的是物理安全,指网络系统中各通信、计算机设备及相关设施等有形物品的保护,使它们不受到雨水淋湿等。另一方面还包括我们通常所说的逻辑安全。包含信息完整性、保密性以及可用性等。物理安全和逻辑安全都非常的重要,任何一方面没有保护的情况下,网络安全就会受到影响。因此,在进行安全保护时必须合理安排,同时顾全这两个方面。

3.4.1 网络管理简介

计算机网络的好坏,取决于两个方面:技术与管理。但人们常说,三分技术,七分管理,可见管理在网络中的重要性。网络管理包括五个功能:配置、故障、性能、计费和安全,其中网络安全随着近年的重视,成为一个独立的研究方向。网络管理包括对硬件、软件和人力的使用、综合与协调,以便对网络资源进行监视、测试、配置、分析、评价和控制,这样就能以合理的价格满足网络的一些需求,如实时运行性能、服务质量等。另外,当网络出现故障时能及时报告和处理,并协调、保持网络系统的高效运行等。网络管理常简称为网管。

计算机网络日益庞大,网络的覆盖范围、节点、用户、数据量、通信量、应用软件类型不断增加,网络对不同操作系统的兼容性要求也不断提高,这种大型、复杂、异构型的网络靠人工是无法管理的。如何高效地组织和运行网络?如何保证网络的效率、安全?随着网络管理技术的日益成熟,网络管理越来越重要。

网络管理是控制一个复杂的计算机网络使它具有最高的效率和生产力的过程。根据网络管理的系统的能力,这一过程通常包括数据收集、数据处理、数据分析和报告生成。

网络管理的目标一般包括以下几点:减少停机时间、缩短响应时间、提高设备利用率;减少运行费用、提高效率;减少或消除网络瓶颈;使网络更容易使用;使网络安全可靠。也就是说,网络管理的目标是最大限度地增加网络可用时间,提高设备利用率,改善网络性能、服务质量和安全性,简化多厂商混合网络环境下的管理和控制网络运行成本,并提供网络的长期规划。通过提供单一的网络操作控制环境,网络管理可以在多厂商混合网络环境下管理所有的子网和设备,以统一的方式配置网络设备、控制网络、排除故障。

为了保证网络正常运转,通常需要网络管理员负责网络的安装、调试、维护和故障检修工作。网络管理的过程就是自动或通过管理员的手工劳动,进行数据的收集、分析和处理,然后生成报告,管理员利用报告对网络进行操作。

在网络的建立和运行过程中,网络管理员担负的职责是:规划、建设、维护、扩展、优化和故障检修。

1. 规划

在制定网络建设规划时,需要调查用户的需求,以确定网络的总体布局。根据网络规划,管理员可以决定建设网络需要哪些软件、硬件和通信线路,是选择局域网还是广域网等。

2. 建设

执行网络建设规划,做好网络建设的组织工作。网络建立后,负责服务器和网络软件的安装、调试以及网络账号的管理和资源分配。

3. 维护

在网络正常运行的情况下,对服务器、交换机、集线器、中继器、路由器、防火墙、网桥、网关、配线架、网线、接插件等网络设备进行维护和管理,例如,改变设备软件、更新网络元件、监视网络运行、调整网络参数、调度网络资源、备份网络数据、保持网络安全、稳定和畅通。

4. 扩展

用户对需求的改变可能会影响整个网络计划,这就需要进行网络扩展。对已有网络进行扩展比重新设计和完全建立一个新的网络更为可靠和可取。

5. 优化

管理员对网络的效能进行评价,提出网络结构、网络技术和网络管理的改造措施。

6. 故障检修

无论网络管理得多么好,不可预见的事件总是会发生。当网络出现异常或故障时,需要检查、分析、确定故障设备或故障部位,并进行检修。

一般来讲,在网络管理过程中,采用管理者——代理的管理模型。管理者与代理之间利用网络实现管理信息的交换、控制、协调和监视网络资源,完成管理功能。管理者实质是运行在计算机操作系统上的一组应用程序,从各代理处收集管理信息,进行处理,获取有价值的管理信息,达到管理的目的。代理位于被管理的设备内部,把来自管理者的命令或信息请求转换为本设备特有的指令,完成管理者的指示,或返回它所在设备的信息。另外,代理也可以把自身系统中发生的事件主动通知给管理者。一般的代理都是返回它本身的信息,而另一种代理称为委托代理,可以提供其他系统或其他设备的信息。管理者将管理要求通过管理操作指令传送给被管理系统中的代理,代理则直接管理被管理的设备。代理可能因为某种原因拒绝管理者的命令。管理者和代理之间的信息交换可以分为两种:从管理者到代理的管理操作和从代理到管理者的事件通知。

3.4.2 网络管理的功能

下面简单介绍一下网络管理的各个功能。

1. 配置管理

配置管理的目标是掌握和控制网络的配置信息,从而保证网络管理员可以跟踪、管理网络中各种设备的运行状态。一般分为两个部分:对设备的管理和对设备连接关系的管理。对设备的管理包括:识别网络中的各种设备,确定设备的地理位置、名称和有关细节,记录并维护设备参数表;用适当的软件设置参数值和配置设备功能;初始化、启动和关闭网络和网络设备。此外,配置管理还可以发现和管理设备之间的连接关系,发现网络的拓扑结构,并能够增加和更新网络设备以及网络设备之间的关系。

2. 故障管理

故障就是出现大量或者严重错误需要修复的异常情况,故障管理是对网络中的问题或故障进行定位的过程,其目标是自动监测网络硬件和软件中的故障并通知用户,以便网络能有效地运行。当网络出现故障时,要进行故障的确认、记录、定位,并尽可能排除这些故障。故障管理的步骤包括:发现故障、判断故障症状、隔离故障、修复故障、记录故障的检修过程及结果。通过提供网络管理者快速地检查问题并启动恢复过程的工具,使网络的可靠性得到增强。故障管理的功能包括:接收差错报告并做出反应,建立和维护差错日志并进行分析;对差错进行诊断测试;对故障进行过滤,同时对故障通知进行优先级判断;追踪故障,确定纠正故障的方法措施。

3. 性能管理

允许管理者查看网络运行的好坏。目标是衡量和呈现网络特性的各个方面,使网络的性能维持在一个可以接受的水平上。性能管理使网络管理人员能够监视网络运行的关键参数,如吞吐率、利用率、错误率、响应时间、网络的一般可用度等。性能管理一般包括 4 个步骤:收集变量的性能参数;分析数据,产生网络处于正常水平的报告;为每个重要的变量确定一个合适的性能阈值;根据性能统计数据,调整相应的网络部件工作参数,改善网络性能。一般来讲,性能管理包括监视和调整两个功能。

4. 计费管理

目标是跟踪个人和团体用户对网络资源的使用情况,建立度量标准,收取合理费用,从而更有效地使用网络资源。

5. 安全管理

目标是按照一定的策略控制对网络资源的访问,保证重要的信息不被未授权的用户访问,并防止网络遭到恶意或无意的攻击。安全管理是对网络资源以及重要信息的访问进行约束和控制。它包括验证用户的访问权限和优先级,监测和记录未授权用户企图进行的非法操作。安全管理的许多操作都与实现密切相关,依赖于设备的类型和所支持的安全等级。安全管理中涉及的安全机制有身份验证、加密、密钥管理、授权等。安全管理的功能包括:标识重要的网络资源(包括系统、文件和其他实体);确定重要的网络资源和用户之间的关系;监视对重要网络资源的访问;记录对重要网络资源的非法访问;信息加密管理。

网络管理协议是网络管理者与代理之间交换大量管理信息所遵守的统一规范,是高层网络应用协议,建立在具体物理网络及其基础通信协议基础之上,为网络管理平台服务。

常用的网络管理协议有 SNMP、CMIS/CMIP、LMMP、RMON 等。

3.4.3　网络安全简介

随着计算机网络的广泛应用,大量的机密信息与数据保存在计算机网络系统的数据库中,并且通过计算机网络进行传输与应用。早期的计算机网络只注意了开放性与分布性,在安全性方面有先天的不足,因而计算机网络本身的脆弱性,使网络安全成为近几年关注的焦点。

网络安全的本质是网络信息安全。凡涉及到信息的保密性、完整性、可用性、真实性与可控性的相关技术与理论都是网络安全的研究内容。主要有:网络安全技术、网络安全体系结构、网络安全设计、网络安全标准、安全评测与认证、网络安全设备、安全管理、安全审计、网络犯罪、网络安全理论与政策、网络安全教育、网络安全法律法规等。

网络安全是指网络系统的硬件、软件以及系统中的数据受到保护,不会由于偶然或恶意的原因而遭到破坏、更改、泄露,系统连续、可靠、正常地运行,网络服务不中断。网络安全是一个涉及计算机科学、网络技术、通信技术、密码技术、信息安全技术、应用数学、数论、信息论等多种学科的边缘学科。

网络安全的基本要求是实现信息的机密性、完整性、可用性与合法性。

网络安全包括以下几个方面:物理安全;人员安全;符合瞬时电磁脉冲辐射标准;数据安全;操作安全;通信安全;计算机安全;工作安全。

安全威胁是指某个人、物、事件或概念对某一资源的机密性、完整性、可用性或合法性所造成的危害。安全威胁可分为故障威胁和偶然威胁。常见的安全威胁有基本威胁(信息泄露或丢失、破坏数据完整性、拒绝服务、非授权访问)、渗入威胁和植入威胁、潜在威胁与病毒。

安全攻击是安全威胁的具体实现。如中断、截取、修改和捏造。攻击一般分为主动攻击、被动攻击、服务攻击、非服务攻击。

网络环境中信息安全威胁有：

（1）假冒：是指不合法的用户侵入到系统，通过输入账号等信息冒充合法用户从而窃取信息的行为。

（2）身份窃取：是指合法用户在正常通信过程中被其他非法用户拦截。

（3）数据窃取：指非法用户截获通信网络的数据。

（4）否认：指通信方在参加某次活动后却不承认自己参与了。

（5）拒绝服务：指合法用户在提出正当的申请时，遭到了拒绝或者延迟服务。

（6）错误路由。

（7）非授权访问。

除了在网络设计上增加安全服务功能，完善系统的安全保密措施外，还必须花力气制定完善的安全策略，加强网络的安全管理。安全策略是指在特定的环境里，为保证提供一定级别的安全保护所必须遵守的规则。安全策略模型包括了建立安全环境的三个重要组成部分：威严的法律、先进的技术和严格的管理。

"双刃剑"给我们带来的启示

课程思政

2006年6月11日，国内首例旨在敲诈被感染用户钱财的木马病毒被江民公司反病毒中心率先截获。该病毒名为"敲诈者"，病毒可恶意隐藏用户文档，并借修复数据之名向用户索取钱财。"敲诈者"在被截获后短短10天内，导致全国数千人中招，许多个人和单位受到重大损失。一个网名为大叔的网民由于中了"敲诈者"病毒，合同文本被病毒隐藏，使得本来到手的订单丢失，该网民出于愤怒在网上发帖称悬赏十万元通缉名为"俊曦"的病毒作者。虽然病毒作者声称编写病毒只是为了"混口饭吃"，但由于他触犯了法律，最终也未能逃脱法律的惩罚，7月24日，广州警方宣布破获这一国内首例敲诈病毒案，病毒制造者被警方刑事拘留，并最终接受了法律的严惩。

2012年5月，1号店90万用户信息被500元叫卖。有媒体从90万全字段的用户信息资料上进行了用户信息验证，结果表明大部分用户数据属真实信息。个人信息的泄露将会导致诈骗、勒索甚至威胁人身安全的事件发生频率增高，让人心悸。

2017年10月，某单位办公室副主任肖某，为向在外检查工作的分管领导汇报工作，找到保密员赵某查阅文件，擅自用手机对1份机密级文件部分内容进行拍照，并用微信点对点方式发送给在外检查工作的领导。案件发生后，有关部门撤销肖某办公室副主任职务，并调离办公室岗位，给予负责管理涉密文件的赵某行政警告处分，对负有领导责任和监管责任的李某、秦某和邵某进行诫勉谈话，并责令作出书面检查。

网络应用是一把双刃剑，给人们带来方便的同时也带来了安全威胁，个人用网要养成安全防范意识和习惯。我们既要遵守网络相关法律，也要养成良好的上网习惯，注意个人信息的安全保护，保护好个人隐私，融入法制精神，养成严谨规范、遵纪守法的用网意识。

3.4.4 网络信息安全指标

1. 保密性

在加密技术的应用下,网络信息系统能够对申请访问的用户展开筛选,允许有权限的用户访问网络信息,而拒绝无权限用户的访问申请。

2. 完整性

在加密、散列函数等多种信息技术的作用下,网络信息系统能够有效阻挡非法与垃圾信息,提升整个系统的安全性。

3. 可用性

网络信息资源的可用性不仅仅是向终端用户提供有价值的信息资源,还能够在系统遭受破坏时快速恢复信息资源,满足用户的使用需求。

4. 授权性

在对网络信息资源进行访问之前,终端用户需要先获取系统的授权。授权能够明确用户的权限,这决定了用户能否对网络信息系统进行访问,是用户进一步操作各项信息数据的前提。

5. 认证性

在当前技术条件下,人们能够接受的认证方式主要有:一种是实体性的认证,一种是数据源认证。之所以要在用户访问网络信息系统前展开认证,是为了令提供权限用户和拥有权限的用户为同一对象。

6. 抗抵赖性

网络信息系统领域的抗抵赖性,简单来说,任何用户在使用网络信息资源的时候都会在系统中留下一定痕迹,操作用户无法否认自身在网络上的各项操作,整个操作过程均能够被有效记录。这样做能够应对不法分子否认自身违法行为的情况,提升整个网络信息系统的安全性,创造更好的网络环境。

3.4.5 安全防御技术

1. 入侵检测技术

在使用计算机软件学习或者工作的时候,多数用户会面临程序设计不当或者配置不当的问题,若是用户没有能及时解决这些问题,就使得他人更加轻易地入侵到自己的计算机系统中来。例如,黑客可以利用程序漏洞入侵他人计算机,窃取或者损坏信息资源,对他人造成一定程度上的经济损失。因此,在出现程序漏洞时用户必须要及时处理,可以通过安装漏洞补丁来解决问题。此外,入侵检测技术也可以更加有效地保障计算机网络信息的安全性,该技术是通信技术、密码技术等技术的综合体,合理利用入侵检测技术,用户能够及时了解到计算机中存在的各种安全威胁,并采取一定的措施进行处理。

2. 防火墙以及病毒防护技术

防火墙是一种能够有效保护计算机安全的重要技术,由软硬件设备组合而成,通过建立检测和监控系统来阻挡外部网络的入侵。用户可以使用防火墙有效控制外界因素对计算机系统的访问,确保计算机的保密性、稳定性以及安全性。病毒防护技术是指通过安装杀毒软件进行安全防御,并且及时更新软件,如金山毒霸、360安全防护中心、电脑安全管家等。病毒防护技术的主要作用是对计算机系统进行实时监控,同时防止病毒入侵计算机系统对其造成危害,将病毒进行截杀与消灭,实现对系统的安全防护。除此以外,用户还应当积极主动地学习计算机安全防护的知识,在网上下载资源时尽量不要选择不熟悉的网站,若是必须下载则要对下载好的资源进行杀毒处理,保证该资源不会对计算机安全运行造成负面影响。

3. 数字签名以及生物识别技术

数字签名技术主要针对电子商务,该技术有效地保证了信息传播过程中的保密性以及安全性,同时也能够避免计算机受到恶意攻击或侵袭等问题发生。生物识别技术是指通过对人体的特征识别来决定是否给予应用权利,这主要包括了指纹、视网膜、声音等方面。这种技术能够最大程度地保证计算机互联网信息的安全性,应用最为广泛的生物识别技术之一就是指纹识别技术,该技术在安全保密的基础上也有着稳定简便的特点,为人们带来了极大的便利。

4. 信息加密处理与访问控制技术

信息加密技术是指用户可以对需要进行保护的文件进行加密处理,设置有一定难度的复杂密码,并牢记密码保证其有效性。此外,用户还应当对计算机设备进行定期检修以及维护,加强网络安全保护,并对计算机系统进行实时监测,防范网络入侵与风险,进而保证计算机的安全稳定运行。访问控制技术是指通过用户的自定义对某些信息进行访问权限设置,或者利用控制功能实现访问限制,该技术能够使得用户信息被保护,也避免了非法访问此类情况的发生。

5. 病毒检测与清除技术

计算机病毒的检测有两种方法:手工检测和自动检测。手工检测是利用Debug、PCTools等工具软件进行病毒的检测,这种方法比较复杂,费时费力。自动检测是利用专业诊断软件来判断引导扇区、磁盘文件是否有病毒的方法。安装杀毒软件定期升级并定期查杀,能有效阻止病毒的入侵。

6. 安全防护技术

包含网络防护技术(防火墙、UTM、入侵检测防御等);应用防护技术(如应用程序接口安全技术等);系统防护技术(如防篡改、系统备份与恢复技术等),防止外部网络用户以非法手段进入内部网络,访问内部资源,保护内部网络操作环境的相关技术。

7. 安全审计技术

包含日志审计和行为审计,通过日志审计协助管理员在受到攻击后查看网络日志,从而评估网络配置的合理性、安全策略的有效性,追溯分析安全攻击轨迹,并能为实时防御提供手段。通过对员工或用户的网络行为审计,确认行为的合规性,确保信息及网络使用的合规性。

8. 安全检测与监控技术

对信息系统中的流量以及应用内容进行二至七层的检测并适度监管和控制，避免网络流量的滥用、垃圾信息和有害信息的传播。

9. 解密、加密技术

在信息系统的传输过程或存储过程中进行信息数据的加密和解密。

10. 身份认证技术

用来确定访问或介入信息系统用户或者设备身份的合法性的技术，典型的手段有用户名口令、身份识别、PKI 证书和生物认证等。

3.5　计算机安全与病毒防护

3.5.1　计算机安全的定义

国际标准化委员会的定义是"为数据处理系统和采取的技术和管理的安全保护，保护计算机硬件、软件、数据不因偶然的或恶意的原因而遭到破坏、更改、显露。"

中国公安部计算机管理监察司的定义是"计算机安全是指计算机资产安全，即计算机信息系统资源和信息资源不受自然和人为有害因素的威胁和危害。"

3.5.2　计算机存储数据的安全

计算机安全中最重要的是存储数据的安全，其面临的主要威胁包括：计算机病毒、非法访问、计算机电磁辐射、硬件损坏等。

1. 计算机病毒

计算机病毒是附在计算机软件中隐蔽的小程序，它和计算机其他工作程序一样，但会破坏正常的程序和数据文件。恶性病毒可使整个计算机软件系统崩溃，数据全毁。防止病毒侵袭的主要措施是加强管理，不访问不安全的数据，使用杀毒软件并及时升级更新。

课程思政

CIH 病毒大爆发

CIH 病毒是一位名叫陈盈豪的台湾地区大学生所编写的。CIH 的载体是一个名为"ICQ 中文 Chat 模块"的工具，并以热门盗版光盘游戏如"古墓奇兵"或 Windows 95/98 为媒介，经互联网各网站互相转载，使其迅速传播。

1998 年 6 月 2 日，首例 CIH 病毒在中国台湾被发现；1998 年 8 月 26 日，CIH 病毒实现了全球蔓延，公安部发出紧急通知，新华社和新闻联播跟进报导；1999 年 4 月 26 日，CIH 病毒 1.2 版首次大规模爆发，全球超过六千万台电脑受到了不同程度的破坏。此后，陈盈豪公开道歉并积极提供解毒程序和防毒程序，CIH 病毒逐渐得到有效控制。当年报刊刊文介绍 CIH 病毒及作者道歉信如图 3-12 所示。

始作俑者，也必受其害。我们在网上同样要恪守职业道德，遵纪守法，要让法制精神融入意识，增强上网用网的自律行为。

图 3-12 当年报刊刊文介绍 CIH 病毒及作者道歉信

2. 非法访问

非法访问是指盗用者盗用或伪造合法身份，进入计算机系统，私自提取计算机中的数据或进行修改转移、复制等。防止的办法一是增设软件系统安全机制，使盗窃者不能以合法身份进入系统。如增加合法用户的标志识别，增加口令，给用户规定不同的权限，使其不能自由访问不该访问的数据区等。二是对数据进行加密处理，即使盗窃者进入系统，没有密钥，也无法读懂数据。三是在计算机内设置操作日志，对重要数据的读、写、修改进行自动记录。

3. 计算机电磁辐射

由于计算机硬件本身就是向空间辐射的强大的脉冲源，和一个小电台差不多，频率在几十千赫兹到上百兆赫兹。盗窃者可以接收计算机辐射出来的电磁波，进行复原，获取计算机中的数据。为此，计算机制造厂家增加了防辐射的措施，从芯片、电磁器件到线路板、电源、硬盘、显示器及连接线，都全面屏蔽起来，以防电磁波辐射。更进一步，可将机房或整个办公大楼都屏蔽起来，如没有条件建屏蔽机房，可以使用干扰器，发出干扰信号，使接收者无法正常接收有用信号。

4. 硬件损坏

计算机存储器硬件损坏，使计算机存储数据读不出来也是常见的事。防止这类事故的发生有几种办法，一是将有用数据定期复制出来保存，一旦机器有故障，可在修复后把有用数据复制回去。二是在计算机中使用 RAID 技术，同时将数据存在多个硬盘上；在安全性要求高的特殊场合还可以使用双主机，一台主机出问题，另外一台主机照样运行。

3.5.3 计算机硬件的安全

计算机在使用过程中，对外部环境有一定的要求，即计算机周围的环境应尽量保持清洁、温度和湿度应该合适、电压稳定，以保证计算机硬件可靠的运行。计算机安全的另外一项技术就是加固技术，经过加固技术生产的计算机防震、防水、防化学腐蚀，可以使计算机在野外全天候运行。

从系统安全的角度来看,计算机的芯片和硬件设备也会对系统安全构成威胁。比如CPU,计算机CPU内部集成有运行系统的指令集,这些指令代码都是保密的,我们并不知道它的安全性如何。据有关资料透漏,国外针对中国所用的CPU可能集成有陷阱指令、病毒指令,并设有激活办法和无线接收指令机构。他们可以利用无线代码激活CPU内部指令,造成计算机内部信息外泄、计算机系统灾难性崩溃。如果这是真的,那我们的计算机系统在战争时期有可能全面被攻击。

硬件泄密甚至涉及了电源。电源泄密的原理是通过市电电线,把计算机产生的电磁信号沿电线传出去,利用特殊设备可以从电源线上把信号截取下来还原。

计算机里的每一个部件都是可控的,所以称作可编程控制芯片,如果掌握了控制芯片的程序,就控制了电脑芯片。只要能控制,那么它就是不安全的。因此,我们在使用计算机时首先要注意做好电脑硬件的安全防护,把我们所能做到的全部做好。

3.5.4 常用防护策略

1. 安装杀毒软件

对于一般用户而言,首先要做的就是为计算机安装一套杀毒软件,并定期升级所安装的杀毒软件,打开杀毒软件的实时监控程序。

2. 安装个人防火墙

安装个人防火墙(Fire Wall)以抵御黑客的袭击,最大限度地阻止网络中的黑客来访问你的计算机,防止他们更改、复制、毁坏你的重要信息。防火墙在安装后要根据需求进行详细配置。

3. 分类设置密码并使密码设置尽可能复杂

在不同的场合使用不同的密码,如网上银行、E-mail以及一些网站的会员等。应尽可能使用不同的密码,以免因一个密码泄露导致所有资料外泄。对于重要的密码(如网上银行的密码)一定要单独设置,并且不要与其他密码相同。

设置密码时要尽量避免使用有意义的英文单词、姓名缩写以及生日、电话号码等容易泄露的字符作为密码,最好采用字符、数字和特殊符号混合的密码。建议定期修改自己的密码,这样可以确保即使原密码泄露,也能将损失减小到最少。

4. 不下载不明软件及程序

应选择信誉较好的官方下载网站下载软件,将下载的软件及程序集中放在非引导分区的某个目录,在使用前最好用杀毒软件查杀病毒。

不要打开来历不明的电子邮件及其附件,以免遭受病毒邮件的侵害,这些病毒邮件通常都会以带有噱头的标题来吸引你打开其附件,如果下载或运行了它的附件,就会受到感染。同样也不要接收和打开来历不明的QQ、微信等发过来的文件。

5. 防范流氓软件

对将要在计算机上安装的共享软件进行甄别选择,在安装共享软件时,应该仔细阅读各个步骤出现的协议条款,特别留意那些有关安装其他软件行为的语句。

6. 仅在必要时共享

一般情况下不要设置文件夹共享,如果共享文件则应该设置密码,一旦不需要共享时立即关闭。共享时访问类型一般应该设为只读,不要将整个分区设定为共享。

7. 定期备份

数据备份的重要性毋庸讳言,无论你的防范措施做得多么严密,也无法完全防止"道高一尺,魔高一丈"的情况出现。如果遭到致命的攻击,操作系统和应用软件可以重装,而重要的数据就只能靠日常的备份了。所以,无论采取了多么严密的防范措施,也不要忘了随时备份重要数据,做到有备无患。

习 题 3

一、单选题

(1) 若网络类型是由站点和连接站点的链路组成的一个闭合环,则称这种拓扑结构为( )。

　　A. 星状拓扑　　　　B. 总线拓扑　　　　C. 环状拓扑　　　　D. 树状拓扑

(2) 世界上第一个网络是在( )年诞生。

　　A. 1946　　　　　B. 1969　　　　　C. 1977　　　　　D. 1973

(3) 下面关于域名的说法正确的是( )。

　　A. 域名专指一个服务器的名字

　　B. 域名就是网址

　　C. 域名可以自己任意取

　　D. 域名系统按地理域或机构域分层采用层次结构

(4) IPv6 将 32 位地址空间扩展到( )。

　　A. 64 位　　　　　B. 128 位　　　　C. 256 位　　　　D. 1024 位

(5) 双绞线由两根具有绝缘保护层的铜导线按一定密度互相绞在一起组成,这样可以( )。

　　A. 降低信号干扰的程度　　　　　　　B. 降低成本

　　C. 提高传输速度　　　　　　　　　　D. 没有任何作用

(6) 下列有关计算机网络叙述错误的是( )。

　　A. 利用 Internet 网可以使用远程的超级计算中心的计算机资源

　　B. 计算机网络是在通信协议控制下实现的计算机互联

　　C. 建立计算机网络的最主要目的是实现资源共享

　　D. 以接入的计算机多少可以将网络划分为广域网、城域网和局域网

(7) TCP/IP 是 Internet 中计算机之间通信所必须共同遵循的一种( )。

　　A. 信息资源　　　　B. 通信规定　　　　C. 软件　　　　　　D. 硬件

(8) 三次握手方法用于( )。

　　A. 传输层连接的建立　　　　　　　　B. 数据链路层的流量控制

　　C. 传输层的重复检测　　　　　　　　D. 传输层的流量控制

(9) 在计算机网络中,所有的计算机均连接到一条通信传输线路上,在线路两端连有防止信号反射的装置。这种连接结构被称为( )。

　　A. 总线结构　　　　B. 环状结构　　　　C. 星状结构　　　　D. 网状结构

(10) 世界上第一个计算机网络是（　　）。
　　A. ARPANET　　　B. ChinaNet　　　C. Internet　　　D. CERNET
(11) 为了保护个人计算机隐私,不应该（　　）。
　　A. 打开来历不明文件
　　B. 使用"文件粉碎"功能删除文件
　　C. 废弃硬盘要进行特殊处理
　　D. 给个人计算机设置安全密码,避免让不信任的人使用你的计算机
(12) 防范手机病毒不要（　　）。
　　A. 经常为手机查杀病毒　　　　　B. 注意短信息中可能存在的病毒
　　C. 用手机从网上下载信息　　　　D. 关闭乱码电话
(13) 当用户收到了一封可疑的电子邮件,要求用户提供银行账户及密码,这是属于何种攻击手段？（　　）
　　A. 缓存溢出攻击　　　　　　　　B. 钓鱼攻击
　　C. 暗门攻击　　　　　　　　　　D. DDOS 攻击
(14) 为了防御网络监听,最常用的方法是（　　）。
　　A. 采用物理传输（非网络）　　　B. 信息加密
　　C. 无线网　　　　　　　　　　　D. 使用专线传输
(15) 攻击者用传输数据来冲击网络接口,使服务器过于繁忙以至于不能应答请求的攻击方式是（　　）。
　　A. 拒绝服务攻击　　　　　　　　B. 地址欺骗攻击
　　C. 会话劫持　　　　　　　　　　D. 信号包探测程序攻击

二、简答题

(1) 请描述什么是计算机网络。
(2) 通信子网与资源子网各有什么功能？
(3) 概述计算机网络拓扑。
(4) 物理拓扑与逻辑拓扑有什么区别？
(5) 什么叫网络协议？
(6) 简述 OSI 七层模型。
(7) 二层交换机与三层交换机有什么不同？
(8) 双绞线为什么进行扭绞？
(9) 划分子网的作用是什么？
(10) 简述 TCP/IP。
(11) 什么是 DNS？
(12) 简述 WWW 服务的特点。
(13) 简述 FTP 服务的特点。
(14) 简述 E-mail 服务的特点。
(15) 什么叫网络管理？
(16) 网络管理分为哪几个功能？各具有什么特点？
(17) 什么是网络安全？
(18) 什么是计算机安全？

第 4 章　WPS 文字文档编辑

WPS Office 是金山办公软件股份有限公司自主研发的一款办公软件套装,实现 WPS 文字、WPS 表格、WPS 演示等多个功能模块一站式融合办公,具备办公软件最常用的文字、表格、演示、PDF 阅读等多种功能,具有内存占用低、运行速度快、云功能多、强大插件平台支持、免费提供在线存储空间及文档模板的优点。WPS Office 广泛用于公文撰写、企业宣传、产品推介、方案介绍、项目竞标、教育培训等领域。从 2021 年开始,WPS Office 作为全国计算机等级考试(NCRE)一级、二级考试科目之一。本章基于 WPS Office 教育版,以 WPS 文字为对象,重点介绍 WPS 文档编辑的基本操作方法。

4.1　创建和编辑文档

WPS 文字是 WPS Office 的一个重要功能模块,可以实现对文字、图片、排版、图表、表格、艺术字等对象的综合处理,在整体页面设置的基础上,形成一份完整、美观、符合办公需要的电子文档。WPS 文字的主要功能包括文档编辑排版、格式设置、表格处理、图文混排、插入对象等。一份文档的编辑处理要从启动 WPS Office 并创建文档开始。

4.1.1　WPS Office 的启动与退出

1. 启动 WPS Office

启动 WPS Office 有以下多种方式。

(1) 单击 Windows 任务栏中的"开始"按钮,在展开的程序列表中选择"WPS Office 教育版"选项,即可启动 WPS Office。

(2) 将 WPS Office 固定到任务栏,在任务栏中单击 WPS Office 教育版图标,即可启动 WPS Office,如图 4-1 所示。固定到任务栏的方法是:在第(1)种方式中,在展开的程序列表中,右击"WPS Office 教育版"选项,在弹出的快捷菜单中选择"更多"→"固定到任务栏"命令。

(3) 将 WPS Office 固定到"开始"屏幕,在"开始"屏幕中单击 WPS Office 教育版图标,即可启动 WPS Office。固定到"开始"屏幕的方法是:在第(1)种方式中,在展开的程序列表中,右击"WPS Office 教育版"选项,在弹出的快捷菜单中选择"固定到'开始'屏幕"命令。

(4) 在桌面上建立"WPS Office 教育版"快捷方式图标,双击该图标,即可启动 WPS Office。

WPS Office 以标签页的形式把所有打开的文档集成在一起。

图 4-1　WPS Office 图标固定到任务栏内

2. 退出 WPS Office

退出 WPS Office 有以下多种方式。

（1）单击 WPS Office 窗口右上角的"关闭"按钮。

（2）按快捷键 Alt＋F4。

采用上述方法之一，如果当前的 Word 文档被修改过，并且没有保存，那么会弹出对话框，提示是否保存当前文档。如果需要保存修改过的文档，则单击"保存"按钮；否则单击"不保存"按钮。如果不保存，而且不关闭当前文档，那么单击"取消"按钮。

如果要关闭某个 WPS 文档，则只需要单击该文档的标签页最右侧的"关闭"按钮；如果关闭所有的 WPS Office 文档，将只剩下界面的"首页"。

4.1.2　WPS 首页的组成

启动 WPS Office 之后，出现的是 WPS Office 的首页，它位于标签页的最左侧，整合了多种服务的入口，也是工作起始页。从首页开始，可以新建各类文档，访问最近使用过的文档等。WPS Office 的首页包括全局搜索框、设置、账号、主导航、文件列表等功能区，如图 4-2 所示。

图 4-2　WPS Office 首页界面

1. 全局搜索框

全局搜索框拥有强大的搜索功能。它支持搜索本地文档、云文档、应用、模板、Office 技巧以及支持访问网址。在全局搜索框输入搜索关键字后，全局搜索栏下方会根据搜索内容展开搜索结果面板。

2. 设置

设置区包括如下按钮。

意见反馈按钮：打开 WPS 服务中心，查找和解决使用中遇到的问题，还可以通过微信扫一扫快速联系客服进行问题和意见的反馈。

全局设置按钮：可进入设置中心、启动配置和修复工具、查看 WPS 版本号等，可设置文档的云端同步匹配、切换窗口管理模式等。

3. 账号

账号区为显示个人账号信息区域。单击此处按提示操作即可登录，登录后在此处显示用户头像及会员状态，单击头像可打开个人中心进行账号管理。

4. 主导航

主导航分为两大部分：上部分为核心服务区域，包括文档的新建、打开、查阅/编辑和日历共四个固定功能，可快速新建、定位和访问文档以及安排日程；下部分区域用户可根据个人习惯，单击最下方的应用入口进入"应用中心"，自定义增减应用。此外，还可以通过右击网页标签，将网页固定到主导航中方便访问。

5. 文件列表

文件列表位于首页的中间位置，用户在这里可以快速查阅到自己的企业文件和个人文件，并可以在此设置关联手机以便随身访问电脑文件，对文档中的文件进行筛选等操作，帮助用户快速访问和管理文件。

4.1.3　WPS 文字的工作窗口组成

启动 WPS Office 之后，首先出现的是 WPS Office 的首页。当新建一份 WPS 文字的空白文档，或者打开一份已经创建好的文字文档，就会出现 WPS 文字的工作窗口。WPS 文字的工作窗口是创建和编辑文字文档的标签页，包括标签页、快速访问工具栏、选项卡、功能区、文档编辑区、滚动条、状态栏和标尺等，如图 4-3 所示。

1. 标签页

标签页位于工作窗口的最上方，主要用来显示文档的名称。启动 WPS Office 后，第一次新建的文档名默认为"文字文稿 1"，第二次新建的文档默认名称为"文字文稿 2"，以此类推。默认保存的文件扩展名为"docx"。

2. 快速访问工具栏

标签页下方位于"文件"按钮右侧的是快速访问工具栏，用来快速操作一些常用命令，默认包括"保存""输出为 PDF""打印""打印预览""撤销""恢复"等命令。用户可以根据自己的需要自定义，添加或者删除命令项，提高文档编辑处理的工作效率。

3. 窗口控制按钮

窗口控制按钮依次为"最小化"按钮、"向下还原"/"最大化"和"关闭"按钮。拖曳标签页可以移动整个工作窗口。

4. 选项卡与功能区

选项卡是分类的各种命令的集合，位于标签页的下方；每个选项卡将同类的相关命令以图标按钮的方式集中在一起，这就是功能区。

图 4-3　WPS 文字的工作窗口

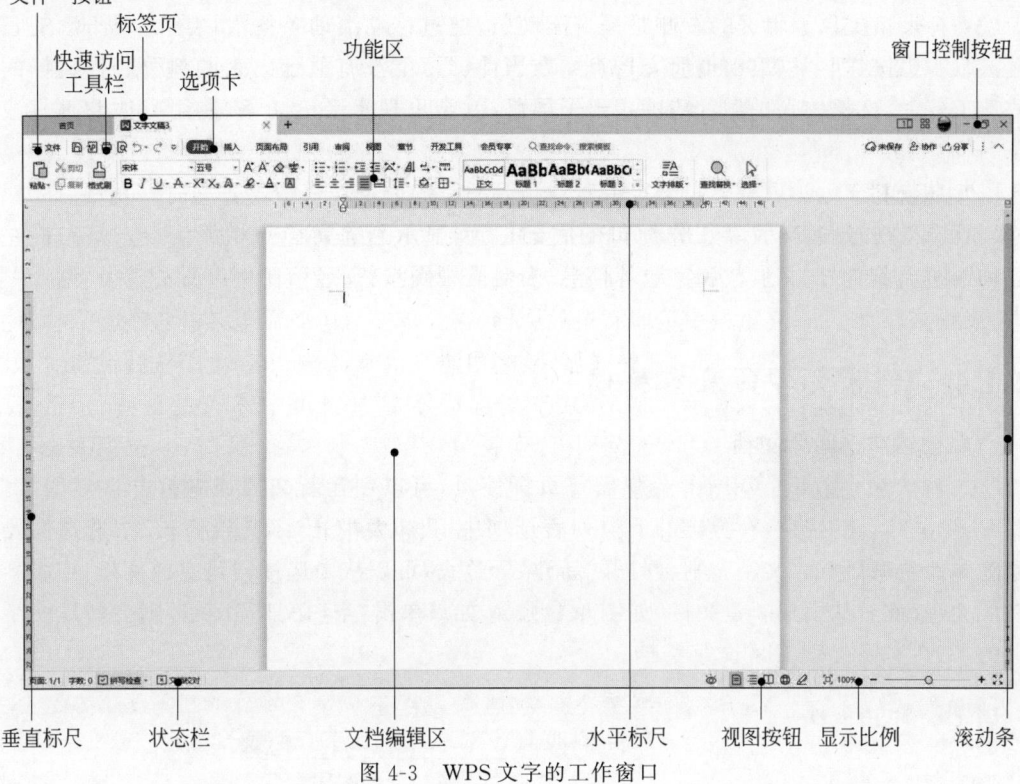

(1)"开始"选项卡。"开始"选项卡主要用于对 WPS 文字文档进行文本编辑和格式设置，是用户使用频率最高的功能区。

(2)"插入"选项卡。"插入"选项卡主要用于在 WPS 文字文档中插入表格、图片、形状、图标、文本框、艺术字等各种对象。

(3)"页面布局"选项卡。"页面布局"选项卡主要用于设置 WPS 文字文档的页面样式。

(4)"引用"选项卡。"引用"选项卡主要用于在 WPS 文字文档中插入目录、脚注、题注等内容。

(5)"审阅"选项卡。"审阅"选项卡主要用于对 WPS 文字文档进行校对、修订、增加批注等操作。

(6)"视图"选项卡。"视图"选项卡主要用于设置 WPS 文字文档的视图类型、缩放比例等，以便于文档编辑。

5."文件"按钮

"文件"按钮位于标签页的左上角，包含"新建""打开""保存""另存为""输出为 PDF""输出为图片""输出为 PPTX""打印""分享文档""帮助""选项""退出"等命令和功能，还可以进行文档加密、备份与恢复、文档定稿等。

6.文档编辑区

文档编辑区是输入和编辑文本的工作区域，位于功能区的下方。编辑区中闪烁的指针是输入文本或其他对象的插入点，表示的是输入文本的位置。文档编辑区的上方是水平标尺，文档编辑区的左侧是垂直标尺，利用标尺可以查看或者设置页边距、表格的行高与列宽、段落缩进大小等。单击勾选或者取消"视图"选项卡的功能区的"标尺"复选框,可以显示或者隐藏标尺。文档编辑区的右侧是垂直滚动条,通过移动滚动条的滑块或者单击滚动条两端滚动箭头按钮,可以滚动当前文档查看在当前屏幕上没有显示出来的部分。当文档的缩放比例较大,文档的水平显示范围超出了屏幕,就会出现水平滚动条,使用方法和垂直滚动条一样。

7. 状态栏

状态栏位于 WPS 文字工作窗口的底部位置,显示当前文档的相关信息。状态栏左侧显示的是当前页号、总页数和字数等信息,右侧是视图按钮、显示比例设置滑块及"缩小""放大"按钮。

4.1.4 WPS 文字的基本操作

1. 创建空白的新文档

第一次启动 WPS Office,会弹出首页标签页,可以创建新文档或者打开最近的文档。此时,单击"新建"按钮,在弹出的下拉列表选项中,可以从"Office 文档格式"中选择需要创建的文档类型,例如"文字",则会打开"新建"标签页,可以从中选择创建空白文档,或者新建在线文字,或者从模板新建文件,如图 4-4 所示;如果单击"空白文档"按钮,则会新建一个空白的名为"文字文稿 1"的文字文档。

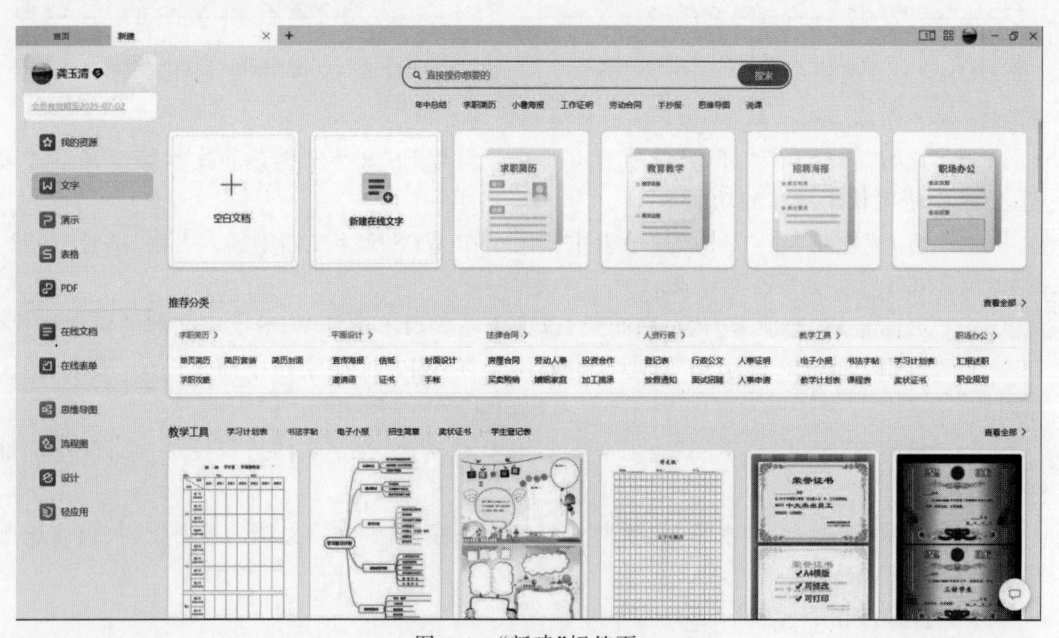

图 4-4 "新建"标签页

如果已经启动了 WPS Office,单击"文件"按钮,在弹出的下拉菜单中选择"新建"→"新建"命令,单击"空白文档"按钮,同样会弹出"新建"标签页,从中单击"空白文档"按钮,也可以创建空白的新文档。

2. 利用模板创建新文档

利用特定的模板创建 WPS 文字文档,可以大大提高工作效率。第一次启动 WPS Office 后,在弹出的"新建"标签页中,可以在出现的各种模板类别中选择需要的合适模板,例如单击"求职简历"按钮,可以进入该类别模板,包括"考研复试""技术开发"等多类模板,如图 4-5 所示。

图 4-5　利用模板新建文档

接着,单击"考研复试"类模板中的第三个模板"考研复试简历"模板,单击"立即下载"按钮,即可创建相应模板的文档,如图 4-6 所示。

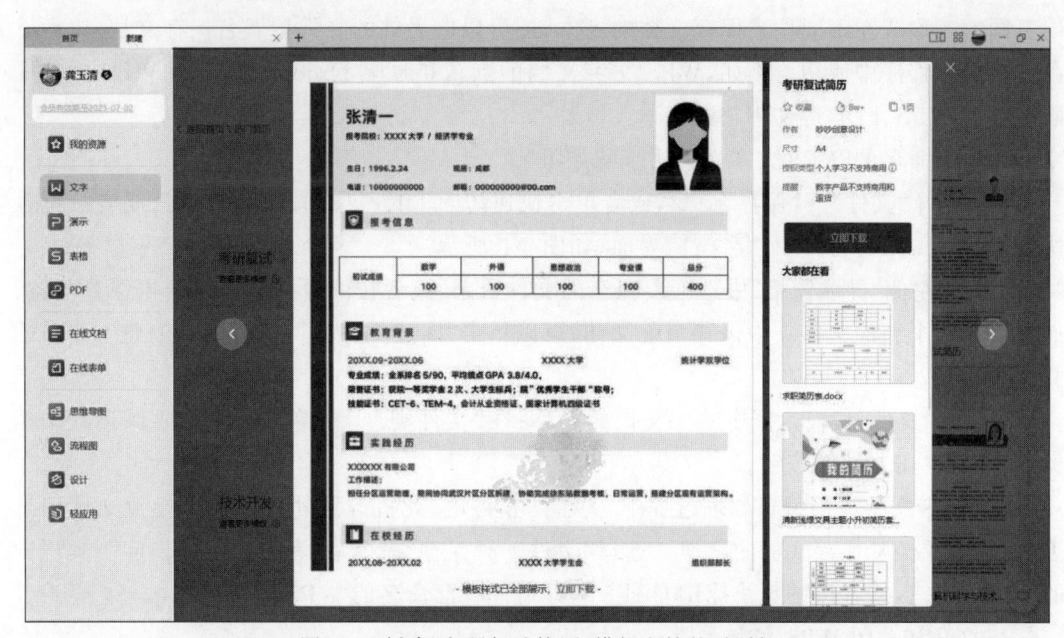

图 4-6　创建"考研复试简历"模板文档的对话框

如果找不到合适的模板,可以在窗口"搜索联机模板"输入框中输入检索的关键词,例如"行政公文",然后按 Enter 键或者单击放大镜联机搜索,系统会将搜索结果列出,以供用户选择,如图 4-7 所示。

图 4-7 搜索模板的结果

3. 保存 WPS 文字文档

新建的 WPS 文字文档输入内容后,或已有的 WPS 文字文档修改后,需要对文档进行保存,否则所做的编辑操作徒劳无功。可以按照原来的文件名保存 WPS 文字文档,也可以用不同的名称或在不同位置保存文档的副本,还可以以另外的文件扩展名保存文档,以便于在其他应用程序中使用。例如,WPS 文字文档的默认扩展名为 docx,可以将 WPS 文字文档另存为 WPS、PDF 等文件格式。

保存未命名的 WPS 文字文档的步骤如下。

(1) 选择"文件"→"保存"命令,或者单击快速访问工具栏中的"保存"按钮,或者按键盘快捷键 Ctrl+S,将打开"另存文件"界面,如图 4-8 所示。

(2) 在左侧"导航窗格"中选择要保存的文件目录,或者在位置栏中直接输入保存位置;如果要在一个新的文件夹中保存当前文档,可以单击"新建文件夹"按钮,即可创建一个新的文件夹。

(3) 在"文件名"输入框中输入文档的名称;在"文件类型"中单击选择需要保存的文档类型,然后单击"保存"按钮。

在 WPS 文字文档编辑处理过程中,为了防止停电、死机等意外事件发生导致文档信息丢失,要养成经常保存文档的习惯。选择"文件"→"保存"命令,或者单击快速访问工具栏中的"保存"按钮,或者按键盘快捷键 Ctrl+S,即可保存已命名的 WPS 文字文档。

4. 打开和关闭 WPS 文字文档

新建的 WPS 文字文档保存在磁盘里,需要再次编辑处理时要先打开文档。打开 WPS 文字文档的方法有以下两种。

(1) 双击 WPS 文字文档图标,即可启动 WPS Office 应用程序,并同时打开该文档。

图 4-8 "另存文件"界面

（2）先启动 WPS Office 应用程序，选择"文件"→"打开"命令，在弹出的"打开文件"窗口中找到需要打开的文件，然后单击"打开"按钮。如果要打开最近编辑处理过的 WPS 文字文档，那么单击"文件"按钮，在弹出的下拉列表中选择"最近使用"下方的文档，即可打开相应的文档。

关闭当前的 WPS 文字文档的方法如下。

（1）选择"文件"→"退出"命令，如果文档已经保存，将直接关闭当前文档；如果文档未保存，则会弹出"是否保存文档"对话框，单击"保存"按钮，即可保存并关闭当前文档。

（2）单击该文档标签页右侧的"关闭"按钮。

（3）按键盘快捷键 Alt+F4。

4.1.5 文本的编辑

1. 文本的输入

文本是 WPS 文字编辑处理的基本对象，新建或者打开一个 WPS 文字文档后，在 WPS 文字工作窗口的文本编辑区里会出现一个跳动闪烁的黑色竖条，这就是插入点。插入点定位了文本输入或其他对象插入的位置，插入点随着文本输入自动移动。

WPS 文字具有自动换行的功能，当输入到每行的末尾时，不需要按 Enter 键，WPS 文字会自动换行。当输入到段落结尾时，要按 Enter 键，表示段落结束，将另起一行。如果要在段落中的某个位置强行换行，按键盘快捷键 Shift+Enter 即可。

文本输入的插入点的定位，可以移动鼠标到指定位置后单击，也可以使用键盘定位的快捷键，常用的键盘定位快捷键及其功能如表 4-1 所示。

表 4-1 插入点定位快捷键

按 键	功 能	按 键	功 能
→	向右移动一个字符	Home	移动到当前行首
←	向左移动一个字符	End	移动到当前行尾
↑	向上移动一行	PgUp	移动到上一屏
↓	向下移动一行	PgDn	移动到下一屏
Ctrl+→	向右移动一个单词	Ctrl+PgUp	移动到屏幕的顶部
Ctrl+←	向左移动一个单词	Ctrl+PgDn	移动到屏幕的底部
Ctrl+↑	向上移动一个段落	Ctrl+Home	移动到文档的开头
Ctrl+↓	向下移动一个段落	Ctrl+End	移动到文档的末尾

输入中文汉字,可以使用操作系统中所安装的输入法;如果要输入特殊字符,首先将插入点移动到插入处,单击"插入"选项卡功能区中的"符号"按钮,在弹出的下拉框中单击"其他符号"按钮,在弹出的"符号"对话框中选择需要插入的符号,然后单击"插入"按钮,如图 4-9 所示。

图 4-9 "符号"对话框

2. 文本的选择

对文本进行字体、字号、字色等格式设置,或者删除、复制、移动文本,首先必须选中文本。拖曳鼠标是选取文本最常用、最便捷的方式。将插入点指针移动到要选择的文本的开始位置,然后按住鼠标左键并拖曳,被选中的文本内容会被灰色阴影覆盖,表示选中的文本范围;当鼠标移动至所选文本的最后一个文字后,松开鼠标,文本就被选中了,可以进行后续文本格式设置等操作。

文本被选中后,如果要取消选择,可以用鼠标单击文档的任意位置或者按键盘的任意方向键。

使用鼠标,配合键盘快捷键,可以对文档中的字词、句子等进行选择,具体方法如表 4-2 所示。

表 4-2 插入点定位快捷键

选择对象	操作方法
字词	双击某个汉字词(或英文单词)
一行	单击该行的左侧选定区(该行的左边界)
多行	先选择一行,然后在左侧选定区中向上或者向下拖曳
段落	双击段落左侧选定区,或者三击段落中的任意位置
整个文档	按住键盘 Ctrl 键,同时单击文档左侧的选定区;或者连续快速三击文档选定区;或者直接按键盘快捷键 Ctrl+A
文档任意部分	单击要选择的文本开始位置,按住 Shift 键,然后单击文本的结束位置
矩形文本块	单击把插入点指针置于要选择的文本的左上角,同时按住键盘 Alt 键,拖曳鼠标到文本块的右下角

3. 复制、剪切和粘贴文本

复制和剪切文本,可以将文本移动到另外的位置;复制和粘贴文本,可以将文本的副本复制到另外的位置。可以采用鼠标拖曳和剪贴板两种方式来移动或复制文本。

(1) 用鼠标拖曳的方法。首先,选择需要复制或剪切的文本;其次,按住键盘 Ctrl 键,同时按住鼠标左键,拖曳鼠标到新的位置,即可完成复制文本的操作;不按键盘 Ctrl 键,直接将选择的文本拖曳到新的位置,即可完成移动文本的操作。

(2) 用剪贴板的方法。首先,选择需要复制或剪切的文本;其次,单击"开始"选项卡中的"复制"按钮或"剪切"按钮,然后将插入点移动到文本要复制或移动到的新位置;最后,单击"开始"选项卡中的"粘贴"按钮,即可完成复制或移动文本的操作。上述"复制"操作或"剪切"操作,可以分别按键盘快捷键 Ctrl+C、Ctrl+X;"粘贴"操作可以按快捷键 Ctrl+V。

4. 删除文本

(1) 逐个删除单个或多个字符或文字。首先将插入点移动到被删除文本的左侧,然后按键盘删除键 Delete,即可逐个删除;或者将插入点移动到被删除文本的右侧,然后按键盘退格键 Backspace,也可逐个删除。

(2) 删除多行或者大段文字。首先选择需要删除的文本,然后按键盘删除键 Delete。

(3) 恢复被删除的文本。单击"快速访问工具栏"中的"撤销"按钮,即可恢复之前被删除的文本。按键盘快捷键 Ctrl+Z,也可以达到同样的目的。

5. 查找文本

在当前的文本中搜索指定的字词或者特殊字符,就需要用到 WPS 文字的查找功能。通过文本的查找,可以迅速定位文本的位置,从而提高文本编辑的效率。

(1) 普通查找。首先,在"视图"选项卡功能区中单击"导航窗格"按钮,在弹出的导航窗格中单击放大镜按钮,即可打开"查找和替换"窗格,在搜索文本框中输入要查找的内容,例如,输入"奉献",按 Enter 键,或者单击"查找"按钮,即可在文档中以黄色突出显示查找到的文本内容,如图 4-10 所示。

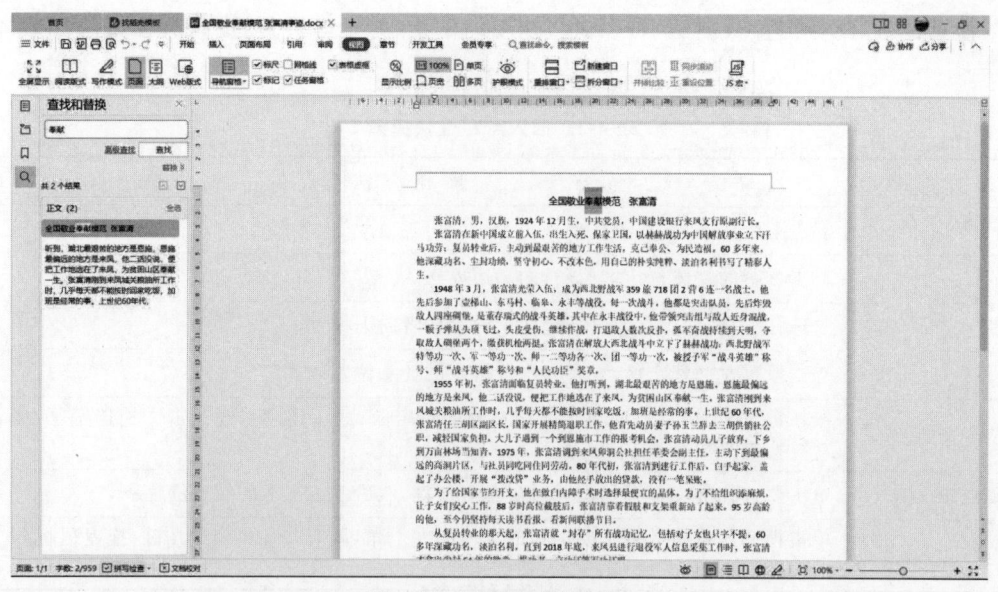

图 4-10 查找文本"奉献"

（2）高级搜索。按键盘快捷键 Ctrl＋F，或者单击"开始"选项卡功能区中的"查找替换"按钮，即可打开"查找替换"对话框，在"查找内容"下拉列表框中输入需要查找的内容，例如文本"奉献"，或者选择列表中最近使用过的内容，单击"查找下一处"按钮，即可开始在文档中查找。

此时从当前指针所在位置开始查找文本"奉献"，如果查找到了，指针将停留在找出的文本位置，并使其处于选中状态，此时单击"查找和替换"对话框外的位置，即可对该文本进行编辑；继续单击"查找下一处"按钮，则可继续查找该文本；如果直到文档结尾都没有找到该文本，则继续从文档开始处查找，直到当前指针处为止。

在"查找和替换"对话框中单击"高级搜索"按钮，在对话框的下方会显示更多的设置项，如图 4-11 所示，说明如下。

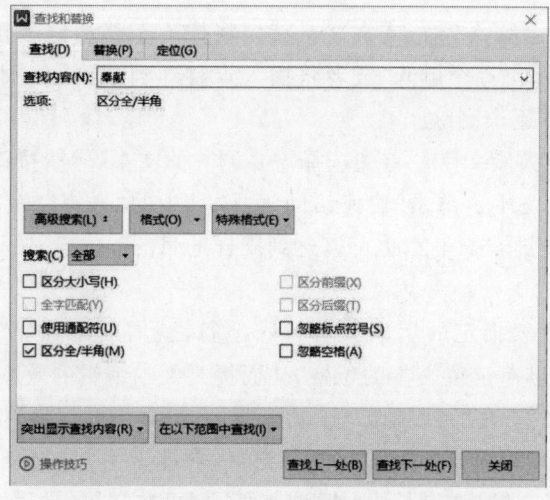

图 4-11 "查找和替换"对话框的"查找"选项卡

"搜索"下拉列表框：选择文本查找的方向，有"向上""向下""全部"可供选择。

"区分大小写"复选框：该复选框被勾选后，查找将区分大写和小写字符。

"全字匹配"复选框：与查找内容完全一致的完整单词。

"使用通配符"复选框：该复选框被勾选后，"?"和"*"表示通配符，其中"?"表示一个任意字符，"*"表示多个任意字符。

"区分全/半角"复选框：该复选框被勾选后，会区分字符的全角和半角形式。

"格式"按钮：根据字体、段落、制表位等格式进行查找。

"特殊格式"按钮：在文档中查找段落标记、制表符、省略号等特殊字符。

例如，要查找特定格式的文本，例如中文字体为"微软雅黑"，字号为"五号"的文本，可以单击"格式"按钮，在弹出的快捷菜单中选择"字体"命令，然后在弹出的"查找字体"对话框中，"中文字体"下拉列表框中选择"微软雅黑"，"字号"下拉列表框中选择"五号"，然后单击"确定"按钮，如图4-12所示；在"查找和替换"对话框"查找"选项卡中单击"查找下一处"，即可将符合特定格式的文本查找出来。

图4-12 "查找字体"对话框

6. 替换文本

在"开始"选项卡的"编辑"功能区中单击"替换"按钮，会弹出"查找和替换"对话框，在"查找内容"下拉列表框中输入替换之前的内容，例如"奉献"；在"替换为"下拉列表框中输入替换之后的内容，例如"乐于奉献"，如图4-13所示。单击"全部替换"按钮，会将文档中所有的"奉献"替换为"乐于奉献"。也可以逐个替换，单击"查找下一处"按钮，查找到后，单击"替换"按钮，即可完成当前的替换；如果不需要替换，则再次单击"查找下一处"按钮，继续往下查找。

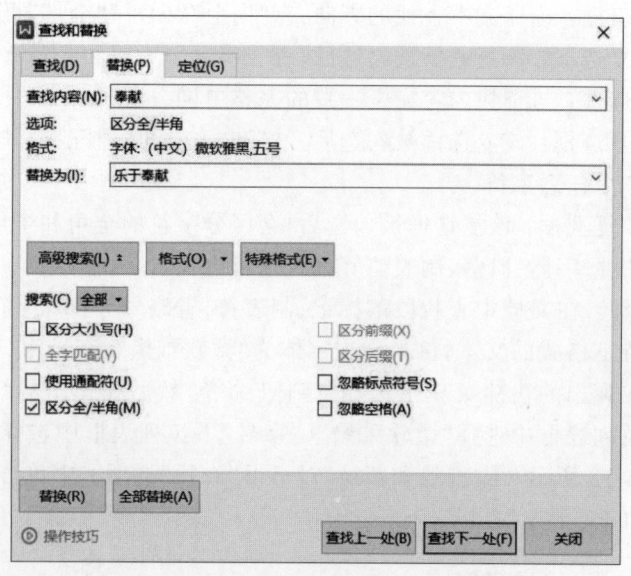

图 4-13　"查找和替换"对话框的"替换"选项卡

7. 定位文本

在"查找和替换"对话框的"定位"选项卡中,"定位目标"可以按照"页""节""行""书签"等进行文本的定位,例如"定位目标"选择"页","输入页号"输入框中输入"3",如图 4-14 所示,单击"定位"按钮,那么当前页面会跳转至文档的第 3 页。

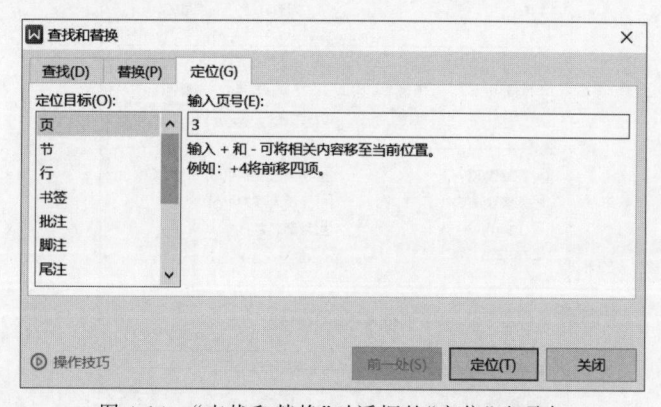

图 4-14　"查找和替换"对话框的"定位"选项卡

4.2　文档格式设置

WPS 文字文档的格式是文档中的文字、段落和页面的规格样式,是按照一定的行文规范,对文档的外在样式的设置,可以使文档更加美观大方,赏心悦目。无论是撰写毕业论文、商业信函,还是拟写行政公文,首先应当设置页面格式,对纸张大小、页边距、纸张方向等进行设置,这样能够较好地进行文档编辑过程的版式排版,避免后期因为调整页面大小等,从而导致对文档中的文本、图片、图表等各种对象重新排版。

4.2.1 页面格式设置

页面格式是通过设置页边距、纸张方向、纸张大小、文档网格、页面背景等，为当前WPS文字文档添加整体样式效果。

1. 设置页边距

页边距是指文本正文距离纸张的上、下、左、右边界的大小，即上边距、下边距、左边距和右边距。

（1）选择预定义的页边距。单击"页面布局"选项卡功能区中的"页边距"按钮，在弹出的"页边距"下拉列表中选择"普通""窄""适中""宽"其中的某一项，例如"普通"选项，如图4-15所示。

（2）自定义页边距。如果预定义设置好的页边距不符合要求，那么可以自定义页边距。在"页边距"下拉列表中选择"自定义页边距"命令，接着在弹出的"页面设置"对话框的"页边距"选项卡中，设置"上""下""左""右"四个页边距的数值。"装订线"是为了便于文档的装订而专门预留的宽度，如果不需要装订，则可以不设置该项，如图4-16所示。

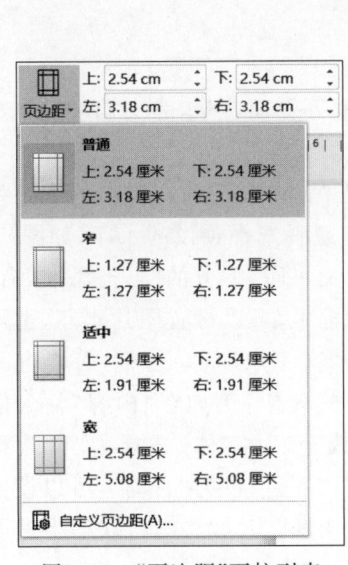

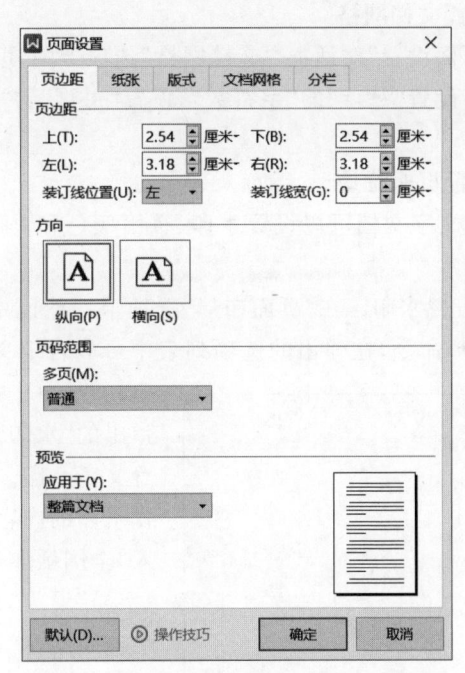

图 4-15 "页边距"下拉列表　　图 4-16 "页面设置"对话框"页边距"选项卡

在"页面设置"对话框的"页边距"选项卡中，还可以设置纸张方向，包括纵向和横向两种方向。

上述选项参数设置好后，可以将设置应用到整篇文档中，也可以应用到插入点之后。单击"应用于"下拉列表，从中选择需要的某一项即可。这样使得一个WPS文字文档可以包括不同大小和方向的纸张。

2. 设置纸张

纸张的设置包括纸张大小的设置和纸张来源的设置。

(1) 纸张大小的设置。单击"页面布局"选项卡功能区中的"纸张大小"按钮,在弹出的"纸张大小"下拉列表中选择"其他页面大小"命令,会弹出"页面设置"对话框,在"纸张"选项卡的"纸张大小"列表框中选择合适的纸张大小规格,例如"A4",其宽度和高度分别为"21厘米""29.7厘米"。还可以自行设置"宽度"和"高度"的数值,那么"纸张大小"将自动变为"自定义大小"。

(2) 纸张来源的设置。在"页面设置"对话框"纸张"选项卡中,设置"纸张来源"是指定文档打印时纸张以什么方式取打印纸。

3. 设置布局

布局是整个文档的页面格局,主要是通过设置页眉、页脚等设置页面不同的布局。一般而言,页眉是文档或章节的标题,页脚是当前页面的页码。

在"页面设置"对话框"版式"选项卡中,可以设置"节的起始位置",其下拉列表可以选择"接续本页""新建页""偶数页""奇数页"等选项。"页眉和页脚"可以勾选"奇偶页不同""首页不同"复选框,以设置奇数页和偶数页不同的页眉或页脚,设置首页和其他页的页眉或页脚不同。还可以设置页眉和页脚距纸张边界的距离。

4. 设置文档网格

在"页面设置"对话框"文档网格"选项卡中,可以设置"文字排列"的"方向"为"水平"或者"垂直";设置"每行"的"字符数",设置"每页"的"行数";还可以设置网格线和参考线、字体格式等。

5. 设置页面背景

WPS 文字文档可以设置水印、页面颜色和页面边框等页面背景,为文档增加丰富的背景效果。

(1) 设置水印。在"页面布局"选项卡功能区中单击"背景"按钮,在弹出的下拉列表中单击"水印"命令,在弹出的选项列表中可以自定义水印或者选择预设的水印,如图 4-17 所示;如果单击"自定义水印"下方的"点击添加"命令,在弹出的"水印"对话框中,可以设置图片水印,也可以设置文字水印。单击"文字水印"单选框,可以进一步设置水印的内容和样式效果;例如在"内容"输入框中输入"全国敬业奉献模范","字体"选择为"微软雅黑","字号"设为"自动","颜色"设为"自动",可以设置水印的透明度,默认"透明度"为"50%",将获得半透明的文字效果,如图 4-18 所示。

(2) 设置背景颜色或填充效果。在"页面布局"选项卡功能区中单击"背景"按钮,在弹出的下拉列表中可以单击选择主题颜色、标准色、渐变填充等颜色作为页面颜色;如果没有适合的颜色,可以单击"其他填充颜色"命令,在弹出的"颜色"对话框中选定"标准"选项卡里的颜色,或者在"自定义"选项卡里自行设定颜色。还可以使用取色器,在当前工作界面中选取任意一处的颜色作为页面颜色。如果想要给文档添加特殊背景

图 4-17 "水印"下拉列表

图 4-18 "水印"对话框

效果,可以在"背景"的下拉列表中单击"其他背景"命令,此时会弹出二级列表,可以从"渐变""纹理""图案"中选择其中一个命令;随后在弹出的"填充效果"对话框的"渐变"选项卡中,通过设置"颜色""透明度""底纹样式"等,获得渐变颜色的填充效果;在"纹理"选项卡中,可以选择预设的纹理样式;也可以单击"其他纹理"按钮,在弹出的"选择纹理"对话框中选择纹理图片作为当前文档的背景效果。此外,还可以选择图案或者图片作为文档的背景,从而取得特殊的背景效果。

(3)设置背景边框。在"页面布局"选项卡功能区中单击"页面边框"按钮,在弹出的"边框和底纹"对话框"页面边框"选项卡中,在"线型"下拉列表中选择边框的样式,在"颜色"下拉列表中选择边框的颜色,在"宽度"下拉列表中选择边框的宽度,在"艺术型"下拉列表中选择边框的特殊效果。

4.2.2 文本格式设置

文本格式是包括字体、字号、字形、颜色、显示效果等在内的文本效果,设置文本格式的对象既可以是某个字符,也可以是一句话、一段话或者整篇文档。不同类型的文档对标题、抬头、正文和落款等内容有着不同要求,文本格式设置使得文档标准规范,一目了然,是拟写规范性行文的基本要求。进行文本格式设置之前,先要选择对应的文本内容。

1. 设置字体和字号

字体是文字的风格样式,例如汉字的常用字体有宋体、楷体、仿宋、黑体、隶书等,这些是 Windows 系统自带的字体。如果需要额外的字体,则必须首先安装该字体,才能使用。安装方法是,将字体文件复制到目录 C:\Windows\Fonts 下即可,该目录包含所有已安装的字体文件,如图 4-19 所示。

字号是文字的大小。汉字的字号从初号、小初,一直到 8 号,相应的文字逐渐变小;英文的字号一般用"磅"为单位表示,1 磅等于 1/12 英寸,数值越小表示英文字符越小。

设置字体的方法步骤如下。

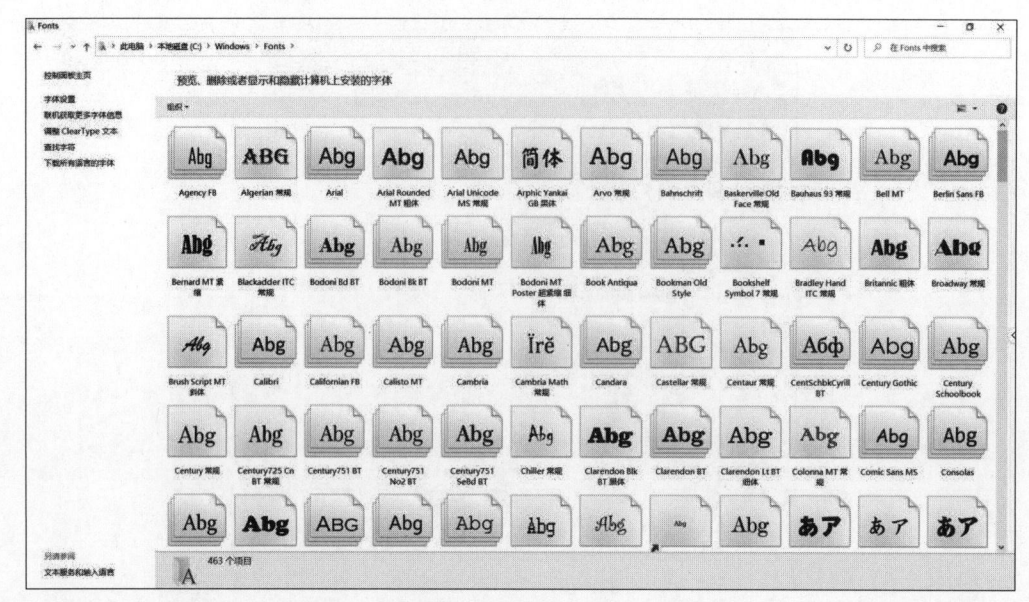

图 4-19　字体文件目录 C:\Windows\Fonts

(1) 选择需要设置字体的文本。

(2) 单击"开始"选项卡中的"字体"下拉列表框右侧的下三角按钮。

(3) 在弹出的"字体"列表框中选择需要设置的字体,例如选择"微软雅黑"字体,如图 4-20 所示。

设置字号的方法步骤如下。

(1) 选择需要设置字号的文本。

(2) 单击"开始"选项卡中的"字号"下拉列表框右侧的下三角按钮。

(3) 在弹出的"字号"列表框中选择需要设置的字号,例如选择"三号"字号,如图 4-21 所示。

如果选中的一段文字同时包含了中文汉字和西文字母,需要一并设置中文字体和西文字体,那么可以单击"开始"选项卡中的设置字体的功能区右下角的按钮 ,在弹出的"字体"对话框中,可以同时设置中文字体和西文字体,还可以设置字形、字体颜色、下画线线型、效果等。

2. 设置字形

字形包括加粗、倾斜、下画线、删除线、下标、上标等文本显示效果。首先选中需要设置的文本,然后单击"开始"选项卡中的设置字体的功能区内"加粗""倾斜""下画线"等按钮,即可完成字形的设置。单击"下画线"按钮右侧的下三角按钮,在弹出的"下画线"下拉列表中选择所需的下画线样式及颜色,即可为选中的文本设置下画线效果。在"字体"对话框"字体"选项卡中,同样可以设置字形的各种效果。

3. 设置字体颜色

字体颜色既可以设置为预定义好的主题颜色或标准色,也可以选取自定义颜色或设置渐变效果。首先,选择需要设置颜色的文本,单击"开始"选项卡中的设置字体功能区中的"字体颜色"按钮右侧的下三角按钮,在弹出的"颜色"下拉列表中选择需要的颜色。例如,将

图 4-20 "字体"列表框

图 4-21 "字号"列表框

选中的标题文本设为"标准色"→"深红",效果如图 4-22 所示。在"字体"对话框"字体"选项卡中,同样可以设置字体颜色。

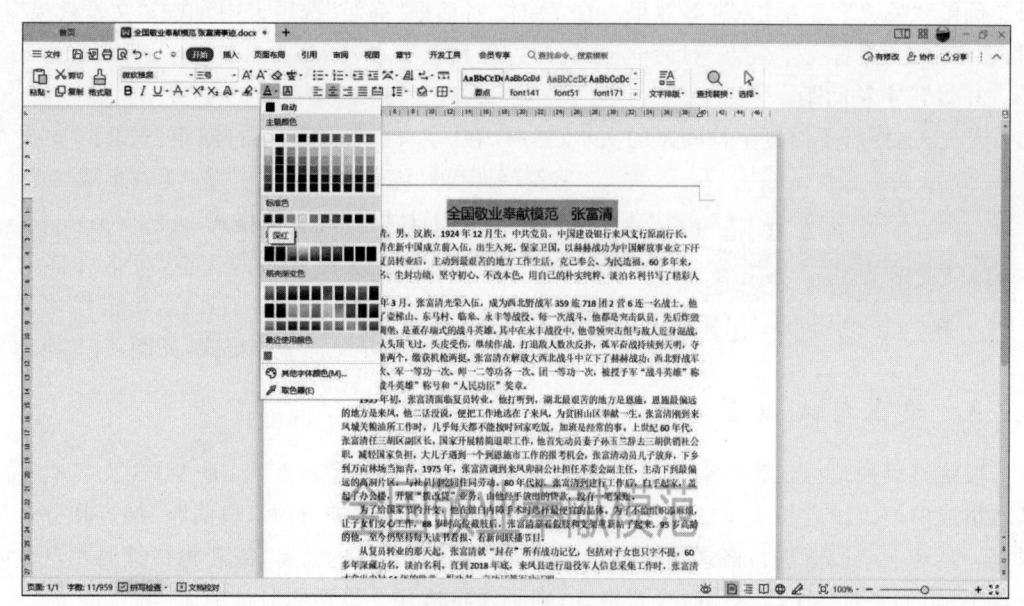

图 4-22 设置字体颜色

如果系统提供的主题颜色和标准色没有所需要的颜色,那么可以单击"其他字体颜色"命令,在弹出的"颜色"对话框"标准"选项卡中选取需要的颜色,如图 4-23 所示;或者在"自定义"选项卡中,设置 RGB 颜色模式的"红色(R)""绿色(G)""蓝色(B)"的数值,取值范围

133

第 4 章

WPS 文字文档编辑

在0~255之间；或者在"HEX(♯)"输入框中直接输入6个十六进制的数值，例如深红色为"C00000"，如图4-24所示。

图4-23 "颜色"对话框"标准"选项卡

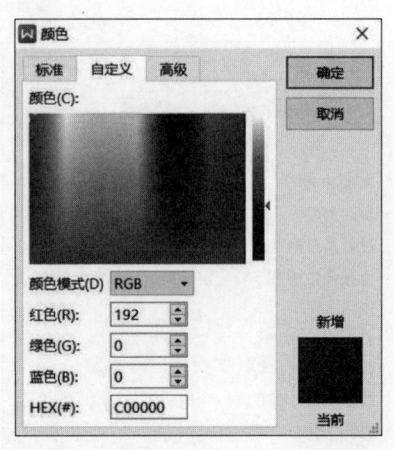

图4-24 "颜色"对话框"自定义"选项卡

4. 设置文字效果

首先选中需要设置的文本，然后单击"开始"选项卡功能区中的"文字效果"按钮或右侧下三角按钮，在弹出的下拉列表中，可以选择预先设置好的文本效果，包括"艺术字""阴影""倒影""发光"等多个类型。注意这里的每个文本效果都是有特定的文字说明，表示文本效果的填充、阴影等设置。也可以通过单击"更多设置"命令，在弹出的"效果"窗格中设置"阴影""倒影""发光""三维格式"等效果。在"字体"对话框"高级"选项卡中，单击"文本效果"按钮，在弹出的"设置文本效果"对话框中，同样可以设置文本效果。

5. 设置字符间距

首先，选择需要设置字符间距的文本；然后，在"字体"对话框"字符间距"选项卡中设置"字符间距"的"缩放""间距""位置"等选项或参数。

6. 浮动工具栏设置字体格式

选择需要设置字体格式的文本，将指针移动到所选文本上，此时会出现浮动工具栏，单击浮动工具栏相应的按钮，即可设置字体格式，如图4-25所示。

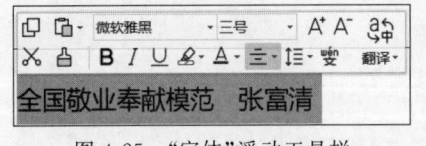

图4-25 "字体"浮动工具栏

4.2.3 段落格式设置

段落是以段落标记为结束符的包含文本、图形及其他对象的集合，是WPS文字文档的基本组成单位。段落格式设置包括段落的对齐方式、段落缩进、行距、段间距、换行和分页设置等。当对一个段落进行格式设置时，首先必须选择该段落的文本，或者将指针插入点置于段落中；如果要对多个段落同时设置格式，则必须将这几个段落同时选中。

1. 段落的对齐

段落的对齐方式有左对齐、居中对齐、右对齐、两端对齐和分散对齐5种方式。设置段落的对齐方式有以下两个方法。

（1）选中要对齐的段落后，单击"开始"选项卡功能区中对应的对齐按钮，可以分别设置相应的对齐方式,如图 4-26 所示。

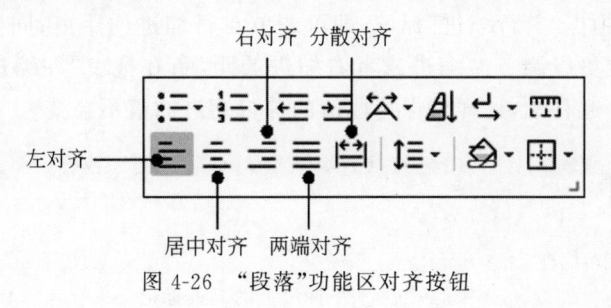

图 4-26　"段落"功能区对齐按钮

（2）选中要对齐的段落后,单击"开始"选项卡设置段落格式的功能区右下角的按钮,在弹出的"段落"对话框"缩进和间距"选项卡中单击"对齐方式"下拉列表框,从中选择需要的对齐方式即可,如图 4-27 所示。

2. 段落的缩进

段落的缩进是文本与页边距之间距离的调整,包括左缩进、右缩进、首行缩进、悬挂缩进等 4 种方式。左缩进是指设置段落与左页边距的距离;右缩进是指设置段落与右页边距的距离;首行缩进是指设置段落的第一行缩进的距离;悬挂缩进是指设置段落中除第一行外其他各行缩进的距离。缩进量的数值以厘米或者字符为单位。

选中需要设置缩进的段落后,设置段落的缩进有三种方法：

（1）单击"开始"选项卡设置段落格式的功能区右下角的按钮,在弹出的"段落"对话框"缩进和间距"选项卡中,单击设置"特殊格式"下拉列表框中的"首行缩进"或"悬挂缩进",输入"度量值"的数值,例如,选择"首行缩进","度量值"为"2 字符",如图 4-28 所示。

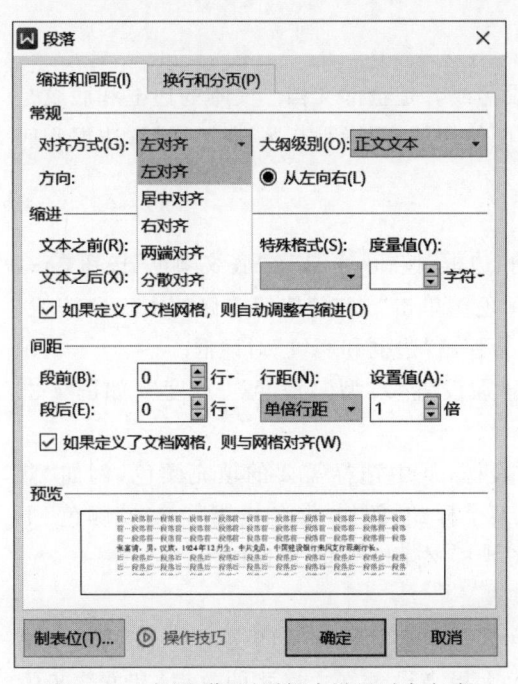

图 4-27　在"段落"对话框中设置对齐方式 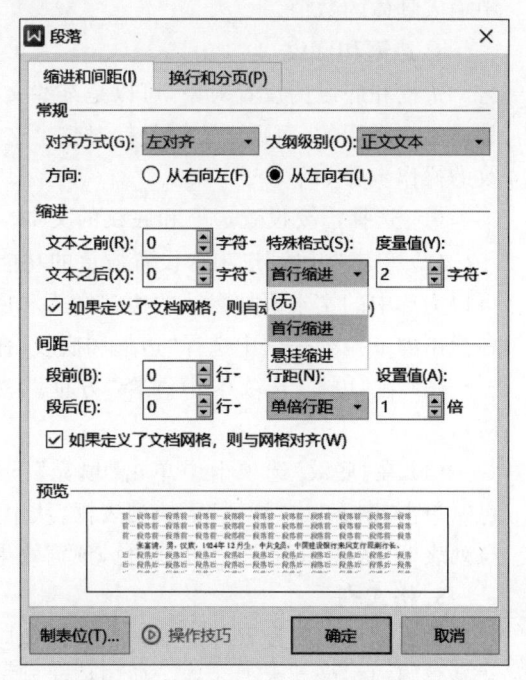　　图 4-28　在"段落"对话框中设置首行缩进

（2）调整水平标尺上标记的位置，如图 4-29 所示，即可设置首行缩进、左缩进、右缩进等。按住鼠标左键拖曳"首行缩进"标记，即可调节首行缩进的距离；同样，拖曳"左缩进"或者"右缩进"标记，也可以调节左缩进或者右缩进的距离；在拖曳"左缩进"标记时，"首行缩进"标记也会跟随一起移动，这样就保持段落的首行缩进的值不会变。

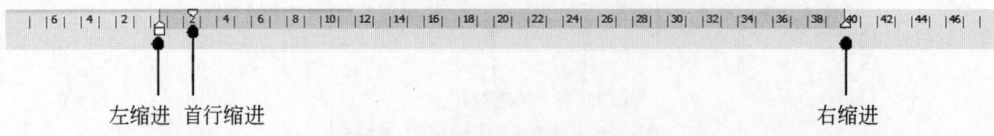

图 4-29　水平标尺上的缩进标记

（3）单击"开始"选项卡"段落"功能区中的"减少缩进量"按钮 和"增加缩进量"按钮 ，可以减少或者增加段落的整体缩进量。每单击一次按钮，可以减少或者增加一个中文字符的缩进量。

3. 段落的间距及行距

段落的间距是段与段之间的间隔距离，行距是段内行与行之间的间隔距离。选中段落后，设置段落的间距及行距，可以有两种方法：

（1）单击"开始"选项卡功能区中的"行距"按钮 ，在弹出的下拉列表框中选择需要采用的行距数值，即可设置段落的行距。

（2）单击"开始"选项卡设置段落的功能区中的按钮 ，在弹出的"段落"对话框"缩进和间距"选项卡中，设置"间距"中的"段前"和"段后"的行数，即可设置段落的间距；单击选择"行距"下拉列表框中"单倍行距""1.5 倍行距""2 倍行距""最小值""固定值""多倍行距"其中一项，即可设置行距大小，其中"最小值""固定值""多倍行距"三个选项，需要在"设置值"中输入具体的数值。

4. 边框和底纹

边框和底纹的设置对象，可以是某些文字、段落或者是全部文档。文本的边框和底纹是针对文本作用的，而页面边框是针对整个文档页面作用的，两者是有区别的。设置边框和底纹的操作步骤如下。

（1）选择需要设置边框和底纹的文本。

（2）单击"开始"选项卡设置段落的功能区的"边框"按钮 或者"底纹颜色"按钮 ，可以为选中的文本添加默认的边框样式和底纹颜色。单击"边框"按钮右侧的下三角按钮，在弹出的下拉列表框中选择"边框和底纹"命令，会弹出"边框和底纹"对话框。

（3）在"边框"选项卡中选择"方框"，然后分别设置"线型""颜色""宽度"，如图 4-30 所示。

（4）在"底纹"选项卡中单击"填充"下拉列表框，从中选择需要的填充颜色，例如"蓝色"；单击"图案"中"样式"下拉列表框，从中选择某个样式，例如"深色横线"，单击"颜色"下拉列表框，从中选择某个主题颜色，预览效果如图 4-31 右侧"预览"窗口所示。

5. 格式刷

格式刷可以将设置好的文本格式快速应用到其他需要同样格式的文本上，如同文本格式被复制到新的文本上一样。使用格式刷可以大大提高设置文本格式的效率，其方法步骤如下。

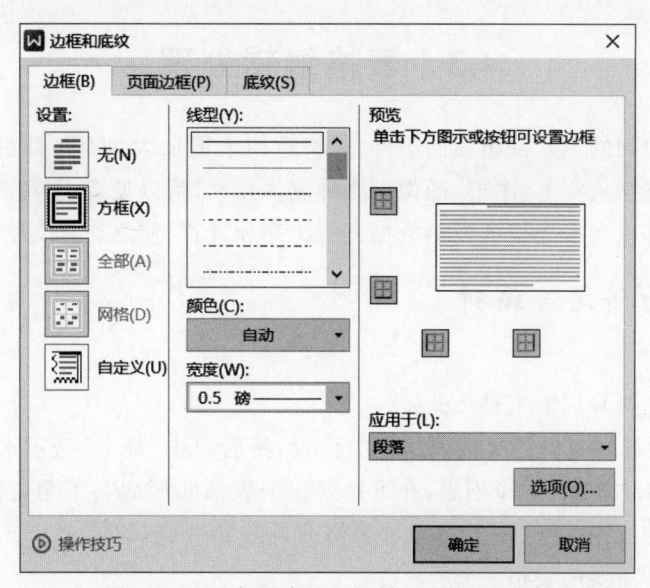

图 4-30 "边框和底纹"对话框"边框"选项卡

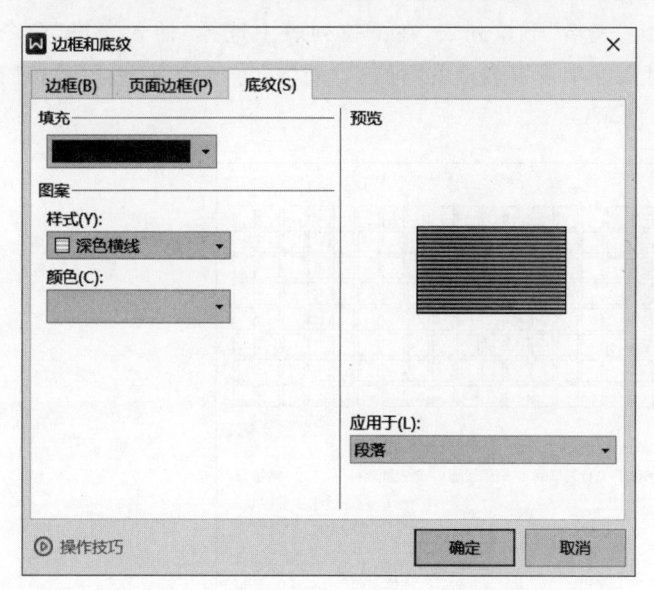

图 4-31 "边框和底纹"对话框"底纹"选项卡

（1）选择已设置好文本格式的文字或段落。

（2）单击"开始"选项卡功能区中的"格式刷"按钮，移动鼠标指针到文档编辑区中，可以看到鼠标指针变成了一把刷子加插入点的形状。

（3）移动鼠标指针到需要应用此格式的文本的开头位置，按住鼠标左键并拖曳至文本的结束位置。松开鼠标后，这样被格式刷刷过的文本就被设置成一样的格式了。

如果需要对多个段落或者多处文本设置相同的格式，那么可以在选择已设置好文本格式的文字或段落后，双击"格式刷"按钮，这样就可以连续使用格式刷了。如果需要退出格式刷的使用状态，可以单击"格式刷"按钮，或者按键盘 Esc 键，即可恢复正常的编辑状态。

WPS 文字文档编辑

4.3 表格编辑处理

表格是由行和列的单元格组成的集合,表格适用于展示大量有规律的数据或记录。表格的单元格中可以插入文本、图形、图像等多种媒体元素,可以设置边框和底纹,使之更加美观,便于浏览;还可以对单元格的数字数据进行排序和计算,使之切合文档表达的主题。

4.3.1 表格的创建与编辑

1. 创建表格

表格的创建主要有以下三种方式:

(1)首先将指针插入到需要插入表格的位置,然后单击"插入"选项卡"表格"功能区的"表格"按钮,会弹出"表格"下拉列表,在下拉列表中表格区域向右下角方向移动鼠标,出现将要创建的表格的范围,并在左上角显示表格的行数和列数,如图 4-32 所示;单击,即可在选定位置创建出所需要的表格。

(2)首先将指针插入到需要插入表格的位置,然后单击"插入"选项卡"表格"功能区的"表格"按钮,会弹出"表格"下拉列表,在下拉列表中选择"插入表格"命令,会弹出"插入表格"对话框,在该对话框中设置表格的"行数""列数"等参数值,最后单击"确定"按钮即可创建表格,如图 4-33 所示。

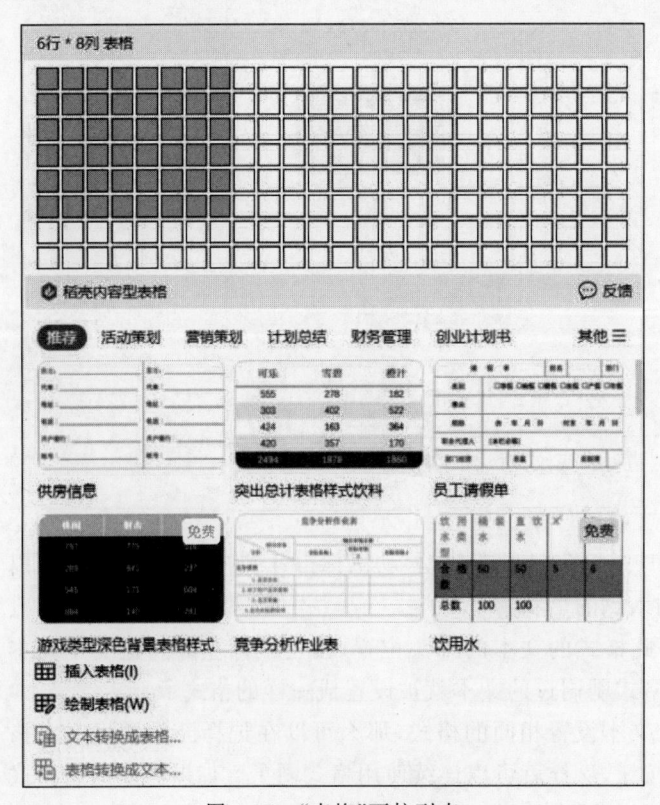

图 4-32 "表格"下拉列表   图 4-33 "插入表格"对话框

（3）首先将指针插入到需要插入表格的位置，然后单击"插入"选项卡功能区的"表格"按钮，会弹出"表格"下拉列表，在下拉列表中选择"绘制表格"命令，此时指针变为画笔形状 ✏，在文档编辑区单击确定起点，然后拖曳至终点释放，即可直接绘制表格的外框、行列线和斜线。

绘制完成后，WPS文字会增加针对表格处理的"表格工具"选项卡，单击该选项卡功能区的"绘制表格"按钮，或者按键盘的Esc键，即可退出绘制表格的状态；单击"擦除"按钮，在表格线上拖曳或者单击，即可删除表格线，可以实现单元格的合并。绘制表格的方式适合创建不规则的表格，例如单元格再次拆分为多个单元格，或者单元格内绘制斜线等。

2. 录入数据

单元格是表格中行和列交叉形成的小方格，是放置数据的基本容器。将指针移动到单元格内并单击，即可将指针定位在单元格中，输入数据；按键盘Tab键或者按键盘上的方向键"→"，即可将指针移动到下一个单元格中；按键盘上的方向键"↓"，即可将指针移动到下一行的同一列单元格中，继续输入内容。依次输入世界GDP排名前十的国家的相关数据，即可形成一张表格，如表4-3所示。

表4-3 世界GDP排名前十的国家一览表

排 名	国家/地区	2019年/万亿美元	2020年/万亿美元	增 长 率
1	美国	21.4	约21	−3.50%
2	中国	14.3	14.7	2.30%
3	日本	5.1	4.9	−5.30%
4	德国	3.86	3.8	−5%
5	印度	2.87	2.6	−7.70%
6	英国	2.8	2.5	−12.40%
7	法国	2.7	2.6	−8.30%
8	意大利	2	1.85	−8.80%
9	巴西	1.84	1.75	−5.40%
10	加拿大	1.74	1.65	−5.10%

3. 选择单元格、行、列和表格

创建表格并输入数据后，必须先选定表格或者表格的行、列、单元格，才能够进行相应的修改和编辑。

（1）选择单元格。将指针移动到单元格的最左边，当指针变成指向右上角的黑色小箭头时，单击即可选中该单元格。

（2）选择行。将指针移动到某一行的最左边，当指针变成指向右上角的白色箭头时，单击即可选中这一行。

（3）选择列。将指针移动到某一列的最上边，当指针变成向下的黑色箭头时，单击即可选中这一列。

（4）选择整个表格。将指针移动到表格的左上角，当指针变为十字交叉箭头时，单击即可选中整个表格。

在"表格工具"选项卡功能区中单击"选择"按钮,在弹出的下拉列表中单击相应的命令,也可选择选择单元格、列、行或者整个表格。

4. 插入和删除行

已创建的表格行数不足以容纳现有数据,就需要插入行;表格中有多余的空白行,就需要删除行。每一行就是一条数据记录。

(1)插入行。将指针移动定位在表格的某一行,单击"表格工具"选项卡功能区中的"在上方插入行"或者"在下方插入行"按钮,即可在当前行的上方或者下方插入新的一行;也可以单击"表格工具"选项卡功能区中的◢标记按钮,在弹出的"插入单元格"对话框中选择"整行插入"命令,单击"确定"按钮,即可在当前行的上方插入新的一行。

(2)删除行。将指针移动定位到要删除的某一行,单击"表格工具"选项卡功能区中的"删除"按钮,在弹出的下拉列表中选择"删除行"命令,即可删除当前行。

插入行的操作,也可以使用快捷菜单的方式。定位某一行后,右击,在弹出的快捷菜单中选择"插入"→"在上方插入行",或"在下方插入行"命令,即可在当前行的上方或者下方插入新的一行。同样,在弹出的快捷菜单中选择"删除单元格"命令,在随后弹出的"删除单元格"对话框中选择"删除整行"命令,即可删除当前行。

5. 插入和删除列

(1)插入列。将指针移动定位在表格的某一列,选择"表格工具"选项卡功能区中的"在左侧插入"或者"在右侧插入"命令,即可在当前列的左侧或者右侧插入新的一列;也可以单击"表格工具"选项卡功能区中的◢标记按钮,在弹出的"插入单元格"对话框中选择"整列插入"命令,单击"确定"按钮,即可在当前列的左侧插入新的一行。

(2)删除列。将指针移动定位到要删除的某一行,单击"表格工具"选项卡功能区中的"删除"按钮,在弹出的下拉列表中选择"删除列"命令,即可删除当前列。

插入列的操作,也可以使用快捷菜单的方式。定位某一列后,右击,在弹出的快捷菜单中选择"插入"→"在左侧插入列",或"在右侧插入列"命令,即可在当前列的左侧或者右侧插入新的一列。同样,在弹出的快捷菜单中选择"删除单元格"命令,在随后弹出的"删除单元格"对话框中选择"删除整列"命令,即可删除当前列。

6. 插入和删除单元格

(1)插入单元格。将指针移动定位在某个表格,单击"表格工具"选项卡功能区中的◢标记按钮,在弹出的"插入单元格"对话框中选择"活动单元格右移"或者"活动单元格下移"命令,单击"确定"按钮,即可在当前位置插入空白的新单元格,同时原来的单元格内容右移或者下移。

(2)删除单元格。将指针移动定位到要删除的某个单元格,单击"表格工具"选项卡功能区中的"删除"按钮,在弹出的下拉列表中选择"单元格"命令,在弹出的"删除单元格"对话框中选择"右侧单元格左移"或者"下方单元格上移"命令,然后单击"确定"按钮,即可删除当前单元格,同时右侧单元格左移,或者下方单元格上移,填补删除单元格出现的空位。

7. 合并和拆分单元格

(1)合并单元格。选定多个连续的单元格,单击"表格工具"选项卡功能区中的"合并单元格"按钮,即可将多个单元格合并为一个单元格。

还可以右击选定的多个单元格,在弹出的快捷菜单中选择"合并单元格"命令,实现合并单元格的目的。

(2)拆分单元格。先将指针定位在某个单元格中,单击"表格工具"选项卡功能区中的"拆分单元格"按钮,在弹出的"拆分单元格"对话框中,输入"行数"和"列数"的数值分别为"1""2",然后单击"确定"按钮,即可拆分为两列的两个单元格。

还可以右击定位的单元格,在弹出的快捷菜单中选择"拆分单元格"命令,同样会弹出"拆分单元格"对话框,设置拆分的行数和列数,完成拆分单元格。

8. 调整行高、列宽和单元格宽度

(1)鼠标拖曳的方法。将指针移动到表格行线或者列线,当指针变成双向箭头时,按住鼠标左键拖曳,即可调整表格的行、列的高度和宽度。

(2)数值输入的方法。将指针定位在表格中,在"表格工具"选项卡功能区中的"高度"和"宽度"右侧的输入框输入相应的数值,即可精确控制表格的行高和列宽。

(3)"自动调整"功能区按钮的方法。将指针定位在表格中,在"表格工具"选项卡功能区中单击"自动调整"按钮,在弹出的下拉菜单中选择"适应窗口大小""根据内容调整表格""行列互换""平均分布各行""平均分布各列"等命令,可以实现表格的自动调整。

(4)"表格属性"对话框调整的方法。将指针定位在表格中,在"表格工具"选项卡功能区中单击"高度"和"宽度"按钮右下方的 按钮,在弹出的"表格属性"对话框中,在"行"选项卡可以设置行的高度;在"列"选项卡可以设置列的宽度。

9. 设置对齐方式

(1)使用"表格工具"选项卡"对齐方式"按钮。将指针定位在需要设置对齐方式的单元格中,单击"表格工具"选项卡功能区中的"对齐方式"按钮,在弹出的下拉列表中选择9种对齐按钮之一,即可实现水平或垂直方向上的对齐。

(2)使用"开始"选项卡设置段落的功能区。将指针定位在需要设置对齐方式的单元格中,在"开始"选项卡设置段落的功能区中,单击5种对齐按钮之一,可以实现水平方向上的对齐。

(3)使用"表格属性"对话框。将指针定位在需要设置对齐方式的单元格中,右击,在弹出的快捷菜单中选择"表格属性"命令,然后在弹出的"表格属性"对话框"表格"选项卡中,可以选择"左对齐""居中对齐""右对齐"三种水平对齐方式;在"单元格"选项卡中,可以选择"顶端对齐""居中""底端对齐"三种垂直对齐方式。

10. 设置表格样式

表格既可以采用预设好的表格样式,也可以创建新的自定义表格样式,还可以分别设置表格的边框和底纹来设置样式。

(1)套用预设的表格样式。选定表格,单击"表格样式"选项卡功能区中"预设样式"选项框右侧滚动条按钮,展开全部的表格样式,可以从"最佳匹配""浅色系""中色系""深色系"四类中选用其中一种样式,例如,原表如表4-4所示,单击选用"最佳匹配"中的"主题样式1-强调5"表格样式,效果如表4-5所示。这是一种较为快捷的设置方式。注意,每一种表格样式都有相应的名称,当把指针移动到表格样式上时,就会出现该样式的名称。

表 4-4　中国 GDP 及年增长率(2010—2019)

年　　份	2010	2011	2012	2013	2014	2015	2016	2017	2018	2019
GDP/万亿人民币	40.15	47.31	51.95	56.88	63.65	68.91	74.41	82.71	90.03	99.08
增长率	10.45％	9.30％	7.65％	7.67％	7.40％	6.90％	6.70％	6.90％	6.60％	6.10％

表 4-5　中国 GDP 及年增长率(2010—2019)

年　　份	2010	2011	2012	2013	2014	2015	2016	2017	2018	2019
GDP/万亿人民币	40.15	47.31	51.95	56.88	63.65	68.91	74.41	82.71	90.03	99.08
增长率	10.45％	9.30％	7.65％	7.67％	7.40％	6.90％	6.70％	6.90％	6.60％	6.10％

(2) 分别设置表格的边框和底纹。选定表格,在"表格样式"选项卡的功能区中,可以设置边框的线型、线型粗细、边框颜色等,如图 4-34 所示;单击"边框"按钮的下三角箭头,在弹出的下拉列表中,可以将设置好的边框样式应用到表格的特定边框上;在下拉列表中选择"边框和底纹"命令,即可弹出"边框和底纹"对话框;在"边框"选项卡中可以设置边框的"线型""颜色"和"宽度"等,在右侧的"预览"区中,可以通过单击选中或者取消左侧的三个按钮和下方的三个按钮,组合设置边框线应用边框样式,如图 4-35 所示。按钮为灰色,表示不应用该样式;按钮为浅蓝色,表示应用该样式。单击"边框和底纹"对话框中的"底纹"选项卡,可以设置表格或单元格的底纹。

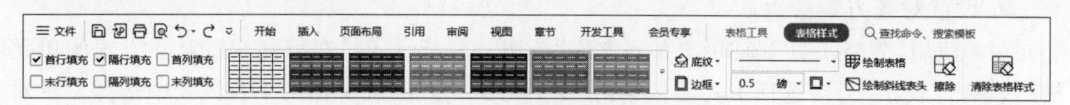

图 4-34　"表格样式"选项卡

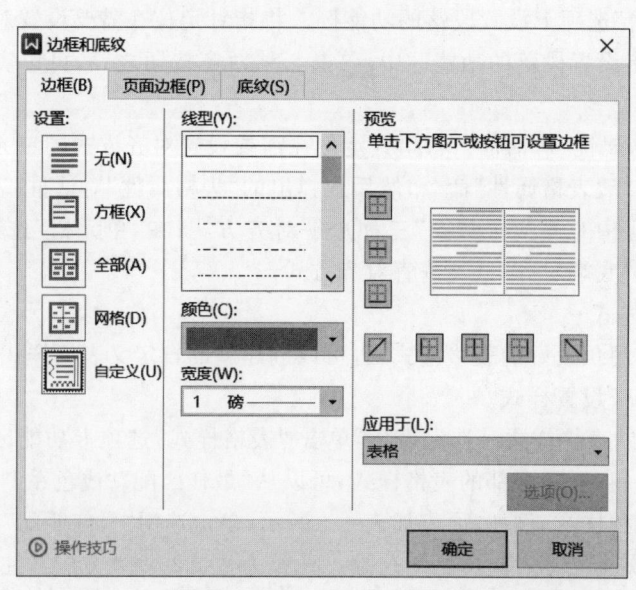

图 4-35　"边框和底纹"对话框中的"边框"选项卡

11. 表格与文本的相互转化

表格和文本的相互转化，大大提高了文本处理和表格设置的效率。

（1）表格转化为文本。将表格转化为文本，可以使用段落标记、制表符、逗号或其他字符等作为转换时分割文本的字符。

选中要转换成文本的行或者整个表格；单击"插入"选项卡功能区中的"表格"按钮，在弹出的下拉列表中选择"表格转换成文本"命令；在弹出"表格转换成文本"对话框中单击"文字分隔符"区中所需的分隔符前的单选按钮，然后单击"确定"按钮，即可将表格内容转换为文本。

（2）文本转化为表格。文本转换为表格，也必须使用段落标记、制表符、逗号或其他字符等作为转换时文字分隔位置。例如要将如下文本转换为表格：

"共和国勋章"获得者

于敏 申纪兰 孙家栋 李延年 张富清 袁隆平 黄旭华 屠呦呦

首先选中要转换的文本，然后单击"插入"选项卡中的"表格"按钮，在弹出的下拉列表中选择"文本转换成表格"命令，在弹出的"将文字转换成表格"对话框中，将"表格尺寸"下的"列数"设为"8"，"文字分割位置"选为"空格"，单击"确定"按钮，如图 4-36 所示。转换后的表格如表 4-6 所示，将第一行的所有单元格合并并居中对齐，效果如表 4-7 所示。

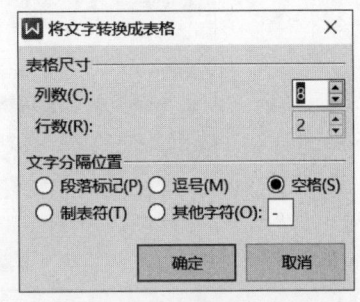

图 4-36 "将文字转换成表格"对话框

表 4-6 转换后的表格

"共和国勋章"获得者							
于敏	申纪兰	孙家栋	李延年	张富清	袁隆平	黄旭华	屠呦呦

表 4-7 合并并居中单元格后的表格

"共和国勋章"获得者							
于敏	申纪兰	孙家栋	李延年	张富清	袁隆平	黄旭华	屠呦呦

4.3.2 表格数据的排序与计算

1. 数据排序

表格中的数据可以按照选定的关键字进行排序。步骤如下。

（1）将指针定位在表格中，单击"表格工具"选项卡功能区中的"排序"按钮。

（2）在弹出的"排序"对话框中，选择"主要关键字"下拉列表中的"2018年增速"，"类型"下拉列表选择"数字"，将"升序"改选为"降序"，"列表"选择"有标题行"选项，然后单击"确定"按钮，如图 4-37 所示。按照"2018年 GDP/亿元"关键字降序排序的表 4-8，会变为按照"2018年增速"关键字降序排序，将排名的数字重新设置后，效果如表 4-9 所示。

如果需要按照多个关键字排序，可以设置次要关键字和第三关键字的排序参数。排序时,首先按照关键字升序或者降序排列;当主要关键字值相同时,则按照次要关键字排序;当次要关键字的值也相同时,就按照第三关键字排序。

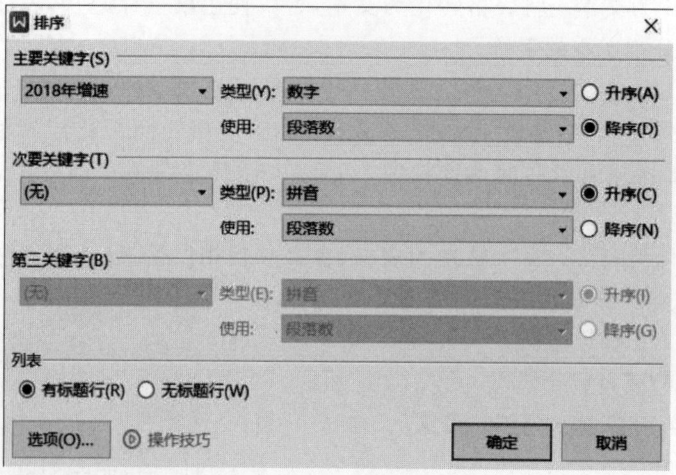

图 4-37 "排序"对话框

表 4-8 GDP 总量排名前十的国内城市

排名	城市	所在省市排名	2018年GDP/亿元	2018年增速	人口/万人	人均GDP/(万元/人)	人均GDP排名
1	上海	上海	32679	6.60%	2418	13.5	15
2	北京	北京	30320	6.60%	2171	14.0	12
3	深圳	广东1	24691	7.50%	1253	19.7	2
4	广州	广东2	23000	6.50%	1450	15.9	7
5	重庆	重庆	20363	6%	3372	6.0	79
6	天津	天津	18809	3.60%	1557	12.1	21
7	苏州	江苏1	18597	7%	1068	17.4	5
8	成都	四川1	15342	8%	1605	9.6	40
9	武汉	湖北1	14847	8%	1112	13.4	17
10	杭州	浙江1	13500	7%	949	14.2	10

表 4-9 GDP 增速排名前十的国内城市

排名	城市	所在省市排名	2018年GDP/亿元	2018年增速	人口/万人	人均GDP/(万元/人)	人均GDP排名
1	成都	四川1	15342	8%	1605	9.6	40
2	武汉	湖北1	14847	8%	1112	13.4	17
3	深圳	广东1	24691	7.50%	1253	19.7	2
4	苏州	江苏1	18597	7%	1068	17.4	5
5	杭州	浙江1	13500	7%	949	14.2	10
6	上海	上海	32679	6.60%	2418	13.5	15
7	北京	北京	30320	6.60%	2171	14.0	12

续表

排名	城 市	所在省市排名	2018年GDP/亿元	2018年增速	人口/万人	人均GDP/（万元/人）	人均GDP排名
8	广州	广东2	23000	6.50%	1450	15.9	7
9	重庆	重庆	20363	6%	3372	6.0	79
10	天津	天津	18809	3.60%	1557	12.1	21

2. 数据计算

WPS文字可以对文档中的表格数据进行常用的计算，例如求和、求平均值、求最大值等。步骤如下。

（1）将指针定位在需要放置计算结果的单元格。

（2）单击"表格工具"选项卡功能区中的"fx 公式"按钮，在弹出的"公式"对话框中，默认的是求和公式"=SUM(ABOVE)"，如图4-38所示；如果不是计算数据的求和，那么可以将其从"公式"输入框中删除，在"粘贴函数"下拉列表中选择所需要的公式，然后在公式的括号中输入单元格的引用，单击"确定"按钮，即可对所引用的单元格数据进行计算。需要的注意的是，"公式"输入框中函数前必须为"="。

在"粘贴函数"下拉列表中的函数中，ABS表示求绝对值，AVERAGE表示求平均值，COUNT表示求个数，MAX表示求最大值，MIN表示求最小值，INT表示取整数，MOD表示求余数。

（3）在"数字格式"下拉列表中选择相应的数字格式。例如，要以不带小数点的百分比显示数据，可以单击选择"0%"选项。

（4）在"表格范围"下拉列表中，可以选择需要计算的单元格范围，其中LEFT表示计算当前单元格左侧的数据，RIGHT表示计算当前单元格右侧的数据，ABOVE表示计算当前单元格上方的数据，BELOW表示计算当前单元格下方的数据。

图4-38 "公式"对话框

（5）单击"确定"按钮，即可在当前单元格中显示出计算的结果。

4.4 插入各类对象

WPS文字文档中可以插入表格、图片、形状、图标、图表、智能图形、文本框、艺术字、日期、符号、公式等，还可以插入在线流程图、在线脑图、截屏、条形码、二维码等，极大地丰富了文档内容和表现形式。

4.4.1 文本类对象

1. 插入文本框

WPS文字的文档编辑区即是最大的文本编辑区域，在当前文档编辑区插入文本框，可以灵活自由地设置文本框的位置、文字大小等，以获得特殊的文字效果。插入文本框的方法如下。

(1)单击"插入"选项卡功能区中的"文本框"按钮,在弹出的下拉列表中,可以选择"横向""竖向""多行文字"等文本框样式,将指针移动到文档页面的恰当位置,此时指针会变为十字形,在当前文档编辑区内按住鼠标左键并拖曳,即可在当前页面插入绘制的文本框,在该文本框内即可输入文字。

(2)在"文本框"下拉列表中,可以选择预设的文本框样式,包括"形状""用途""行业""风格""颜色""免费"等不同的分类,如图 4-39 所示。这些预设的文本框需要先下载再使用。

图 4-39 "文本框"下拉列表

(3)另外,还可以单击"插入"选项卡功能区中的"形状"按钮,在弹出的下拉列表中单击"基本形状"区中的第一个按钮"文本框",如图 4-40 所示,或者单击第二个按钮"垂直文本框";然后将指针移动到文档编辑区中,同样会变为十字形,拖曳鼠标也可绘制出文本框。

插入文本框之后,可以输入文字,文字的格式设置与文本编辑区的文本格式设置方法一样。可以移动、复制和改变文本框的大小,方法如下。

移动文本框:把指针移动到文本框的边框,当指针变为十字双向箭头时,按住鼠标左键即可拖曳移动文本框的位置。

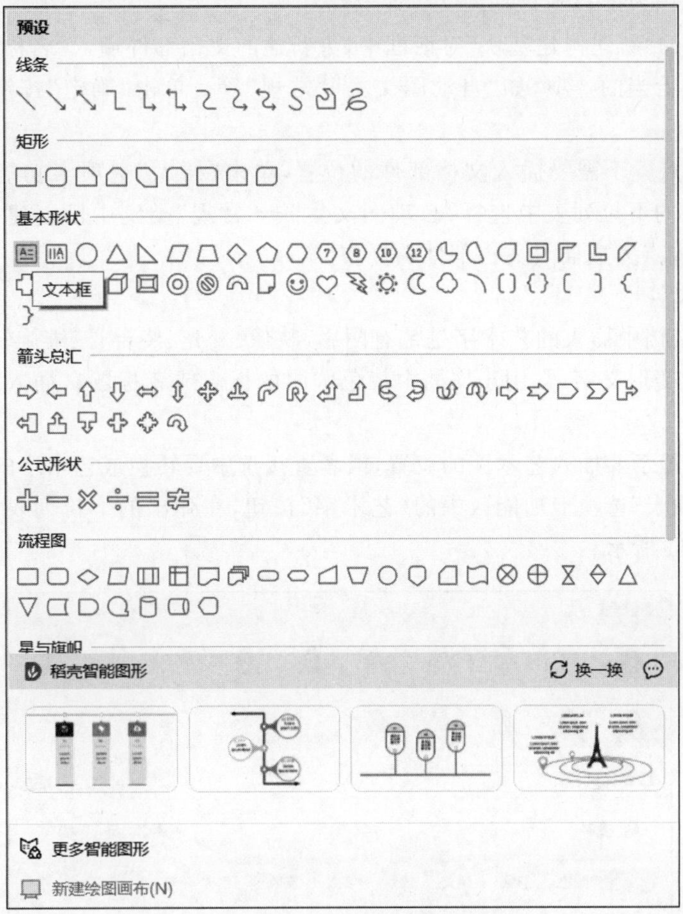

图4-40 "形状"下拉列表

复制文本框：选中文本框后，按住键盘Ctrl键，同时拖曳移动文本框，即可复制文本框。

改变文本框大小：选定文本框，指针移动到文本框边框的八个控制点中的其中一个上，当指针变成双向箭头，按住鼠标左键拖曳，即可改变文本框的大小。

选定文本框后，在"文本工具"选项卡功能区中单击"形状填充"按钮，可以设置文本框的填充颜色，或者以"渐变""图片或纹理""图案"填充文本框；单击"形状轮廓"按钮，设置文本框的轮廓颜色，在弹出的下拉列表中选择"更多设置"命令，可以在弹出的"属性"窗格中进一步设置轮廓线条的透明度、宽度等属性。

2. 插入文档部件

WPS文字文档常常需要输入重复的语句或者段落，可以采用"复制＋粘贴"的方法，将该重复性的文字复制到剪贴板，然后重复粘贴即可。但是这种方法有一个问题，就是如果复制了新的内容，粘贴板上原有的内容会被覆盖掉，需要再次复制。使用文档部件的方式，可以解决这个问题，将重复的大段文字存储为文档部件，通过插入文档部件可以实现快速输入重复的文字。插入文档部件的方法步骤如下。

（1）选择需要重复输入的文档内容，可以是文本、图片、表格等文档对象。

（2）单击"插入"选项卡功能区中的"文档部件"按钮，在弹出的下拉列表中选择"自动图文集"→"将所选内容保存到自动图文集库"命令。

（3）在弹出的"新建构建基块"对话框中，为新建的文档部件输入"名称"，在"库""类别"下拉列表中选择恰当的选项，如"自动图文集""常规"等。单击"确定"按钮，完成创建文档部件。

（4）将插入点置于需要插入文档部件的位置，单击"插入"选项卡功能区中的"文档部件"按钮，在弹出的下拉列表中选择"自动图文集"→"常规"类别中已创建并命名的文档部件，这样就在插入点完成插入文档部件的操作。

3. 插入艺术字

WPS文字文档中插入的艺术字是带有阴影、映像、发光、棱台、三维旋转、转换等文本特殊效果的装饰性变形文字，常用于文档中特色鲜明的标志或者标题。插入艺术字的方法步骤如下：

（1）将指针置于要插入艺术字的位置，或者直接选中要转换成艺术字的文本。

（2）单击"插入"选项卡功能区中的"艺术字"按钮，在弹出的下拉列表中选择某种艺术字效果，如图4-41所示。

图4-41　"艺术字"下拉列表

例如，将"爱我中国"文字选中，在"艺术字"下拉列表中选择"填充-白色，轮廓-着色2，清晰阴影-着色2"，文本效果如下：

爱我中国

如果没有选择文本,那么艺术字框内的文本自动设为"请在此放置您的文字",文本效果如下:

请在此放置您的文字

选中该文本框内的文本,在"文本工具"选项卡功能区中选择相应的艺术字下拉列表,或者单击"文本填充""轮廓填充"或者"文本效果"按钮,如图 4-42 所示,可以修改艺术字的样式。

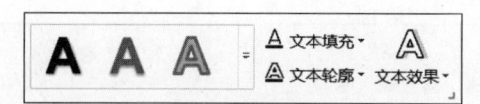

图 4-42　设置艺术字样式的功能区

例如,单击选中该艺术字,单击"文本工具"选项卡功能区中的"文本效果"按钮,在弹出的下拉列表中选择"转换"→"弯曲"→"正 V 形"效果样式,艺术字效果如下:

爱我中国

4.4.2　图形类对象

1. 插入形状

WPS 文字文档中插入的形状,是一种矢量图形,可以无极缩放,包括线条、矩形、基本形状、箭头总汇、公式形状、流程图、星与旗帜、标注等八种类型,如图 4-40 所示。

(1) 插入自选形状。单击"插入"选项卡功能区中的"形状"按钮,在弹出的下拉列表中选择需要绘制的形状,例如,选择"基本形状"中的"心形",然后在文本编辑区中按住鼠标左键拖曳,即可绘制自选的图形;选中该形状,在"绘图工具"选项卡功能区中单击"填充""轮廓"或者"形状效果"按钮,即可进一步修改形状的样式效果。

(2) 在形状中添加文字。右击已经绘制好的形状,在弹出的快捷菜单中选择"添加文字"命令,在形状中会出现插入点指针,此时即可输入需要的文字,例如"爱祖国",完成的效果如图 4-43 所示。

(3) 缩放和旋转形状。单击选择图形,此时在形状的周围会出现八个控制点,将指针移动到四角上的四个控制点,当指针变为双向箭头,拖曳即可同时改变形状的高度和宽度;将指针移动到边框中点上的四个控制点,当指针变为双向箭头,拖曳即可单独改变形状的高度或者宽度。

图 4-43　心形形状

要旋转或者翻转形状,还可以单击"绘图工具"选项卡功能区中的"旋转"按钮,在弹出的下拉列表中选择需要的旋转或者翻转命令即可。

2. 插入智能图形

WPS 文字文档中插入智能图形,使用图形化的表示方式来表达文本的内在逻辑关系,使得非专业设计人员也可以轻松地制作出各类图形样式。智能图形包括"列表""循环""流程""时间轴""组织架构""关系""矩阵""对比"等类别。插入智能图形的方法步骤如下。

(1) 将插入点置于需要插入智能图形的位置,单击"插入"选项卡功能区中的"智能图形"按钮。

(2) 在弹出的"智能图形"对话框中选择选项页中的某个类型,把指针移动到需要的智能图形上,此时右侧会出现该图形的预览效果和文字说明,例如,选择"组织架构"中的第一种图形样式"组织结构图",如图 4-44 所示,即可插入该智能图形。

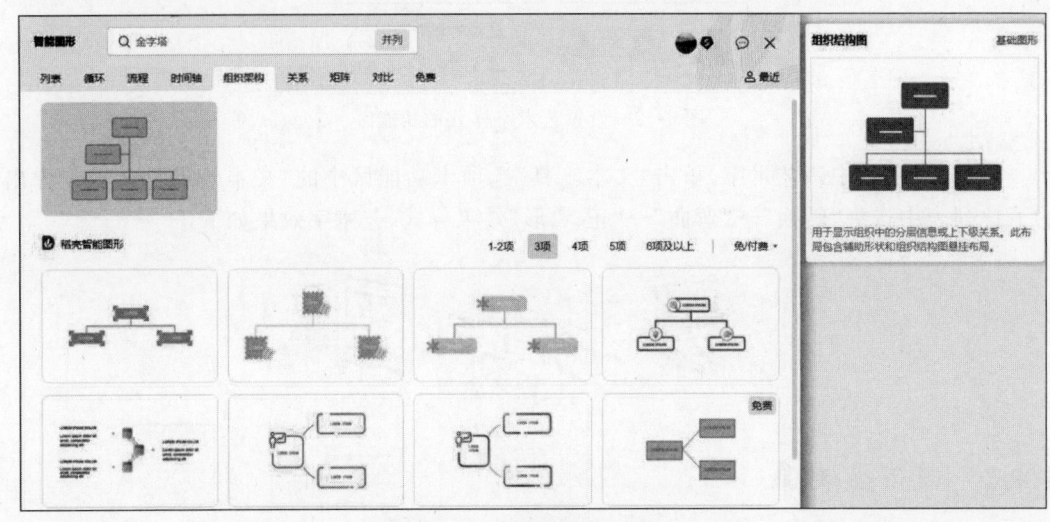

图 4-44 "智能图形"对话框

(3) 在插入的智能图形中,可以直接在图形中输入文字。也可以选择某个图形,其右侧会出现"添加项目""更改布局""更改位置""添加项目符号""形状样式"五个图标,如图 4-45 所示,可以灵活地对智能图形做进一步的修改。

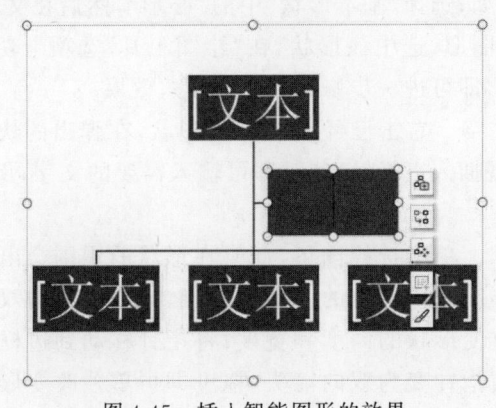

图 4-45 插入智能图形的效果

4.4.3 图片类对象

1. 插入图片

在 WPS 文字文档中插入图片,既可以对文档内容进行补充说明,又可以美化修饰文档,增强整体浏览效果。插入图片的方法步骤如下。

(1) 单击"插入"选项卡功能区中的"图片"按钮。

(2) 在弹出的"插入图片"对话框中,如图 4-46 所示,选择需要插入的图片,单击"打开"按钮,该图片即可插入到文档中。例如,选择"珠海科技学院"校徽图片,如图 4-47 所示,插入到文档中。

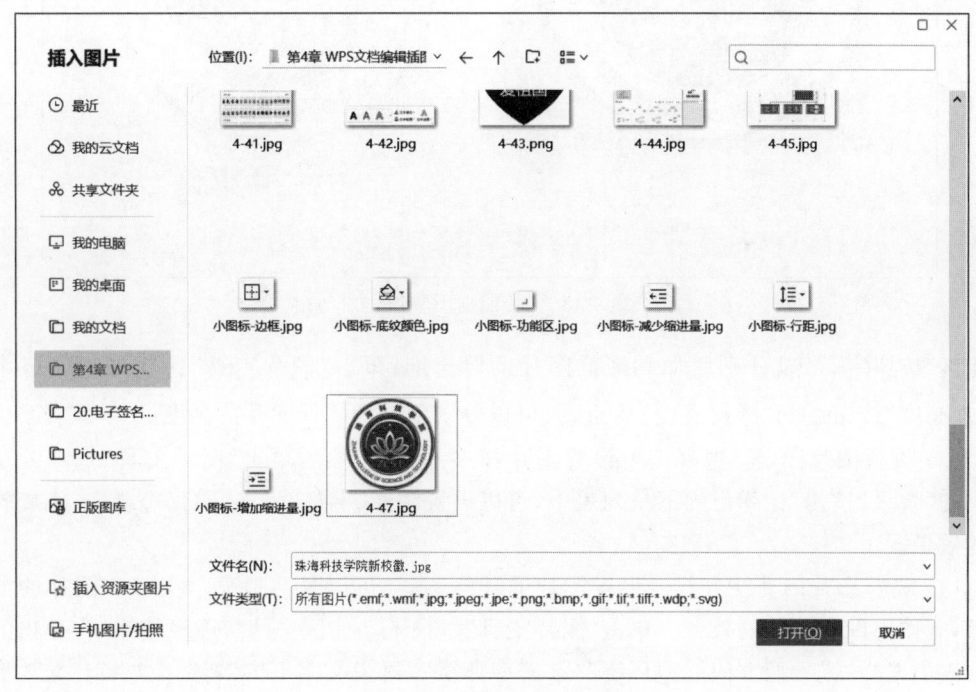

图 4-46 "插入图片"对话框

2. 修改图片

选择插入的图片,拖曳控制点可以修改图片的大小,将指针移动到"旋转"图标 上,按住鼠标左键拖曳,即可旋转图片。在"图片工具"选项卡功能区中单击相应的按钮,可以进一步修改图片。

(1) 扣除图片背景。选择图 4-47,单击"图片工具"选项卡功能区中的"扣除背景"按钮,在弹出的"智能抠图"对话框中,可以看到自动抠图的前后对比效果,如图 4-48 所示。WPS Office 还提供了"一键抠图形""一键抠商品""一键抠人像""一键抠文档"等功能,能够大大地提高抠图处理的效率。

(2) 调整图片的对比度和亮度。选择图片,单击"图片工具"选项卡功能区中的"增加对比度"按钮 和"降低

图 4-47 珠海科技学院校徽图片

图 4-48 "智能抠图"对话框

对比度"按钮,可以分别增加和降低图片的对比度;单击"图片工具"选项卡功能区中的"增加亮度"按钮和"降低亮度"按钮,可以分别增加和降低图片的亮度。

(3) 设置图片样式。选择需要设置图片样式的图片,然后单击"图片工具"选项卡功能区中的"效果"按钮,在弹出的下拉列表中,可以设置阴影、倒影、发光、柔化边缘、三维旋转等各种效果。

(4) 设置图片的环绕方式。设置图片的环绕方式,可以灵活地显示文字和图片的混合排版,制作出图文并茂的效果。单击"图片工具"选项卡功能区中的"环绕"按钮,在弹出的下拉列表中选择"嵌入型""四周型环绕""紧密型环绕""衬于文字下方""浮于文字上方""上下型环绕""穿越型环绕"七种环绕文字的方式之一。

需要特别注意的是,嵌入型的环绕文字方式是将图片视为文字对象,与 WPS 文档中的文字一样占有位置,可以拖曳移动到文本中的任意位置;其他类型的环绕文字方式,是将图片视为文字以外的、单独的外部对象,这样就与文本编辑区的文本产生位置上的距离关系,例如"四周型环绕""紧密型环绕""上下型环绕""穿越型环绕";或者产生空间上的上下层叠加关系,例如"衬于文字下方""浮于文字上方"两种类型。

(5) 裁剪图片。单击选中要裁剪的图片;单击"图片工具"选项卡功能区中的"裁剪"按钮,此时,图片的状态如图 4-49 所示,可以按照形状裁剪,也可以按照比例裁剪,还可以拖曳移动图片边框的滑块,调整到合适的图片区域,这里选择按"圆角矩形"进行裁剪,同时拖曳裁剪的滑块,适当裁剪图片的大小,如图 4-50 所示;按键盘上的 Esc 键,或者单击图片以外的区域,即可退出并完成裁剪操作。

3. 插入屏幕截图

捕获屏幕截图,即通常所说的截屏,就是快速地在文档中添加桌面上已打开的窗口的快

图 4-49　裁剪前的图片状态

图 4-50　裁剪时的图片状态

照，可以截取屏幕窗口的全部或者部分截图。插入屏幕截图的方法步骤如下。

（1）将指针插入点定位到要插入屏幕截图的位置，单击"插入"选项卡功能区中的"更多"按钮，再选择"截屏"→"矩形区域截屏"命令。

（2）把指针移动到想要截屏的区域，当指针变为十字形时，按住鼠标左键拖曳，绘制出想要截屏的范围区域，如图 4-51 所示；双击鼠标左键，或者单击快捷工具中的按钮 ✓，截取的屏幕截图就会插入到文档中。

截屏时，会弹出截屏快捷键，例如："双击左键"为完成截屏，按 Esc 键为退出截屏，按 Ctrl＋S 快捷键为保存，单击右键为重新选择截屏区域，按 Ctrl＋Z 快捷键为撤销截屏，按 Ctrl＋A 快捷键为提取文字。

WPS 文字文档编辑

图 4-51　截屏时的状态

4.4.4　符号类对象

WPS 文字文档中插入的符号和项目符号是有区别的,符号被当做文本对象插入到文本当中,占有文本的区域位置;而项目符号是作为段落的标志性符号插入到每个段落之前。两者插入位置不一样,作用也不一样。

1. 插入符号

WPS 文字文档中插入符号的方法步骤如下。

(1) 将指针定位在需要插入符号的位置。

(2) 单击"插入"选项卡功能区中的"符号"按钮,在弹出的"符号"对话框中选择需要插入的符号,如图 4-52 所示,在"字体"下拉列表中选择相应的字体,在"字符代码"输入框中输入相应的数字,在"来自"下拉列表中选择"Unicode(十六进制)""ASCII(十进制)""ASCII(十六进制)""简体中文 GB2312(十六进制)"其中之一,即可将需要的符号选定,单击"插入"按钮,如图 4-52 所示,选中的符号会插入到插入点的位置。

图 4-52　"符号"对话框"符号"选项卡

(3) 如果需要插入一些特殊符号,可以在"符号"对话框中选择"特殊符号"选项卡,从中选择需要插入的特殊符号,如图 4-53 所示。

2. 插入公式

WPS 文字文档中插入的公式,一般是指不便于直接在文本编辑区输入的数学公式。插

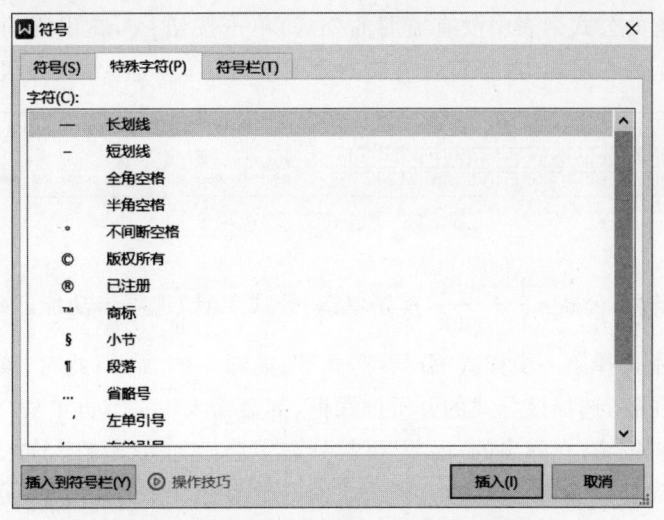

图 4-53 "符号"对话框"特殊符号"选项卡

入公式的方法步骤如下。

(1) 将指针置于要插入公式的位置,单击"插入"选项卡功能区中的"公式"按钮,在弹出的下拉列表中选择内置的公式,如图 4-54 所示。

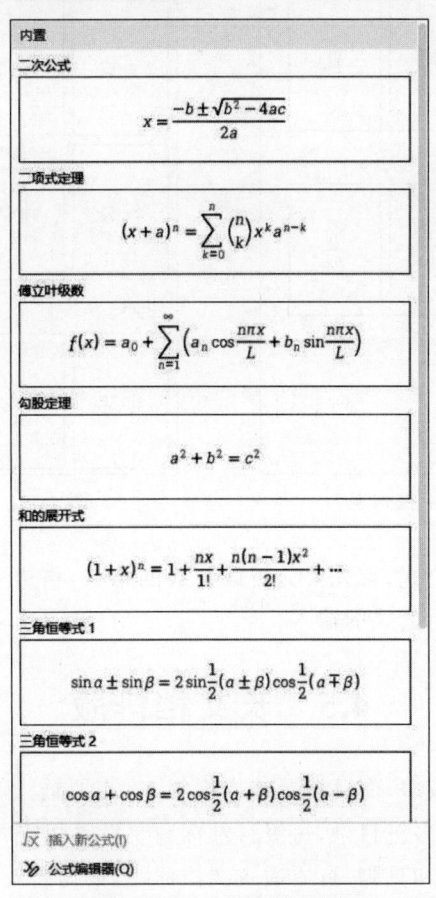

图 4-54 "公式"下拉列表

(2) 如果内置的公式列表中没有需要的公式，单击按钮 $\sqrt{x}$，在出现的"公式工具"选项卡功能区中，如图 4-55 所示，选择符合需要的公式结构样式，这些结构是可以嵌套使用的。

图 4-55　"公式工具"选项卡

(3) 例如，要输入公式：$\dfrac{1+\sin x}{1-\cos x}$，首先单击"公式工具"选项卡功能区中的"分数"按钮，在弹出下拉列表中选择第一个样式"分数(竖式)"，如图 4-56 所示；此时，该分式就会插入到文档中的插入点位置，选择该分式的分子虚线框，键盘输入"1+"，再单击"公式工具"选项卡功能区中的"函数"按钮，在弹出的"函数"下拉列表中选择"正弦函数"，如图 4-57 所示；此时该函数就会插入到分子的相应位置，这样公式的分子部分就输入完成了；分母的输入操作与之一样，不再重复。

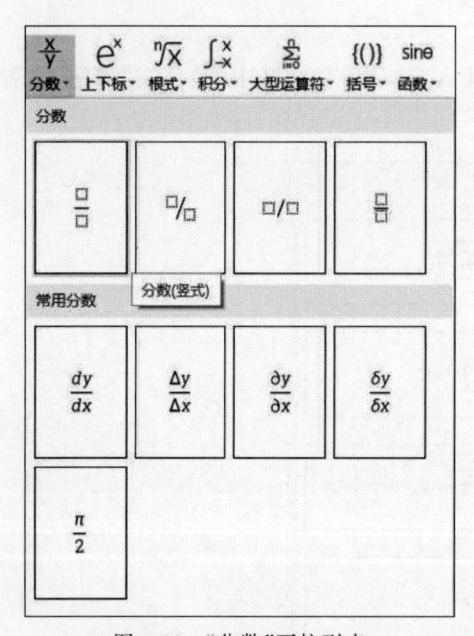

图 4-56　"分数"下拉列表　　　　图 4-57　"函数"下拉列表

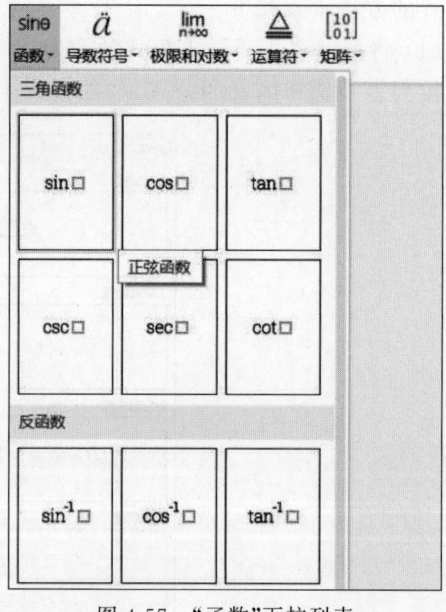

插入一个较为复杂的公式，首先要分析该公式的结构，再进一步细分其子结构，按照从总体到局部的思路方法进行公式的输入。

4.5　长文档排版

长文档不仅文本内容较多，而且目录结构层级多，需要插入和设置多种对象。例如，毕业论文或者调研报告，涉及多级目录，每级目录标题要设置相应的样式；文档需要分页、分节或者分栏；文档要设置页眉和页脚，页眉插入文档标题，页脚插入页码；使用项目符号和编号为同级别的段落建立层次分明的标志；在文档的当前页和末尾分别插入脚注和尾注；自动生成文档的目录。

4.5.1 创建和应用样式

样式是系统预定义或者用户自定义并保存的一系列排版格式,包括文字格式、段落格式、制表位和间距等。样式可以理解为赋予文本的属性的集合,将其定义并命名后,可以重复使用。例如,文档的同级标题,应当设置为同种类型的样式。下面以钟南山简介的一段文字为例,进行样式创建和应用。

课程思政

钟南山:抗击疫情的最美"逆行"者

　　钟南山,我国呼吸疾病研究领域的领军人物,敢医敢言,勇于担当,提出的防控策略和防治措施挽救了无数生命,在非典型肺炎和新冠肺炎疫情防控中作出巨大贡献。1月18日,星期六,84岁的中国工程院院士钟南山接到通知,紧急赶往武汉,开始了抗击疫情的征程。自挂帅出征以来,钟南山始终冲在前线,始终如铁人般拼命:4天内奔走武汉、北京、广州三地,长时间科研、开会、远程会诊、接受媒体采访,甚至在飞机上研究治疗方案……

　　2020年9月8日上午,全国抗击新冠肺炎疫情表彰大会上,钟南山被授予"共和国勋章"。他说,"其实,我不过就是一个看病的大夫。"

　　疫情期间钟南山教授的果敢行为,不仅体现了极高的专业素养和身体素质,而且表现出勇敢无畏、舍生忘死、牺牲奉献的爱国主义精神,是立德树人的典范,是我们学习的楷模。

---

1. 创建样式

创建样式的方法步骤如下。

(1)选择将要设置样式的文本或段落,设置相应的格式,例如字体、字色、字号、行间距、页边距等。

(2)单击"开始"选项卡"样式"功能区右侧滚动条的向下箭头,在弹出的下拉列表中选择"新建样式"命令,如图4-58所示。

(3)在弹出的"新建样式"对话框中,在"名称"输入框中输入样式的名称,单击"确定"按钮,完成创建样式的操作,如图4-59所示。

(4)如果要修改样式,可以在样式列表框中找到新建的样式,右击该样式,在弹出的快捷菜单中选择"修改样式"命令,随后在弹出的"修改样式"对话框中可以修改文字的格式,例如字体、字号等。单击"修改样式"对话框左下角的"格式"按钮,可以进一步修改样式,包括字体、段落、制表位、边框、编号、快捷键、文本效果等。

2. 应用样式

使用系统预定义的样式或者用户创建好的样式,将该样式快速地应用到选定的文本上,可以大大地提高效率,避免重复设置。应用样式的方法步骤如下。

(1)选择需要设置样式的文本或段落。

(2)单击"开始"选项卡功能区"样式"列表框右侧滚动条的向下箭头,在弹出的下拉列

图 4-58 "样式"下拉列表　　　　图 4-59 "新建样式"对话框

表的样式库中选择需要的样式,如图 4-58 所示,所选样式随即应用到所选定的文本上。

4.5.2 文档的分页、分节和分栏

如果 WPS 文字文档的某章节需要另起一页开始,就可以使用分页符或者分节符来划分内容。如果需要将文档内容分配在同一个页面内多栏中,可以使用分栏符,使得文档页面整齐有序,一目了然。

1. 插入分页符

分页符是分割文档内容的一种分隔符,在插入点后的文档内容会自动跳转到新的一页中,分页符前后页面的设置属性和参数保持一样。插入分页符的方法步骤如下。

(1) 将指针放置在需要插入分页符的位置。

(2) 单击"插入"选项卡中的"插入分页符"按钮,此时会直接在指针处插入分页符;单击"分页"按钮,则会弹出下拉列表,如图 4-60 所示。

(3) 在弹出的下拉列表中选择"分页符"命令,即可在插入点插入分页符。也可以单击"页面布局"选项卡功能区中的"分隔符"按钮,同样会弹出下拉列表,可以从中选择"分页符"命令。

图 4-60 "分页"下拉列表

2. 插入分节符

节是 WPS 文字文档中具有相同页面格式、页眉和页脚、分栏方式等的单元,如果要为不同的文本内容设置不同的页面格式或页眉及页脚,那么就需要在分割的位置插入分节符。例如文档的目录与正文要分别设置各自的页码,那么就应当在两者之间插入分节符。插入分节符的方法步骤如下。

(1) 将插入点放置于下一部分内容的起始位置。例如,在文档的目录和正文之间插入分节符,将插入点置于正文的起始位置。

(2) 单击"插入"选项卡功能区中的"分页"按钮,此时会弹出下拉列表,如图 4-60 所示。

(3) 在弹出的下拉列表中选择"下一页分节符"命令,即可在插入点插入分节符。

在图 4-60 中,可以看到分节符分为 4 种类型,分别是"下一页分节符""连续分节符""偶数页分节符""奇数页分节符",其含义如下。

"下一页分节符":表示插入分节符并另起一页,新的一节从下一页的顶端开始。

"连续分节符":表示在插入点插入分节符,不分页。

"偶数页分节符":表示插入分节符,下一节从偶数页开始;如果分节符位于偶数页,则下一奇数页留为空白。

"奇数页分节符":表示插入分节符,下一节从奇数页开始;如果分节符位于奇数页,则下一偶数页留为空白。

3. 插入分栏符

使用分栏符,可以将文档一页或者多页页面设置为多栏,实现文档多栏排版效果。插入分栏符的方法步骤如下。

(1) 选择需要设置分栏的文档内容。

(2) 单击"页面布局"选项卡功能区中的"分栏"按钮,在弹出的下拉列表中选择"一栏""两栏""三栏"其中一种,如果需要进一步设置分栏效果,单击"更多栏"命令,如图 4-61 所示。

(3) 在弹出的"分栏"对话框中,如图 4-62 所示,可以选择预设的分栏类别,或者在"栏

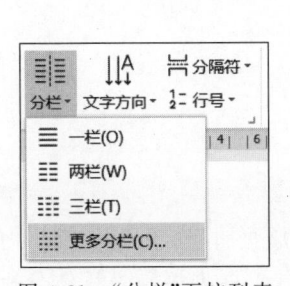

图 4-61 "分栏"下拉列表

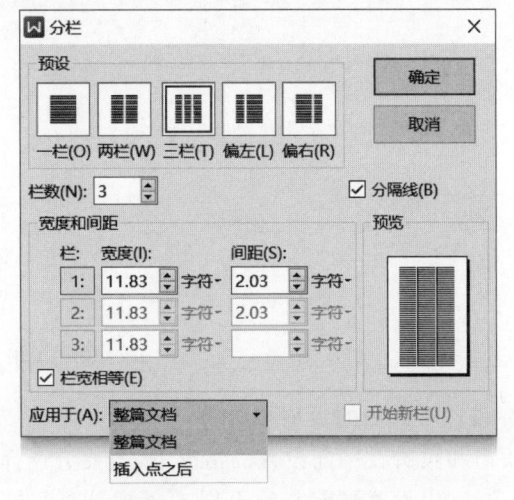

图 4-62 "分栏"对话框

WPS 文字文档编辑

数"输入框中输入数值,例如输入"3",即可将所选文字分为三栏;每一栏还可以设置"宽度"和"间距";勾选"分隔线"复选框,可以在栏与栏之间增加分隔线;右侧下方显示的是分栏的预览效果;在"应用于"下拉列表中,可以选择"整篇文档""插入点之后"两个选项之一,以确定分栏的应用范围。

4.5.3 设置文档的页眉和页脚

页眉和页脚是文档中页面的顶端和底端重复显示的文字或图形图片,页眉在页面的顶端,一般设置徽标、书名、章节名等内容;页脚在页面的底端,一般设置页码等内容。

1. 建立并编辑页眉和页脚

页眉和页脚的设置方法类似,两者仅有位置上的区别。建立并编辑页眉或页脚的方法步骤如下。

(1) 单击"插入"选项卡功能区中的"页眉和页脚"按钮,此时指针进入页眉的编辑位置,在页眉位置输入文字"钟南山:抗击疫情的最美"逆行"者"。

(2) 编辑页眉的同时,文本编辑区内的内容将变为灰色显示,表示当前状态为不可编辑状态。单击"页眉页脚切换"按钮,可以实现页眉与页脚之间的来回切换;页脚的编辑处理方式与此相同。

(3) 单击"页眉页脚"选项卡功能区中的"日期和时间"按钮,可以在页眉的位置插入相关内容;单击"显示前一项"按钮,可以跳转至上一条页眉或者页脚,单击"显示后一项"按钮,可以跳转至下一条页眉或者页脚;单击关闭"同前节",可以为不同节的文档页面设置不同的页眉或页脚。

(4) 在"页眉页脚"选项卡功能区中的"页眉顶端距离"输入框,可以设置页眉到页面上边界的距离;在"页脚底端距离"输入框,可以设置页脚到页面下边界的距离,如图 4-63 所示。

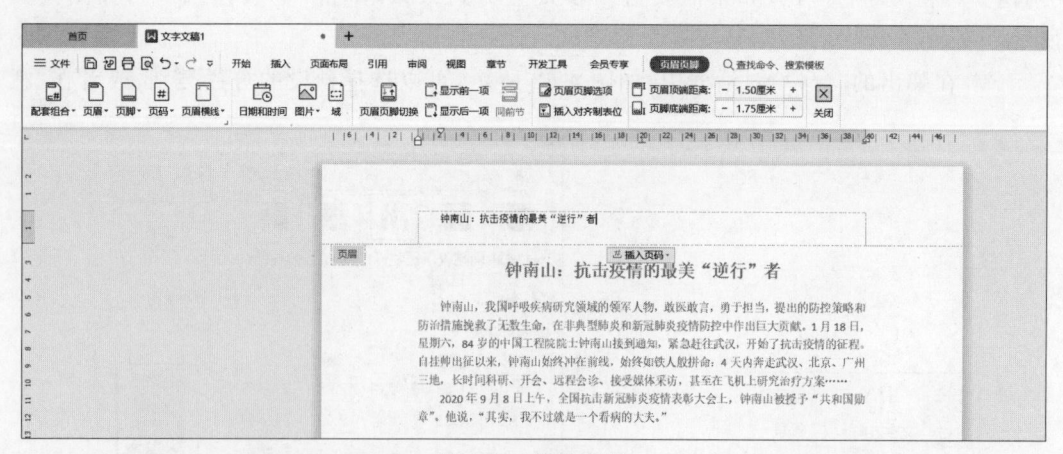

图 4-63 编辑页眉

2. 设置不同页的页眉和页脚

页眉和页脚在不同设置的情况下,需要有选择地单击"页眉页脚"选项卡功能区中的"同前节"按钮,以设置当前节的页眉或页脚是否和前一节的页眉或页脚相同。具体分析情况如下。

（1）当文档各页的页眉和页脚均相同时，只需要设置某一页的页眉或页脚，其他页面的页眉和页脚自动设为相同内容。

（2）当文档不同部分的内容设置不同的页眉和页脚时，则应首先为这些不同的部分建立新的节，并分别为不同的节的页面设置页眉和页脚。某一节的页眉和页脚如果要设置与上一节相同的页眉和页脚，则应单击"页眉页脚"选项卡功能区中的"同前节"按钮，使之处于按下选中的状态；某一节的页眉和页脚如果要设置与上一节不相同的页眉和页脚，则务必单击"页眉页脚"选项卡功能区中的"同前节"按钮，使之处于弹起未作用的状态。

页眉和页脚设置是初学者容易混淆的知识点，一定要理解节可以控制页眉和页脚的作用范围，通过新建或者删除节来控制页眉和页脚作用的页面范围。

3. 在页脚插入页码

页码是页面的顺序的标记，表示页面的编码，可以按照域的形式插入到页脚的位置上，会随着页的增加而自动增加数值。在页脚插入页码和设置页码格式的方法步骤如下。

（1）单击"插入"选项卡功能区中的"页码"按钮，在弹出的下拉列表中选择"预设样式"中的"页脚中间"命令，如图4-64所示，这样就在文档当前节的页脚中加入页码。也可以先双击页眉或页脚，进入页眉或页脚，将插入点定位在要插入页码的位置，然后单击"页眉页脚"选项卡功能区中的"页码"按钮，在弹出的下拉列表中选择"预设样式"中的"页脚中间"，也可插入页码。

（2）如果要设置页码的格式，在弹出的下拉列表中选择"页码"命令，然后在弹出的"页码"对话框中，在"样式"下拉列表中可以选择阿拉伯数字、英文字母或者中文作为编号样式；在"页码编号"中可以选择"续前节"单选框，表示接着上一节的编号继续页码编号，选择"起始页码"并输入相应的数字，可以设置本节页面的起始页码，如图4-65所示。

图4-64 "页码"下拉列表　　　　图4-65 "页码"对话框

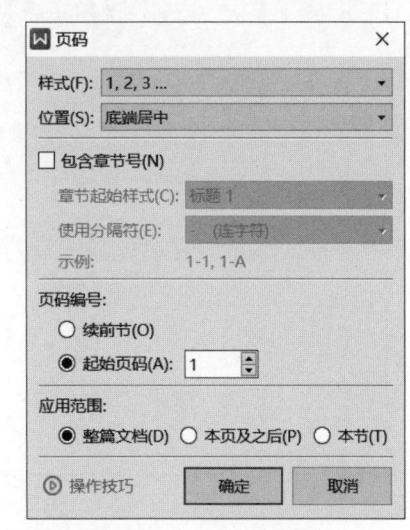

4.5.4 设置项目符号和编号

在段落前添加项目符号和编号，可以使文档层次分明，内容清晰，这是文档排版的常用

WPS文字文档编辑

方法。

1. 设置并编辑项目符号

项目符号是放置在段落最前面的标志性符号,用于表现段落与段落的层级关系。设置并编辑项目符号的方法步骤如下。

(1) 单击"开始"选项卡功能区中的"项目符号"按钮右侧的下三角按钮,在弹出的下拉列表中选择所需的项目符号,如图4-66所示。

(2) 如果需要的项目符号没有在项目符号库中,则单击"自定义项目符号"命令,此时会弹出"自定义项目符号列表"对话框,选择"项目符号"选项页中除"无"之外的任意一个项目符号,可以看到"自定义"按钮被激活了。

(3) 单击"自定义"按钮,弹出"自定义项目符号列表"对话框,如图4-67所示;在该对话框中单击"字符"按钮,此时会弹出"符号"对话框,从中选择合适的符号作为项目符号;单击"字体"按钮,在弹出的"字体"对话框中设置项目符号的格式,包括字体、字形、字号、字体颜色、效果等。

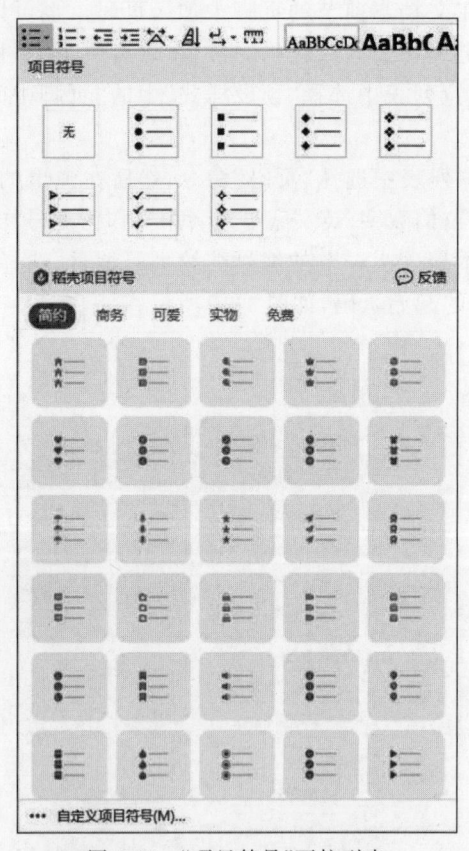

图4-66 "项目符号"下拉列表

图4-67 "自定义项目符号列表"对话框

2. 设置编号

编号是放置在段落前用中文、阿拉伯数字或者英文字母表示段落顺序的号码,可以准确地表达出段落之间的先后关系或者上下层关系。设置并编辑编号的方法步骤如下。

(1) 单击"开始"选项卡功能区中的"编号"按钮右侧的下三角按钮,在弹出的下拉列表中选择所需的编号样式,如图4-68所示。

(2)如果需要的编号样式没有在编号列表中,则单击下拉列表中的"自定义编号"命令,此时会弹出"项目符号和编号"对话框,选择"编号"选项页中除"无"之外的任意一个编号,可以看到"自定义"按钮被激活了。

(3)单击"自定义"按钮,此时会弹出"自定义编号列表"对话框,从中设置编号格式、编号样式、编号位置等,在"预览"窗格中还可以预览编号的效果,如图4-69所示。单击"确定"按钮,即可完成编号设置。

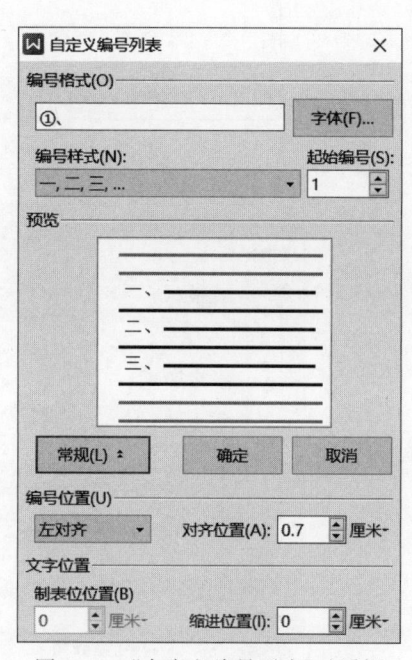

图4-68 "编号"下拉列表　　图4-69 "自定义编号列表"对话框

3. 设置多级编号

(1)如果要设置多级列表,则单击"开始"选项卡功能区中的"编号"按钮右侧的下三角按钮,在弹出的下拉列表中选择"自定义编号"命令。

(2)在弹出的"项目符号和编号"对话框中,选择"多级编号"选项页,选择"多级编号"选项页中除"无"之外的任意一个多级编号,可以看到"自定义"按钮被激活了,如图4-70所示。

(3)单击"自定义"按钮,在弹出的"自定义多级编号列表"对话框中,分别设置各级编号的格式、样式和起始编号,单击"高级"按钮,可以进一步设置"编号位置""文字位置"等选项或参数,如图4-71所示。

4.5.5 插入脚注、尾注和题注

脚注和尾注都是对文档内容的补充说明,两者位置不一样,脚注是在引用位置的当前页面中,而尾注是在整篇文档的结尾处。脚注和尾注的编号能够自动更新维护,例如撰写毕业

图 4-70 "项目符号和编号"对话框

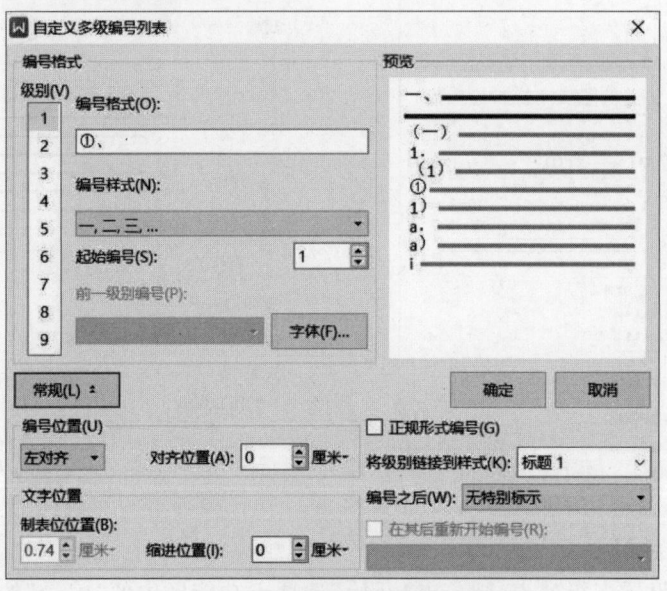

图 4-71 "自定义多级编号列表"对话框

论文,使用尾注能够将参考文献按照顺序自动编号,能够提高文档编辑效率。题注可以对图片或者对象添加标签说明。

1. 插入脚注

插入脚注的方法步骤如下。

(1) 将指针定位在需要插入脚注的位置。

(2) 单击"引用"选项卡功能区中的"插入脚注"按钮,此时在文档页面的底部会出现直线状的脚注分隔符,在脚注分隔符下即可输入说明文字。

(3) 插入脚注完成后,在文档中添加了脚注的位置显示了脚注编号,将指针移动到该编号,就会显示脚注信息。

2. 插入尾注

插入尾注的方法步骤如下。

(1) 将指针定位在需要插入尾注的位置。

(2) 单击"引用"选项卡功能区中的"插入尾注"按钮,此时整篇文档的尾部会出现尾注分隔符,在尾注分隔符下即可输入注释内容。

(3) 插入尾注完成后,在文档中添加了尾注的位置显示了尾注标志,将指针移动到该标志上,就会显示尾注信息。双击文档中的尾注标志,可以直接跳转到文档末尾的尾注上;双击文档末尾的尾注标志,也可以跳转到文档中的尾注标志处。

3. 插入题注

题注可以实现图表的自动编号,为文档中的图片插入题注的方法步骤如下。

(1) 将图片插入文档中,选择该图片。

(2) 单击"引用"选项卡功能区中的"题注"按钮,在弹出的"题注"对话框中单击"新建标签"按钮;在弹出的"新建标签"对话框中输入"图 2-",单击"确定"按钮。

(3) 在"题注"对话框中,"标签"下拉列表增加了一个标签"图 2-",编号格式为阿拉伯数字,如图 4-72 所示;如果不需要此格式,可以修改更换,单击"编号"按钮,在弹出的"题注编号"对话框中,可以进一步修改编号格式,如图 4-73 所示。

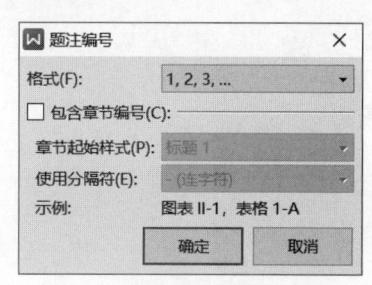

图 4-72 "题注"对话框　　图 4-73 "题注编号"对话框

(4) 在"题注"对话框中,"位置"下拉列表选择"所选项目下方",单击"确定"按钮,标签文字和编号就列到图片的下方,此时可以在编号后输入文字说明。

(5) 为下一张图片添加题注的方法与上相同,只是不需要在"题注"对话框中新建标签,直接在"标签"下拉列表中选择"图 2-"即可。依次为插入的图片设置题注,题注将按照图片的顺序自动编号,这样就提高了编辑效率。

4.5.6 自动生成文档目录

目录由文档的各级标题和页码组成,位于正文之前,便于概览文章整体结构,起着导航链接的作用。自动创建目录的方式,能够大大节约新建生成和后期编辑修改目录的时间。自动生成目录,可以采用大纲级别和段落样式两种方法。大纲级别是段落所处层次的级别编号,有从 1 级(最高)到 9 级(最低)大纲级别,对应 9 种标题样式。

1. 自动生成目录

自动生成目录的前提是首先设置好各级标题的样式或者大纲级别。设置标题的大纲级别,首先要进入大纲视图,单击"视图"选项卡功能区中的"大纲"按钮,此时会进入大纲视图;

选中需要设置大纲级别的标题文字,单击"大纲"选项卡功能区左侧"级别"下拉列表,从中选择需要设置的级别,例如选择"1级",单击左右的箭头,可以升级或者降级,如图4-74所示。设置好后,单击"关闭"按钮,随即返回到原来的视图状态。

图 4-74 "大纲"选项卡功能区

自动生成目录的方法步骤如下。

(1) 按 Enter 键,新建一个段落。

(2) 单击"引用"选项卡功能区中的"目录"按钮,在弹出的下拉列表中选择"自定义目录"命令,如图4-75所示。

(3) 在弹出的"目录"对话框中,根据文档的标题级别数确定"显示级别",这里设为"3级",如图4-76所示。

(4) 单击"选项"按钮,在弹出的"目录选项"对话框中,如图4-77所示,勾选"样式"复选框,设置各级标题的样式对应的"目录级别",第一级标题输入数字"1",以此类推;如果不需

图 4-75 "目录"下拉列表

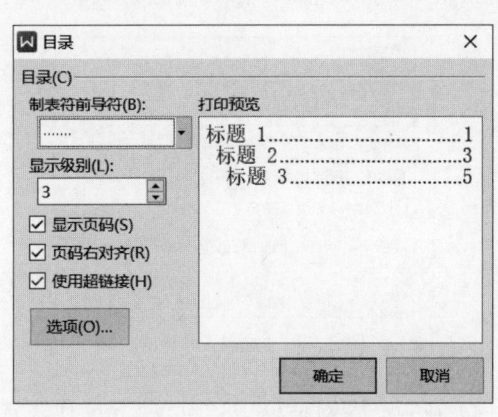

图 4-76 "目录"对话框

图 4-77 "目录选项"对话框

要某个样式对应的目录,可以直接删除"目录级别"输入框内对应的数字。如果不通过"样式"来创建目录,则取消勾选"样式"复选框,勾选"大纲级别"复选框即可,然后单击"确定"按钮,返回"目录对话框",单击"确定"按钮。自动生成的目录示例如图 4-78 所示。

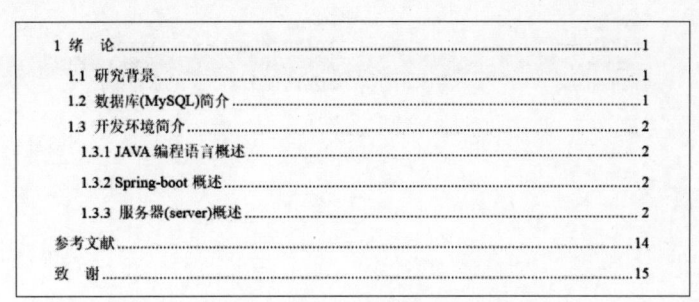

```
1  绪   论 ............................................................................ 1
   1.1 研究背景 ................................................................... 1
   1.2 数据库(MySQL)简介 ................................................ 1
   1.3 开发环境简介 ............................................................ 2
       1.3.1 JAVA 编程语言概述 ........................................... 2
       1.3.2 Spring-boot 概述 ................................................ 2
       1.3.3 服务器(server)概述 ........................................... 2
参考文献 ............................................................................. 14
致   谢 ................................................................................ 15
```

图 4-78　自动生成的目录示例

2. 更新目录

如果生成目录之后,修改了文档的标题或者页码发生了变动,那么就要更新目录,其方法步骤如下。

(1) 在生成的目录区域选中目录,单击"引用"选项卡功能区中的"更新目录"按钮,或者右击该目录,在弹出的快捷菜单中选择"更新域"命令。

(2) 在弹出的"更新目录"对话框中单击"只更新页码"或者"更新整个目录"单选按钮,然后单击"确定"按钮,将自动更新目录。

4.5.7　邮件合并

邮件合并是将数据源中的数据插入到主文档中,从而生成除插入的数据外其他部分均相同的文档。例如,邀请函,除了被邀请人的姓名、职务等不同外,其他内容都是一样的。使用邮件合并的功能,就能够快速便捷地制作出多份邀请函。

1. 邮件合并前的准备工作

邮件合并之前,要提前准备好主文档和数据源,其中数据源是含有标题行的数据记录表,这些数据记录将合并输出到文档中。数据源可以是包含表格的 WPS 文字文档、WPS 电子表格、数据库等。例如,提前准备的电子表格数据,如图 4-79 所示。

	A	B	C	D	E	F
1	邮政编码	收信人地址	单位	姓名	称谓	
2	810001	青州市越华区大学路48号	华西理工大学	张三波	先生	
3	810002	青州市青河区科技路32号	华西师范学院	李小龙	女士	
4	810003	青州市荔河区22号	青州工业大学	王国林	女士	
5	810004	青州市海宁区56号	青州外语学院	何民安	先生	
6						

图 4-79　电子表格数据

2. 邮件合并的过程步骤

邮件合并的方法步骤如下。

(1) 打开 WPS 文字文档,单击"引用"选项卡功能区中的"邮件"按钮,在弹出的"邮件合并"选项卡中单击"打开数据源"按钮。

(2) 此时会弹出"选取数据源"对话框,从中选择数据源所在的 WPS 表格文件(文件后缀名为.et），然后单击"确定"按钮，如图4-80所示。

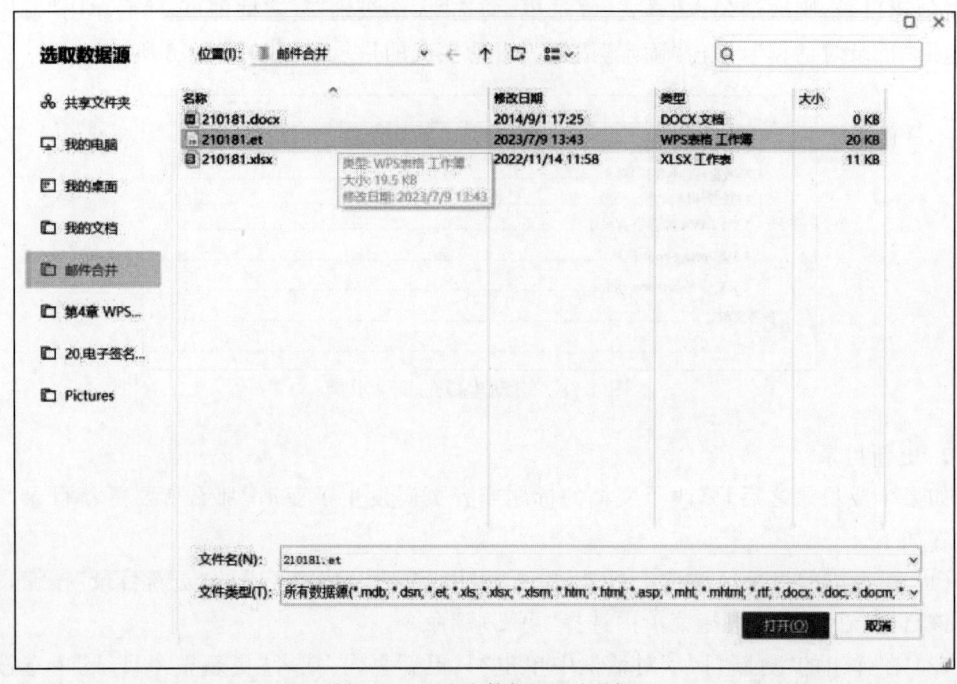

图 4-80 "选取数据源"对话框

（3）在弹出的"选择表格"对话框中，从三个工作表中选择包含数据的工作表Sheet1，单击"确定"按钮，如图4-81所示。

（4）将指针插入点置于WPS文字文档中要插入数据的位置，单击"邮件合并"选项卡功能区中的"插入合并域"按钮，在弹出的"插入域"对话框中可以看到源数据的各数据项，如"邮政编码1""收信人地址""单位""姓名""称谓"等五项，如图4-82所示；双击其中一项，即可将其插入到WPS文字文档中的插入点位置，如图4-83所示。

图 4-81 "选择表格"对话框　　　　图 4-82 "插入域"对话框

（5）单击"邮件合并"选项卡功能区中的"合并到新文档"按钮，在"合并记录"选项区中

单击"全部"单选按钮,单击"确定"按钮,如图 4-84 所示,即可生成包含多个数据页面的新文档,如图 4-85 所示。

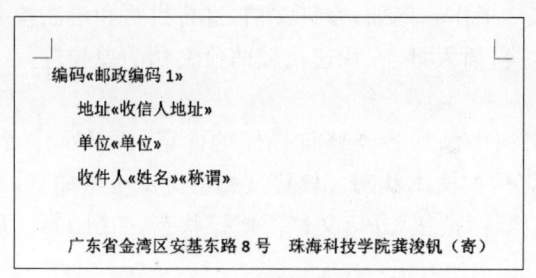

图 4-83　主文档中插入合并域 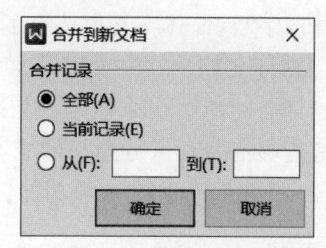　　　　图 4-84　"合并到新文档"对话框

图 4-85　新生成的 WPS 文字文档页面

练习:请给"共和国勋章"获得者于敏、孙家栋、李延年、张富清、袁隆平、黄旭华、屠呦呦等写一封信,信函封面以邮件合并的方式生成。信函内容自拟,可以参考张富清的相关介绍,内容如下:

> **"共和国勋章"获得者张富清**
>
> 　　张富清在新中国成立前入伍,出生入死、保家卫国,以赫赫战功为中国解放事业立下汗马功劳;复员转业后,主动到最艰苦的地方工作生活,克己奉公、为民造福。
>
> 　　60 多年来,他深藏功名、尘封功绩,坚守初心、不改本色,用自己的朴实纯粹、淡泊名利书写了精彩人生。1948 年 3 月,张富清光荣入伍,成为西北野战军 359 旅 718 团 2 营 6 连一名战士。他先后参加了壶梯山、东马村、临皋、永丰等战役。
>
> 　　每一次战斗,他都是突击队员,先后炸毁敌人 4 座碉堡,是董存瑞式的战斗英雄。其中在永丰战役中,他带领突击组与敌人近身混战,一颗子弹从头顶飞过,头皮受伤,继续作战,打退敌人数次反扑,孤军奋战持续到天明,夺取敌人碉堡两个,缴获机枪两挺。张富清在解放大西北战斗中立下了赫赫战功:西北野战军特等功 1 次、军一等功 1 次、师一二等功各 1 次、团一等功 1 次,被授予军"战斗英雄"称号、师"战斗英雄"称号和"人民功臣"奖章。
>
> 　　张富清淡泊名利、牺牲奉献的精神,值得我们每一个人学习。

课程思政

4.5.8 审阅与修订文档

文档编辑完成后,需要进行审阅和修订工作。例如,修订文档,进行拼写和语法检查,统计文档的字数,简体字与繁体字的相互转换,插入批注,快速比较两份文档的差异等。

1. 修订文档

修订功能能够在原有的 WPS 文字文档中添加各类修订操作的标记,便于原作者和修订者都能够清楚地区分原来的文本和修订后的文本状态。修订文档的方法步骤如下。

(1) 单击"审阅"选项卡功能区中的"修订"按钮,开启文档的修订状态,如图 4-86 所示。

图 4-86　单击"修订"按钮开启修订状态

(2) 进行文档的修改工作,所做的修改操作会增加相应的标记,例如插入内容用单下画线标记,删除内容用删除线标记。

(3) 完成修订后,再次单击"修订"按钮,就关闭了修订状态。

2. 接受或拒绝修订

当文档的撰写者收到审阅后的文档,在修订状态下可以查看审阅人对文档所做的修改,并根据需要决定是"接受修订"还是"拒绝修订"。接受或拒绝文档修订的方法如下。

(1) 单击"审阅"选项卡功能区中的"修订"按钮,开启文档的修订状态。

(2) 选择文档编辑区右侧的修订条目,如果同意该项修订,就单击"审阅"选项卡功能区中的"接受"按钮,修订的内容就会生效,例如删除的内容就真的被删除,新增的内容成为文档的一部分。

(3) 如果不同意该项修订,就单击"拒绝"按钮,显示修订的标记就会消失,恢复成原来的文档状态。

3. 快速比较文档

当文档经过审阅修订后,可以通过对比的方式查看前后两个版本的异同,方法如下。

(1) 单击"审阅"选项卡功能区中的"比较"按钮,在弹出的下拉列表中选择"比较"命令。

(2) 在弹出的"比较文档"对话框中,单击"原文档"右侧向下箭头,通过浏览找到原始文档;单击"修订的文档"右侧向下箭头,通过浏览找到修订后的文档。

(3) 单击"更多"按钮,可以在展开的选项区里设置更为详细的比较项;"修订的显示级别"可以选择"字符级别"或者"字词级别","修订的显示位置"可以选择"原文档""修订后的文档"或者"新文档",默认选项是"新文档"。

(4) 单击"确定"按钮,两个文档之间的不同之处将突显在新文档中。

习　题　4

一、单选题

(1) WPS 首页的最近列表中,包含的内容是(　　)。

A. 最近打开过的文档 　　　　　B. 最近访问过的文件夹
C. 最近浏览过的网页 　　　　　D. 最近联系过的同事

(2) WPS首页的共享列表中,不包含的内容为(　　)。
A. 其他人通过 WPS 共享给我的文件夹
B. 在操作系统中设置为"共享"属性的文件夹
C. 其他人通过 WPS 共享给我的文件
D. 我通过 WPS 共享给其他人的文件

(3) 在 WPS 中,可以对 PDF 文件的内容添加批注,但不包含(　　)。
A. 注解　　　　B. 音频批注　　　　C. 文字批注　　　　D. 形状批注

(4) 小王在 WPS 文字中编辑一篇摘自互联网的文章,他需要将文档每行后面的手动换行符全部删除,最优的操作方法是(　　)。
A. 在每行的结尾处,逐个手动删除
B. 长按 Ctrl 键依次选中所有手动换行符后,再按 Delete 键删除
C. 通过查找和替换功能删除
D. 通过文字工具删除换行符

(5) WPS 支持的文件格式互相转换操作,不包括(　　)。
A. PDF 与 Office 互相转换　　　　B. PDF 与视频互相转换
C. 图片与 Office 互相转换　　　　D. PDF 与图片互相转换

(6) 关于 WPS 首页的全局搜索框,描述正确的是(　　)。
A. 只能搜索本地计算机的文档　　　　B. 只能搜索云文档
C. 不支持直接访问网址　　　　D. 通过全文检索关键词,可以搜索云文档

(7) 在 WPS 文字的功能区中,不包含的选项卡是(　　)。
A. 审阅　　　　B. 邮件　　　　C. 页面　　　　D. 引用

(8) 使用 WPS 文字撰写包含若干章节的长篇论文时若要使各章内容自动从新的页面开始,最优的操作方法是(　　)。
A. 在每章结尾处连续按 Enter 键使插入点定位到新的页面
B. 在每章结尾处插入一个分页符
C. 依次将每章标题的段落格式设为"段前分页"
D. 将每章标题指定为标题样式,并将样式的段落格式修改为"段前分页"

(9) 在 WPS 文字中,关于尾注说法错误的是(　　)。
A. 尾注可以插入到文档的结尾处　　　　B. 尾注可以插入到节的结尾处
C. 尾注可以插入到页脚中　　　　D. 尾注可以转换为脚注

二、操作题

(1) 为了庆祝五四青年节,激发学生爱国热情,校学生会将于 2024 年 5 月 4 日晚 7:00—9:00,在校礼堂举办主题为"放飞梦想,激扬青春"的演讲比赛。请根据活动内容,利用 WPS 文字制作一份宣传海报(效果如图 4-87 所示),要求如下:

① 调整文档版面,要求页面高度为 30 厘米,页面宽度为 20 厘米,并将"背景图片.jpg"设为海报背景。

② 根据"海报效果.docx",输入并调整海报内容文字的字号、字体和颜色。

③ 根据页面布局需要，调整海报内容中"地点""时间""主题"等文字的段落间距及位置。

④ 插入图片"话筒.jpg"，并删除背景，调整大小及位置。

⑤ 插入"青春在奋斗中闪亮"等中英文，并将文字的透明度设为"37%"。

图 4-87　宣传海报效果图

（2）某高校学生会计划举办一场"大学生网络创业交流会"的活动，拟邀请部分专家和老师给在校学生进行演讲。因此，校学生会外联部需制作一批邀请函，并分别递送给相关的专家和老师。请按如下要求，打开"原文档.docx"完成邀请函的制作。

① 调整文档版面，要求页面高度 18 厘米、宽度 30 厘米，页边距（上、下）为 2 厘米，页边距（左、右）为 3 厘米。

② 将考生文件夹下的图片"背景图片.jpg"设置为邀请函背景。

③ 调整邀请函中内容文字的字体、字号和颜色。

④ 调整邀请函中内容文字段落对齐方式。

⑤ 根据页面布局需要，调整邀请函中"大学生网络创业交流会"和"邀请函"两个段落的间距。

⑥ 在"尊敬的"和"（老师）"文字之间插入拟邀请的专家和老师姓名，拟邀请的专家和老师姓名在"通讯录.xlsx"电子表格数据文件中。每页邀请函中只能包含 1 位专家或老师的姓名，所有的邀请函页面请另外保存在一个名为"邀请函.docx"的文件中。

第 5 章　WPS 表格处理

WPS 表格是 WPS Office 办公软件套件的一个组件。WPS 表格可以用来创建、编辑和管理电子表格。它提供了许多常用的功能，包括数据计算、图表绘制、数据筛选和排序等。

本章基于 WPS Office，全面详细地介绍了数据输入和编辑、基本操作、公式与函数、图表制作、数据管理等功能及操作流程。

5.1　电子表格概述

5.1.1　WPS 表格功能

1. 基本功能

WPS 表格具有非常友好的工作界面，系统还提供了丰富的主题、单元格样式、套用表格格式，方便用户创建各种表格以及快速格式化表格。用户也可以在表格中插入形状、图片、图表等对象，对表格进行美化。电子表格本身也提供了大量的表格模板供用户使用，如月度预算、资产负债、简单发票、库存清单等，方便用户快速制作相关的表格。

2. 数据处理功能

WPS 表格具有强大的计算和数据处理能力，这主要依靠公式和函数实现。只有掌握好了公式和函数，才能得心应手地运用这些工具进行数据处理。表格本身提供了丰富的函数，可快速方便地进行各种复杂运算。

3. 数据管理功能

WPS 表格不是一款数据库管理软件，但它提供了强大的数据管理功能，能够像数据库软件一样对数据清单进行排序、筛选、分类汇总等操作，能使用数据透视表对数据进行快速汇总和分析。

4. 数据分析功能

在 WPS 表格中，用户可以非常方便地进行数据分析，例如，可以使用模拟运算表、数据图表等。

5.1.2　电子表格的启动和退出

安装好 WPS Office 后，就可以使用电子表格了，启动的两种方法如下。

(1) 从"开始"菜单启动：单击"开始"按钮，打开"开始"菜单，单击"所有应用"，进入 WPS Office 文件夹，单击 WPS Office 按钮。或者双击桌面上的 WPS Office 快捷方式图标。即可启动 WPS Office 程序，然后单击"新建"按钮，在左侧功能栏中选择"新建表格"，再单击"新建空白表格"按钮,即可进入电子表格编辑界面,如图5-1所示。

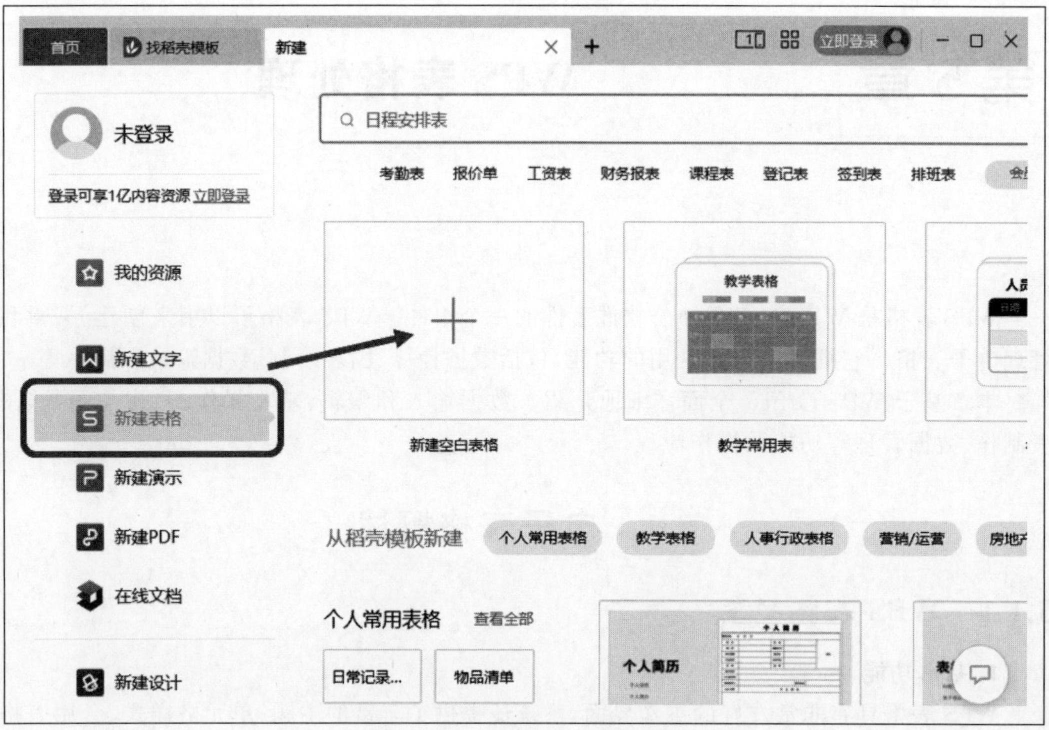

图 5-1 新建表格

（2）双击任意一个电子表格文档,即可进入电子表格编辑界面。

退出电子表格的两种方法如下。

（1）单击标题栏右上角的"关闭"按钮。

（2）按快捷键 Alt+F4。

5.1.3 WPS 表格的工作环境

启动 WPS Office 后,打开一个新的空白表格,即进入 WPS 表格的工作界面,如图 5-2 所示。

WPS 表格的工作界面主要包括标题栏、功能区、工作区、编辑栏、状态栏、工作表标签栏等元素。

1. 标题栏

标题栏位于表格窗口的顶部,一般由标题名称、窗口控制区等组成。

窗口控制区位于表格窗口右侧,包括最小化按钮 −、最大化按钮 □、关闭按钮 ×。

2. 功能区

WPS 表格将同一类的操作命令放在功能区的不同选项卡中,如图 5-3 所示,每个选项卡中根据按钮用途分为不同的组,以便用户更快地查找和应用所需要的功能。

- 选项卡标签：用来切换不同的选项卡,显示相关功能的操作命令。
- 选项组：根据用途分组显示操作命令。例如："字体"选项组,包含字体格式的相关设置命令；"对齐方式"组,包含与段落对齐方式有关的设置命令。

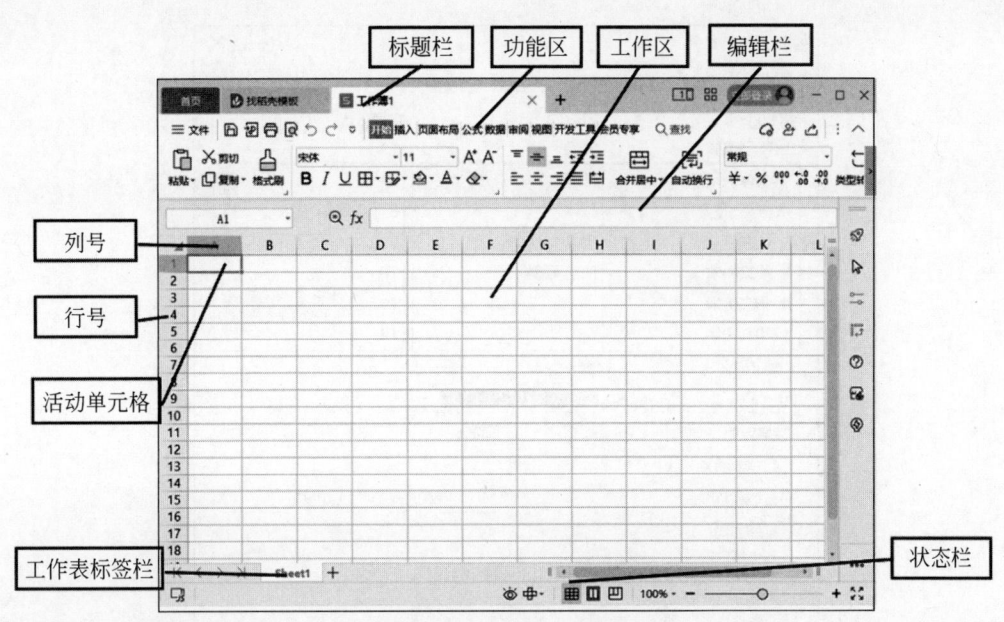

图 5-2　WPS 表格工作界面

图 5-3　功能区界面

- 对话框启动按钮：打开相关操作命令组的对话框。例如：单击"字体"选项组的右下角的对话框启动按钮，可以打开"单元格格式"对话框，如图 5-4 所示，并显示更多的"字体"相关操作命令。

WPS 表格一般包含以下选项卡。

- "开始"选项卡：主要包含日常工作中最常用的一些命令，例如复制、粘贴、字体格式等设置命令。
- "插入"选项卡：主要包含插入表格对象的操作，例如在表格中插入表格、图形、形状、图表、文本框、数据透视表、符号等。
- "页面布局"选项卡：主要包含表格外观界面设置，例如主题设置、页面设置等。
- "公式"选项卡：主要包含函数、公式等计算功能，例如插入函数、名称管理、公式审核等。
- "数据"选项卡：主要包含数据的处理和分析的功能，例如获取外部数据、数据的排序和筛选、删除重复项、模拟分析、分类汇总等。
- "审阅"选项卡：主要包含中文简繁转换、批注以及工作表、工作簿的保护等。
- "视图"选项卡：主要包含切换工作簿视图、显示比例、窗口重排、冻结窗格等。

WPS 表格处理

图 5-4 "单元格格式"对话框

3. 编辑栏

编辑栏由名称框、命令按钮区、编辑框组成,如图 5-5 所示。

图 5-5 编辑栏

- 名称框:显示当前单元格的地址或单元格区域名称。
- 命令按钮区:与公式、函数有关的常用命令,例如:fx 用于插入函数。
- 编辑框:用来显示和编辑当前活动单元格内容。

4. 状态栏

在窗口最底端,主要包括视图切换、比例缩放区以及显示当前活动区域的相关信息。

5. 工作表标签栏

用于显示工作表标签名称以及进行工作表切换操作。

5.1.4 基本操作对象

1. 工作簿

工作簿是 WPS 表格生成的文件,一个工作簿就是一个电子表格文件,其常用的扩展名是.xlsx。一个工作簿文件可以由多个工作表组成。表格中工作簿与工作表的关系就像账簿和账页之间的关系一样。一个账簿对应一个工作簿,一个账簿可以由多个账页组成,一个账页对应一个工作表。

2. 工作表

工作表是显示在工作簿窗口内的表格,每一个工作表用工作表标签来标志,通过单击工作表标签栏中的标签名称可以切换工作表。工作表上具有行号和列号,行号在工作表左边,行的编号从 1 到 1018576;列号在工作表上边,列的编号用字母"A、B、C、…"表示。

3. 单元格

单元格是工作表的最小组成单位,每一行和列的交叉位置即为一个单元格。每个单元格的位置,称为单元格地址,通常使用该单元格的列号和行号表示,例如 A1、B2 等。

4. 单元格区域

相邻的多个单元格组成的矩形区域称为单元格区域,在表格中,很多操作是以单元格区域为操作对象的,单元格区域的表示方式由该区域的左上角单元格地址和右下角单元格地址组成。例如 A1:D4,表示由 16 个单元格构成的矩形区域,如图 5-6 所示。

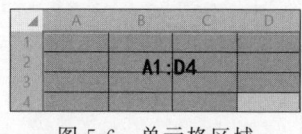

图 5-6　单元格区域

5.2　电子表格基本操作

本节通过介绍工作簿、工作表、单元格的基本操作,帮助用户掌握电子表格最基本、最常用的操作。

5.2.1　工作簿基本操作

1. 新建工作簿

方法 1:在文件夹窗口内右击,在弹出的快捷菜单中选择"新建"→"Microsoft Excel 工作表"命令,如图 5-7 所示,即可在当前文件夹内创建新的空白的工作簿文件。

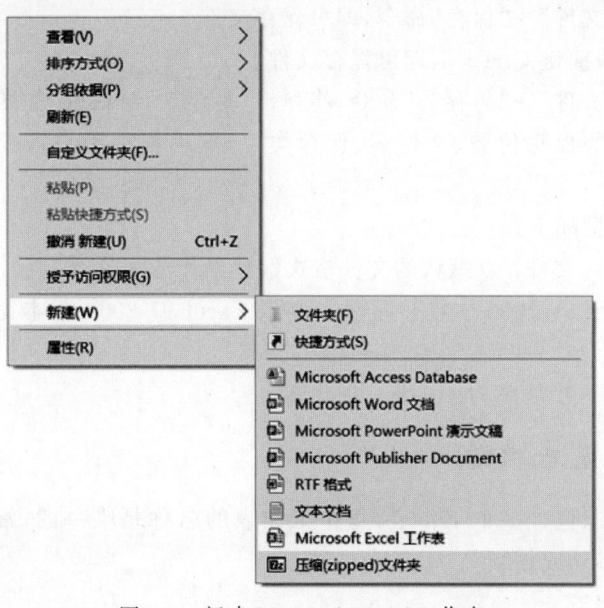

图 5-7　新建 Microsoft Excel 工作表

方法2：打开 WPS Office 程序后，单击"新建"按钮，在左侧功能栏中选择"新建表格"按钮，再单击"新建空白表格"按钮，即可创建空白的工作簿文件，如图 5-8 所示。

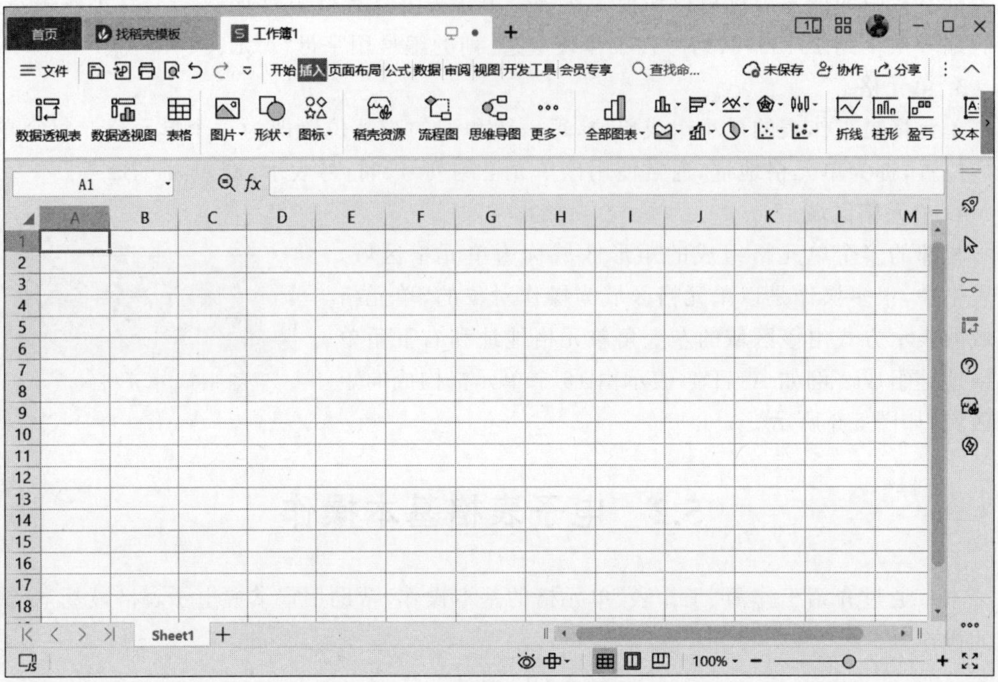

图 5-8　新建的空白工作簿

注意：该文件未保存在硬盘中，需选择"文件"→"保存"命令，选择保存位置。

2. 保存工作簿

方法1：单击窗口左上角的快速访问工具栏中的"保存"按钮，即可快速保存文件。

方法2：选择"文件"→"保存"命令，即可保存文件。

方法3：使用快捷键 Ctrl＋S，即可保存文件。

方法4：选择"文件"→"另存为"命令，将弹出"另存为"对话框，如图 5-9 所示，在其中可以选择工作簿文件的保存位置、文件名、保存类型，即可根据用户需要将文件保存在计算机中。

常见的保存类型如下。

Microsoft Excel 文件：以默认的文件格式保存工作簿文件，扩展名为.xlsx。

Microsoft Excel 97-2003 文件：保存一个与 Excel 97-2003 版本完全兼容的工作簿文件，扩展名为.xls。

WPS 表格文件：扩展名为.et。

5.2.2　工作表基本操作

工作簿文件可以包含多个工作表，每个工作表的名称是唯一的，常见的基本操作有插入、删除、重命名、移动或复制等。

1. 插入工作表

在 WPS 表格中，新建工作簿自动包含一个工作表 Sheet1，当工作表数量不能够满足需

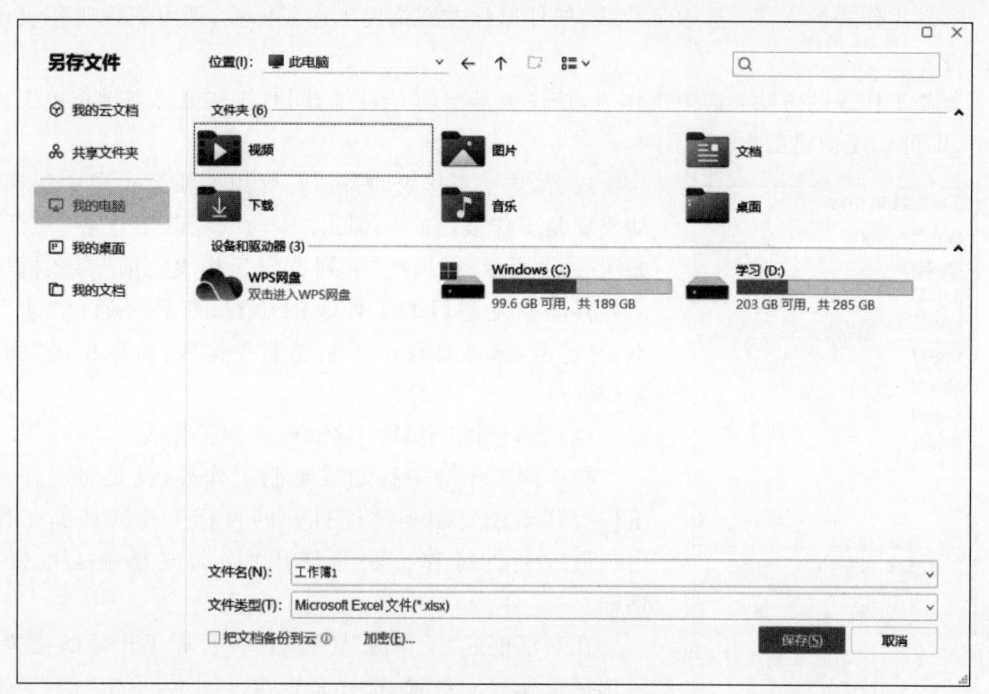

图 5-9 "另存为"对话框

要时,可以用多种方法插入新工作表,操作方法如下。

方法 1:单击工作表标签右侧的"新工作表"按钮 +,插入空白工作表。

方法 2:右击工作表标签,在弹出的快捷菜单中选择"插入工作表…"命令,弹出"插入工作表"对话框,如图 5-10 所示,选择插入工作表的数目和位置,单击"确定"按钮。

2. 删除工作表

删除工作表,最简单的方法是右击工作表名称,在弹出的快捷菜单中选择"删除工作表"命令。执行删除命令时,工作表和工作表中的数据都将被删除。需要注意的是,工作表一旦删除后,将无法恢复。

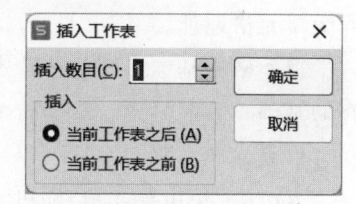

图 5-10 "插入工作表"对话框

3. 重命名工作表

在电子表格中,工作表默认名称依次为 Sheet1、Sheet2、Sheet3、…为了能够反映工作表内容,通常使用有意义的名称命名工作表,如"学生信息表""通讯录"等。

重命名工作表的方法:右击工作表名称,在弹出的快捷菜单中选择"重命名"命令,或双击工作表标签名称,即可进入工作表标签名称编辑状态,输入新的工作表名称,然后按 Enter 键即可。

4. 移动或复制工作表

移动工作表,是指在工作簿的工作表标签栏中调整工作表的位置。复制工作表,是指创建工作表的副本。在电子表格中,可以在同一个工作簿中移动或复制工作表,也可以在不同的工作簿中移动或复制工作表。

(1) 在同一个工作簿中移动或复制工作表。

移动工作表的方法：选中工作表，按住鼠标左键拖曳工作表标签，即可实现工作表位置的改变。

复制工作表的方法：选中工作表，按住键盘上的 Ctrl 键，同时按住鼠标左键拖曳工作表标签，即可实现创建工作表的副本。

或者，选中工作表，右击，在弹出的快捷菜单中选择"移动或复制工作表"命令，弹出"移动或复制工作表"对话框，如图 5-11 所示，通过在"下列选定工作表之前"参数框选择需要移动或复制后的工作表的位置，然后再通过"建立副本"复选框，选择是移动还是复制工作表，最后单击"确定"按钮即可。

（2）在不同工作簿中移动或复制工作表。

在不同工作簿中移动或复制工作表，就是将工作簿的工作表移动或复制到已经打开的目标工作簿或新工作簿中。最方便的操作方法是使用"移动或复制工作表"对话框。

在对话框的"工作簿"位置，选择目标工作簿的位置，然后选择工作表的位置，选择是否建立副本，单击"确定"按钮即可。需要注意：在移动或复制之前，需要先打开目标工作簿文件。

图 5-11 "移动或复制工作表"对话框

5.2.3 单元格基本操作

单元格是指工作表中行和列交叉的部分，它是工作表中最小的单位，每个单元格的位置称为单元格地址。

单元格的基本操作包括选定、插入、删除、移动或复制等。其中单元格的选定是其他操作的基础。

1. 选定单元格

方法 1：单击单元格，即可选定单元格为当前活动单元格。

方法 2：使用"名称框"，在名称框中输入单元格地址，然后按 Enter 键。例如：在名称框中输入 B100，按 Enter 键，则 B100 单元格为当前活动单元格，如图 5-12 所示。

在实际操作中，也可以使用键盘快捷键快速定位活动单元格，键盘快捷键命令如表 5-1 所示。

表 5-1 键盘快捷键命令

键 盘 命 令	活动单元格的移动
←，↑，→，↓	原活动单元格向左、上、右、下移动一个单元格位置
Enter	原活动单元格向下移动
Tab	原活动单元格向右移动
Ctrl + ←	移动到数据区域的最左边单元格

续表

键 盘 命 令	活动单元格的移动
Ctrl + ↑	移动到数据区域的最上边单元格
Ctrl + →	移动到数据区域的最右边单元格
Ctrl + ↓	移动到数据区域的最下边单元格

图 5-12　活动单元格

2. 选定单元格区域

在 WPS 表格中,对多个单元格进行操作时,需要先选定这些多个单元格,我们称选定单元格区域。选定的单元格区域可以是连续的,也可以是不连续的。

(1) 选定连续的单元格区域。

方法 1:按住鼠标左键,拖曳鼠标选取单元格区域。

方法 2:选择单元格区域的左上角单元格,按住键盘 Shift 键,然后在单元格区域的右下角单元格位置单击,例如,先选择 A1,然后按住键盘 Shift 键,然后在 B5 位置单击,即可选中以 A1 为左上角单元格,B5 为右下角单元格的单元格区域。

方法 3:在名称框中输入选取区域的地址。例如,在名称框中输入 A1:B5,按 Enter 键,即可选中以 A1 为左上角单元格,B5 为右下角单元格的单元格区域。

(2) 选定不连续单元格区域:选定第一个单元格区域,然后按住 Ctrl 键,再选定其他单元格区域。

(3) 选定整行或整列:直接单击要选定的行号或列号。

(4) 选定整个工作表:单击工作表行号和列号交叉的全选按钮,或者,按 Ctrl+A 快捷键。

3. 插入与删除单元格

在工作表中插入与删除单元格,都会引起周围单元格的变动,因此在执行这些操作时需要考虑周围单元格的移动方向。

方法:右击单元格,在弹出的快捷菜单中选择"插入"或"删除"命令,在弹出的下级子菜单中选择需要的操作即可。

4. 移动或复制单元格

在工作表中移动单元格的方法如下。

方法1：右击活动单元格，在弹出的快捷菜单中选择"剪切"命令，在目标单元格位置右击，在弹出的快捷菜单中选择"粘贴"命令。

方法2：选中活动单元格，使用快捷键Ctrl+X进行剪切，在目标单元格位置，使用快捷键Ctrl+V进行粘贴。

方法3：选中活动单元格，将鼠标移动到单元格区域的边框线上，当鼠标指针变成✥形状时，按住鼠标并拖曳指针到目标单元格位置，即可实现单元格的移动。

在工作表中复制单元格的方法如下。

方法1：右击活动单元格，在弹出的快捷菜单中选择"复制"命令，在目标单元格位置右击，在弹出的快捷菜单中选择"粘贴"命令。

方法2：选中活动单元格，使用快捷键Ctrl+C进行复制，在目标单元格位置，使用快捷键Ctrl+V进行粘贴。

方法3：选中活动单元格，将鼠标移动到单元格区域的边框线上，当指针变成✥形状时，按住键盘的Ctrl键，同时按住鼠标并拖曳指针到目标单元格位置，即可实现单元格的复制。

5.2.4 数据的基本操作

WPS表格的操作对象是数据，只有在工作表中准确地输入数据，才能用公式和函数进行正确的数据处理。数据的基本操作主要包括数据输入、类型、填充、验证、编辑等。

1. 数据输入

方法1：选中单元格，通过键盘输入数据，输入的数据会替换单元格中原有的内容。

方法2：选中单元格，双击，进入单元格的编辑状态，可以修改单元格的内容。

方法3：选中单元格，通过编辑栏中的编辑框输入或修改单元格内容。

WPS表格允许用户在包含多个单元格的单元格区域内同时输入相同的数据内容，方法是：先选择单元格区域，然后在编辑栏中输入数据内容，按快捷键Ctrl+Enter，即可在单元格区域内同时输入相同数据内容。

单元格内的数据若需要换行，可以使用快捷键Alt+Enter。

2. 数据类型

WPS表格的单元格中可以输入多种类型的数据，常见的数据类型有文本、数值、日期、时间等。

1) 文本数据

文本包括中文、英文字母、数字、空格和各种符号，输入的文本自动在单元格中靠左对齐。WPS表格规定一个单元格最多可以输入32000个字符，如果这个单元格没有足够的宽度，显示不下的内容将扩展到右边相邻的单元格上，若右边单元格也有内容，则当前单元格内容将截断显示，但编辑框中会有完整的显示。

2) 数值型数据

数值型数据包含0～9中的数字以及含有数学符号、货币符号等符号的数据，默认情况下,数值数据在单元格中靠右对齐。

3)日期时间型数据

输入日期型数据时,年、月、日之间要用/号或-号隔开,例如"2020/1/1""2020-1-1"。

输入时间型数据时,时、分、秒之间要用:冒号隔开,例如:"12:00:00"。

3. 数据自动填充

有规律的数据,如数字、日期、时间等序列可以使用电子表格提供的填充功能自动填充。

自动填充最常用的方法是使用填充柄。在选中的单元格或单元格区域的右下角的黑色小方块称为填充柄,将鼠标指针移动到填充柄处,指针形状变成实心的十字形状"✚"时,按住鼠标左键拖曳指针至需要填充的单元格处,释放鼠标即可完成填充。

此时指针右下角会出现"自动填充选项"的标记按钮。单击按钮,在下拉列表中可以选择不同的填充方式,如图5-13所示。

常见的填充方式如下。

- 复制单元格:复制单元格内容及格式。
- 仅填充格式:只复制单元格的格式。
- 填充序列:根据原单元格内容填充有规律的序列数据。

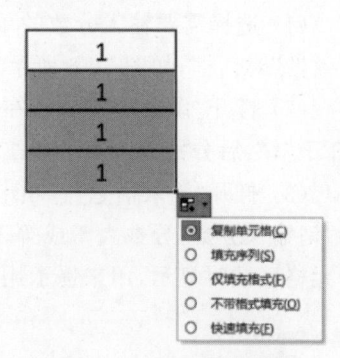

图5-13 自动填充选项按钮

例:在学生情况表中使用填充功能,按顺序录入学生学号,第一位学生学号为"51030101",原始数据如图5-14所示。

操作步骤如下。

(1)选中A1单元格,输入学号"51030101"。

(2)单击右下角的填充柄,按住鼠标左键,拖曳鼠标到A14单元格。

(3)单击右下角"自动填充选项"按钮,选择"填充序列",如图5-15所示,即可完成输入。

图5-14 学生情况表

图5-15 填充序列

第5章

WPS表格处理

4. 数据有效性

WPS 表格提供了数据有效性验证功能,以检查输入的数据是否符合需要。常见的有效性验证有数值大小、日期时间范围、序列等。

1) 设置数值大小的有效性条件

当输入数值类型数据时,可以限制输入数据的范围,并给出出错警告。

例:学生成绩表中,分数应为 1~100 之间的整数,要求在选中单元格时给出提示"请输入分数,分数大于或等于 1,小于或等于 100!",如果输入错误,弹出警告,"输入错误,请按要求输入正确数值!"。

操作步骤如下。

(1) 选择需要输入分数的单元格区域,单击"数据"选项卡→"有效性"按钮,弹出"数据有效性"对话框,如图 5-16 所示。

(2) 打开"设置"选项卡,在"允许"下拉列表中选择"整数",在"数据"下拉列表中选择"介于",然后分别输入最小值 1、最大值 100。即可完成数据的有效性验证功能。

(3) 打开"输入信息"选项卡,如图 5-17 所示,在"输入信息"参数框中可以填写文本内容"请输入分数,分数大于或等于 1,小于或等于 100!",该文本内容会在鼠标选择单元格或单元格区域时显示,用来提示用户单元格内输入的数据要求。

图 5-16 "数据有效性"对话框"设置"选项卡   图 5-17 "数据有效性"对话框"输入信息"选项卡

(4) 打开"出错警告"选项卡,在"错误信息"参数框中可以填写文本内容"输入错误,请按要求输入正确数值!",该文本内容会在用户输入数据验证非法时弹出提示,如图 5-18 所示。

(5) 完成效果如图 5-19 和图 5-20 所示。

2) 设置下拉列表

当要求输入的数据只能为有限的几个序列值时,可以提供下拉列表选取数据。例如,职称只能为"教授""副教授""讲师"3 个值之一。

操作步骤如下。

(1) 选择单元格或单元格区域,单击"数据"选项卡→"有效性"按钮,弹出"数据有效性"对话框。

图 5-18　"数据有效性"对话框"出错警告"选项卡

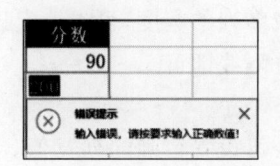

图 5-19　输入信息时的提示　　　　图 5-20　输入信息错误时的警告

（2）打开"设置"选项卡，在"允许"下拉列表中选择"序列"，在"来源"参数框中输入"教授,副教授,讲师"，勾选"提供下拉箭头"复选框。需要注意的是，来源中输入的数据必须以英文状态的逗号","分隔，如图 5-21 所示。

（3）完成效果如图 5-22 所示。

图 5-21　"数据有效性"对话框　　　　图 5-22　下拉列表

5.3 工作表格式化

5.3.1 行高和列宽

用户可根据电子表格内数据的长度，灵活设置工作表的行高与列宽，使工作表更加美观。

（1）使用鼠标改变行高。

要改变一行或多行的高度，可先选定这些行的行号，再按下鼠标，当鼠标出现"✥"形状时拖曳行号区的分隔线即可。

（2）精确改变行高。

使用鼠标改变行高不易设置精确的行高值，此时可采用菜单命令来实现，选中要改变行高的一行或多行，右击，在弹出的快捷菜单中选择"行高"命令，弹出如图 5-23 所示的"行高"对话框。在"行高"参数框中输入一个数值，单击"确定"按钮即可。

（3）使用鼠标改变列宽。

要改变一列或多列的宽度，可先选定这些列的列标，再按下鼠标，当鼠标出现"✥"形状时拖曳列号区的分隔线即可。

（4）精确改变列宽。

使用菜单命令可设置精确的列宽值，方法是：选中要改变列宽的一列或多列，右击，在弹出的快捷菜单中选择"列宽"命令，弹出如图 5-24 所示的"列宽"对话框。在"列宽"参数框中输入一个数值，单击"确定"按钮即可。

图 5-23 设置行高   图 5-24 设置列宽

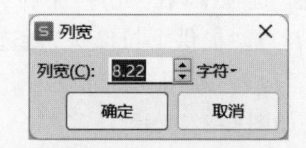

5.3.2 设置单元格格式

通过设置单元格格式，可以满足对表格外观的设置，如数字格式、字体、边框、底纹、对齐方式等。

如果需要修改单元格格式，首先选中指定的单元格或单元格区域，然后打开"开始"选项卡，在选项卡中的"字体""对齐方式""数字"选项组中选择相应的命令，如图 5-25 所示。如果所需命令不在选项组中，可以单击上述选项组右下角的对话框启动按钮，如图 5-26 所示，在弹出的"单元格格式"对话框中进行相关设置。

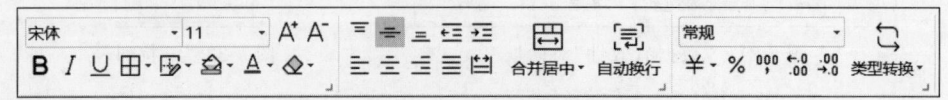

图 5-25 字体、对齐方式、数字选项组

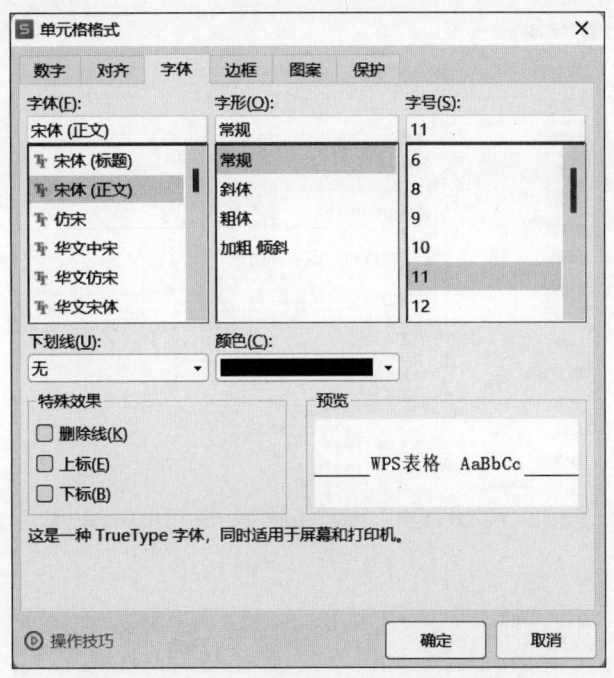

图 5-26 "单元格格式"对话框"字体"选项卡

1. 数字格式

数字格式是对工作表中数据的表示形式进行格式化。例如，日期可以设置长日期、短日期，财务相关的数字可以设置以会计专用的形式显示，数值类数据可以设置显示小数位数等。

例：修改"广东省各市就业人员人数统计表"中人数部分的数值格式，只保留2位小数，原始数据如图5-27所示。

图 5-27 原始数据图

操作步骤如下。

(1) 选中包含人数部分的单元格区域，打开"单元格格式"对话框。

(2) 在对话框中打开"数字"选项卡，修改分类为"数值"，小数位数为"2"，如图5-28所示。

(3) 完成效果如图5-29所示。

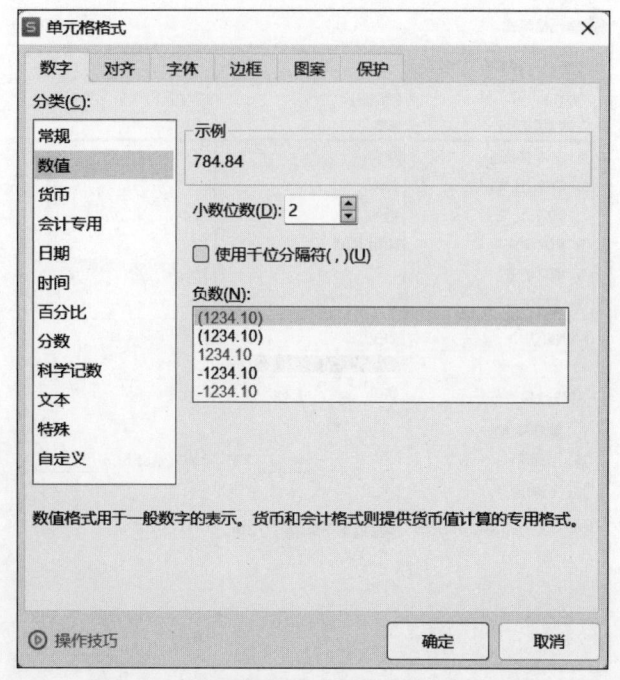

图 5-28 "单元格格式"对话框"数字"选项卡

图 5-29 修改数字格式结果图

2. 对齐方式

单元格中数据的各种对齐方式都是相对于单元格上下左右的位置而言的。默认情况下单元格中的文本靠左对齐,数字靠右对齐。用户可以根据实际需要重新设置单元格中数据的对齐方式。

例:修改"广东省各市就业人员人数统计表"中的所有数据部分,居中对齐。

操作步骤如下。

(1)选择工作表中的数据部分所在的单元格区域,打开"单元格格式"对话框。

(2)在对话框中打开"对齐"选项卡,修改水平对齐方式为"居中",垂直对齐方式为"居中",如图 5-30 所示。

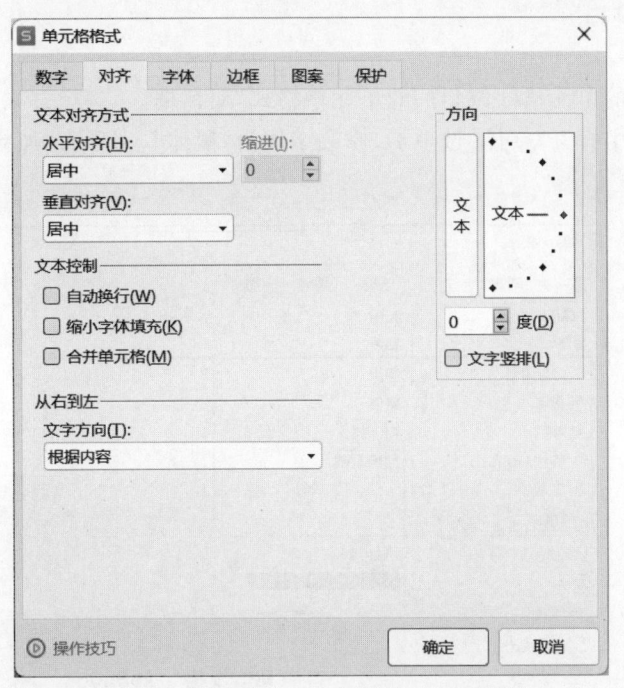

图 5-30 "单元格格式"对话框"对齐"选项卡

(3) 单击"确定"按钮,完成效果如图 5-31 所示。

		2014	2015	2016	2017	2018
1	广东省各市就业人员人数(年末统计)					
2	单位:万人					
3	市 别	2014	2015	2016	2017	2018
4	广 州	784.84	810.99	835.26	862.33	896.54
5	深 圳	899.66	906.14	926.38	943.29	1050.25
6	珠 海	108.79	108.92	109.55	112.37	115.97
7	汕 头	238.26	238.50	239.24	239.76	240.11
8	佛 山	438.09	438.41	438.81	435.51	440.91
9	韶 关	144.13	144.17	144.48	144.67	145.04
10	河 源	134.63	136.52	138.42	141.02	141.38
11	梅 州	213.01	213.52	214.34	216.55	215.63
12	惠 州	280.62	281.51	285.57	289.10	290.33
13	汕 尾	119.36	119.86	121.10	120.21	120.76
14	东 莞	660.46	653.41	653.97	660.39	667.17
15	中 山	211.76	210.51	213.01	212.18	212.99
16	江 门	243.24	242.92	244.07	244.94	247.13

图 5-31 设置对齐方式结果图

需要注意的是,在对齐方式的文本控制区域中包括以下特殊选项。
- 自动换行:根据文本长度及单元格宽度自动换行。
- 缩小字体填充:缩减单元格中字符的大小以使数据调整到与列宽一致。
- 合并单元格:将两个或多个单元格合并为一个单元格。

3. 字体格式

通过字体格式设置功能,可以对单元格中的文字的字体、字号、样式、颜色等进行修饰美化。

例:打开"广东省各市就业人员人数统计表",修改年份行和市别列的文字字体为"黑体""加粗",字号为"14"。

操作步骤如下。

(1) 选择对应的单元格区域,打开"单元格格式"对话框。

(2) 在对话框中打开"字体"选项卡,修改字体为"黑体",字形为"加粗",字号为"14",如图 5-32 所示。

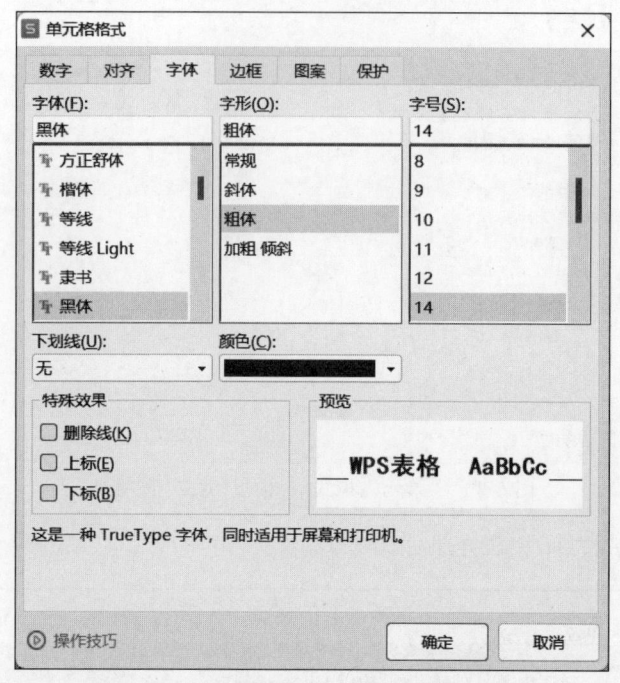

图 5-32　"单元格格式"对话框"字体"选项卡

(3) 单击"确定"按钮,完成效果如图 5-33 所示。

	A	B	C	D	E	F
1	广东省各市就业人员人数（年末统计）					
2	单位：万人					
3	市　别	2014	2015	2016	2017	2018
4	广　州	784.84	810.99	835.26	862.33	896.54
5	深　圳	899.66	906.14	926.38	943.29	1050.25
6	珠　海	108.79	108.92	109.55	112.37	115.97
7	汕　头	238.26	238.50	239.24	239.76	240.11
8	佛　山	438.09	438.41	438.81	435.51	440.91
9	韶　关	144.13	144.17	144.48	144.67	145.04
10	河　源	134.63	136.52	138.42	141.02	141.38
11	梅　州	213.01	213.52	214.34	216.55	215.63
12	惠　州	280.62	281.51	285.57	289.10	290.33
13	汕　尾	119.36	119.86	121.10	120.21	120.76
14	东　莞	660.46	653.41	653.97	660.39	667.17
15	中　山	211.76	210.51	213.01	212.18	212.99

图 5-33　修改字体结果图

4. 边框

为单元格添加边框可增强工作表的视觉效果,强化区域的划分,对于工作表中的数据可起到很大的强调作用。

例:打开"广东省各市就业人员人数统计表",设置外边框为双实线,内边框为单虚线。具体步骤如下。

(1) 先选中单元格区域,打开"单元格格式"对话框。

(2) 在对话框中打开"边框"选项卡,从"直线"样式列表框中选择双实线样式,然后单击预置栏中的"外边框"按钮。

(3) 再一次从"直线"样式列表框中选择单虚线样式,然后单击预置栏中的"内边框"按钮,如图 5-34 所示。

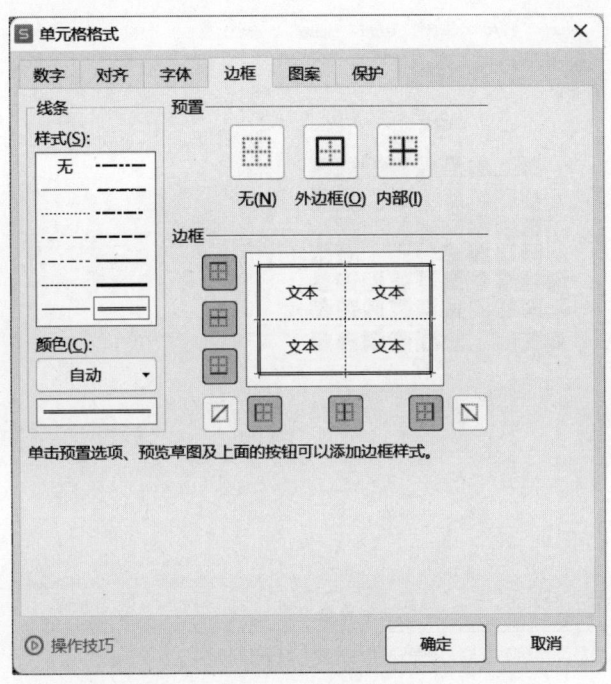

图 5-34 "单元格格式"对话框"边框"选项卡

(4) 单击"确定"按钮,完成效果如图 5-35 所示。

	广东省各市就业人员人数(年末统计)				
单位: 万人					
市 别	2014	2015	2016	2017	2018
广 州	784.84	810.99	835.26	862.33	896.54
深 圳	899.66	906.14	926.38	943.29	1050.25
珠 海	108.79	108.92	109.55	112.37	115.97
汕 头	238.26	238.50	239.24	239.76	240.11
佛 山	438.09	438.41	438.81	435.51	440.91
韶 关	144.13	144.17	144.48	144.67	145.04
河 源	134.63	136.52	138.42	141.02	141.38
梅 州	213.01	213.52	214.34	216.55	215.63
惠 州	280.62	281.51	285.57	289.10	290.33
汕 尾	119.36	119.86	121.10	120.21	120.76
东 莞	660.46	653.41	653.97	660.39	667.17
中 山	211.76	210.51	213.01	212.18	212.99

图 5-35 设置边框结果图

5. 填充

为单元格添加填充颜色,即设置底纹可增强工作表的视觉效果。

例：打开"广东省各市就业人员人数统计表"，为数据部分填充适当的颜色和适当的图案样式。

具体步骤如下。

（1）先选中单元格区域，打开"单元格格式"对话框。

（2）在对话框中打开"图案"选项卡，根据需要进行颜色和图案样式的设置，如图 5-36 所示。

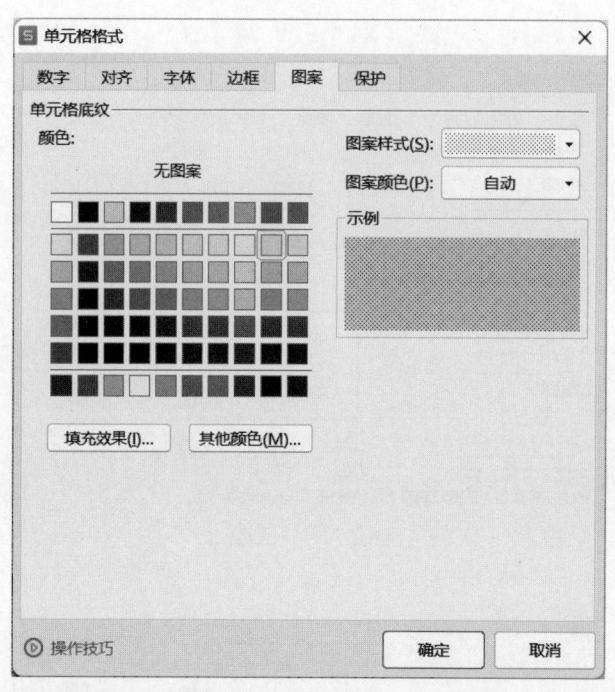

图 5-36 "单元格格式"对话框"图案"选项卡

（3）单击"确定"按钮，完成效果如图 5-37 所示。

	A	B	C	D	E	F
1	广东省各市就业人员人数（年末统计）					
2	单位：万人					
3	市　别	2014	2015	2016	2017	2018
4	广　州	784.84	810.99	835.26	862.33	896.54
5	深　圳	899.66	906.14	926.38	943.29	1050.25
6	珠　海	108.79	108.92	109.55	112.37	115.97
7	汕　头	238.26	238.50	239.24	239.76	240.11
8	佛　山	438.09	438.41	438.81	435.51	440.91
9	韶　关	144.13	144.17	144.48	144.67	145.04
10	河　源	134.63	136.52	138.42	141.02	141.38
11	梅　州	213.01	213.52	214.34	216.55	215.63
12	惠　州	280.62	281.51	285.57	289.10	290.33
13	汕　尾	119.36	119.86	121.10	120.21	120.76
14	东　莞	660.46	653.41	653.97	660.39	667.17
15	中　山	211.76	210.51	213.01	212.18	212.99

图 5-37 填充结果图

5.3.3 条件格式

在工作表中对某个单元格区域使用条件格式，可以直观地查看数据、分析数据、对比数据。条件格式即根据条件突出显示单元格区域中的某些单元格。常见的几种用法如下。

1. 突出显示单元格规则

例：将学生表中政治课分数在 95 分（含）以上的单元格设置字体加粗、绿色底纹的格式，分数在 95 分以下的单元格设置字体倾斜、橙色底纹的格式，原始数据如图 5-38 所示。

	A	B	C	D	E	F	G	H	I
1	学号	姓名	性别	政治	数学	语文	计算机	平均分	总分
2	51030101	赵亮	男	97	82	89	83	87.75	351
3	51030102	汪秋月	女	96	80	90	86	88	352
4	51030103	曾沥	男	97	76	80	98	87.75	351
5	51030104	刘蓝	女	94	70	89	89	85.5	342
6	51030105	王兵	男	99	73	82	87	85.25	341
7	51030106	曾冉	男	90	72	83	90	83.75	335
8	51030107	王岗	男	97	76	84	87	86	344
9	51030108	李萧萧	女	90	79	91	93	88.25	353
10	51030109	张静	女	93	86	86	88	88.25	353
11	51030110	陈杨	女	96	76	90	89	87.75	351
12	51030111	杨苗	女	98	87	95	88	92	368
13	51030112	李忆如	女	99	82	84	97	90.5	362
14	51030113	王军	男	97	73	81	89	85	340
15	51030114	李琼	女	94	71	82	90	84.25	337
16	51030115	梁文超	男	90	85	91	88	88.5	354
17	51030116	林建宇	男	96	82	83	94	88.75	355
18	51030117	罗鑫	男	94	78	81	86	84.75	339
19	51030118	吴欣彤	女	92	77	80	87	84	336
20	51030119	张丹丹	女	96	92	84	91	90.75	363

图 5-38　原始数据图

操作步骤如下。

（1）选择要设置条件格式的单元格区域，即政治课分数一列，此例中选择 D2:D20。

（2）单击"开始"→"条件格式"按钮，在弹出的下拉菜单中选择"突出显示单元格规则"→"其他规则"命令，如图 5-39 所示。

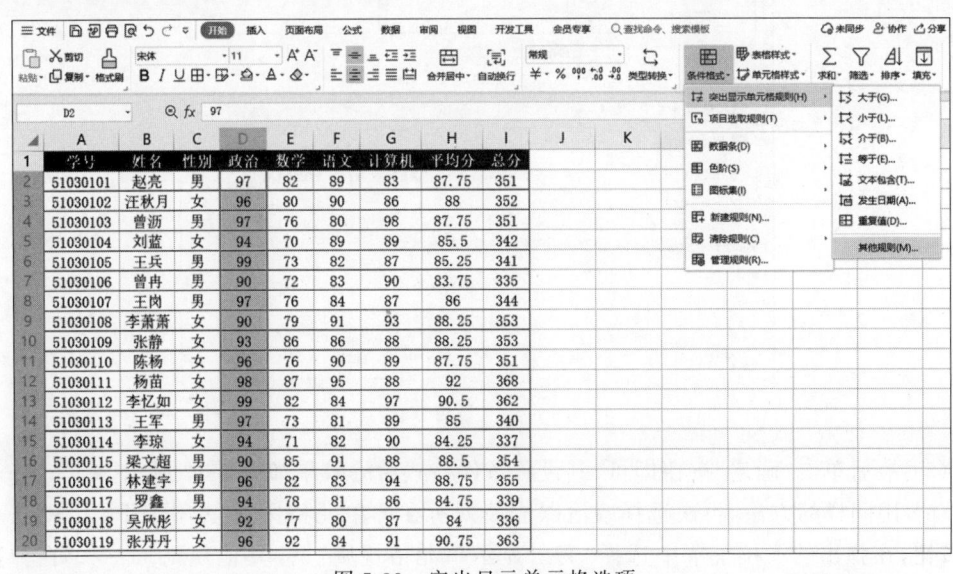

图 5-39　突出显示单元格选项

(3) 在弹出的"新建格式规则"对话框中,"编辑规则说明"参数框分别设置为"单元格值""大于或等于""95"。如图 5-40 所示。然后单击对话框右下方的"格式"按钮。

图 5-40 "新建格式规则"对话框

(4) 在弹出的"单元格格式"对话框中,单击"字体"选项卡,修改字形为"加粗";打开"图案"选项卡,修改背景颜色为绿色,如图 5-41 和图 5-42 所示。

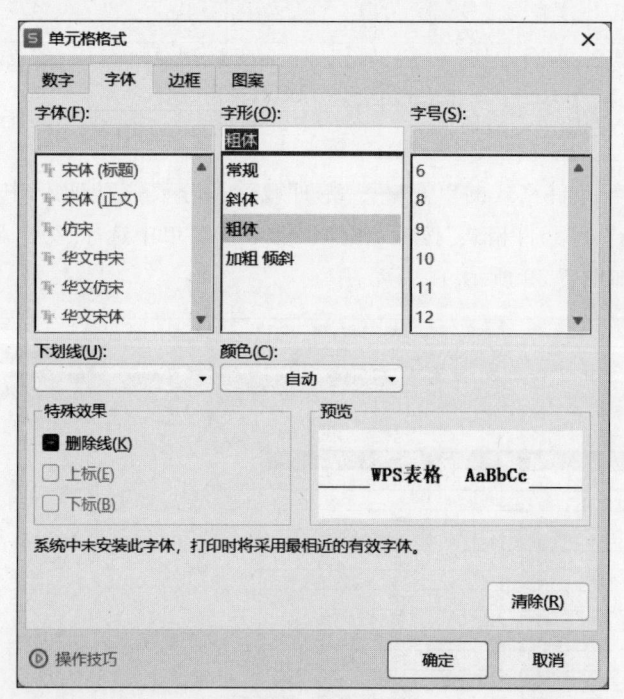

图 5-41 设置字体

(5) 最后单击"确定"按钮即可,其设置条件格式后的效果如图 5-43 所示。
(6) 用同样的方法,再次选择政治课成绩列所在的单元格区域,单击"开始"→"条件格式"按钮,在弹出的下拉菜单中选择"突出显示单元格规则"→"其他规则"命令。在弹出的

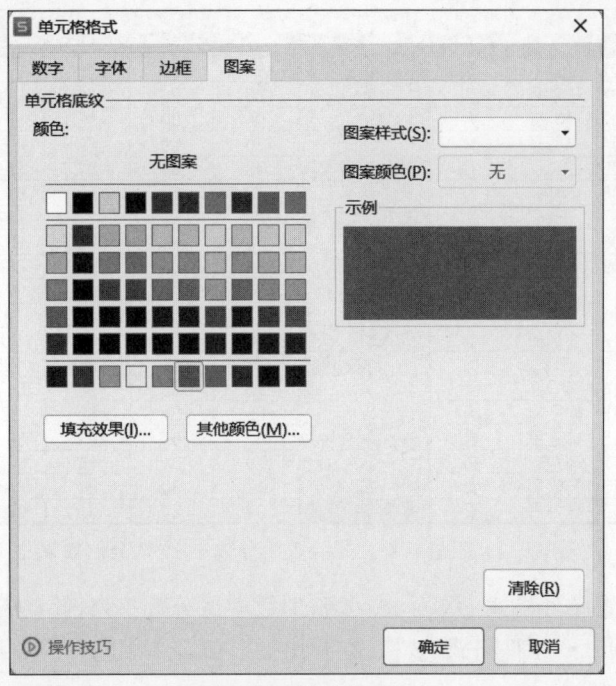

图 5-42 设置背景色

	A	B	C	D	E	F	G	H	I
1	学号	姓名	性别	政治	数学	语文	计算机	平均分	总分
2	51030101	赵亮	男	97	82	89	83	87.75	351
3	51030102	汪秋月	女	96	80	90	86	88	352
4	51030103	曾沥	男	97	76	80	98	87.75	351
5	51030104	刘蓝	女	94	70	89	89	85.5	342
6	51030105	王兵	男	99	73	82	87	85.25	341
7	51030106	曾冉	男	90	72	83	90	83.75	335
8	51030107	王岗	男	97	76	84	87	86	344
9	51030108	李萧萧	女	90	79	91	93	88.25	353
10	51030109	张静	女	93	86	86	88	88.25	353
11	51030110	陈杨	女	96	76	90	89	87.75	351
12	51030111	杨苗	女	98	87	95	88	92	368
13	51030112	李忆如	女	99	82	84	97	90.5	362
14	51030113	王军	男	97	73	81	89	85	340
15	51030114	李琼	女	94	71	82	90	84.25	337
16	51030115	梁文超	男	90	85	91	88	88.5	354
17	51030116	林建宇	男	96	82	83	94	88.75	355
18	51030117	罗鑫	男	94	78	81	86	84.75	339
19	51030118	吴欣彤	女	92	77	80	87	84	336
20	51030119	张丹丹	女	96	92	84	91	90.75	363

图 5-43 设置条件格式为政治分数 95 分(含)以上的效果

"新建格式规则"对话框中,"编辑规则说明"参数框分别设置为"单元格值""小于""95"。然后单击对话框右下方的"格式"按钮,在打开的"单元格格式"对话框中,修改字形为"倾斜";修改背景颜色为橙色,完成效果如图 5-44 所示。

2. 最前/最后规则

最前/最后规则,用于突出显示单元格区域中满足条件的前几项或后几项。

例:对学生表中数学课分数最高的前三个分数,设置文字字形加粗,填充颜色为绿色。操作步骤如下。

	A	B	C	D	E	F	G	H	I
1	学号	姓名	性别	政治	数学	语文	计算机	平均分	总分
2	51030101	赵亮	男	97	82	89	83	87.75	351
3	51030102	汪秋月	女	96	80	90	86	88	352
4	51030103	曾沥	男	97	76	80	98	87.75	351
5	51030104	刘蓝	女	94	70	89	89	85.5	342
6	51030105	王兵	男	99	73	82	87	85.25	341
7	51030106	曾冉	男	90	72	83	90	83.75	335
8	51030107	王岗	男	97	76	84	87	86	344
9	51030108	李萧萧	女	90	79	91	93	88.25	353
10	51030109	张静	女	93	86	86	88	88.25	353
11	51030110	陈杨	女	96	76	90	89	87.75	351
12	51030111	杨苗	女	98	87	95	88	92	368
13	51030112	李忆如	女	99	82	84	97	90.5	362
14	51030113	王军	男	97	73	81	89	85	340
15	51030114	李琼	女	94	71	82	90	84.25	337
16	51030115	梁文超	男	90	85	91	88	88.5	354
17	51030116	林建宇	男	96	82	83	94	88.75	355
18	51030117	罗鑫	男	94	78	81	86	84.75	339
19	51030118	吴欣彤	女	92	77	80	87	84	336
20	51030119	张丹丹	女	96	92	84	91	90.75	363

图 5-44 设置条件格式为政治分数小于 95 分的效果

(1) 选择要设置条件格式的单元格区域,即数学课分数一列,此例中选择 E2:E20。
(2) 单击"开始"→"条件格式"按钮,在弹出的下拉菜单中选择"项目选取规则"→"前 10 项…"命令,如图 5-45 所示。

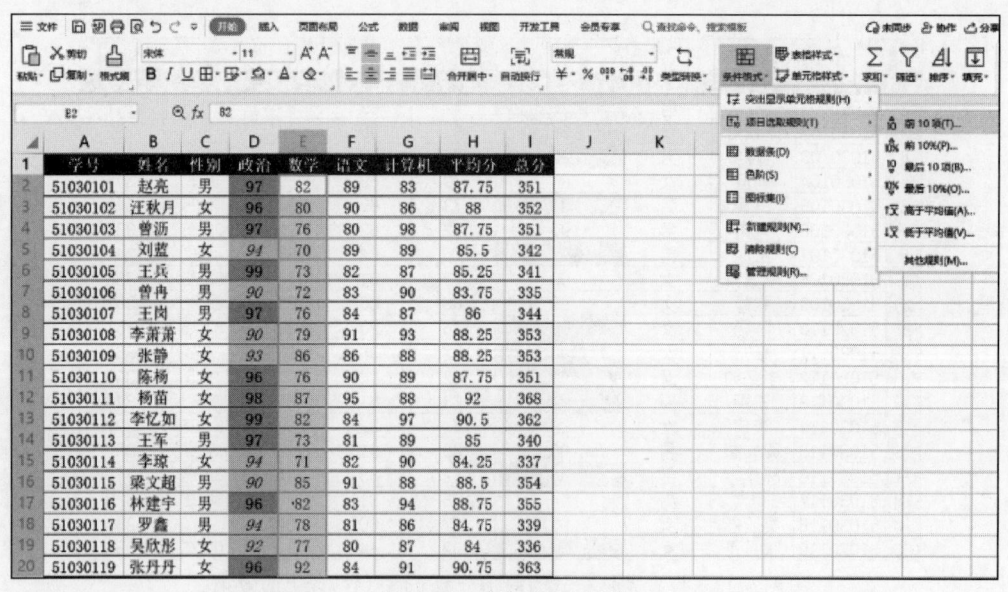

图 5-45 最前/最后规则

(3) 在弹出的"前 10 项"对话框中,修改项数为"3"。单击"设置为"参数框右边的下拉箭头,在弹出的下拉列表中选择"自定义格式"命令,如图 5-46 所示。
(4) 在弹出的"单元格格式"对话框中修改字体字形加粗,填充背景色为绿色。单击"确定"按钮,完成效果如图 5-47 所示。

3. 使用数据条

数据条可以帮助用户直观地比较某个单元格相对于其他单元格值的大小。数据条的长

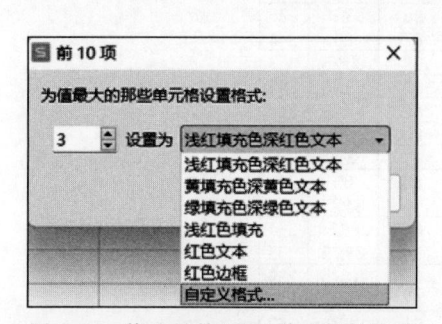

图 5-46　修改最前/最后单元格的格式　　　　图 5-47　设置条件格式数学分数最高分结果图

度代表单元格中值的大小。

例：在学生表中，使用实心蓝色数据条格式化语文课程的成绩。

操作步骤如下。

（1）选择要设置条件格式的单元格区域，即语文课分数一列，此例中选择 F2:F20。

（2）单击"开始"→"条件格式"按钮，在弹出的下拉菜单中选择"数据条"→"蓝色数据条"命令，如图 5-48 所示。

图 5-48　条件格式——数据条

（3）完成效果如图 5-49 所示，数据条越长表示分数越高。

4. 使用色阶

色阶是指将单元格中数值转换为指定的颜色条，颜色的深浅代表值的大小。色阶可以帮助用户查看数据分布和数据变化情况。

	A	B	C	D	E	F	G	H	I
1	学号	姓名	性别	政治	数学	语文	计算机	平均分	总分
2	51030101	赵亮	男	97	82	89	83	87.75	351
3	51030102	汪秋月	女	96	80	90	86	88	352
4	51030103	曾沥	男	97	76	80	98	87.75	351
5	51030104	刘蓝	女	94	70	89	89	85.5	342
6	51030105	王兵	男	99	73	82	87	85.25	341
7	51030106	曾冉	男	90	72	83	90	83.75	335
8	51030107	王岗	男	97	76	84	87	86	344
9	51030108	李萧萧	女	90	79	91	93	88.25	353
10	51030109	张静	女	93	86	86	88	88.25	353
11	51030110	陈杨	女	96	76	90	89	87.75	351
12	51030111	杨苗	女	98	87	95	88	92	368
13	51030112	李忆如	女	99	82	84	97	90.5	362
14	51030113	王军	男	97	73	81	89	85	340
15	51030114	李琼	女	94	71	82	90	84.25	337
16	51030115	梁文超	男	90	85	91	88	88.5	354
17	51030116	林建宇	男	96	82	83	94	88.75	355
18	51030117	罗鑫	男	94	78	81	86	84.75	339
19	51030118	吴欣彤	女	92	77	80	87	84	336
20	51030119	张丹丹	女	96	92	84	91	90.75	363

图 5-49　设置条件格式数据条结果图

例：在学生表中，使用绿-黄-红色阶格式化课程的平均成绩。

操作步骤如下。

（1）选择设置条件格式的单元格区域，即平均分一列，此例中选择 H2:H20。

（2）单击"开始"→"条件格式"按钮，在弹出的下拉菜单中选择"色阶"→"绿-黄-红色阶"命令，如图 5-50 所示。

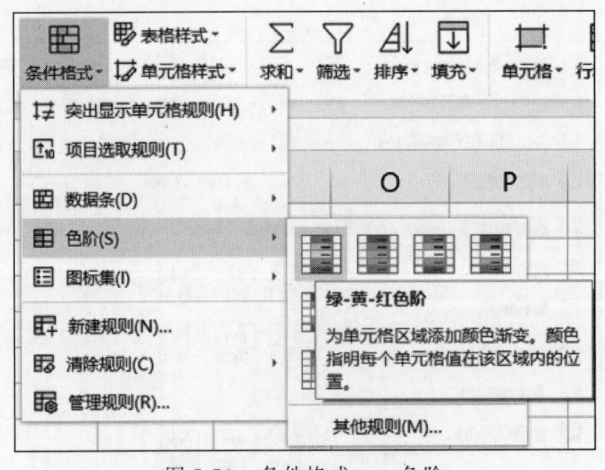

图 5-50　条件格式——色阶

（3）完成效果如图 5-51 所示，颜色越浅表示分数越高。

5.3.4　单元格样式

单元格样式是针对单元格自身及其包含的数据的一种格式。电子表格提供了若干预定义单元格样式，方便用户快速对单元格格式进行更改。用户也可以创建自定义单元格样式。

1. 应用单元格样式

例：在学生表中，选择学号列，使用"标题 1"单元格样式。

图 5-51 设置条件格式色阶结果图

操作步骤如下。

（1）选择学号一列，此例中选择 A2:A20。

（2）单击"开始"→"单元格样式"按钮。在展开的列表中选择"标题 1"单元格样式按钮，如图 5-52 所示。

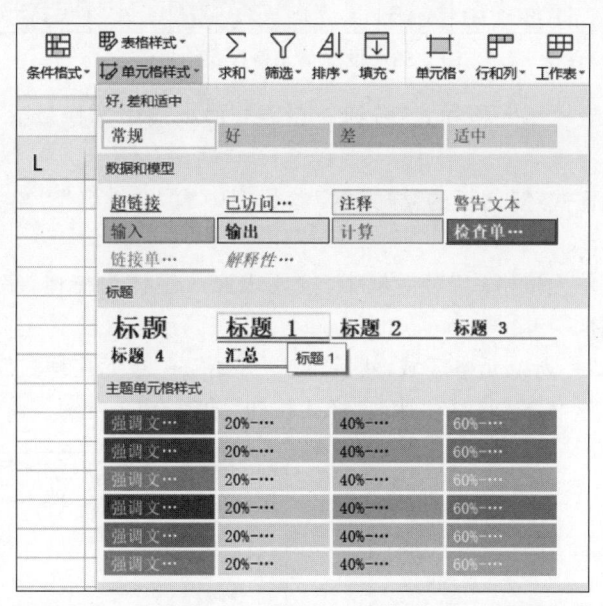

图 5-52 选择单元格样式

（3）完成后效果如图 5-53 所示。

2. 创建自定义单元格样式

例：在学生表中，自定义单元格样式，设置字体为"楷体"，字形加粗，字号为 14，样式名称为"姓名"，使用在姓名一列。

操作步骤如下。

	A	B	C	D	E	F	G	H	I
1	学号	姓名	性别	政治	数学	语文	计算机	平均分	总分
2	51030101	赵亮	男	97	82	89	83	87.75	351
3	51030102	汪秋月	女	96	80	90	86	88	352
4	51030103	曾沥	男	97	76	80	98	87.75	351
5	51030104	刘蓝	女	94	70	89	89	85.5	342
6	51030105	王兵	男	99	73	82	87	85.25	341
7	51030106	曾冉	男	90	72	83	90	83.75	335
8	51030107	王岗	男	97	76	84	87	86	344
9	51030108	李萧萧	女	90	79	91	93	88.25	353
10	51030109	张静	女	93	86	86	88	88.25	353
11	51030110	陈杨	女	96	76	90	89	87.75	351
12	51030111	杨苗	女	98	87	95	88	92	368
13	51030112	李忆如	女	99	82	84	97	90.5	362
14	51030113	王军	男	97	73	81	89	85	340
15	51030114	李琼	女	94	71	82	90	84.25	337
16	51030115	梁文超	男	90	85	91	88	88.5	354
17	51030116	林建宇	男	96	82	83	94	88.75	355
18	51030117	罗鑫	男	94	78	81	86	84.75	339
19	51030118	吴欣彤	女	92	77	80	87	84	336
20	51030119	张丹丹	女	96	92	84	91	90.75	363

图 5-53　设置单元格样式结果图

（1）单击"开始"→"单元格样式"按钮。在展开的列表中选择最下方的"新建单元格样式"按钮。

（2）在弹出的"样式"对话框的"样式名"参数框中输入"姓名"。然后单击"格式"按钮，如图 5-54 所示。

（3）在弹出的"单元格格式"对话框中，按要求修改字体为楷体，字形加粗，字号为 14。然后单击"确定"按钮。

（4）选择"姓名"一列单元格区域，然后单击"开始"→"单元格样式"按钮，在展开的单元格样式列表区域中，选择新创建的"姓名"样式按钮，如图 5-55 所示。

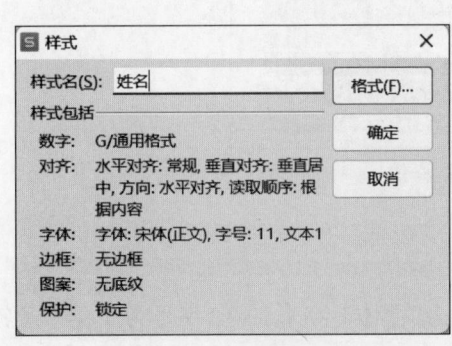

图 5-54　"样式"对话框　　　　　图 5-55　新创建的"姓名"样式

（5）完成效果如图 5-56 所示。

	A	B	C	D	E	F	G	H	I
1	学号	姓名	性别	政治	数学	语文	计算机	平均分	总分
2	51030101	赵亮	男	97	82	89	83	87.75	351
3	51030102	汪秋月	女	96	80	90	86	88	352
4	51030103	曾沥	男	97	76	80	98	87.75	351
5	51030104	刘蓝	女	94	70	89	89	85.5	342
6	51030105	王兵	男	99	73	82	87	85.25	341
7	51030106	曾冉	男	90	72	83	90	83.75	335
8	51030107	王岗	男	97	76	84	87	86	344
9	51030108	李萧萧	女	90	79	91	93	88.25	353
10	51030109	张静	女	93	86	86	88	88.25	353
11	51030110	陈杨	女	96	76	90	89	87.75	351
12	51030111	杨苗	女	98	87	95	88	92	368
13	51030112	李忆如	女	99	82	84	97	90.5	362
14	51030113	王军	男	97	73	81	89	85	340
15	51030114	李琼	女	94	71	82	90	84.25	337
16	51030115	梁文超	男	90	85	91	88	88.5	354
17	51030116	林建宇	男	96	82	83	94	88.75	355
18	51030117	罗鑫	男	94	78	81	86	84.75	339
19	51030118	吴欣彤	女	92	77	80	87	84	336
20	51030119	张丹丹	女	96	92	84	91	90.75	363

图 5-56　使用自定义单元格样式效果图

5.3.5　表格样式

表格样式，其功能与单元格样式相近，但有所不同。表格样式主要是用来修改单元格区域的外观，其作用范围一般是单元格区域，是一张完整的数据清单。对单元格区域使用表格样式，可以设置该区域中不同的位置有不同的外观，如标题行、第一列、镶边行、镶边列等，使用表格样式后，可以选择使该单元格区域转换为"表格"，并添加自动筛选按钮。

例：为学生表中数据套用表格样式，样式选择"中色系"中的"表样式中等深浅 1"。

操作步骤如下。

（1）选择学生表中数据所在的单元格区域，本例中选择的是 A1:I20。

（2）单击"开始"→"表格样式"按钮，在展开的列表中选择"中色系"中的"表样式中等深浅 1"按钮，如图 5-57 所示。

（3）在弹出的"套用表格样式"对话框中单击"转换成表格，并套用表格样式"单选按钮，同时选中"表包含标题"和"筛选按钮"两个复选框，如图 5-58 所示。

（4）完成后的效果如图 5-59 所示。

（5）单击套用了表格样式的单元格区域内的任意单元格，菜单上方出现"表格工具"上下文选项卡，在该选项卡中可以完成表格样式的更多操作，例如，设置是否有"标题行"，是否有"镶边行"等，如图 5-60 所示。

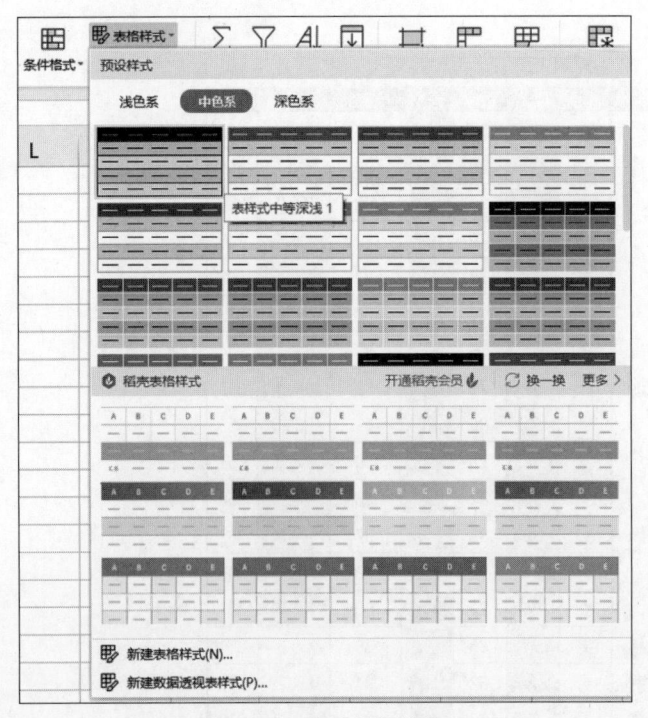

图 5-57 套用表格样式

图 5-58 "套用表格样式"对话框

	A	B	C	D	E	F	G	H	I
1	学号	姓名	性别	政治	数学	语文	计算机	平均分	总分
2	51030101	赵亮	男	97	82	89	83	87.75	351
3	51030102	汪秋月	女	96	80	90	86	88	352
4	51030103	曾沥	男	97	76	80	98	87.75	351
5	51030104	刘蓝	女	94	70	89	89	85.5	342
6	51030105	王兵	男	99	73	82	87	85.25	341
7	51030106	曾冉	男	90	72	83	90	83.75	335
8	51030107	王岗	男	97	76	84	87	86	344
9	51030108	李萧萧	女	90	79	91	93	88.25	353
10	51030109	张静	女	93	86	86	88	88.25	353
11	51030110	陈杨	女	96	76	90	89	87.75	351
12	51030111	杨苗	女	98	87	95	88	92	368
13	51030112	李忆如	女	99	82	84	97	90.5	362
14	51030113	王军	男	97	73	81	89	85	340
15	51030114	李琼	女	94	71	82	90	84.25	337
16	51030115	梁文超	男	90	85	91	88	88.5	354
17	51030116	林建宇	男	96	82	83	94	88.75	355
18	51030117	罗鑫	男	94	78	81	86	84.75	339
19	51030118	吴欣彤	女	92	77	80	87	84	336
20	51030119	张丹丹	女	96	92	84	91	90.75	363

图 5-59 套用表格样式效果图

图 5-60 "表格工具"选项卡

5.4 公式与函数

WPS表格强大的计算功能主要依赖于公式和函数,可以说公式和函数是电子表格最重要的功能。

5.4.1 公式概述

公式是对工作表中的数据进行计算的表达式,即公式是连续的一组数据和运算符组成的序列。电子表格公式以等号"="开始,后面通常跟着由运算符连接起来的常量、单元格引用、函数等。

1. 公式的组成

WPS表格的公式中通常包含如下一些基本元素。

运算符:表示运算关系的符号,例如:+、−、*等。电子表格包含4种类型的运算符:算术运算符、比较运算符、文本运算符、引用运算符。

常量:通常包括数字或文本,例如10、"A""北京"等。

单元格引用:对单个单元格或单元格区域的引用,例如A1、$B$2、A1:B5等。

函数:电子表格内置的函数或用户自定义的函数,例如sum、max等。

区域名称:为单元格或单元格区域定义的区域名称。例如:在某个学生信息表中,单元格区域A1:A100定义为区域名称"学号"。

2. 运算符

算术运算符,用于完成基本的数学运算,如表5-2所示。

表 5-2 算术运算符

算术运算符	含 义	示 例	结 果
+	加	=2+4	6
−	减或负数	=4−8	−4
*	乘	=3*4	12
/	除	=1/4	0.25
%	百分比	=2.5%	0.025
^	乘方	=2^3	8

比较运算符,用来比较两个数值,结果为逻辑值true或false,如表5-3所示。

表 5-3 比较运算符

比较运算符	含 义	示 例	结 果
=	等于	=A1=B1 (假设A1值为3,B1值为4,以下同)	False
>	大于	=A1>B1	False
<	小于	=A1<B1	True

续表

比较运算符	含义	示例	结果
>=	大于或等于	=A1>=B1	False
<=	小于或等于	=A1<=B1	True

文本运算符,只有一个,可以将多个文本连接起来,如表 5-4 所示。

表 5-4 文本运算符

文本运算符	含义	示例	结果
&	将两个文本连接成一个连续的文本值	="珠海"&"科技学院"	"珠海科技学院"

引用运算符,可以将单元格区域合并运算,如图 5-5 所示。

表 5-5 引用运算符

引用运算符	含义	示例	结果
:	区域运算符,包括两个引用在内的所有单元格	=sum(A1:B2)	求 A1、A2、B1、B2 的和
,	联合运算符,将多个单元格合并为一个引用	=sum(A1,B2)	求 A1 和 B2 的和
(空格)	交叉运算符,产生同时属于两个单元格区域的引用	=sum(A1:B2 B1:B6)	求 B1 和 B2 的和

5.4.2 公式基本操作

1. 创建公式

公式的内容可直接在单元格中输入,也可以在编辑栏中输入,下面以"学生成绩表"为例介绍在编辑栏中如何输入公式计算总分和平均分,原始数据如图 5-61 所示。

	A	B	C	D	E	F	G	H	I
1	学号	姓名	性别	政治	数学	语文	计算机	总分	平均分
2	51030101	赵亮	男	97	82	89	83		
3	51030102	汪秋月	女	96	80	90	86		
4	51030103	曾沥	男	97	76	80	98		
5	51030104	刘蓝	女	94	70	89	89		
6	51030105	王兵	男	99	73	82	87		
7	51030106	曾冉	男	90	72	83	90		
8	51030107	王岗	男	97	76	84	87		
9	51030108	李萧萧	女	90	79	91	93		
10	51030109	张静	女	93	86	86	88		

图 5-61 原始数据

操作步骤如下:单击选定要输入公式的单元格 H2,在编辑框内单击,当出现指针时,输入公式的内容"=D2+E2+F2+G2",按 Enter 键或单击编辑栏中的输入按钮 ✓,结束公式的输入,则 H2 中将计算出结果同时显示出来。如图 5-62 所示。

注意:

● 输入公式时一定要以"="号开头,否则电子表格软件只将输入内容作为字符串而不

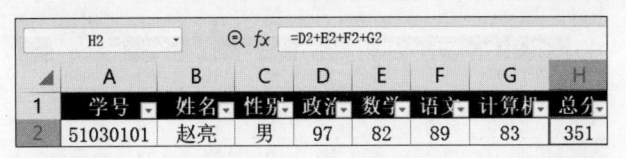

图 5-62 输入公式

是公式。
- 输入单元格地址时,可以用键盘输入,也可以通过鼠标单击对应的单元格,快速录入单元格地址。

2. 编辑公式

公式创建好后,可以根据需要重新修改包含公式的单元格的内容,例如,添加或减少公式中的数据元素、改变公式的算法。方法是:选中该单元格之后将指针移入编辑栏内然后修改,也可以双击该单元格,然后在单元格里面直接修改,修改完成后按 Enter 键即可。若是要取消此次修改则可以单击编辑栏前的 ✕ 按钮,也可以按 Esc 键。

3. 移动和复制公式

在 WPS 表格中,可以将已创建好的公式移动或复制到其他单元格中,从而大大提高输入效率。例如计算出赵亮的总分之后,即可用复制的方法求出其他所有同学的总分。移动与复制公式的方法与前面所讲的移动与复制单元格的方法一样。只不过如果只移动或复制单元格中的公式,则可以在选择性粘贴时选择粘贴项为公式,如图 5-63 所示。

图 5-63 选择性粘贴公式

此外也可以采用自动填充的功能快速复制公式,如在求出赵亮的总分后,将鼠标置于 H2 单元格的右下角,当出现"+"符号时,按下鼠标不放拖曳到最后一名同学的总分所在单元格 H10,即可求出每位同学的总分,如图 5-64 所示。

	A	B	C	D	E	F	G	H
1	学号	姓名	性别	政治	数学	语文	计算机	总分
2	51030101	赵亮	男	97	82	89	83	351
3	51030102	汪秋月	女	96	80	90	86	352
4	51030103	曾沥	男	97	76	80	98	351
5	51030104	刘蓝	女	94	70	89	89	342
6	51030105	王兵	男	99	73	82	87	341
7	51030106	曾冉	男	90	72	83	90	335
8	51030107	王岗	男	97	76	84	87	344
9	51030108	李萧萧	女	90	79	91	93	353
10	51030109	张静	女	93	86	86	88	353
11								

图 5-64　使用自动填充功能快速复制公式

5.4.3　单元格引用

在 WPS 表格中,每个单元格都有自己的地址,使用列号和行号表示,公式中允许使用单元格引用。单元格引用的作用是标志工作表上的单元格或单元格区域,并指明公式中所使用的数据的位置。在公式中使用单元格引用后,公式的运算结果将随着被引用单元格数据的变化而变化。当被引用的单元格数据被修改后,公式的运算结果会自动修改。

根据公式的位置变化时,被引用单元格的不同变化情况,将单元格引用分为相对引用、绝对引用、混合引用。

1. 相对引用

相对引用是 WPS 表格中最常用的引用方法。之前举的所有实例都是相对引用,即直接用单元格的列号与行号作为单元格引用,如 A1 或 A1:B2 分别指对单元格和单元格区域的相对引用。

相对引用是指其引用会随公式所在单元格的位置变化而改变。使用相对引用后,系统将会记住建立公式的单元格和被引用的单元格的相对位置关系,当公式被复制时,单元格引用被调整到新的位置,使新公式所在的单元格和被引用的单元格仍保持这种相对位置。

例如,"学生成绩表"中赵亮的总分所在的单元格 H2 是通过公式"＝D2＋E2＋F2＋G2"求得的,当把该公式复制到下一个同学汪秋月的总分所在的单元格 H3 时,H3 中的公式会自动地改成"＝D3＋E3＋F3＋G3",即采用相对引用的单元格地址会自动地进行调整,使得复制后的单元格地址发生了变化,如图 5-65 所示。

	A	B	C	D	E	F	G	H	I
1	学号	姓名	性别	政治	数学	语文	计算机	总分	总分公式
2	51030101	赵亮	男	97	82	89	83	351	=D2+E2+F2+G2
3	51030102	汪秋月	女	96	80	90	86	352	=D3+E3+F3+G3
4	51030103	曾沥	男	97	76	80	98	351	=D4+E4+F4+G4
5	51030104	刘蓝	女	94	70	89	89	342	=D5+E5+F5+G5
6	51030105	王兵	男	99	73	82	87	341	=D6+E6+F6+G6
7	51030106	曾冉	男	90	72	83	90	335	=D7+E7+F7+G7
8	51030107	王岗	男	97	76	84	87	344	=D8+E8+F8+G8
9	51030108	李萧萧	女	90	79	91	93	353	=D9+E9+F9+G9
10	51030109	张静	女	93	86	86	88	353	=D10+E10+F10+G10

图 5-65　相对地址引用

2. 绝对引用

单元格绝对引用是指固定引用特定的单元格或单元格区域,无论将这个公式粘贴到任何单元格,公式所引用的还是原来单元格的数据。绝对引用的单元格地址的行和列前都有"$"符,例如＄A＄2是绝对引用单元格A2。再如,若是求赵亮的总分时采用绝对引用,即"＝＄D＄2+＄E＄2+＄F2＄+＄G＄2",此时赵亮的总分还是351分,但此时若将该公式复制到其他学生的总分单元格里,就会发现所有人的总分都和赵亮的一样,即"351"。这就说明采用绝对引用,在进行公式复制时将不会相应调整单元格的地址,如图5-66所示。

图5-66 绝对地址引用

例:计算"学生成绩表"中的年龄。工作表原始数据如图5-67所示。

操作步骤如下。

(1)年龄的计算方法为:当前年份－出生年份,在D4单元格输入第一个学生赵亮的年龄公式"＝B1－C4",如图5-68所示。

图5-67 原始数据图

图5-68 输入公式

(2)采用向下复制公式的方法来计算其他学生的年龄时,发现所有学生的年龄都应该使用同一个当前年份,即B1单元格的值,所以当前年份的引用,不应该随着公式位置的改变而改变;每个学生的出生年份是不同的,所以需要随着公式位置的改变而改变。综上,修改D4单元格公式为"＝＄B＄1－C4",即B1改为绝对引用。

(3)向下复制公式,完成计算,结果如图5-69所示。

(4)单元格公式及引用单元格情况如图5-70所示。

图5-69 绝对地址引用实例结果图

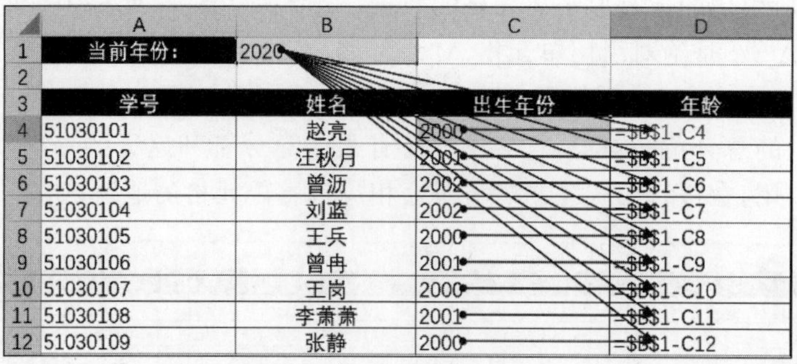

	A	B	C	D
1	当前年份：	2020		
2				
3	学号	姓名	出生年份	年龄
4	51030101	赵亮	2000	=$B$1-C4
5	51030102	汪秋月	2001	=$B$1-C5
6	51030103	曾沥	2002	=$B$1-C6
7	51030104	刘蓝	2002	=$B$1-C7
8	51030105	王兵	2000	=$B$1-C8
9	51030106	曾冉	2001	=$B$1-C9
10	51030107	王岗	2000	=$B$1-C10
11	51030108	李萧萧	2001	=$B$1-C11
12	51030109	张静	2000	=$B$1-C12

图 5-70　单元格引用情况

3. 混合引用

混合引用是绝对列和相对行，或者相对列和绝对行，即列号前有"＄"符，而行号前没有"＄"符，那么被引用的单元格列的位置是绝对的，行的位置是相对的，或是列号前没有"＄"符，而行号前有"＄"符，那么被引用的单元格列的位置是相对的，行的位置是绝对的。

如果公式所在单元格的位置改变，则相对引用改变，而绝对引用不变。例如，将一个公式采用混合引用"＝A＄1"，公式从 A2 复制到 B2，公式中的引用将从"＝A＄1"调整到"＝B＄1"。

这三种引用不仅可以用于同一个工作簿的同一工作表中，而且还可以用于同一工作簿的不同工作表中，只不过要采用工作表和单元格同时引用的办法，如"学生英语成绩表!G3"指处于学生英语成绩表中的 G3 单元格；若是要引用不同工作簿的不同工作表时，则需使用三维引用的办法来确定具体的单元格地址，如"［Book1.xlsx］Sheet1!＄F＄4"，指 Book1 工作簿里的 Sheet1 工作表中的 F4 单元格。

5.4.4　使用函数

函数可以说是 WPS 表格最重要的功能，利用函数可以进行简单的数学运算，还可以操作文本，也可以完成财务、统计、科学计算等复杂的计算。

1. 函数的组成

以常用的求和函数 SUM 为例，它的语法格式是 SUM(数值1,数值2,…)。其中 SUM 为函数名称，函数只能有唯一的一个名称，它代表着函数的功能。函数名称后面必须有一对括号，括号内为函数参数，参数可以是常量、单元格引用、区域名称等，甚至可以是另一个函数。参数的类型和位置必须满足函数语法的要求，否则将返回错误信息。

2. 函数与公式的关系

函数与公式常见的使用方式是在输入公式时调用函数，函数与公式之间功能互补。函数是电子表格中预先定义好的，公式是用户自行设计的。函数和公式都必须以等号"＝"开始。

3. 输入函数

函数的使用与公式相似，也是以等号"＝"开始，后面紧跟函数名称和左括号，然后以逗号分隔输入参数，最后是右括号。在电子表格中创建函数的方法主要有以下两种。

方法 1：使用"插入函数"对话框输入函数。

"插入函数"对话框可以辅助用户输入函数，而且可以保证输入函数名称和参数个数的绝对正确性,尤其适合各种复杂的函数输入,因此被用户广泛使用。

例:求"学生成绩表"中学生的总分,原始数据如图 5-71 所示。

	A	B	C	D	E	F	G	H	I
1	学号	姓名	性别	政治	数学	语文	计算机	总分	平均分
2	51030101	赵亮	男	97	82	89	83		
3	51030102	汪秋月	女	96	80	90	86		
4	51030103	曾沥	男	97	76	80	98		
5	51030104	刘蓝	女	94	70	89	89		
6	51030105	王兵	男	99	73	82	87		
7	51030106	曾冉	男	90	72	83	90		
8	51030107	王岗	男	97	76	84	87		
9	51030108	李萧萧	女	90	79	91	93		
10	51030109	张静	女	93	86	86	88		

图 5-71 学生成绩表原始数据图

操作步骤如下。

(1)首先选定插入函数的单元格 H2,单击"公式"→"插入函数"按钮,如图 5-72 所示,或者单击编辑栏左侧的插入函数按钮,如图 5-73 所示,弹出"插入函数"对话框,如图 5-74 所示。

图 5-72 "公式"选项卡中的"插入函数"按钮

图 5-73 编辑栏插入函数按钮

图 5-74 "插入函数"对话框

（2）可以在"搜索函数"参数框中输入函数名称搜索函数，或者在"或选择类别"下拉列表中选择函数类别，然后在下面的"选择函数"框中选择需要的函数。选中函数后，单击"确定"按钮，弹出"函数参数"对话框。在"函数参数"对话框中输入参数。本例中，选择"数值1"参数框，然后使用鼠标选中"D2:G2"单元格区域，"D2:G2"将作为参数填入到"数值1"的参数框中，如图5-75所示。参数编辑完成后单击"确定"按钮。

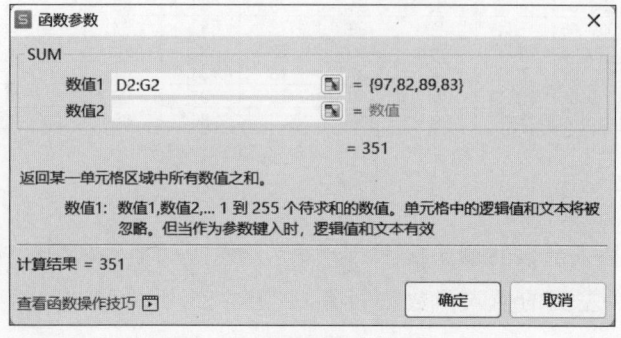

图5-75 "函数参数"对话框

（3）单击H2单元格右下角填充柄，向下拖曳指标，自动填充计算其他同学的总分。完成结果如图5-76所示。

图5-76 完成结果图

方法2：使用编辑栏输入函数。

如果用户对所需的函数非常熟悉，可利用编辑栏，直接输入函数，输入方法与公式的输入方法类似。

例：求"学生成绩表"中学生的平均分。

操作步骤如下。

（1）单击第一个学生的平均分所在的单元格"I2"，在单元格中输入一个等号"＝"，在等号后输入下列函数内容"AVERAGE(D2:G2)"，单击编辑栏中的输入按钮✓或按Enter键，此时在输入函数的单元格中将显示出函数的运算结果，如图5-77所示。

图5-77 输入函数

(2) 单击 I2 单元格右下角的填充柄,向下拖曳指针,自动填充计算其他同学的平均分。完成结果如图 5-78 所示。

	A	B	C	D	E	F	G	H	I
1	学号	姓名	性别	政治	数学	语文	计算机	总分	平均分
2	51030101	赵亮	男	97	82	89	83	351	87.75
3	51030102	汪秋月	女	96	80	90	86	352	88
4	51030103	曾沥	男	97	76	80	98	351	87.75
5	51030104	刘蓝	女	94	70	89	89	342	85.5
6	51030105	王兵	男	99	73	82	87	341	85.25
7	51030106	曾冉	男	90	72	83	90	335	83.75
8	51030107	王岗	男	97	76	84	87	344	86
9	51030108	李萧萧	女	90	79	91	93	353	88.25
10	51030109	张静	女	93	86	86	88	353	88.25

图 5-78　完成结果图

5.4.5　常用函数

1. SUM

用途：求和函数。

语法：

```
SUM(数值 1,数值 2,…)
```

参数：数值 1,数值 2,…为要求和的数值。

实例：如果 A1＝2,A2＝3,A3＝4,则公式"＝SUM(A1:A3)"的计算结果为 9。

2. AVERAGE

用途：返回所有参数的平均值(算术平均值)

语法：

```
AVERAGE(数值 1,数值 2,…)
```

参数：数值 1,数值 2,…为用来计算平均值的数值。

实例：如果 A1＝5,A2＝6,A3＝7,A4＝8,A5＝9,则公式"＝AVERAGE(A1:A5)"的计算结果为 7。

3. MAX

用途：返回参数列表中的最大值。

语法：

```
MAX(数值 1,数值 2,…)
```

参数：数值 1,数值 2,…为准备从中求取最大值的数值列表。

实例：如果 A1＝5,A2＝6,A3＝7,A4＝8,A5＝9,则公式"＝MAX(A1:A5)"的计算结果为 9。

4. MIN

用途：返回参数列表中的最小值。

语法：

```
MIN(数值 1,数值 2,…)
```

参数：数值1,数值2,…为准备从中求取最小值的数值列表。

实例：如果 A1＝5,A2＝6,A3＝7,A4＝8,A5＝9,则公式"＝MIN(A1：A5)"的计算结果为 5。

5. COUNT

用途：计算包含数字的单元格的个数。

语法：

COUNT(值1,值2,…)

参数：值1,值2,…为包含各种类型数据的参数,如果参数为数字、日期或代表数字的文本,则将被计算在内。

实例：如果 A1＝5,A2＝"张三",A3＝7,A4＝"李四",A5＝9,则公式"＝COUNT(A1：A5)"的计算结果为 3。

6. COUNTA

用途：计算参数中非空的单元格个数。

语法：

COUNTA(值1,值2,…)

参数：值1,值2,…为包含各种类型数据的参数。

实例：如果 A1＝5,A2＝"张三",A3＝7,A4＝"李四",A5＝9,则公式"＝COUNTA(A1：A5)"的计算结果为 5。

7. COUNTIF

用途：计算某个区域中满足给定条件的单元格数目。

语法：

COUNTIF(区域,条件)

参数："区域"为要计算的非空单元格数目的区域,"条件"为以数字、表达式或文本形式定义的条件。

例：统计政治分数在 95 分(含)以上的学生人数。原始数据如图 5-79 所示。

	A	B	C	D	E
1	学号	姓名	性别	政治	数学
2	51030101	赵亮	男	97	82
3	51030102	汪秋月	女	96	80
4	51030103	曾沥	男	97	76
5	51030104	刘蓝	女	94	70
6	51030105	王兵	男	99	73
7	51030106	曾冉	男	90	72
8	51030107	王岗	男	97	76
9	51030108	李萧萧	女	90	79
10	51030109	张静	女	93	86
11					
12	政治分数大于等于95分的人数:				

图 5-79 原始数据图

操作步骤如下。

(1) 选择需要统计人数的"E12"单元格,单击"插入函数"按钮。

(2) 在弹出的"插入函数"对话框的搜索函数参数框中输入"countif",单击"转到"按钮,然后单击"确定"按钮,如图 5-80 所示。

图 5-80 "插入函数"对话框

(3) 在弹出的"函数参数"对话框中,在"区域"参数框中输入"D2:D10",在"条件"参数框中输入">=95",单击"确定"按钮,如图 5-81 所示。

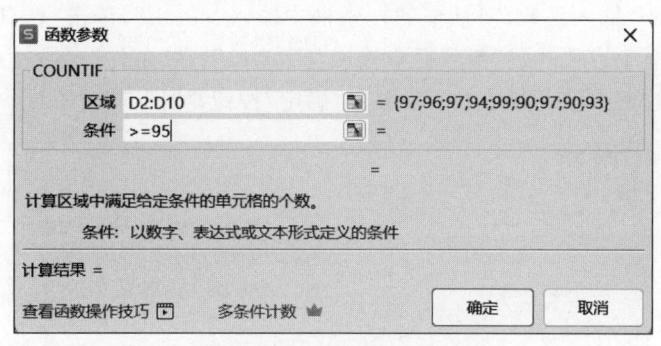

图 5-81 "函数参数"对话框

(4) 结果如图 5-82 所示。

图 5-82 COUNTIF 函数实例结果图

8. SUMIF

用途：对满足条件的单元格求和。

语法：

SUMIF(区域,条件,求和区域)

参数："区域"为要求值的单元格区域，"条件"为以数字、表达式或文本形式定义的条件，"求和区域"为用于求和计算的实际单元格。

例：计算销售部员工的工资总金额，原始数据如图 5-83 所示。

图 5-83 原始数据图

操作步骤如下。

（1）选中填写总金额的"G2"单元格，单击"插入函数"按钮。

（2）在弹出的"插入函数"对话框的搜索框中输入"sumif"，单击"转到"按钮；在弹出的"函数参数"对话框中，在"区域"参数框中输入"C2:C11"，在"条件"参数框中输入"销售部"，在"求和区域"参数框中输入"D2:D11"，单击"确定"按钮，如图 5-84 所示。

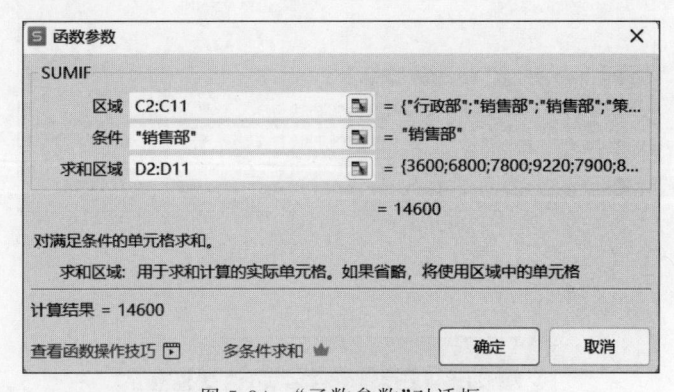

图 5-84 "函数参数"对话框

（3）结果如图 5-85 所示。

9. RANK

用途：返回某个数字在一列数字中相对于其他数值的大小排名。

语法：

RANK(数值,引用,排位方式)

参数："数值"为要查找排名的数字，"引用"为一组数或对一个数据列表的引用，"排位

图 5-85　SUMIF 函数实例结果图

方式"为排名数字,如果为 0 或忽略代表降序,为非零值代表升序。

例:根据总分计算学生的排名,分数越高排名越靠前。原始数据如图 5-86 所示。

图 5-86　原始数据图

操作步骤如下。

(1) 选中第一位学生排名对应的单元格"E2",单击"插入函数"按钮。

(2) 在弹出的"插入函数"对话框的搜索函数参数框中输入"rank",单击"转到"按钮,然后单击"确定"按钮,在弹出的"函数参数"对话框中,在"数值"参数框中输入"D2",在"引用"参数框中输入"＄D＄2:＄D＄10",在"排位方式"参数框中输入"0",单击"确定"按钮,如图 5-87 所示。

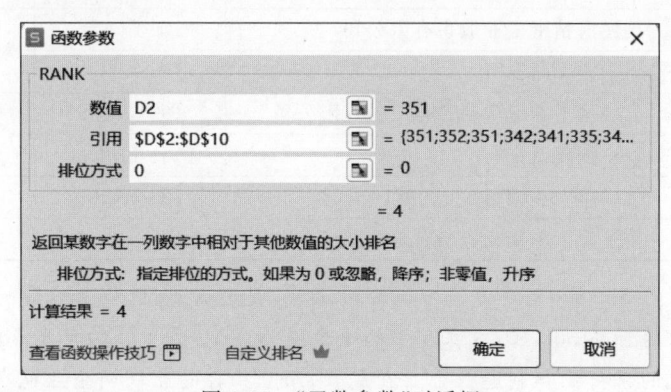

图 5-87　"函数参数"对话框

需要注意的是,所有学生在排名时是参照同一个数据列表"D2:D10",为了采用自动填充的方法计算其他学生的排名,这里引用的表格区域需要使用绝对地址引用"＄D＄2:＄D＄10",才能保证自动填充后,公式是正确的。

(3)单击"E2"单元格右下角的填充柄,向下拖曳至"E10",结果如图5-88所示。

	A	B	C	D	E
1	学号	姓名	性别	总分	排名
2	51030101	赵亮	男	351	4
3	51030102	汪秋月	女	352	3
4	51030103	曾沥	男	351	4
5	51030104	刘蓝	女	342	7
6	51030105	王兵	男	341	8
7	51030106	曾冉	男	335	9
8	51030107	王岗	男	344	6
9	51030108	李萧萧	女	353	1
10	51030109	张静	女	353	1

图 5-88 RANK 函数实例结果图

课程思政

使用 RANK 函数排序

使用 RANK 函数,按照营业收入对世界 500 强企业的表格数据(如表 5-6 所示)进行排序。2019 年 7 月 22 日,《财富》杂志发布了最新的世界 500 强排行榜,中石化排名第二。今年上榜 500 家公司的总营业收入近 32.7 万亿美元,同比增加 8.9%;总利润再创纪录达到 2.15 万亿美元,同比增加 14.5%;净利润率则达到 6.6%,净资产收益率达到 12.1%,都超过了去年。

表 5-6 2019 年中国世界 500 强企业排名(前 10)

2019 年排名	公 司 名 称	营业收入/百万美元	利润/百万美元
2	中国石油化工集团公司	414 649.90	5 845
4	中国石油天然气集团公司	392 976.60	2 270.50
5	国家电网公司	387 056	8 174.80
21	中国建筑工程总公司	181 524.50	3 159.50
23	鸿海精密工业股份有限公司	175 617	4 281.60
26	中国工商银行	168 979	45 002.30
29	中国平安保险(集团)股份有限公司	163 597.40	16 237.20
31	中国建设银行	151 110.80	38 498.40
36	中国农业银行	139 523.60	30 656.50
39	上海汽车集团股份有限公司	136 392.50	5 443.80

全球世界 500 强,有 129 家中国公司上榜,首超美国,稳居全球第一。其中,中国 13 家企业新上榜世界 500 强,成立 9 年的小米成为 2019 最年轻的世界 500 强企业。这说明不仅传统的银行业和制造业企业在成长,而且年轻的互联网企业也在飞速成长。

这反映出中国企业的强大经济实力。中国已经从一个积贫积弱的国家变成了不可小觑的大国,改革开放以来中国取得了骄人的成绩,国家逐步强大,我们要增加对中国企业、中国制造和中国品牌的信心,增强为国家富强的伟大事业奋斗的信心和决心,增加国家认同和民族自信。

10. IF

用途：判断是否满足某个条件，如果满足返回一个值，如果不满足则返回另一个值。

语法：

IF(测试条件,真值,假值)

参数："测试条件"为任何可以被计算为 True 或 False 的数值或表达式；"真值"为如果测试条件为 True 时的返回值；"假值"为如果测试条件为 False 时的返回值。

例：某商场活动，所有空调销售价格为八折，其他商品销售价格为九折，请计算各商品的折后价格，原始数据如图 5-89 所示。

图 5-89　原始数据图

操作步骤如下。

（1）选中第一个商品折后价对应的单元格"E2"，单击"插入函数"按钮。

（2）在弹出的"插入函数"对话框的搜索函数参数框中输入"if"，单击"转到"按钮，然后单击"确定"按钮，在弹出的"函数参数"对话框中，在"测试条件"参数框中输入" A2＝"空调" "，在"真值"参数框中输入"D2＊0.8"，在"假值"参数框中输入"D2＊0.9"，单击"确定"按钮，如图 5-90 所示。

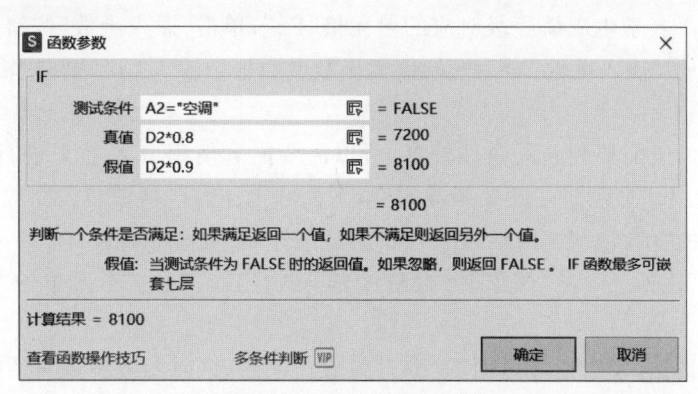

图 5-90　"函数参数"对话框

要特别注意的是，"空调"是文本数据，两边需要有英文输入状态的双引号。

（3）单击"E2"单元格右下角的填充柄，向下拖曳至"E14"，自动填充公式，结果如图 5-91 所示。

例：根据学生计算机课程，计算学生的成绩等级，其中 90 分（含）以上为优秀，80～89 分

	A	B	C	D	E	F	G
1	商品名称	型号	品牌	单价	折后价		
2	彩电	FC001	飞利浦	9000	8100		活动：空调八折销售，其他商品九折
3	冰箱	HB001	海尔	2200	1980		
4	冰箱	HB002	海尔	3000	2700		
5	空调	HK001	海尔	2100	1890		
6	空调	HK002	海尔	4000	3600		
7	冰箱	HB001	海信	1800	1620		
8	空调	HK001	海信	2500	2250		
9	空调	HK002	海信	2600	2340		
10	空调	HK003	海信	2800	2520		
11	彩电	SC001	索尼	7500	6750		
12	彩电	SC002	索尼	8500	7650		
13	冰箱	XB001	西门子	2200	1980		
14	彩电	CC001	长虹	7000	6300		

图 5-91　IF 函数实例 1 结果图

为良好，70～79 分为中等，60～69 分为及格，59 分及以下为不及格，原始数据如图 5-92 所示。

	A	B	C	D	E	F	G	H
1	学号	姓名	性别	计算机	成绩等级		成绩等级说明	
2	51030101	赵亮	男	83			90分以上：	优秀
3	51030102	汪秋月	女	78			80分到89分：	良好
4	51030103	曾沥	男	98			70分到79分：	中等
5	51030104	刘蓝	女	89			60分到69分：	及格
6	51030105	王兵	男	78			59分以下：	不及格
7	51030106	曾冉	男	91				
8	51030107	王岗	男	56				
9	51030108	李萧萧	女	93				
10	51030109	张静	女	73				
11	51030110	陈杨	女	88				
12	51030111	杨苗	女	65				
13	51030112	李忆如	女	88				
14	51030113	王军	男	92				

图 5-92　原始数据图

操作步骤如下。

(1) 选中第 1 名学生成绩等级对应的单元格"E2"，单击"插入函数"按钮。

(2) 在弹出的"插入函数"对话框的搜索函数参数框中输入"if"，单击"转到"按钮，然后单击"确定"按钮。

需要注意：由于需要判断的条件较多，所以需要嵌套使用 if 函数来进行判断。为了更好地使用"函数参数"对话框完成 if 函数嵌套，下面的操作需严格按步骤完成。

(3) 在弹出的"函数参数"对话框中，在"测试条件"参数框中输入"D2>=90"，在"真值"参数框中输入""优秀""，在"假值"参数框中输入"if()"，注意：不要单击"确定"按钮，如图 5-93 所示。

(4) 查看编辑框，单击括号里面的"if()"位置。注意，这时函数参数对话框变为空白，此时的参数对话框为编辑嵌入的 if 函数状态，如图 5-94 所示。

(5) 在"函数参数"对话框中，在"测试条件"参数框中输入"D2>=80"，在"真值"参数框中输入""良好""，在"假值"参数框中输入"if()"，注意：不要单击"确定"按钮，如图 5-95 所示。

(6) 查看编辑框，单击括号里面的"if()"位置，如图 5-96 所示。注意，这时函数参数对

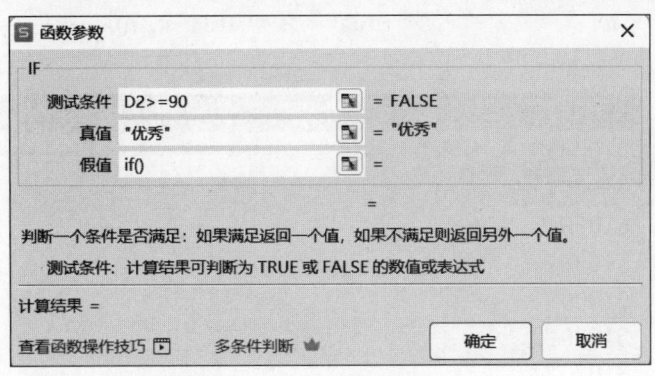

图 5-93 "函数参数"对话框 1

图 5-94 "函数参数"对话框 2

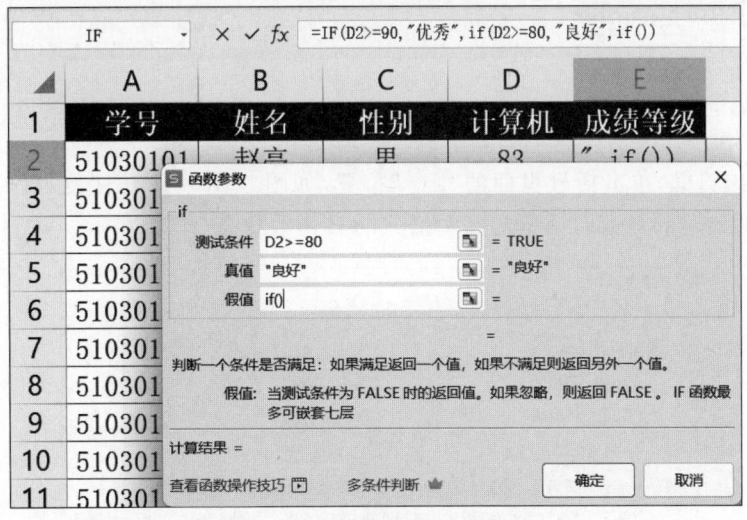

图 5-95 "函数参数"对话框 3

话框变为空白,此时的参数对话框为编辑嵌入的 if 函数状态。

(7) 在"函数参数"对话框中,在"测试条件"参数框中输入"D2>=70",在"真值"参数框中输入" "中等" ",在"假值"参数框中输入"if()"。注意:不要单击"确定"按钮,如图 5-97

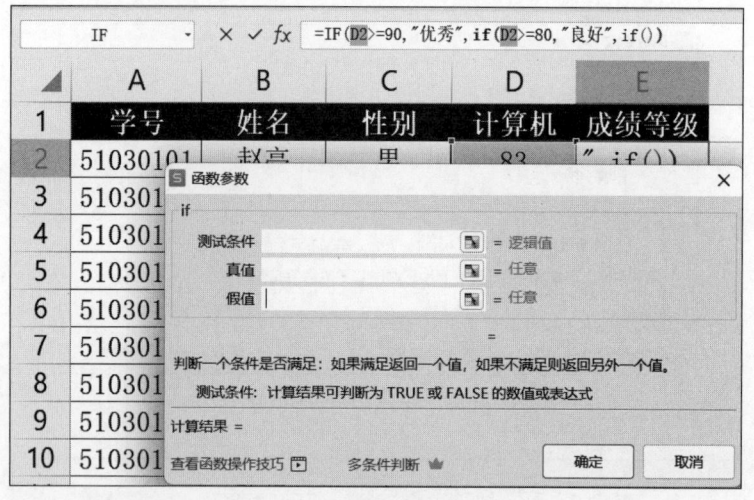

图 5-96 "函数参数"对话框 4

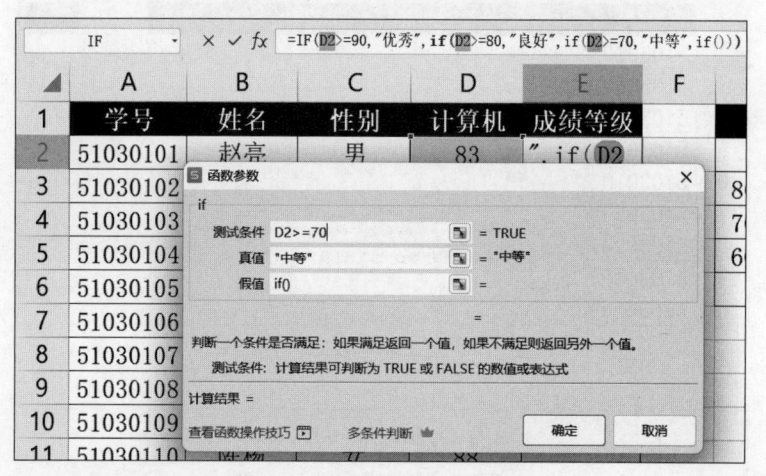

图 5-97 "函数参数"对话框 5

所示。

(8) 查看编辑框,单击括号里面的"if( )"位置,如图 5-98 所示。注意,这时函数参数对话框变为空白,此时的参数对话框为编辑嵌入的 if 函数状态。

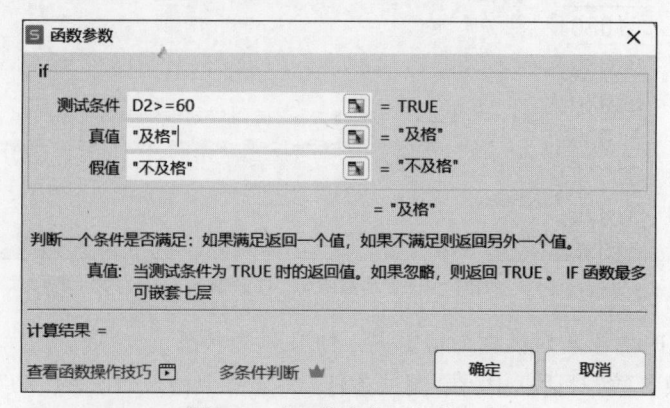

图 5-98 "函数参数"对话框 6

在"函数参数"对话框中,在"测试条件"参数框中输入"D2≥=60",在"真值"参数框中输入""及格"",在"假值"参数框中输入"不及格",单击"确定"按钮,如图5-98所示。

(9)完成第一名学生的成绩等级判断,编辑栏中为完整的公式,结果如图5-99所示。

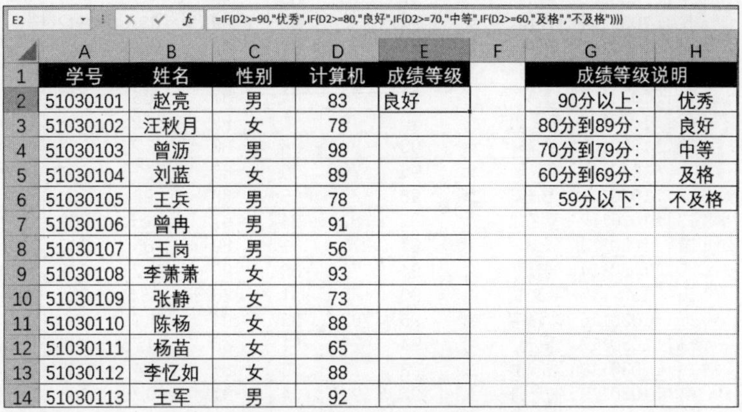

图5-99 IF函数嵌套

(10)单击"E2"单元格右下角的填充柄,向下拖曳至"E14",自动填充公式,结果如图5-100所示。

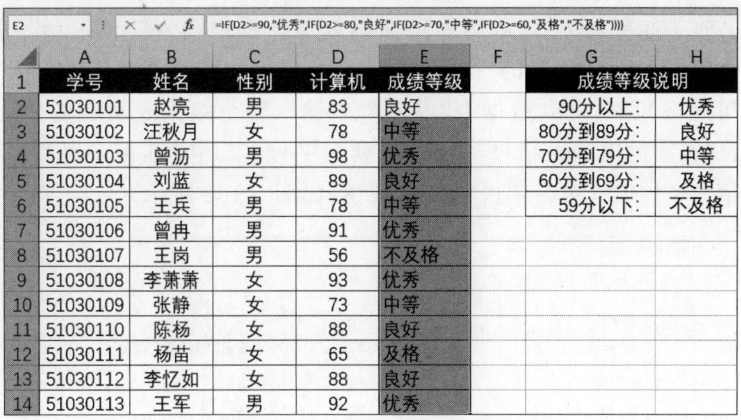

图5-100 IF函数嵌套结果图

11. VLOOKUP

用途:在数据表的首列查找指定的数值,并根据查找的值找到数据表中对应的行,返回数据表当前行中指定列处的数值。

语法:

VLOOKUP(查找值,数据表,列序数,匹配条件)

参数:"查找值"为需要在数据表首列进行搜索的值;"数据表"为需要在其中查找数据的数据表;"列序数"为需要返回的值在数据表中的第几列,其中首列序号为1;"匹配条件"为一个逻辑值,如果查找时是大致匹配,使用True,如果是精确匹配,使用False。

例:在学生成绩表中输入学号,查找学生的计算机成绩。原始数据如图5-101所示。操作步骤如下。

	A	B	C	D	E	F	G	H	I
1	学号	姓名	性别	政治	数学	语文	计算机	平均分	总分
2	51030101	赵亮	男	97	82	89	83	87.75	351
3	51030102	汪秋月	女	96	80	90	86	88	352
4	51030103	曾沥	男	97	76	80	98	87.75	351
5	51030104	刘蓝	女	94	70	89	89	85.5	342
6	51030105	王兵	男	99	73	82	87	85.25	341
7	51030106	曾冉	男	90	72	83	90	83.75	335
8	51030107	王岗	男	97	76	84	87	86	344
9	51030108	李萧萧	女	90	79	91	93	88.25	353
10	51030109	张静	女	93	86	86	88	88.25	353
11	51030110	陈杨	女	96	76	90	89	87.75	351
12	51030111	杨苗	女	98	87	95	88	92	368
13	51030112	李忆如	女	99	82	84	97	90.5	362
14	51030113	王军	男	97	73	81	89	85	340
15	51030114	李琼	女	94	71	82	90	84.25	337
16	51030115	梁文超	男	90	85	91	88	88.5	354
17	51030116	林建宇	男	96	82	83	94	88.75	355
18	51030117	罗鑫	男	94	78	81	86	84.75	339
19	51030118	吴欣彤	女	92	77	80	87	84	336
20	51030119	张丹丹	女	96	92	84	91	90.75	363
21									
22	请输入学号：					计算机成绩：			

图 5-101 原始数据图

(1) 选中需要填写计算机成绩的单元格"G22"，单击"插入函数"按钮。

(2) 在弹出的"插入函数"对话框的搜索函数参数框中输入"vlookup"，单击"转到"按钮，然后单击"确定"按钮，在弹出的"函数参数"对话框中，在"查找值"参数框中输入要查找的学号对应的单元格"C22"，在"数据表"参数框中输入整个数据表对应的单元格区域"A1：I20"，在"列序数"参数框中输入结果对应的数据列序号"7"，在"匹配条件"参数框中输入精确匹配对应的值"FALSE"，然后单击"确定"按钮，如图 5-102 所示。

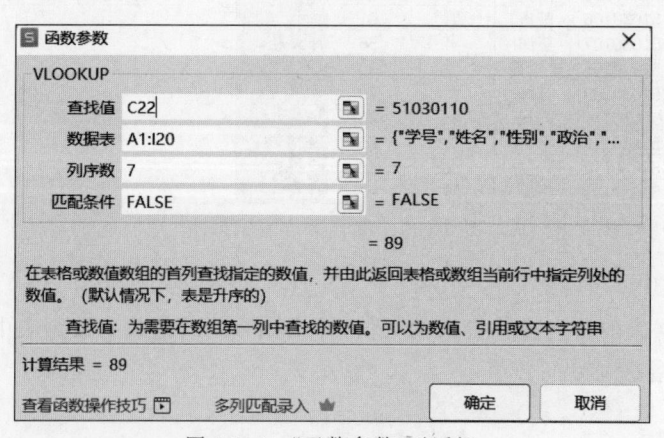

图 5-102 "函数参数"对话框

(3) 在 G22 单元格中输入学生学号，即可在计算机成绩对应的单元格中显示学生对应的计算机成绩，结果如图 5-103 所示。

12. FV

用途：基于固定利率及等额分期的付款方式，返回某项投资的未来值。

语法：

图 5-103　VLOOKUP 函数实例结果图

FV(利率,支付总期数,定期支付额,现值,是否期初支付)

参数:"利率"为各期利率,例如利率为 6%,使用 6%/4 计算一个季度的利率;"支付总期数"为总投资期;"定期支付额"为各期支出金额,如存款用负数表示;"现值"为从该项投资开始计算时已经入账的款项;"是否期初支付"为指定付款时间是期初还是期末,其中 1 代表期初,0 或忽略代表期末。

例:在某银行存款,每年年初存入 1000 元,计算 10 年后的存款及利息收益,原始数据如图 5-104 所示。

操作步骤如下。

(1) 选中需要计算的投资期满后的总金额对应的单元格"B5",单击"插入函数"按钮。

(2) 在弹出的"插入函数"对话框的搜索函数参数框中输入"fv",单击"转到"按钮,然后单击"确定"按钮。

图 5-104　原始数据图

注意,使用公式计算时,需要了解投资方式如何,是按年投资?按季度投资?还是按月投资?根据具体的要求进行调整。本例中为按年投资,所以在弹出的"函数参数"对话框中,在"利率"参数框中输入投资利率"B1";在"支付总期数"参数框中输入"B2";在"定期支付额"参数框中输入"-B3",其中负数代表存款;在"现值"参数框中输入 0,代表投资开始计算时金额为 0;在"是否期初支付"参数框中输入 1,代表在年初存钱,然后单击"确定"按钮,如图 5-105 所示。

(3) 计算结果如图 5-106 所示。

13. PMT

用途:计算在固定利率下,贷款的等额分期偿还额。

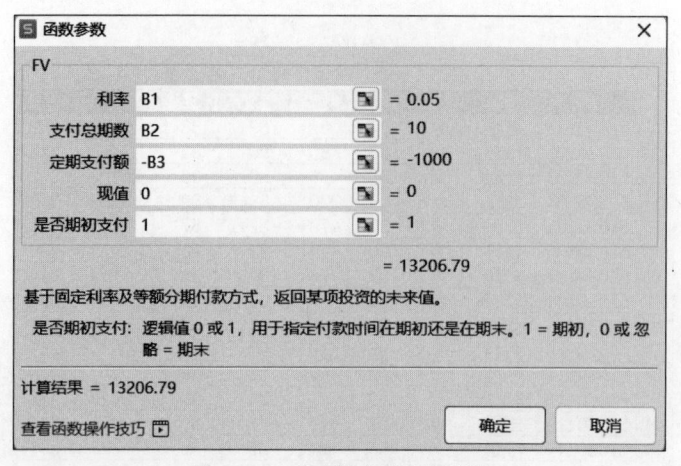

```
┌─────────────────────────────────────────────┐
│ ⑤ 函数参数                              ✕  │
│ FV                                          │
│        利率  B1            🔲  = 0.05       │
│    支付总期数  B2            🔲  = 10        │
│   定期支付额  -B3           🔲  = -1000     │
│         现值  0             🔲  = 0         │
│   是否期初支付  1           🔲  = 1         │
│                                = 13206.79   │
│ 基于固定利率及等额分期付款方式,返回某项投资的未来值。│
│   是否期初支付: 逻辑值0或1,用于指定付款时间在期初还是在期末。1=期初,0或忽│
│              略=期末。                       │
│                                              │
│ 计算结果 = 13206.79                          │
│                                              │
│ 查看函数操作技巧 🔲          [确定]  [取消]  │
└─────────────────────────────────────────────┘
```

图 5-105 "函数参数"对话框

语法:

PMT(利率,支付总期数,现值,终值,是否期初支付)

参数:"利率"为各期利率,例如利率为6%,使用6%/4计算一个季度的利率;"支付总期数"为总投资期;"现值"为从该项投资开始计算时已经入账的款项;"终值"为未来值,或在最后一次付款后可以获得的现金金额;"是否期初支付"为指定付款时间是期初还是期末,其中1代表期初,0或忽略代表期末。

例:计划在某银行三年存储70000元,年利率为5.8%,计算每月需要存入的金额,原始数据如图5-107所示。

	A	B
1	利率:	0.05
2	总投资期(年):	10
3	每期投资金额:	1000
4	存入时间:	年初
5	期满后的总金额:	¥13,206.79

	A	B
1	年利率	5.80%
2	计划储蓄年数	3
3	计划储蓄数额	70,000
4	每月应存数额	

图 5-106 FV 函数实例效果图   图 5-107 原始数据图

操作步骤如下。

(1)选中需要计算的每月应存数额对应的单元格"B4",单击"插入函数"按钮。

(2)在弹出的"插入函数"对话框的搜索函数参数框中输入"pmt",单击"转到"按钮,然后单击"确定"按钮。

注意,使用公式计算时,需要了解投资方式如何,是按年投资?按季度投资?还是按月投资?根据具体的要求进行调整。本例中为按月存款,所以在弹出的"函数参数"对话框中,在"利率"参数框中输入投资利率"B1/12",除以12是为了计算月利率;在"支付总期数"参数框中输入"B2*12",乘以12是为了计算投资总月数;在"现值"参数框中输入0,代表投资开始计算时金额为0;在"终值"参数框中输入"-B3",其中负数代表存款;在"是否期初支付"参数框中不输入,代表付款在期末,然后单击"确定"按钮,如图5-108所示。

(3)计算结果如图5-109所示。

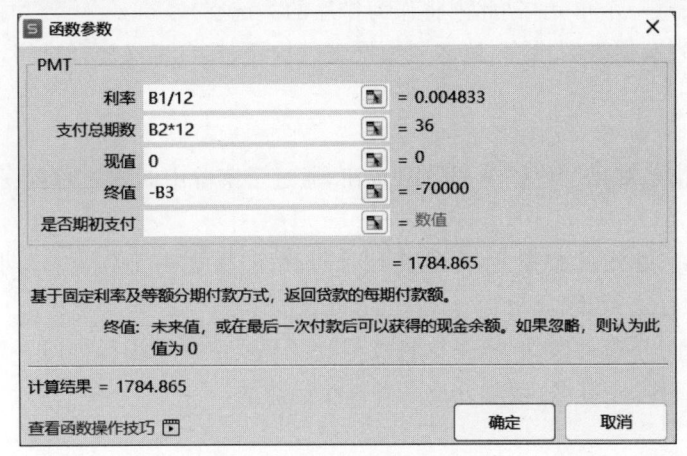

图 5-108　"函数参数"对话框

图 5-109　PMT 函数实例效果图

5.5　数 据 管 理

在 WPS 表格中，按记录和字段的结构特点组成的数据区域称为数据清单。电子表格提供了丰富的对数据清单进行管理和分析的数据管理工具，例如排序、筛选、分类汇总、数据透视表和数据透视图等。

5.5.1　排序

排序是指按照一定的顺序重新排列数据清单中的数据，排序后，用户可以方便快速地查看所需数据。例如，针对某学校的学生基本信息，可以先按专业排序，再按班级排序，然后按学号排序，这样排序后，可以很容易地查找到需要的专业、班级、学生。

排序是最基本的数据管理功能。作为排序依据的标题字段称为关键字。第一排序关键字为主要关键字，其他都为次要关键字，用户可以按次要关键字给出的顺序称之为第一次要关键字、第二次要关键字等。

WPS 表格中不仅可以按照单元格的数值大小排序，还可以按照单元格颜色、字体颜色、条件格式图标进行排序，如图 5-110 所示。

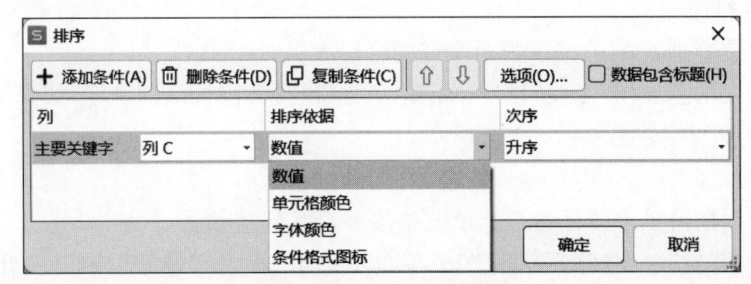

图 5-110　"排序"对话框

需要注意的是，排序一般是针对整个数据清单进行，不要只对数据清单中的部分数据排序，这样会破坏数据和数据之间的联系，导致出现错误。通常在排序前，选中整张数据清单，或者选中数据清单中某一列的任意一个单元格(此列将作为排序的关键字)。

排序方法有多种,例如按一列数据进行排序、按多列数据进行排序、按自定义序列排序,以下将分别进行介绍。

1. 单列排序

对数据清单按某一列排序时,可利用"开始"→"排序"按钮,通过子菜单中的选项对数据进行快速排序。

- "升序排序"按钮 ⚡ 升序(S):单击此按钮后,系统将按字母顺序、数据由小到大、日期由前到后等默认的排列顺序进行排列。
- "降序排序"按钮 ⚡ 降序(O):单击此按钮后,系统将按与升序相反的顺序进行排列。

例:对学生成绩表按总分进行降序排序,使总分最高者排在最前面。

操作步骤如下。

(1) 将指标放在"总分"一列中单击任意单元格。

(2) 单击"开始"→"排序"按钮,在子菜单中单击"降序排序"按钮,就会获得排序后的表格,如图5-111所示。

	A	B	C	D	E	F	G	H	I
1	学号	姓名	性别	政治	数学	语文	计算机	平均分	总分
2	51030111	杨苗	女	98	87	95	88	92	368
3	51030119	张丹丹	女	96	92	84	91	90.75	363
4	51030112	李忆如	女	99	82	84	97	90.5	362
5	51030116	林建宇	男	96	82	83	94	88.75	355
6	51030115	梁文超	男	90	85	91	88	88.5	354
7	51030108	李萧萧	女	90	79	91	93	88.25	353
8	51030109	张静	女	93	86	86	88	88.25	353
9	51030102	汪秋月	女	96	80	90	86	88	352
10	51030101	赵亮	男	97	82	89	83	87.75	351
11	51030103	曾沥	男	97	76	80	98	87.75	351
12	51030110	陈杨	女	96	76	90	89	87.75	351
13	51030107	王岗	男	97	76	84	87	86	344
14	51030104	刘蓝	女	94	70	89	89	85.5	342
15	51030105	王兵	男	99	73	82	87	85.25	341
16	51030113	王军	男	97	73	81	89	85	340
17	51030117	罗鑫	男	94	78	81	86	84.75	339
18	51030114	李琼	女	94	71	82	90	84.25	337
19	51030118	吴欣彤	女	92	77	80	87	84	336
20	51030106	曾冉	男	90	72	83	90	83.75	335

图5-111 按总分降序排序

2. 按多列排序

多列排序是指排序的关键字为两个或两个以上。

例:对学生信息表按"专业"排序,如果"专业"相同则按"班级"排序,如果"班级"相同则按"学号"排序。原始数据如图5-112所示。

操作步骤如下。

(1) 选中数据清单中的任意一个单元格或整个数据清单。

(2) 单击"开始"→"排序"按钮,在子菜单中单击"自定义排序"按钮,弹出"排序"对话框,设置主要关键字为"专业",然后单击"添加条件"按钮两次,分别设置次要关键字为"班级""学号",如图5-113所示。

(3) 单击"确定"按钮,即可完成排序,排序结果如图5-114所示。

	A	B	C	D	E
1	学号	姓名	性别	专业	班级
2	51030402	曾沥	男	软件工程	2班
3	51030102	曾冉	男	计算机科学	1班
4	51030502	陈杨	女	网络工程	1班
5	51030601	李萧萧	女	网络工程	2班
6	51030702	李忆如	女	信息管理	1班
7	51030201	刘蓝	女	计算机科学	2班
8	51030301	汪秋月	女	软件工程	1班
9	51030101	王兵	男	计算机科学	1班
10	51030302	王岗	男	软件工程	1班
11	51030701	王军	男	信息管理	1班
12	51030801	杨苗	女	信息管理	2班
13	51030501	张静	女	网络工程	1班
14	51030401	赵亮	男	软件工程	2班

图 5-112　原始数据图

图 5-113　"排序"对话框

	A	B	C	D	E
1	学号	姓名	性别	专业	班级
2	51030101	王兵	男	计算机科学	1班
3	51030102	曾冉	男	计算机科学	1班
4	51030201	刘蓝	女	计算机科学	2班
5	51030301	汪秋月	女	软件工程	1班
6	51030302	王岗	男	软件工程	1班
7	51030401	赵亮	男	软件工程	2班
8	51030402	曾沥	男	软件工程	2班
9	51030501	张静	女	网络工程	1班
10	51030502	陈杨	女	网络工程	1班
11	51030601	李萧萧	女	网络工程	2班
12	51030701	王军	男	信息管理	1班
13	51030702	李忆如	女	信息管理	1班
14	51030801	杨苗	女	信息管理	2班

图 5-114　排序结果图

3. 按自定义排序

用户除了可以使用内置的排序序列外，还可以根据需要建立自定义的排序序列，并按自定义的序列进行排序。

例：学生信息表中，按专业排序，默认的顺序是按文字首字母拼音排序，若想按照自定的顺序：网络工程、计算机科学、软件工程、信息管理排序，则可在排序前，创建自定义序列。

操作步骤如下。

（1）选中数据清单中的任意一个单元格或整个数据清单。

（2）单击"开始"→"排序"按钮，在子菜单中单击"自定义排序"按钮，弹出"排序"对话框。展开"次序"对应的下拉列表，选择"自定义序列"，如图 5-115 所示。

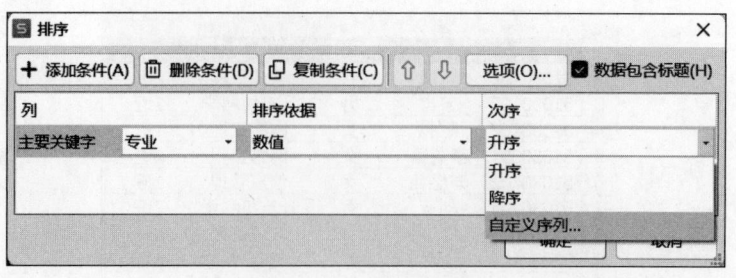

图 5-115　自定义序列

(3) 弹出"自定义序列"对话框，在"输入序列"参数框中分行输入"网络工程""计算机科学""软件工程""信息管理"，然后单击"添加"按钮，将"输入序列"参数框中的内容添加到自定义序列列表中。单击"确定"按钮，如图 5-116 所示。

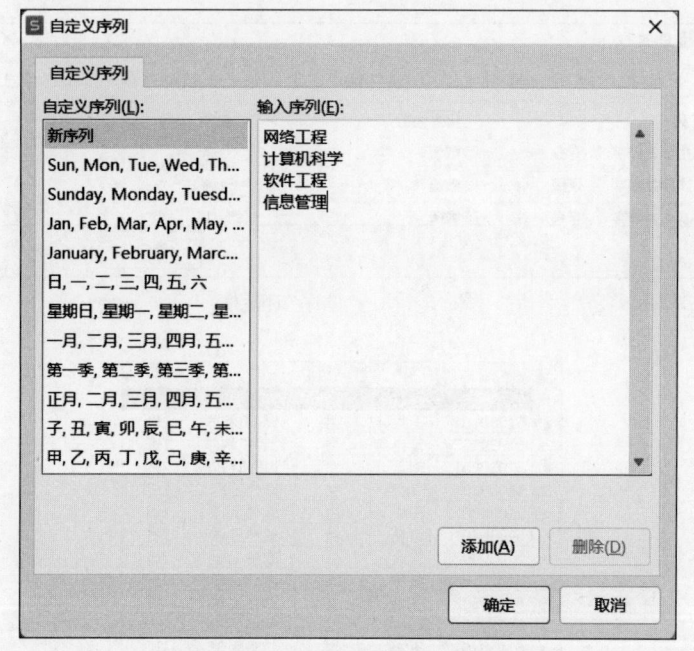

图 5-116　"自定义序列"对话框

(4) 在"排序"对话框中，分别设置主要关键字为"专业"，排序依据为"数值"，次序为"网络工程,计算机科学,软件工程,信息管理"，单击"确定"按钮，如图 5-117 所示。

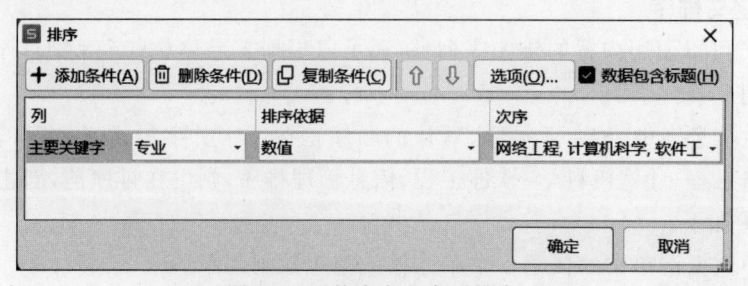

图 5-117　按自定义序列排序

(5) 完成结果如图 5-118 所示。

	A	B	C	D	E
1	学号	姓名	性别	专业	班级
2	51030501	张静	女	网络工程	1班
3	51030502	陈杨	女	网络工程	1班
4	51030601	李萧萧	女	网络工程	2班
5	51030101	王兵	男	计算机科学	1班
6	51030102	曾冉	男	计算机科学	1班
7	51030201	刘蓝	女	计算机科学	2班
8	51030301	汪秋月	女	软件工程	1班
9	51030302	王岗	男	软件工程	1班
10	51030401	赵亮	男	软件工程	2班
11	51030402	曾沥	男	软件工程	2班
12	51030701	王军	男	信息管理	1班
13	51030702	李忆如	女	信息管理	1班
14	51030801	杨苗	女	信息管理	2班

图 5-118　自定义排序结果图

5.5.2　筛选数据

数据筛选就是在工作表中只显示满足给定条件的数据,而不满足条件的数据则自动隐藏,筛选后的数据能更加直观地满足数据需求者。数据筛选分"自动筛选"和"高级筛选"两种。

1. 自动筛选

自动筛选是一种快速的筛选方法,是指对整个数据清单按照设定的简单条件完成筛选。在筛选状态下,数据表每个字段名的右侧会显示下拉按钮 ▼,即筛选按钮,单击筛选按钮,在弹出的下拉列表中可以设置相应的筛选条件,筛选会隐藏不符合条件的数据,只显示符合条件的数据。

这里以"学生成绩表"为例进行筛选,原始数据如图 5-119 所示。

	A	B	C	D	E	F
1	学号	姓名	性别	专业	班级	计算机总分
2	51030501	张静	女	网络工程	1班	83
3	51030502	陈杨	女	网络工程	1班	78
4	51030601	李萧萧	女	网络工程	2班	98
5	51030101	王兵	男	计算机科学	1班	89
6	51030102	曾冉	男	计算机科学	1班	78
7	51030201	刘蓝	女	计算机科学	2班	91
8	51030301	汪秋月	女	软件工程	1班	56
9	51030302	王岗	男	软件工程	1班	93
10	51030401	赵亮	男	软件工程	2班	73
11	51030402	曾沥	男	软件工程	2班	88
12	51030701	王军	男	信息管理	1班	65
13	51030702	李忆如	女	信息管理	1班	88
14	51030801	杨苗	女	信息管理	2班	92

图 5-119　原始数据图

例:在学生成绩表中,筛选出专业为"软件工程"的学生信息。

操作步骤如下。

(1) 选中数据清单中的任意一个单元格或整个数据清单。

(2) 单击"开始"或"数据",然后单击"筛选"按钮 ,此时数据清单的字段名称的右侧会出现筛选下拉按钮 ▼,如图 5-120 所示。

(3) 单击"专业"字段右侧的下拉按钮,在弹出的列表中将其他项前的对号√取消,只

图 5-120 自动筛选开始

保留"软件工程"前方的对号√,如图 5-121 所示。

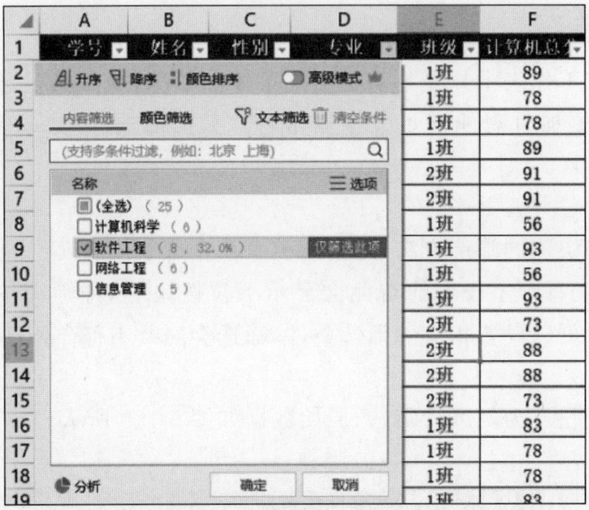

图 5-121 选择筛选的值

(4)筛选结果如图 5-122 所示。

图 5-122 筛选结果

例:在学生成绩表中,筛选出姓名以"王"字开始的学生信息。

操作步骤如下。

(1)选中数据清单中的任意一个单元格或整个数据清单。

(2)单击"开始"或"数据",然后单击"筛选"按钮,此时数据清单的字段名称的右侧会出现筛选下拉按钮。

(3)单击"姓名"字段右侧的下拉按钮,在弹出的列表中选择"文本筛选"→"开头是…"命令,如图 5-123 所示。

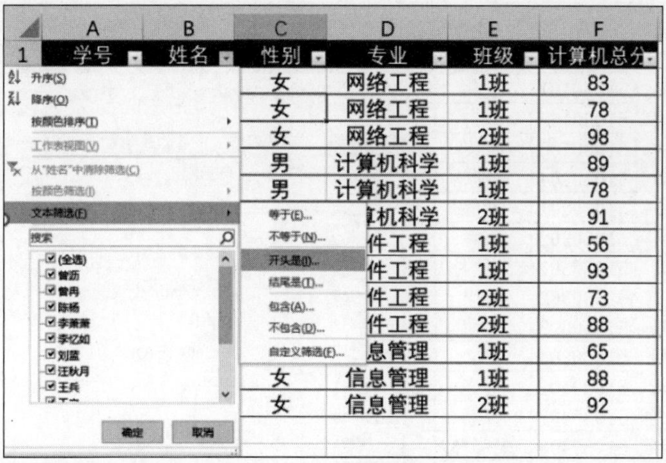

图 5-123　文本筛选

（4）在弹出的“自定义自动筛选方式”对话框中，设置姓名“开头是”“王”，单击“确定”按钮。

（5）筛选结果如图 5-124 所示。

	A	B	C	D	E	F
1	学号	姓名	性别	专业	班级	计算机总分
5	51030101	王兵	男	计算机科学	1班	89
9	51030302	王岗	男	软件工程	1班	93
12	51030701	王军	男	信息管理	1班	65

图 5-124　筛选结果

例：在学生成绩表中，筛选计算机总分高于 85 分的学生信息。

操作步骤如下。

（1）选中数据清单中的任意一个单元格或整个数据清单。

（2）单击“开始”或“数据”，然后单击“筛选”按钮，此时数据清单的字段名称的右侧会出现筛选下拉按钮。

（3）单击“计算机总分”字段右侧的下拉按钮，在弹出的列表中选择“数字筛选”→“大于或等于…”命令，如图 5-125 所示。

（4）在弹出的“自定义自动筛选方式”对话框中，设置计算机总分“大于或等于”“85”，单击“确定”按钮，如图 5-126 所示。

（5）结果如图 5-127 所示。

2. 取消筛选

自动筛选的结果中每条记录对应的行号一般是不连续的，主要是自动筛选会将不符合条件的数据行隐藏。如果查看全部数据，需要取消筛选。方法如下。

方法 1：再次单击 “开始”或“数据”→“筛选”按钮，将退出筛选。

方法 2：分别在使用了筛选的字段名称右侧单击“筛选”按钮，选择“清空条件”按钮。

3. 高级筛选

高级筛选适合完成复杂的筛选条件，例如，多个筛选条件之间的“条件或”“条件与”或者两者相结合的数据筛选。使用高级筛选需要建立作为数据源的数据清单，以及作为筛选条

图 5-125　数字筛选

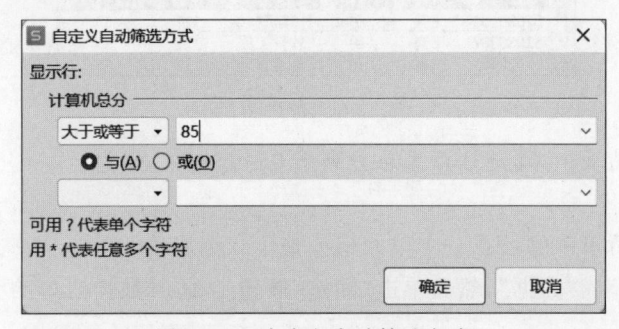

图 5-126　自定义自动筛选方式

图 5-127　筛选结果

件的条件区域。

高级筛选的条件区域规则如下。

(1) 条件区域至少包含 2 行,第 1 行为所设条件限定的字段名称行。第 2 行以后为条件参数行,是对该字段的条件。

(2) 字段名称行中的字段名称内容必须与数据清单中的字段名称相同。

（3）条件区域的条件参数如果写在相同行,代表多个条件之间是"与"的关系,如果写在不同行,代表多个条件之间为"或"的关系。

这里以"学生成绩表"为例,进行高级筛选,原始数据如图 5-128 所示。

图 5-128　原始数据图

例：在学生成绩表中,筛选出专业为"软件工程",计算机总分在 90 分以上的学生信息。操作步骤如下。

（1）创建条件区域,如图 5-129 所示。

图 5-129　创建条件区域

（2）选中数据清单中的任意一个单元格或整个数据清单,单击"开始"或"数据",然后单击"筛选"按钮右下角黑色三角形→"高级筛选"按钮。

（3）弹出"高级筛选"对话框,选中"将筛选结果复制到其他位置"单选按钮,在"列表区域"参数框中选择整个数据清单"＄A＄1：＄F＄14",在"条件区域"参数框中选择创建的条件"＄H＄1：＄I＄2",在"复制到"参数框中选择需要放置结果区域的左上角第一个单元格"＄H＄4",单击"确定"按钮,如图 5-130 所示。

（4）筛选结果如图 5-131 所示。

例：在学生成绩表中,筛选网络工程专业 90 分以上和信息管理专业 90 分以上以及所有计算机科学专业的学生

图 5-130　"高级筛选"对话框

图 5-131　高级筛选结果

信息。

操作步骤如下：

(1) 创建条件区域，如图 5-132 所示。

图 5-132　高级筛选条件区域

(2) 选中数据清单中的任意一个单元格或整个数据清单，单击"数据"→"高级筛选"按钮 高级。

(3) 弹出"高级筛选"对话框，选中"将筛选结果复制到其他位置"单选按钮，在"列表区域"参数框中选择整个数据清单"＄A＄1：＄F＄14"，在"条件区域"参数框中选择创建的条件"＄H＄1：＄I＄4"，在"复制到"参数框中选择需要放置结果区域的左上角第一个单元格"＄H＄6"，单击"确定"按钮，如图 5-133 所示。

(4) 筛选结果如图 5-134 所示。

5.5.3　分类汇总

分类汇总是电子表格软件对数据进行管理的重要工具，是指在数据清单排序的基础上，按照某列数据进行分类，然后汇总指定字段数据，从而达到对数据进行分析。

1. 分类汇总

分类，是指按照指定的字段进行分组，值相同的记录为一组。汇总，是指对某个字段或某些字段进行汇总计算，例如求和、求平均值等。

图 5-133　"高级筛选"对话框

图 5-134 高级筛选结果

例：在学生成绩表中，统计各专业的平均分，原始数据如图 5-135 所示。

图 5-135 原始数据图

操作步骤如下。

（1）通过对专业进行排序，实现分类，将相同专业的学生放在一起，排序后效果如图 5-136 所示。

（2）选定数据清单中任意一个单元格，单击"数据"→"分类汇总"按钮。

（3）弹出"分类汇总"对话框，设置分类字段为"专业"，汇总方式为"平均值"，选定汇总项为"计算机总分"，如图 5-137 所示。

图 5-136 按专业排序的结果

图 5-137 "分类汇总"对话框

WPS表格处理

第5章

235

(4) 单击"确定"按钮，汇总结果如图 5-138 所示。

	A	B	C	D	E	F
1	学号	姓名	性别	专业	班级	计算机总分
2	51030102	曾冉	男	计算机科学	1班	78
3	51030201	刘蓝	女	计算机科学	2班	91
4	51030101	王兵	男	计算机科学	1班	89
5				计算机科学 平均值		86
6	51030402	曾沥	男	软件工程	2班	88
7	51030301	汪秋月	女	软件工程	1班	56
8	51030302	王岗	男	软件工程	1班	93
9	51030401	赵亮	男	软件工程	1班	73
10				软件工程 平均值		77.5
11	51030502	陈杨	女	网络工程	1班	78
12	51030601	李萧萧	女	网络工程	2班	98
13	51030501	张静	女	网络工程	1班	83
14				网络工程 平均值		86.3333333
15	51030702	李忆如	女	信息管理	1班	88
16	51030701	王军	男	信息管理	1班	65
17	51030801	杨苗	女	信息管理	2班	92
18				信息管理 平均值		81.6666667
19				总计平均值		82.4615385

图 5-138 分类汇总结果

2. 取消分类汇总

分类汇总结果会替换掉原始的数据清单，如果需要删除汇总结果，将数据清单恢复到汇总前的状态，可以先打开"分类汇总"对话框，然后在对话框中单击"全部删除"按钮，即可恢复原始数据清单。

5.5.4 数据透视表

数据透视表是一种交互式的报表，可以完成筛选、排序和分类汇总等功能，可以实现数据的多角度分析。使用数据透视表可以浏览、分析和汇总数据，特别适合对规模大、字段较多的数据清单使用，可以方便快捷地完成数据分析。

创建数据透视表，需要指定数据源所在的单元格区域，一般是整个数据清单，然后指定数据透视表在本工作簿中的位置，最后设置透视表中的字段布局。常见名词术语如下。

(1) 数据源是指用于创建数据透视表的数据清单，作为数据来源。

(2) 行是数据透视表左侧的行标签，也叫行字段，该字段是每行要汇总的数据类别。行的数据内容在数据透视表中是分行显示的。

(3) 列是数据透视表顶部的列标签，也叫列字段，该字段是每列要汇总的数据类别。列的数据内容在数据透视表中是分列显示的。

(4) 值是作为数据透视表中的汇总数据，用于比较或计算。值的数据内容在数据透视表中显示在行和列交叉的位置。

(5) 筛选器是数据透视表的报表筛选器，用来根据特定的字段对数据透视表进行筛选。

这里以"学生成绩表"为例，创建数据透视表，原始数据如图 5-139 所示。

例：使用学生成绩表为数据源，创建数据透视表，统计各专业学生人数。

操作步骤如下。

(1) 选中数据清单中的任意一个单元格或整个数据清单。单击"插入"→"数据透视表"

	A	B	C	D	E	F
1	学号	姓名	性别	专业	班级	计算机总分
2	51030101	王兵	男	计算机科学	1班	89
3	51030102	曾冉	男	计算机科学	1班	78
4	51030103	张俊	男	计算机科学	1班	78
5	51030104	李欣	男	计算机科学	1班	89
6	51030201	刘蓝	女	计算机科学	2班	91
7	51030202	任辉	女	计算机科学	2班	91
8	51030301	汪秋月	女	软件工程	1班	56
9	51030302	王岗	男	软件工程	1班	93
10	51030303	王萌	女	软件工程	1班	56
11	51030304	郭文	男	软件工程	1班	93
12	51030401	赵亮	男	软件工程	2班	73
13	51030402	曾沥	男	软件工程	2班	88
14	51030403	梁铎怀	男	软件工程	2班	88
15	51030404	郑琳	男	软件工程	2班	73
16	51030501	张静	女	网络工程	1班	83
17	51030502	陈杨	女	网络工程	1班	78
18	51030503	冯岭	女	网络工程	1班	78
19	51030504	胡阳	女	网络工程	1班	83
20	51030601	李萧萧	女	网络工程	2班	98
21	51030602	王涵	女	网络工程	2班	98
22	51030701	王军	男	信息管理	1班	65
23	51030702	李忆如	女	信息管理	1班	88
24	51030703	程铠	女	信息管理	1班	88
25	51030704	张诚	男	信息管理	1班	65
26	51030801	杨苗	女	信息管理	2班	92

图 5-139 原始数据图

按钮 数据透视表。

（2）弹出"创建数据透视表"对话框，在"请选择单元格区域"参数框中填写数据源，即整个数据清单"Sheet1！＄A＄1：＄F＄26"。在"选择放置数据透视表的位置"中选择"新工作表"，即在新的工作表中创建数据透视表，如图 5-140 所示。

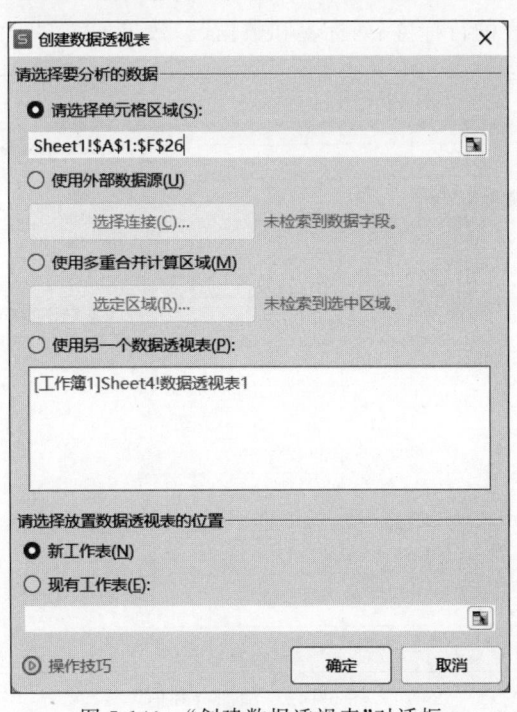

图 5-140 "创建数据透视表"对话框

（3）单击"确定"按钮，这时工作簿中会自动添加一个新的工作表，左边为数据透视表占位符，右边为"数据透视表字段"列表，界面如图 5-141 所示。

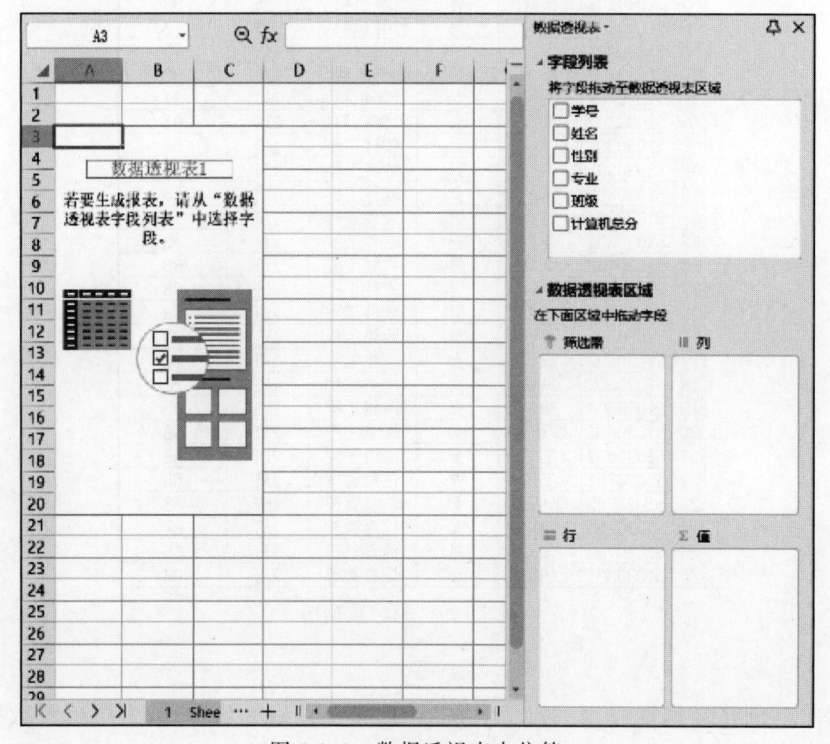

图 5-141　数据透视表占位符

（4）在"数据透视表字段"列表中，使用拖曳的方法，将字段名拖曳到下方的行、列和值字段中，作为数据透视表的行标签、列标签和数据区，效果如图 5-142 所示。

图 5-142　添加行和值

（5）现在统计的是学号的求和，并不是学生人数，所以需要修改"值"区域中的字段设置，单击窗口右侧的值区域中的"求和项：学号"→"值字段设置…"命令，如图 5-143 所示。

图 5-143　选择值字段设置

（6）弹出"值字段设置"对话框，修改"值字段汇总方式"为"计数"，如图 5-144 所示。

图 5-144　"值字段设置"对话框

（7）单击"确定"按钮，完成效果如图 5-145 所示。

例：使用学生成绩表为数据源，创建数据透视表，统计各专业，各班级的计算机成绩平均分。

操作步骤如下。

（1）选中数据清单中的任意一个单元格或整个数据清单。单击"插入"→"数据透视表"

图 5-145 数据透视表结果

按钮。

（2）弹出"创建数据透视表"对话框，在"请选择单元格区域"参数框中填写数据源，即整个数据清单"Sheet1！＄A＄1：＄F＄26"。在"选择放置数据透视表的位置"中选择"新工作表"，即在新的工作表中创建数据透视表，单击"确定"按钮。

这时工作簿中会自动添加一个新的工作表，在右侧的"数据透视表区域"列表中，使用拖曳的方法，将字段名拖曳到下方的行、列和值字段中，作为数据透视表的行标签、列标签和数据区，效果如图 5-146 所示。

图 5-146 添加行、列和值

(3)单击窗口右侧的值区域中的"求和项:计算机总分"→"值字段设置…"命令。弹出"值字段设置"对话框,修改"值字段汇总方式"为"平均值",如图 5-147 所示。

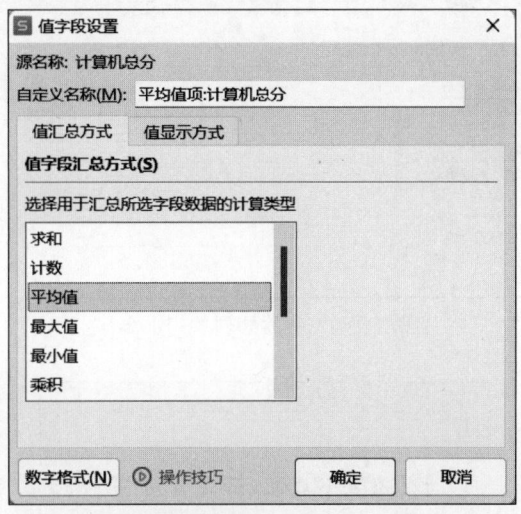

图 5-147 "值字段设置"对话框

(4)单击"确定"按钮,完成效果如图 5-148 所示。

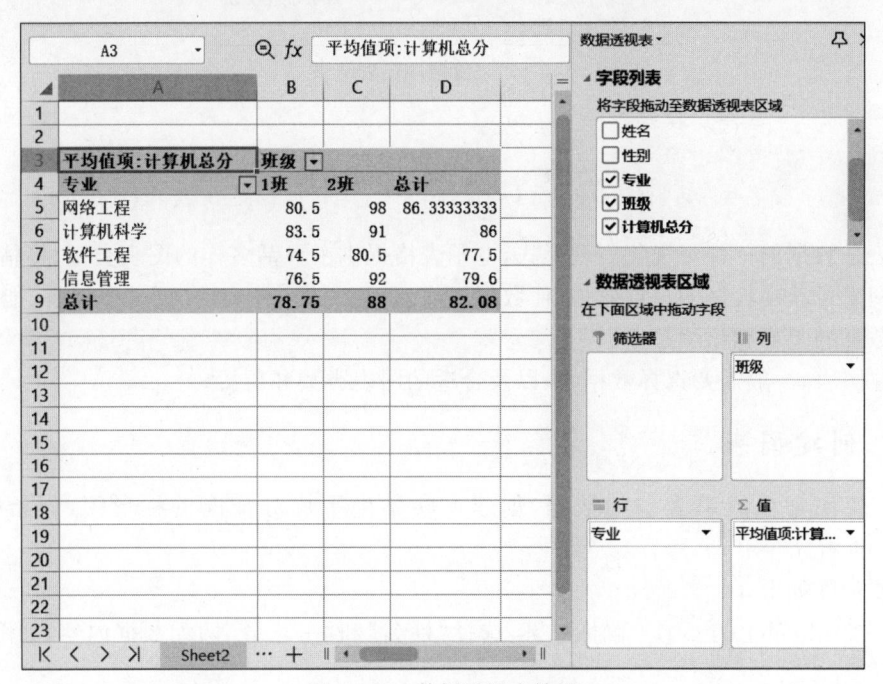

图 5-148 数据透视表结果

(5)进一步修改,将行和列的"总计"去掉,方法为:单击"设计"→"总计"→"对行和列禁用"命令,如图 5-149 所示。

(6)完成效果如图 5-150 所示。

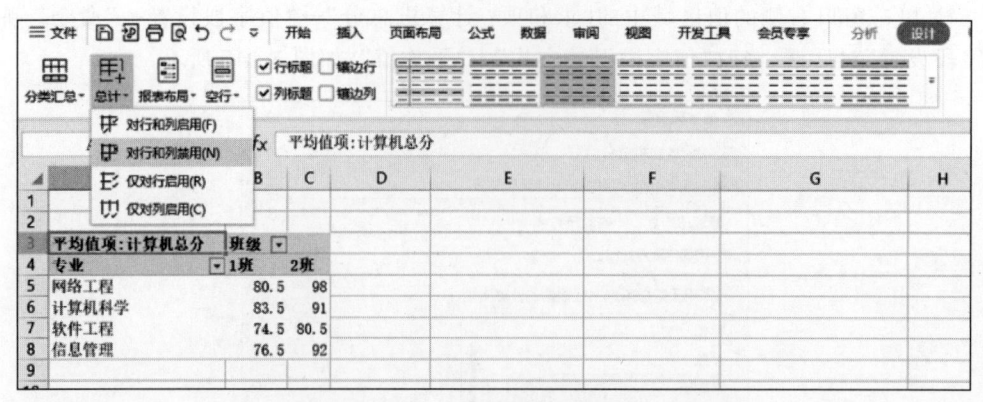

图 5-149　对行和列禁用汇总

图 5-150　数据透视表结果

5.6　图表操作

图表是数据的一种可视化表现形式,电子表格提供了灵活多样的图表类型,将枯燥的数据变成图表可获得较好的视觉效果,使数据更直观、更简明、更生动、更易于理解,能方便用户查看数据的差异和预测趋势。

创建图表,一般需要选择数据源,以及合适的图表类型和位置。

5.6.1　创建图表

例:使用学生成绩表中的数据,创建反映学生平均分情况的柱形图,原始数据如图 5-151 所示。

操作步骤如下。

(1) 按住键盘上的 Ctrl+鼠标左键,选择"姓名"和"平均分"两列数据内容,如图 5-152 所示。

(2) 单击"插入"→"全部图表"按钮,弹出"图表"对话框。

(3) 在"图表"对话框中,先从左侧类别中选择"柱形图",然后从右侧选择"簇状柱形图",根据预览效果选择合适的图表,如图 5-153 所示。

(4) 插入的图表如图 5-154 所示。

	A	B	C	D	E	F	G	H	I
1	学号	姓名	性别	政治	数学	语文	计算机	平均分	总分
2	51030101	赵亮	男	97	82	89	83	87.75	351
3	51030102	汪秋月	女	96	80	90	86	88	352
4	51030103	曾沥	男	97	76	80	98	87.75	351
5	51030104	刘蓝	女	94	70	89	89	85.5	342
6	51030105	王兵	男	99	73	82	87	85.25	341
7	51030106	曾冉	男	90	72	83	90	83.75	335
8	51030107	王岗	男	97	76	84	87	86	344
9	51030108	李萧萧	女	90	79	91	93	88.25	353
10	51030109	张静	女	93	86	86	88	88.25	353
11	51030110	陈杨	女	96	76	90	89	87.75	351
12	51030111	杨苗	女	98	87	95	88	92	368
13	51030112	李忆如	女	99	82	84	97	90.5	362
14	51030113	王军	男	97	73	81	89	85	340
15	51030114	李琼	女	94	71	82	90	84.25	337
16	51030115	梁文超	男	90	85	91	88	88.5	354
17	51030116	林建宇	男	96	82	83	94	88.75	355
18	51030117	罗鑫	男	94	78	81	86	84.75	339
19	51030118	吴欣彤	女	92	77	80	87	84	336
20	51030119	张丹丹	女	96	92	84	91	90.75	363

图 5-151　原始数据图

	A	B	C	D	E	F	G	H	I
1	学号	姓名	性别	政治	数学	语文	计算机	平均分	总分
2	51030101	赵亮	男	97	82	89	83	87.75	351
3	51030102	汪秋月	女	96	80	90	86	88	352
4	51030103	曾沥	男	97	76	80	98	87.75	351
5	51030104	刘蓝	女	94	70	89	89	85.5	342
6	51030105	王兵	男	99	73	82	87	85.25	341
7	51030106	曾冉	男	90	72	83	90	83.75	335
8	51030107	王岗	男	97	76	84	87	86	344
9	51030108	李萧萧	女	90	79	91	93	88.25	353
10	51030109	张静	女	93	86	86	88	88.25	353
11	51030110	陈杨	女	96	76	90	89	87.75	351
12	51030111	杨苗	女	98	87	95	88	92	368
13	51030112	李忆如	女	99	82	84	97	90.5	362
14	51030113	王军	男	97	73	81	89	85	340
15	51030114	李琼	女	94	71	82	90	84.25	337
16	51030115	梁文超	男	90	85	91	88	88.5	354
17	51030116	林建宇	男	96	82	83	94	88.75	355
18	51030117	罗鑫	男	94	78	81	86	84.75	339
19	51030118	吴欣彤	女	92	77	80	87	84	336
20	51030119	张丹丹	女	96	92	84	91	90.75	363

图 5-152　选择数据

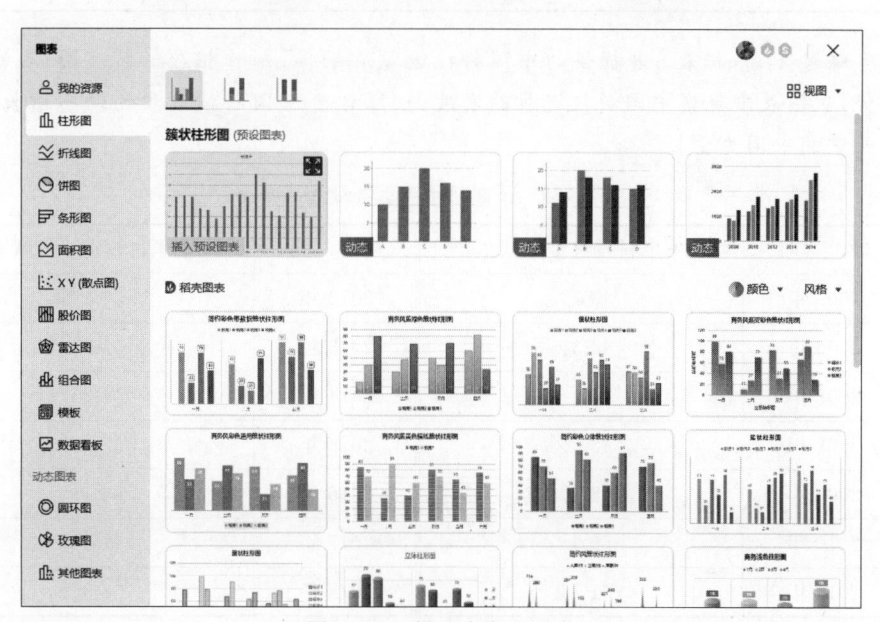

图 5-153　插入自定义图表

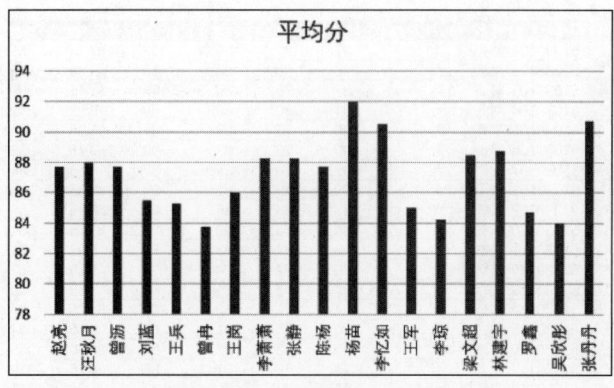

图 5-154　插入图表结果图

制作柱形图和折线图

练1：根据表5-7提供的中国创新指数，制作相应的柱形图，观察发展趋势，从图表中观察中国创新指数的发展趋势，感受中国立足自我、自主创新的精神品质。

表 5-7　中国创新指数一览表

指数类别	2005 年	2010 年	2014 年	2015 年	2016 年	2017 年
中国创新指数	100	133	160.3	174	183.7	196.3
1.创新环境指数	100	135.7	164.4	174.9	184.5	203.6
2.创新投入指数	100	132.3	157.7	164.2	172.2	182.8
3.创新产出指数	100	137.2	177.2	208.3	223.3	236.5
4.创新成效指数	100	126.8	142	148.7	154.8	162.2

练习2：根据表5-8提供的中国科技进步贡献率，制作相应的折线图，观察发展趋势，从图表中观察中国科技进步的发展趋势，体会中国科技进步的动态增长，感受成长中的中国力量。

表 5-8　中国科技进步贡献率一览表

时　间	中国科技进步贡献率	时　间	中国科技进步贡献率
2005 年	43.2%	2012 年	52.2%
2006 年	44.3%	2013 年	53.1%
2007 年	46%	2014 年	54.2%
2008 年	48.8%	2015 年	55.3%
2009 年	48.4%	2016 年	56.4%
2010 年	50.9%	2017 年	57.8%
2011 年	51.7%	2018 年	58.5%

课程思政

5.6.2 编辑和美化图表

创建图表后,用户还可以根据需要对图表进行编辑修改。对图表的编辑和美化,主要通过功能区的"图表工具"上下文选项卡完成,该选项卡为隐藏选项卡,只有在选中图表时才会出现。用户也可以选中图表后,在图表右侧的快捷菜单中找到所需要的命令。

1. 移动图表

移动图表的操作非常简单,用户只需移动鼠标到图表区的空白处,当指针变成十字箭头"✥"形状时,按住鼠标不放拖曳图表到工作表的合适位置处松开即可。

2. 调整图表的大小

调整图表的大小与调整其他图形的大小方法一样。首先选中图表,此时图表四周将出现 6 个尺寸控制圆点,将鼠标移至图表的四角或各边中间的控制圆点上,按住左键并拖曳鼠标,即可修改图表大小。

3. 调整图表元素、样式、筛选

选中图表后,图表右上角会出现 5 个图表按钮:"图标元素""图表样式""图表筛选器""设置图表区域格式"和"在线图表",如图 5-155 所示。

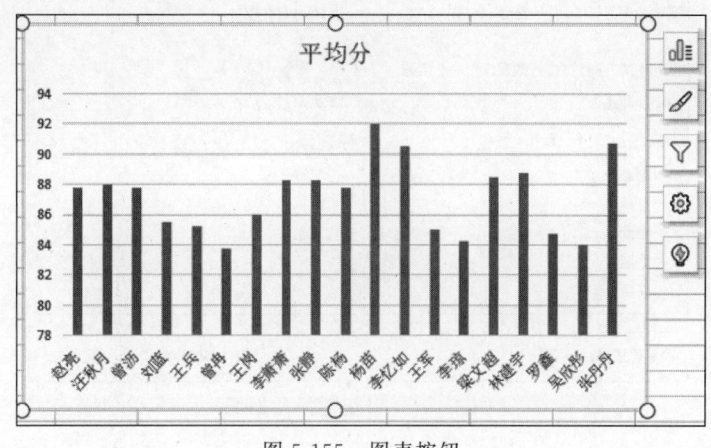

图 5-155 图表按钮

部分功能说明如下。

- "图表元素"按钮:选择、预览和调整图表元素,图表元素包括图表标题、坐标轴、数据标签、图例等。也可以通过"图表工具"上下文选项卡,选择"添加元素"按钮来调整。
- "图表样式"按钮:选择、预览和调整图表样式以及配色方案。也可以通过"图表工具"上下文选项卡,选择"图表样式"和"更改颜色"按钮来调整。
- "图表筛选器"按钮:用来筛选显示数据、编辑数据系列以及选择数据源。也可以通过"图表工具"上下文选项卡的"选择数据"按钮来调整。

例:修改图表。要求:显示所有学生的总分,数据系列显示在行,显示图例,不显示图表标题,选择合适的配色方案,修改图表背景色。

操作步骤如下。

(1) 单击图表,选择右侧的"图表筛选器"按钮,在弹出的列表的右下角单击"选择数据"按钮,弹出"编辑数据源"对话框,如图 5-156 所示。

图 5-156 "编辑数据源"对话框

（2）删除图表数据区域中的原有数据，重新选择为"姓名"和"总分"两列数据，然后在"系列生成方向"中选择"每行数据作为一个系列"。单击"确定"按钮，如图 5-157 所示。

图 5-157 重新选择数据源

（3）单击图表，选择右侧的"图表元素"按钮，在弹出的列表中选中"图例"，并展开列表，选择"右"。取消列表中的"图表标题"，如图 5-158 所示。

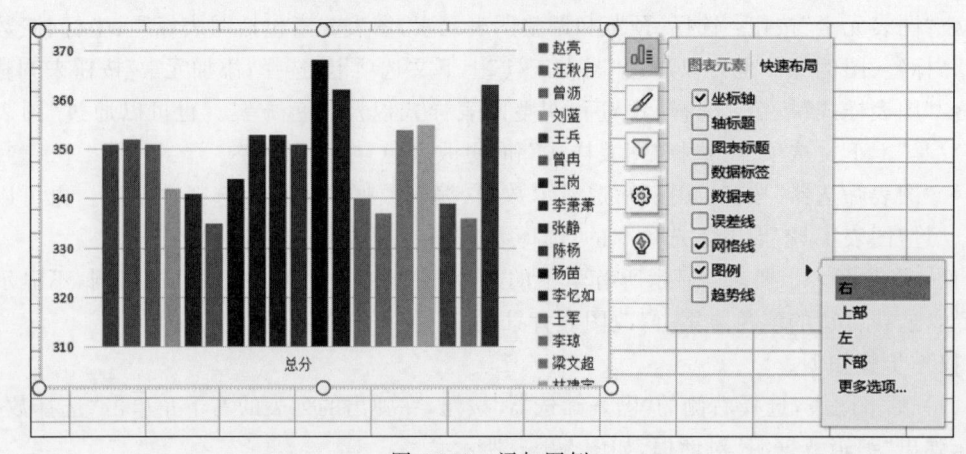

图 5-158 添加图例

（4）单击图表，选择右侧的"图表样式"按钮，在弹出的列表中选中"颜色"选项卡，展开列表，选择合适的色彩方案，如图 5-159 所示。

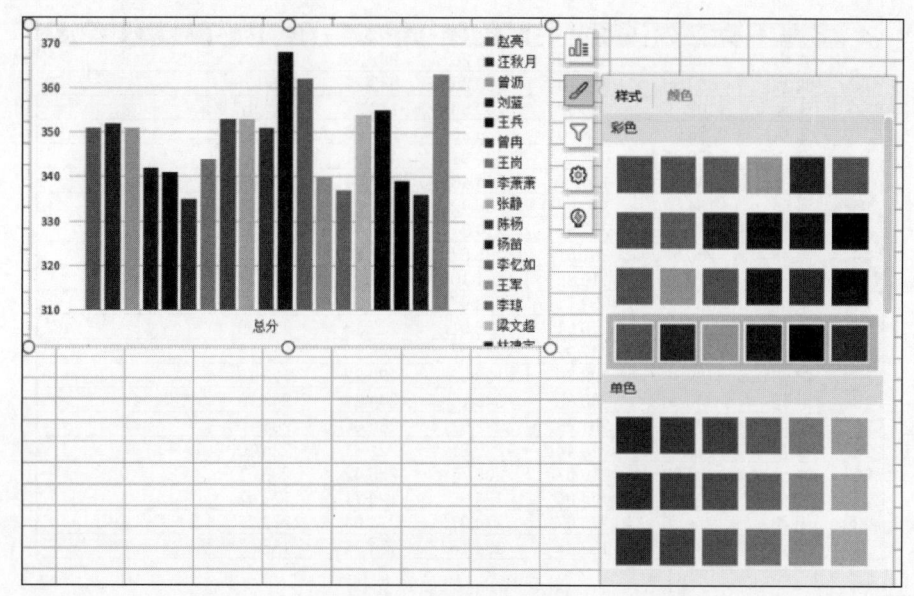

图 5-159　选择色彩方案

（5）单击图表，选择右侧的"设置图表区域格式"按钮，在右侧窗口中选择合适的填充颜色，完成效果如图 5-160 所示。

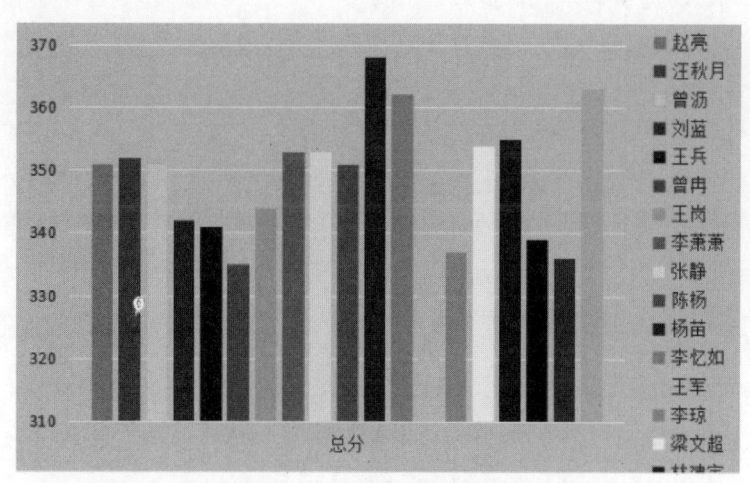

图 5-160　编辑图表效果图

5.6.3　创建迷你图

迷你图是一种可以直接在单元格中插入的微型图表，它可对单元格内的数据提供最直观的表示。迷你图适用于显示一系列数值的变化趋势。

例：在广东省各市就业人数统计表中，插入折线迷你图显示就业人数变化趋势。原始数据如图 5-161 所示。

	A	B	C	D	E	F	G
1	广东省各市就业人员人数（年末统计）							
2							单位：万人
3	市　别	2014	2015	2016	2017	2018	就业人数趋势
4	广州	784.84	810.99	835.26	862.33	896.54	
5	深圳	899.66	906.14	926.38	943.29	1050.25	
6	珠海	108.79	108.92	109.55	112.37	115.97	
7	汕头	238.26	238.50	239.24	239.76	240.11	
8	佛山	438.09	438.41	438.81	435.51	440.91	
9	韶关	144.13	144.17	144.48	144.67	145.04	
10	河源	134.63	136.52	138.42	141.02	141.38	
11	梅州	213.01	213.52	214.34	216.55	215.63	
12	惠州	280.62	281.51	285.57	289.10	290.33	
13	汕尾	119.36	119.86	121.10	120.21	120.76	
14	东莞	660.46	653.41	653.97	660.39	667.17	
15	中山	211.76	210.51	213.01	212.18	212.99	
16	江门	243.24	242.92	244.07	244.94	247.13	
17	阳江	128.35	128.79	129.02	129.22	129.16	
18	湛江	340.76	340.85	343.75	344.51	343.76	
19	茂名	281.00	281.78	282.52	284.06	285.70	
20	肇庆	217.79	218.44	220.31	221.31	225.30	
21	清远	203.98	210.67	205.75	205.42	208.81	
22	潮州	127.68	124.94	124.55	124.71	123.43	
23	揭阳	274.16	275.07	274.97	274.94	273.25	
24	云浮	132.67	133.37	134.15	134.31	135.03	

图 5-161　原始数据图

操作步骤如下。

（1）选中广州市对应的"就业人数趋势"单元格"G4"。

（2）打开"插入"选项卡，单击"折线"按钮。

（3）在弹出的"创建迷你图"对话框中，"数据范围"参数框中输入"B4:F4"，如图 5-162 所示。

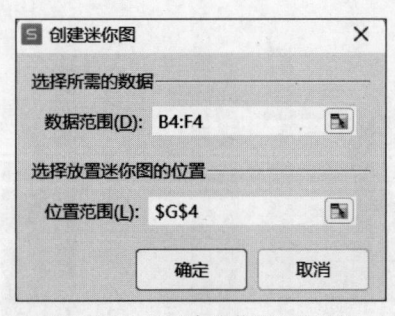

图 5-162　"创建迷你图"对话框

（4）单击"确定"按钮，此时在单元格中显示迷你图，如图 5-163 所示。

图 5-163　插入迷你图

（5）拖曳单元格 G4 右下角的填充柄，向下填充，创建迷你图组，完成效果如图 5-164 所示。

	A	B	C	D	E	F	G
1	广东省各市就业人员人数（年末统计）						
2							单位：万人
3	市 别	2014	2015	2016	2017	2018	就业人数趋势
4	广州	784.84	810.99	835.26	862.33	896.54	
5	深圳	899.66	906.14	926.38	943.29	1050.25	
6	珠海	108.79	108.92	109.55	112.37	115.97	
7	汕头	238.26	238.50	239.24	239.76	240.11	
8	佛山	438.09	438.41	438.81	435.51	440.91	
9	韶关	144.13	144.17	144.48	144.67	145.04	
10	河源	134.63	136.52	138.42	141.02	141.38	
11	梅州	213.01	213.52	214.34	216.55	215.63	
12	惠州	280.62	281.51	285.57	289.10	290.33	
13	汕尾	119.36	119.86	121.10	120.21	120.76	
14	东莞	660.46	653.41	653.97	660.39	667.17	
15	中山	211.76	210.51	213.01	212.18	212.99	
16	江门	243.24	242.92	244.07	244.94	247.13	
17	阳江	128.35	128.79	129.02	129.22	129.16	
18	湛江	340.76	340.85	343.75	344.51	343.76	
19	茂名	281.00	281.78	282.52	284.06	285.70	
20	肇庆	217.79	218.44	220.31	221.31	225.30	
21	清远	203.98	210.67	205.75	205.42	208.81	
22	潮州	127.68	124.94	124.55	124.71	123.43	
23	揭阳	274.16	275.07	274.97	274.94	273.25	
24	云浮	132.67	133.37	134.15	134.31	135.03	

图 5-164　填充迷你图

习 题 5

一、单选题

(1) 默认情况下，新建一个 WPS 表格文件工作簿的工作表数为（　　）。

　　A. 3 个　　　　　　　　　　　　B. 255

　　C. 1　　　　　　　　　　　　　D. 64

(2) 在 WPS 表格，数值型数据其默认水平对齐方式为（　　）。

　　A. 左对齐　　　　　　　　　　　B. 两端对齐

　　C. 居中对齐　　　　　　　　　　D. 右对齐

(3) 在 WPS 表格工作簿中，有关移动和复制工作表的说法，正确的是（　　）。

　　A. 工作表，只能在所在的工作簿内移动，不能复制

　　B. 工作表，只能在所在的工作簿内复制，不能移动

　　C. 工作表，可以移动到其他工作簿内，不能复制到其他工作簿内

　　D. 工作表，可以移动到其他工作簿内，也可以复制到其他工作簿内

(4) 在 WPS 表格中，单元格地址是指（　　）。

　　A. 每一个单元格　　　　　　　　B. 每一个单元格的大小

　　C. 单元格所在的工作表　　　　　D. 单元格在工作表中的位置

(5) 在 WPS 表格工作表中，错误的单元格地址是（　　）。

　　A. C＄66　　　　　　　　　　　　B. ＄C66

　　C. ＄C＄66　　　　　　　　　　　D. C6＄6

(6) 在 WPS 表格中，下列（　　）是输入正确的公式形式。

　　A. ＝＝sum(d1:d2)　　　　　　　B. ='c7＋c1

C. >=b2*d3+1 D. =8^2

(7) 在 WPS 表格分类汇总前,应进行的操作是( )。
　　A. 筛选 B. 隐藏不需要的内容
　　C. 删除空行和空列 D. 排序

(8) 在 WPS 表格中产生图表的源数据发生变化后,图表将( )。
　　A. 不会改变 B. 发生改变,但与数据无关
　　C. 被删除 D. 发生相应的改变

二、操作题

创建如表 5-9 所示的工作表,要求完成以下操作。

表 5-9　广东省各市人口统计表　　　　　　　　　单位:万人

城　市	2014	2015	2016	2017	2018	2019
广州	1308.05	1350.11	1404.35	1449.84	1490.44	1530.59
深圳	1077.89	1137.87	1190.84	1252.83	1302.66	1343.88
珠海	161.42	163.41	167.53	176.54	189.11	202.37
汕头	552.37	555.21	557.92	560.82	563.85	566.48
佛山	735.06	743.06	746.27	765.67	790.57	815.86
韶关	290.89	293.15	295.61	297.92	299.76	303.04
河源	306.32	307.35	308.1	309.11	309.39	310.56
梅州	432.33	434.08	436.08	437.43	437.88	438.3
惠州	472.66	475.55	477.5	477.7	483	488
汕尾	300.66	302.16	303.66	297.76	299.36	301.5
东莞	834.31	825.41	826.14	834.25	839.22	846.45
中山	319.27	320.96	323	326	331	338
江门	451.14	451.95	454.4	456.17	459.82	463.03
阳江	249.95	251.12	252.84	254.29	255.56	257.09
湛江	721.24	724.14	727.3	730.5	733.2	736
茂名	604.9	608.08	612.32	620.41	631.32	641.15
肇庆	403.58	405.96	408.46	411.54	415.17	418.71
清远	381.91	383.45	384.6	386	387.4	388.58
潮州	272.04	264.05	264.6	265.08	265.66	265.98
揭阳	603.54	605.89	609.4	608.6	608.94	610.5
云浮	244.46	246.05	248.08	250.54	252.69	254.52

要求:
(1) 选择 A3:G24 单元格区域,设置套用表格格式,样式为"白色,表样式浅色 8"。

(2) 选择 B4:G24 单元格区域,修改数字格式为"数值",小数位数 2 位。
(3) 在 G 列后增加 1 列,H3 内容为"走势图"。
(4) 在 H4:H24 列,插入迷你折线图。
(5) 在 A25 输入"总计"。
(6) 在 B25:G25 单元格区域,分别计算各市人口总和。
(7) 选择 A3:G3 和 A25:G25 单元格区域,插入"簇状柱形图"。
(8) 修改图表标题为"广东省各年人口数统计图"。

完成效果如图 5-165 和图 5-166 所示。

广东省各市人口统计表

单位:万人

市别	2014	2015	2016	2017	2018	2019	走势图
广州	1308.05	1350.11	1404.35	1449.84	1490.44	1530.59	
深圳	1077.89	1137.87	1190.84	1252.83	1302.66	1343.88	
珠海	161.42	163.41	167.53	176.54	189.11	202.37	
汕头	552.37	555.21	557.92	560.82	563.85	566.48	
佛山	735.06	743.06	746.27	765.67	790.57	815.86	
韶关	290.89	293.15	295.61	297.92	299.76	303.04	
河源	306.32	307.35	308.10	309.11	309.39	310.56	
梅州	432.33	434.08	436.08	437.43	437.88	438.30	
惠州	472.66	475.55	477.50	477.70	483.00	488.00	
汕尾	300.66	302.16	303.66	297.76	299.36	301.50	
东莞	834.31	825.41	826.14	834.25	839.22	846.45	
中山	319.27	320.96	323.00	326.00	331.00	338.00	
江门	451.14	451.95	454.40	456.17	459.82	463.03	
阳江	249.95	251.12	252.84	254.29	255.56	257.09	
湛江	721.24	724.14	727.30	730.50	733.20	736.00	
茂名	604.90	608.08	612.32	620.41	631.32	641.15	
肇庆	403.58	405.96	408.46	411.54	415.17	418.71	
清远	381.91	383.45	384.60	386.00	387.40	388.58	
潮州	272.04	264.05	264.60	265.08	265.66	265.98	
揭阳	603.54	605.89	609.40	608.60	608.94	610.50	
云浮	244.46	246.05	248.08	250.54	252.69	254.52	
总计	10723.99	10849.01	10999.00	11169.00	11346.00	11520.59	

图 5-165　表格完成效果图

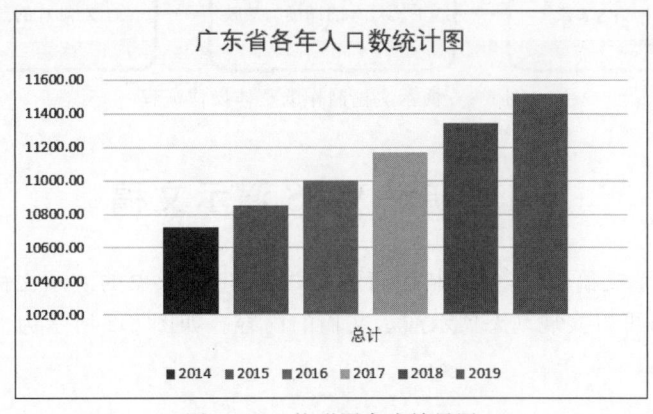

图 5-166　柱形图完成效果图

第6章　WPS 演示文稿制作

WPS 演示是一款功能强大、操作便捷的演示文稿软件。它支持多种格式的演示文稿制作,如 DPS、PPT、PPS、PPSX、PPTX 等,并且拥有丰富的动画效果和多媒体功能。用户可以使用 WPS 演示制作各种类型的演示文稿,如工作汇报、产品介绍、教学课件等。WPS 演示还提供了丰富的模板库,用户可以根据自己的需求选择合适的模板,快速制作出专业的演示文稿。此外,WPS 演示还支持多人协作,用户可以邀请其他人一起编辑同一个演示文稿,提高团队协作效率。

根据演示文稿制作的整体操作流程,将本章内容划分为 5 个部分,如图 6-1 所示。

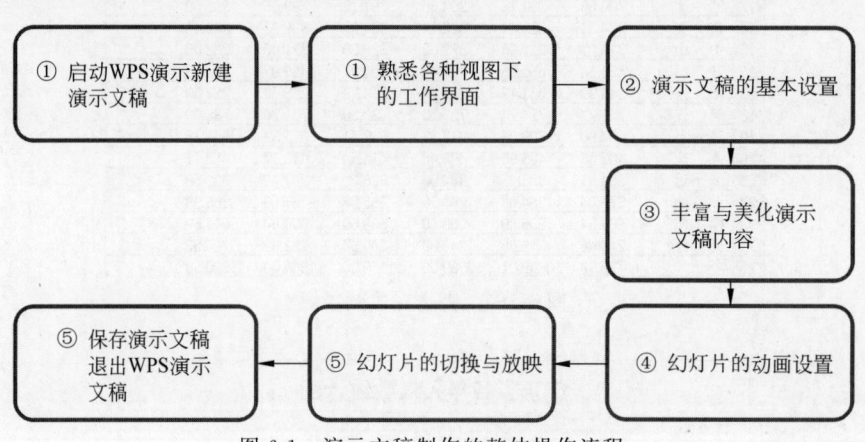

图 6-1　演示文稿制作的整体操作流程

6.1　初识 WPS 演示文稿

利用 WPS 演示文稿软件,可以制作出图文并茂、生动形象的演示文稿,借助计算机以及常用的投影设备可以实现动态展示演示文稿的内容。如图 6-2 所示为一个 WPS 演示文稿界面样例。

6.1.1　WPS 演示文稿的基本概念

在进入学习制作演示文稿之前,首先需要介绍几个基本概念。

一个完整的演示文稿包含多张有序的幻灯片,而一张图文并茂的幻灯片包含多种不同类型的幻灯片元素。

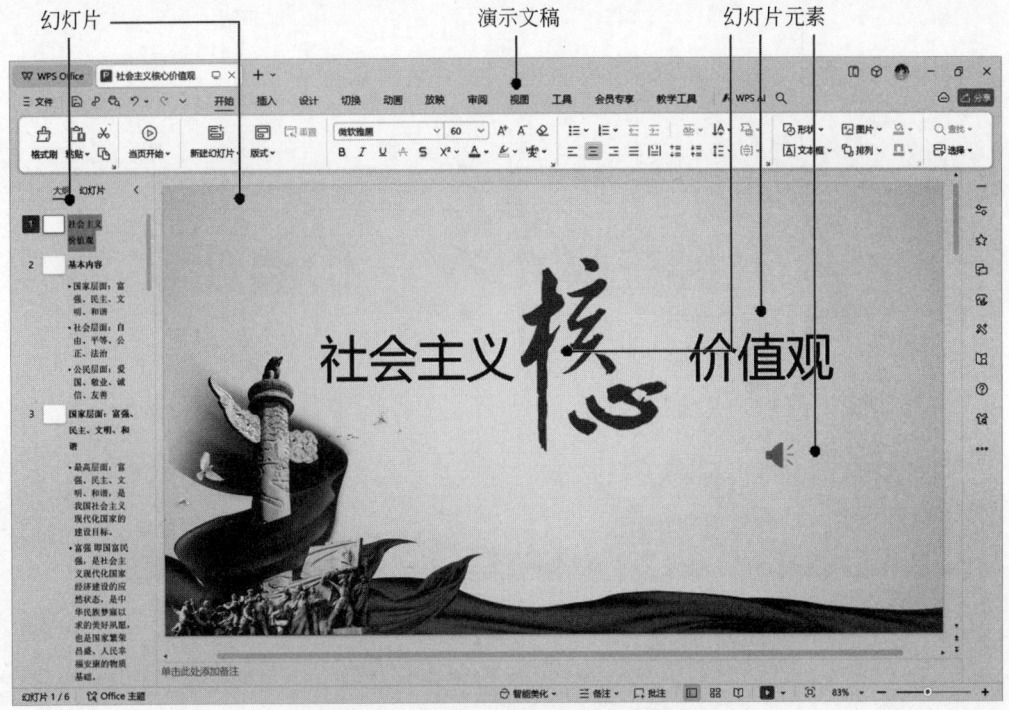

图 6-2　WPS 演示文稿界面样例

1. 演示文稿

演示文稿一般是为某一演示内容而制作的所有幻灯片、备注和旁白等内容，而一个完整的演示文稿一般由封面主题、内容以及结束等部分构成。默认演示文稿的文件扩展名为.pptx。如图 6-2 所示，在窗口的标题栏处显示演示文稿样例的文件名为"社会主义核心价值观"。

2. 幻灯片

演示文稿中的每一张单页称为一张幻灯片，幻灯片是演示文稿的基本单位，一个演示文稿至少有一张幻灯片。而每张幻灯片既相互独立，内容又相互联系。

如图 6-2 所示，在状态栏处显示，当前幻灯片为第 1 张。如果要切换到其他幻灯片，在左侧视图窗格单击要切换的幻灯片缩略图即可。

3. 幻灯片元素

幻灯片上的所有内容都是幻灯片的元素。如文本框、图片、图形、表格、艺术字、图表、声音、视频等对象。幻灯片元素是演示文稿的最小单位，每个元素均在幻灯片中占据一定的有效范围，在单击该元素后，如图 6-3 所示，会在元素周围显现该元素的 8 个控制点，以及 1 个旋转控制柄，能方便用户改变该元素大小、位置和进行旋转等设置。

如图 6-3 所示，幻灯片中包含图片、文本框、声音等幻灯片元素。

- 文字元素

幻灯片上文字的存在形式与 WPS 文字的存在形式有所不同，它不能直接输入，需要在预先创建的文字元素中输入，如文本占位符、文本框、艺术字、图形等。将这些文字元素添加到幻灯片后，就可以如在 WPS 文字中一样进行格式编排，也可以设置这些元素的动画

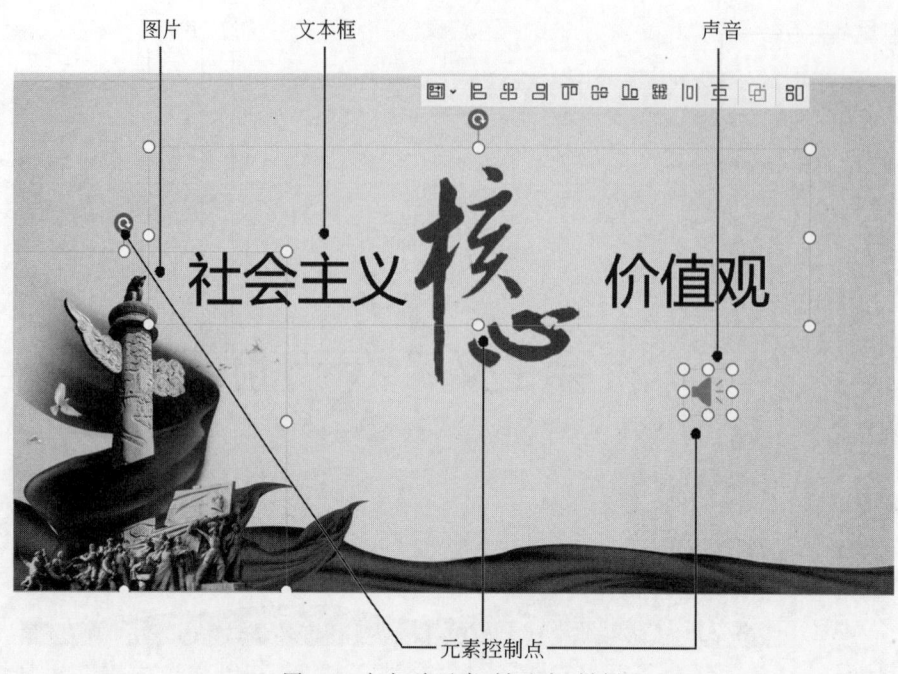

图 6-3 幻灯片元素(被选定)样例

效果。
- 图形图像元素

图形图像元素主要包含各类位图和矢量图。如图片、形状、剪贴画等。WPS 演示文稿支持的常见图形图像文件类型如表 6-1 所示。

表 6-1 WPS 演示文稿支持的常见图形图像文件类型

类 型	扩 展 名
Windows 增强型图元文件	*.emf
Windows 图元文件	*.wmf
JPEG 文件交换格式	*.jpg / *.jpeg / *.jpe
可移植网络图形	*.png
Windows 位图	*.bmp
图形交换格式	*.gif
Tag 图像文件格式	*.tif / *.tiff
可缩放的向量图形	*.svg

将这些图形图像元素添加到幻灯片后,就可以如在 WPS 文字中一样进行格式编排,也可以设置这些元素的动画效果。
- 影音元素

影音元素主要包含各类视频和音频。WPS 演示文稿支持的常见音频和视频文件类型如表 6-2 所示。

表 6-2　WPS 演示文稿支持的常见音频和视频文件类型

类型		扩展名
音频	AIFF 音频文件	*.aif / *.aifc / *.aiff
	AU 音频文件	*.au / *.snd
	MIDI 文件	*.mid / *.midi / *.rmi
	MP3 音频文件	*.mp3 / *.mp2 / *.m3u
	MP4 音频	*.m4a
	Windows 音频文件	*.wav
	Windows Media 音频文件	*.wma / *.wax
视频	Windows Media 文件	*.asf / *.asx / *.dvr-ms / *.mpl / *.mv / *.wmx / *.wmd / *.wmz
	Windows 视频文件	*.avi
	QuickTime 影片文件	*.mov
	Mp4 视频	*.mp4 / *.m4v / mp4v
	电影文件	*.mpeg / *.mpg / *.m1v / *.mpe / *.m2v / *.mod / *.mpv / *.mpv2 / *.mpa
	MPEG-2 TS 视频文件	*.m2ts / *.m2t / *.ts / *.tts
	Windows Media 视频文件	*.wmv / *.wvx
	Adobe Flash 媒体	*.flv / *.f4v
	DVD 视频	*.vob

在幻灯片中可以设置这些文件的播放方式,即多媒体效果,如播放、剪裁音频、视频等。

● 其他元素

除了以上文本、图形图像、影音元素外,幻灯片还集成了增强展示效果的其他元素。如图表、公式、链接和引用等,将这些元素添加到幻灯片后,就可以对其格式进行编排,也可以设置这些元素的动画和过渡效果,使得幻灯片更加生动有趣。

6.1.2　WPS 演示文稿的创建

创建 WPS 演示文稿一般有以下三种方法。

方法 1：使用模板创建演示文稿。

WPS 演示文稿提供海量模板库,在联网的情况下,用户可以在新建页面选择合适的模板创建出精美且风格统一的演示文稿,可大大减少用户设计和美化所花费的时间及精力。

单击标签栏中的"＋"按钮,如图 6-4 所示,在"新建"页面单击"演示"按钮,进入"新建演示文稿"页面,可在左侧标签栏选择"风格;,也可以在上方搜索栏输入关键字搜索模板。

方法 2：使用文字文档创建演示文稿。

通常情况下,用户在编写演示文稿的文字内容时会选择 WPS 文字组件进行编写,编写完成后再将内容生成为演示文稿。此时可以通过 WPS 文字组件中的"输出为 PPT(X)"功

图 6-4 创建演示文稿

能键将文字文档转换为演示文稿。

选择"文件"菜单中的"输出为 PPT(X)"命令,如图 6-5 所示可以在"Word 转 PPT"对话框中预览效果,另外还可以选择 WPS 智能推送的模板来改变效果,单击下方的"导出 PPT"按钮,并在文本框选择输出路径和文件命名,单击"保存"按钮即可。

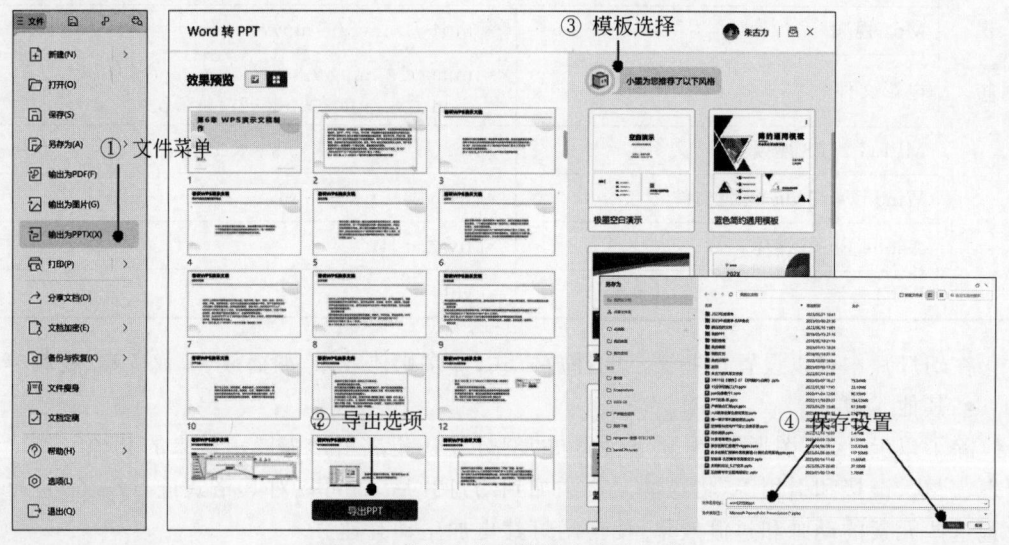

图 6-5 使用文字文档创建演示文稿

方法 3:如果桌面上有演示文稿文档,其扩展名为 .ppt 或 .pptx 的文件,双击该文档图标即可,打开已创建的演示文稿,此时单击 WPS Office 主界面,可以创建新的演示文稿。

6.1.3 演示文稿的保存、导出与恢复

制作完成后的演示文稿都需要保存,用户可以根据不同情况,对演示文稿进行保存或输出操作。WPS 演示文稿提供各种保存类型以及多种导出形式。

1. 保存与导出

对于首次创建未曾保存的演示文稿,选择"文件"→"另存为"命令,系统会自动弹出"另存为"对话框(如图 6-6 所示),从而确定演示文稿的保存位置、文件名以及保存类型。

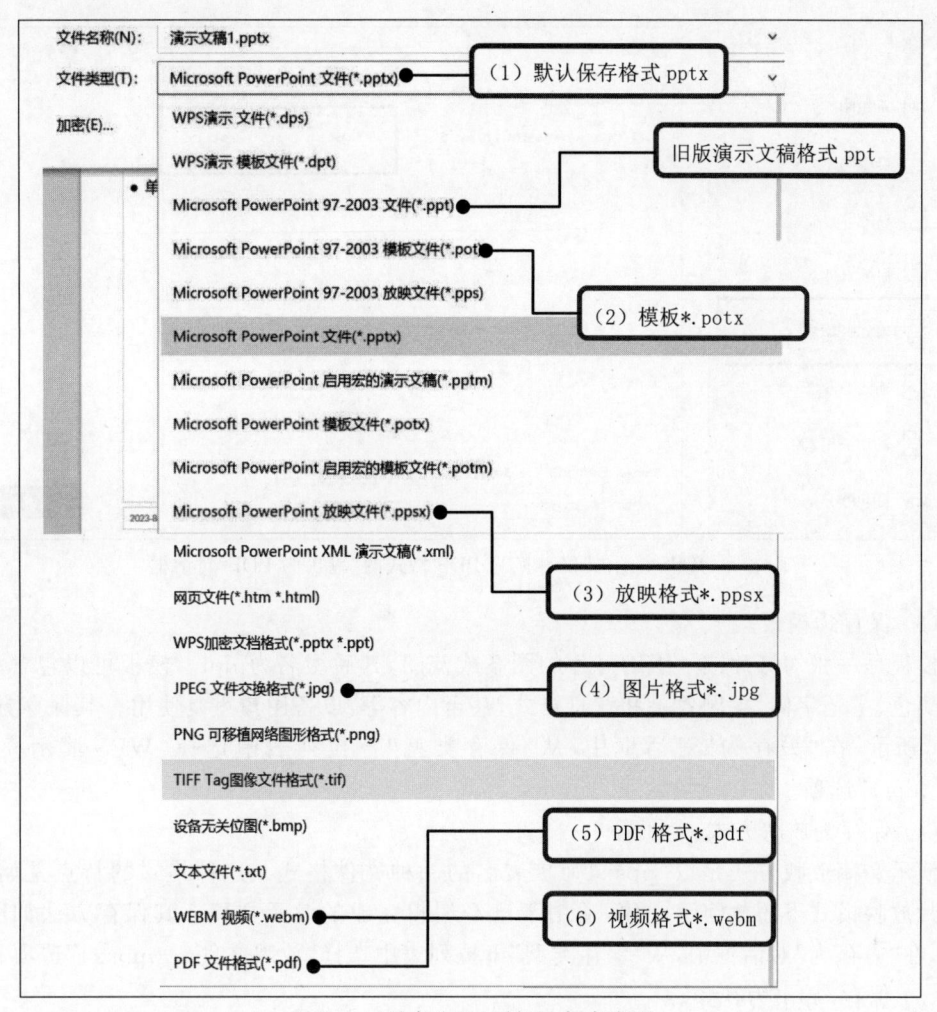

图 6-6 "另存为"对话框及保存类型

(1) 演示文稿的保存。

WPS 演示文稿默认以"pptx"为保存类型。演示文稿 97-2003 默认保存类型为 ppt,演示文稿 2007 及以上版本则以 pptx 作为默认保存类型。如果用户需要保存为演示文稿 97-2003 演示文稿(*.ppt)类型,可以选择"文件"→"另存为"命令另存为"*.ppt"保存类型即可。

(2) 保存/导出为 PDF。

PDF 是一种便携式的文档格式,它能够为文档提供清晰的打印效果,同时还便于文档在互联网上传播、查看。

将演示文稿转换为 PDF 常规方法主要有以下两种。

方法 1:选择"文件"→"另存为"命令,在"保存类型"下拉列表中选择"PDF(*.pdf)"选项,如图 6-6 所示。

方法 2:选择"文件"→"输出为 PDF"命令,在对话框中选择转换 PDF 格式的页码和保存位置,并单击"开始输出"按钮,如图 6-7 所示。

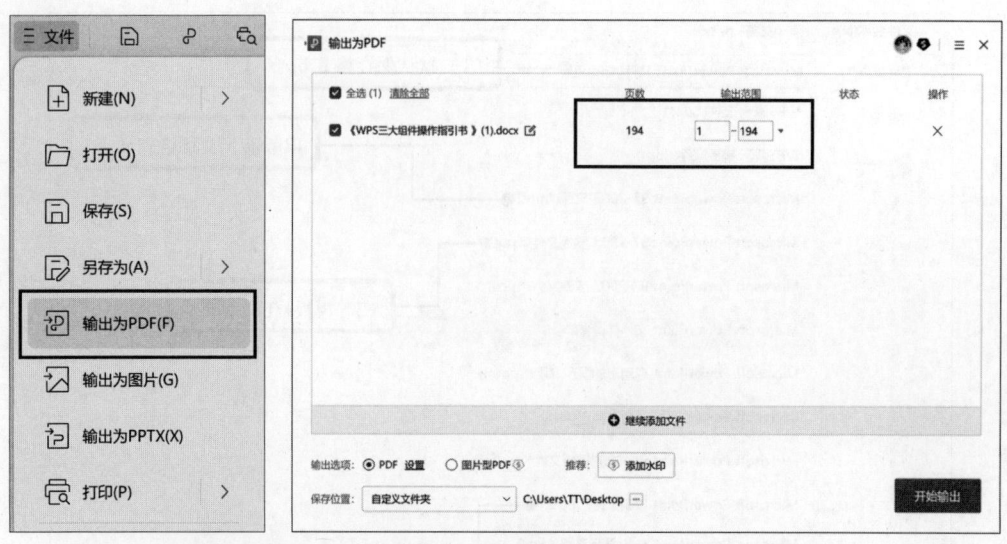

图 6-7　WPS 演示文稿替换为 PDF 格式的"输出为 PDF"对话框

（3）保存为模板。

模板是一张幻灯片或一组幻灯片的图案或蓝图，其后缀名为.dpt。模板可以包含版式、主题颜色、主题字体、主题效果和背景样式，甚至内容等，以备用户重复使用。其保存方法如图 6-6 所示，在"另存为"对话框中，从"保存类型"下拉列表中选择"WPS 演示模板文件(＊.dpt)"选项。

（4）保存为放映方式。

演示文稿放映方式是以"ppsx"为扩展名的一种文件格式。这种格式的特点是始终在幻灯片放映模式下播放演示文稿，适用于已经编辑完成的演示文稿。其保存方法如图 6-6 所示，在"另存为"对话框中，从"保存类型"下拉列表中选择"放映文件(＊.ppsx)"选项。

（5）保存/导出为视频。

WPS 演示文稿允许用户将演示文稿转换为视频文件，以供视频播放器进行播放展示。选择"另存为"→"输出为视频"命令，默认保存格式为"WEBM 视频(＊.webm)"。

（6）保存为图片。

演示文稿中的每张幻灯片都可以单独作为一张图片存储，这种保存方式的优点是可以保证幻灯片放映的原始效果，也可以保护幻灯片的内容不被其他用户编辑与修改。其保存方法也很简单，在"文件"→"输出为图片"菜单选项中选择"逐页输出"或者"合并长图"，然后单击"开始输出"按钮即可。一般图像保存类型选项是 JPG、PNG 等。

（7）将演示文稿打包。

为了让没有安装演示文稿软件的计算机也能够正常播放 PPT 或 PPTX 文档，或者在演示文档中链接多个本地的音频和视频时，WPS 中"文件打包"功能可以将演示文稿中的音频和视频文件统一打包进一个文件夹或者一个压缩包中，避免文件素材丢失。在"文件"→"文件打包"中选择"将演示文稿打包成文件夹"或"将演示文稿打包成压缩包"选项，如图 6-8 所示。

2. 演示文稿的自动恢复

在演示文稿制作过程中，总不可避免会出现一些意外情况。如因为演示文稿崩溃需要

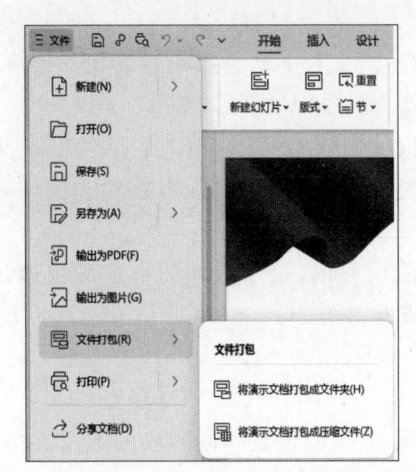

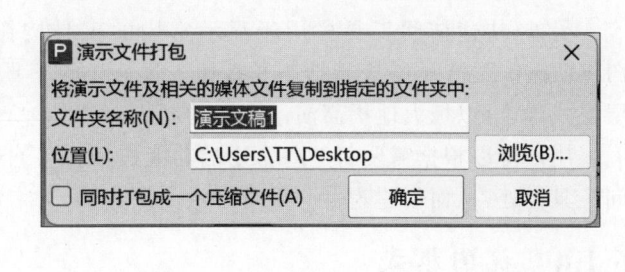

图 6-8 "文件打包"对话框(左图)"打包成文件"对话框(右图)

重新启动演示文稿应用程序,导致未及时保存的文档毁于一旦。打开 WPS 中"文件"→"备份与恢复"功能,并设置自动保存的时间间隔。通过这个功能,我们可以有效地避免数据丢失的情况发生。

选择"文件"→"备份与恢复"→"备份中心"命令,在"本地备份设置"选项对话框中设置"定时备份"的时间间隔(默认为 10 分钟)、本地备份存放的位置,如图 6-9 所示。如果不小心误删或者丢失了演示文稿,WPS Office 会自动在指定的文件夹中查找并恢复丢失的内容。

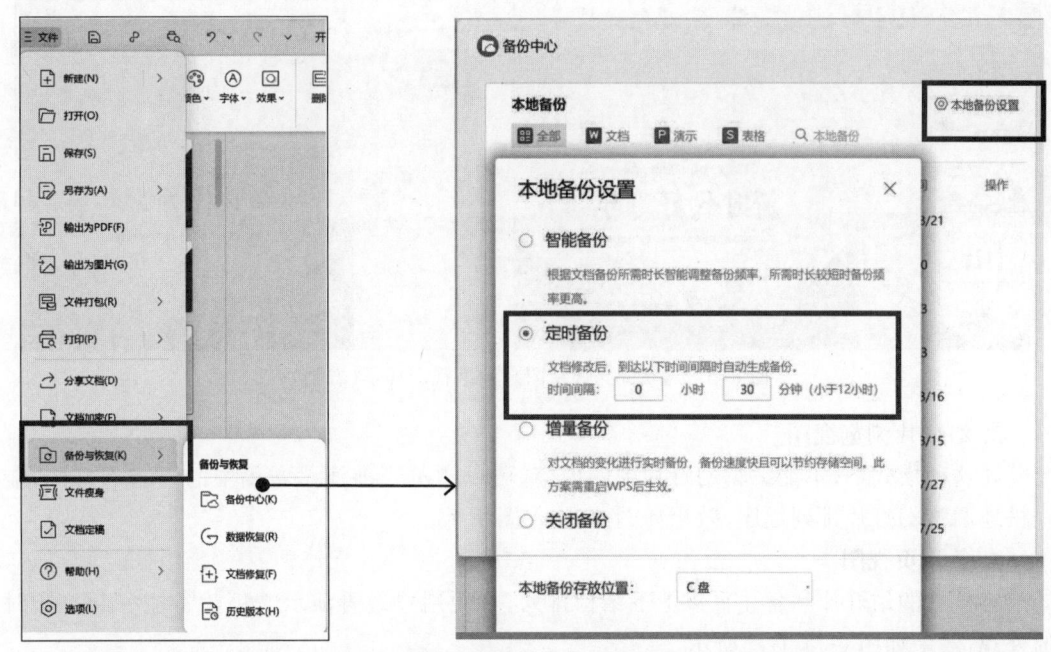

图 6-9 "备份中心"对话框

此外,如果演示文稿中使用了云存储服务(如金山文档云服务、腾讯文档云服务等),这些云服务也提供了自动恢复功能。用户只需要按照云服务提供的指引,开启自动恢复功能即可。

自动恢复的间隔时间建议设置在3分钟左右比较合适，太长的话会影响自动保存效率。另外，建议修改自动恢复文件的保存位置，方便查找未保存的临时文件。

另外，快速访问工具栏用于显示常用的工具按钮。默认情况下包含"保存""输出为PDF""撤销""恢复"4个快捷工具按钮。快速访问工具栏定义后，用户无须再在功能区中一层层找寻，可以极大地提高演示文稿的制作效率。

用户可以根据需要将一些常用的功能按钮按各自使用习惯，顺序添加到自定义快速访问工具栏处，从而创建为自己量身定做的快速工具栏，省时又省心。

6.1.4 视图模式

视图是显示演示文稿的方式，分别应用于创建、编辑、放映或预览不同阶段的演示文稿。WPS演示文稿提供了6种视图模式，分别为普通视图、大纲视图、幻灯片浏览视图、备注页视图、阅读视图和母版视图。

1. 普通视图

普通视图主要应用于编辑和设计演示文稿。在普通视图模式下，视图窗格以缩略图的形式显示当前演示文稿中的所有幻灯片，效果如图6-10左图所示。

2. 大纲视图

视图窗格中显示演示文稿的文本内容和组织结构，不显示图形、图像、图表等对象，效果如图6-10右图所示。

图6-10 普通视图（左图）、大纲视图样例（右图）

3. 幻灯片浏览视图

在这种模式下，不能编辑幻灯片中的内容，可以浏览当前演示文稿中的所有幻灯片，能轻松地调整幻灯片排列顺序，效果如图6-11左图所示。

4. 备注页视图

将显示的幻灯片和备注页以上下结构排列，方便用户查看演示文稿与备注一起打印时的外观，效果如图6-11右图所示。

5. 阅读视图

该视图是以动态的形式显示演示文稿中的各张幻灯片，是演示文稿的最终效果。用户可以利用该视图来检查和修改不满意的幻灯片。

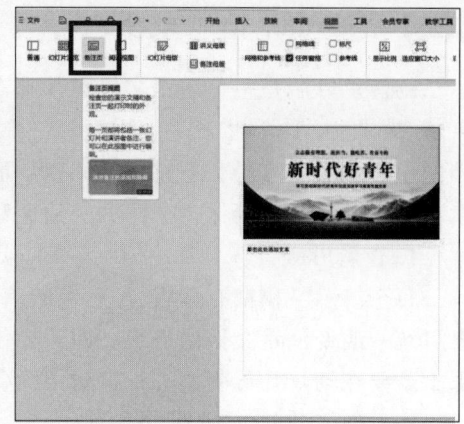

图 6-11　幻灯片浏览视图（左图）、备注页视图样例（右图）

6. 母版视图

分为"幻灯片母版""讲义母版"和"备注母版"三种。

幻灯片母版：控制整个演示文稿的外观，包括颜色、字体、背景、效果和其他所有内容。但是有很多人嫌麻烦就没有使用母版，但是合理利用幻灯片母版可以节约制作幻灯片的时间。

讲义母版：自定义设置打印讲义的外观，如背景格式、页眉页脚的位置等。

备注母版：用于设置备注页打印时的外观，如背景格式、页眉页脚的位置等。

6.1.5　退出 WPS 演示文稿

退出 WPS 演示文稿的常规方法有：单击标题栏中的"关闭"按钮；或者按退出快捷键 Alt+F4。

当关闭做过修改却仍未保存的演示文稿时，系统会自动打开提示对话框，提示用户是否保存所修改的演示文稿。

6.1.6　WPS 演示文稿的共享

WPS 演示文稿给互联网上所有用户提供一个方便的"共享"功能，在 WPS 中打开需要共享的文档，单击右上角的"分享"按钮，然后按提示选择多人协助或者将创建分享的文件或链接发给对方即可。如图 6-12 所示。

图 6-12　WPS 演示文稿的"共享"

6.2　演示文稿的基本设置

通过前面的介绍，我们已经初步认识了 WPS 演示文稿系统的强大功能。本节主要介绍演示文稿中幻灯片的基本操作及基本版面的设置。

6.2.1 幻灯片母版设置

幻灯片母版是整个演示文稿的基础，在其中进行的设置，如设置演示文稿的背景、颜色、字体、效果、大小等，将统一应用至每一张幻灯片中。母版是文档中的一个模板，它定义了文档的整体样式和布局。通过使用母版，可以快速更改整个文档的样式，而无须逐个更改元素。使用母版有助于保持文档的一致性和专业性。

1. 查看母版

每个演示文稿都有母版，母版中的信息一般是所有幻灯片共有的信息，改变母版中的信息可统一改变演示文稿的外观。即若要使所有的幻灯片包含相同的字体和图像（如徽标），那么就要在幻灯片母版中进行编辑，而这些更改将影响到所有幻灯片。

查看幻灯片的母版，即切换到幻灯片母版视图，其操作方法如下。

在"视图"选项卡的"母版视图"功能组中选择"幻灯片母版"，即进入幻灯片母版视图，如图 6-13 所示。

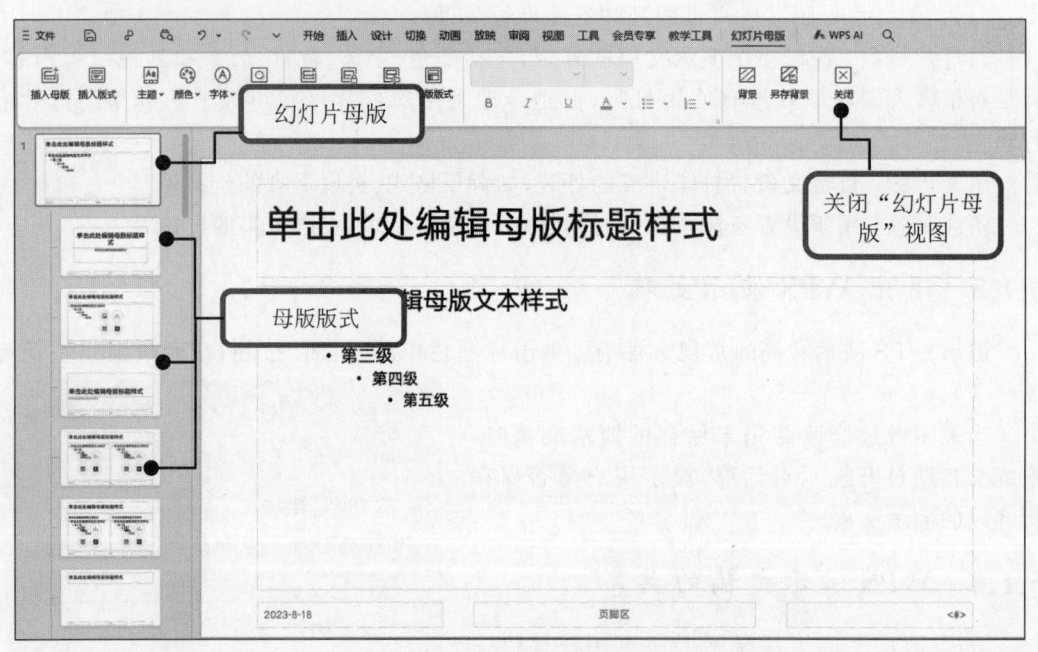

图 6-13 幻灯片母版视图

在幻灯片母版视图中，在左侧窗格中最上方最大的幻灯片为"幻灯片母版"；而与母版版式相关的幻灯片显示在下方，即"母版版式"，如图 6-13 所示。

2. 幻灯片背景设计

打开"视图"→"幻灯片母版"，选择一个空白版式，在右侧设置面板中选择背景颜色，如图 6-14 所示，也可以放置每一页显示的 LOGO 等元素，关闭幻灯片母版，再新建一页幻灯片时，就会出现已设置好的效果。

需要注意的是，"母版"影响"母版版式"的显示效果，"母版版式"无法编辑"母版"中的元素。与此同时，"母版版式"是独立的页面，可以单独编辑修改，如图 6-14 所示。

如果想让一个 PPT 有多个主题色，可以通过"幻灯片母版"视图中的"插入母版"菜单，

图 6-14 母版和母版版式设置效果

建立多个母版来实现多个背景色,如图 6-15 所示。

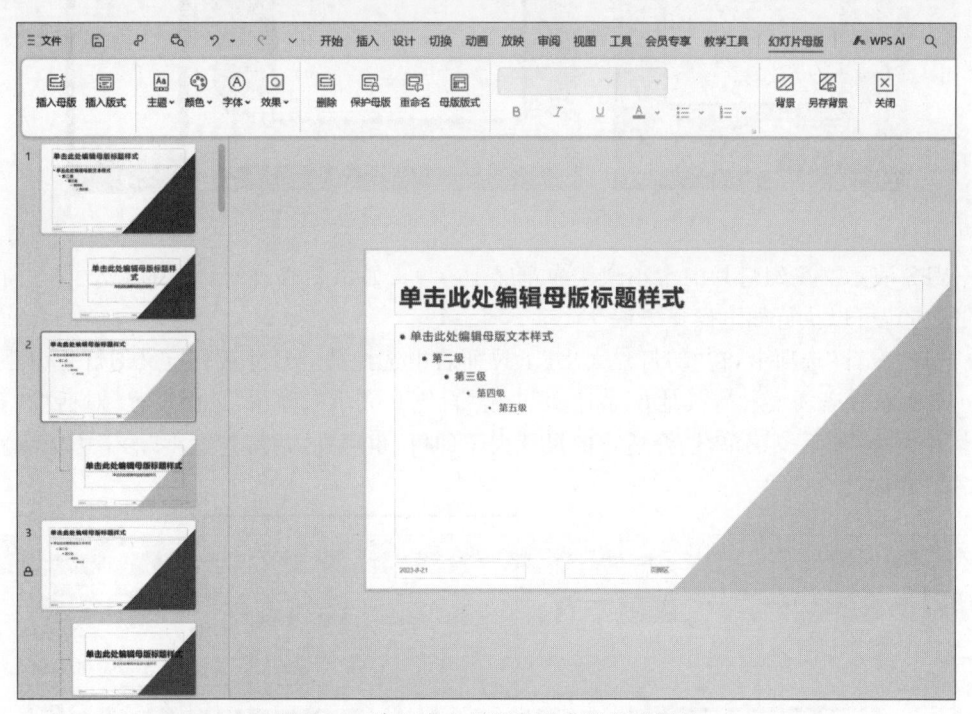

图 6-15 建立多个母版实现多种背景颜色

3. 关闭"幻灯片母版"视图

当幻灯片母版查看或编辑完毕,需要用户单击幻灯片母版视图中的"关闭母版视图"按钮退出幻灯片母版视图,返回普通视图。

每个主题包括一个幻灯片母版和一组相关版式。最好在开始新建幻灯片之前,先编辑好幻灯片母版和版式。这样,添加到演示文稿中的所有幻灯片都会基于所设定格式统一编排。反之,如果在创建各张幻灯片之后编辑幻灯片母版或版式,则普通视图中的现有幻灯片都需要更改布局并重新应用。

在制作 WPS 演示文稿的过程中,如果发现某些幻灯片元素无法编辑(例如,有些图片看得到却无法删除),很可能是因为尝试更改的内容是在母版中定义的,所以,需要切换到幻灯片母版视图,才能编辑该内容。

6.2.2 基本版面设置

在开始动手制作演示文稿前,制作者应对所有幻灯片的大小、主题、背景格式、版式与母版等基本版面进行统一设置,这样可以让幻灯片拥有类似的效果,使整个演示文稿具有整洁统一的风格。

1. 设置幻灯片的大小

如图 6-16 所示,由于播放演示文稿设备的屏幕尺寸不一样,制作演示文稿前,一定要根据放映的设备设置幻灯片的大小,否则在播放时,很可能会出现图像拉伸,甚至显示不全的问题,严重影响放映效果。

图 6-16 不同屏幕尺寸的演示文稿投放设备

WPS 演示文稿幻灯片的大小默认为宽屏 16∶9。如果要修改幻灯片的大小或方向(纵向或横向),可以执行如下操作方法。

选择"设计"选项卡,在"幻灯片大小"下拉列表中选择其他尺寸或自定义幻灯片大小,如图 6-17 所示。若需要设置其他尺寸时,可单击"自定义大小",弹出"页面设置"对话框,单击"幻灯片大小"的下拉菜单,选择适合的尺寸大小即可,也可在"幻灯片大小"的下方输入宽度和高度,确保适合即可。

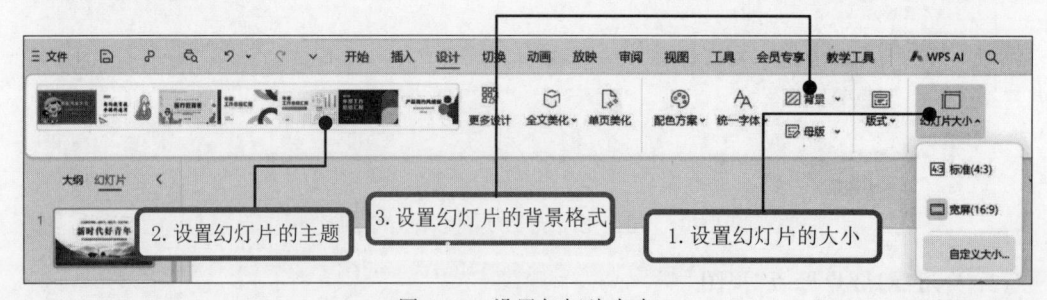

图 6-17 设置幻灯片大小

2. 幻灯片方向设置

随着移动设备的普及,人们越来越多地在不同的设备上观看和使用幻灯片。通过设置幻灯片方向,可以确保幻灯片在不同设备上显示时,保持正确的布局和可读性。如图6-18所示的"页面设置"对话框中,可调整幻灯片方向为纵向或横向,备注、讲义和大纲的方向也可在此设置。

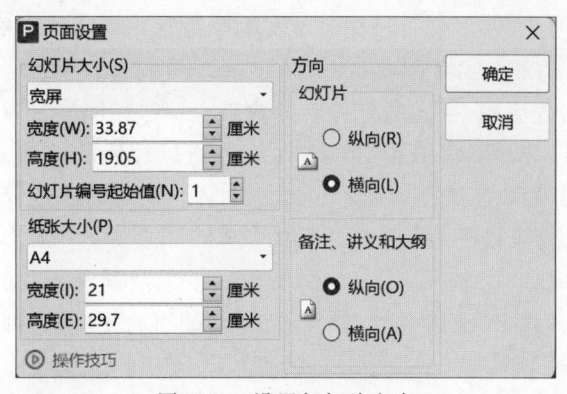

图6-18 设置幻灯片方向

6.2.3 其他对象的插入

WPS演示文稿中的大多数幻灯片元素都可以在"插入"选项卡中找到操作选项。"插入"选项卡位于WPS演示文稿的主界面顶部,它提供了许多用于插入各种元素的选项,例如文本框、形状、图片、表格、图表、音频、视频等。如图6-19所示,通过这些选项,用户可以轻松地将各种元素添加到幻灯片中,并对其进行格式化和编辑,丰富演示文稿的内容。

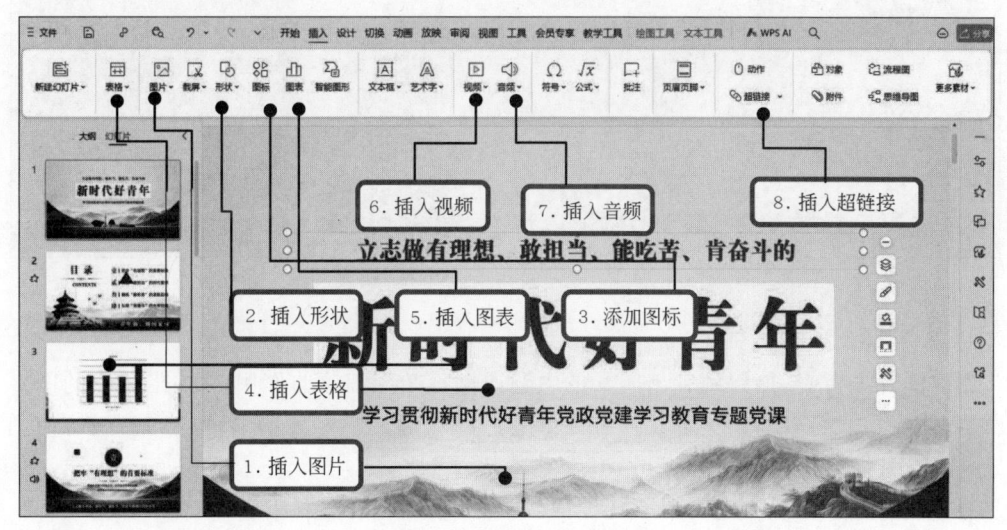

图6-19 "插入"选项卡

插入对象的通用操作方法如下:选择"插入"选项卡对应功能组,选择指定添加的对象即可。

除了以上通用方法外,还可以在含有"内容"占位符的幻灯片中,直接单击"内容"占位符中所需添加的对象(如表格、图表、图片、智能图形、图标以及视频等常用对象),这种方法远比通用方法更快更便捷。

下面介绍插入对象的其他常见操作。

说明：以下对象的插入操作均参考上面插入对象的通用操作方法，下面不再赘述。

1. 插入图片

在真正动手制作演示文稿之前，用户通常需要收集与主题相关的图片，图片的格式化与 WPS 文字基本类同，因此，以下仅介绍在演示文稿中最常用的图片操作。

1）图片格式

众所周知，图片格式不同，插入幻灯片后的效果也不尽相同。

在图 6-20 中的图 1 是 PNG 格式图像文件插入幻灯片后的效果。PNG 格式的背景部分是透明的，这种透明效果是 JPEG 所没有的，特别适合插入非浅色背景的幻灯片。

图 2 是 JPG 格式图像文件插入幻灯片后的效果。

图 3 是 GIF 格式图像文件插入幻灯片后的放映效果。需要注意的是，GIF 格式图像文件同时支持透明和动画，GIF 动画效果在"普通视图"编辑时不可见，需要幻灯片放映时才能呈现。

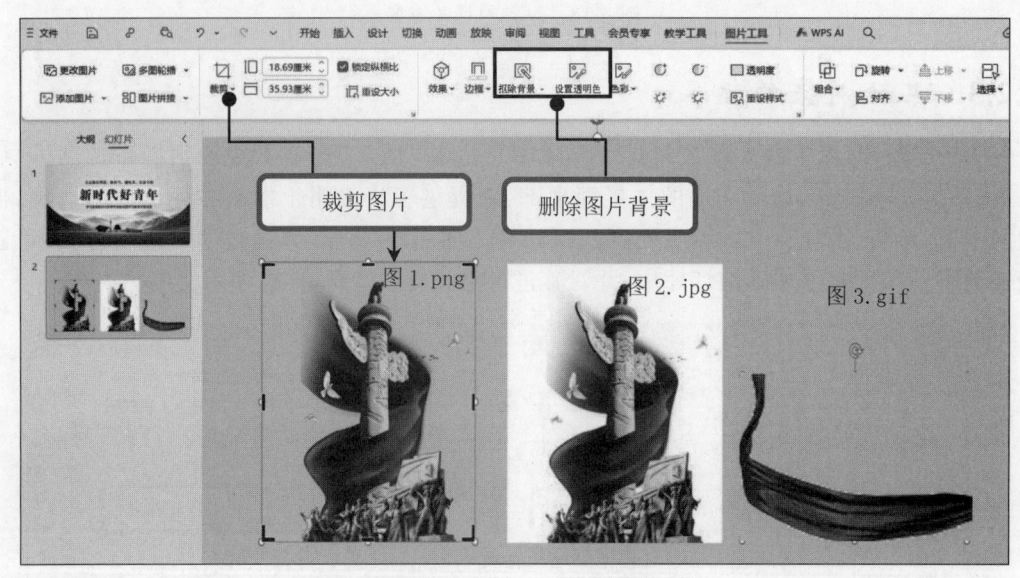

图 6-20　"图片工具"选项卡

2）删除图片背景

删除图片的背景，能起到突出图片的主题或删除杂乱细节的作用。如图 6-20 的图 2 效果所示，JPG 格式自带的白色背景在有背景颜色的幻灯片中尤为明显，删除其背景，使图片背景与幻灯片背景色融为一体。

通常删除图片背景方法有以下几种，大家可以根据自身需要来选择。

（1）选择图片，选择"图片工具"选项卡，单击"设置透明色"按钮。

（2）购买了 WPS 会员，直接选择"抠除背景"选项，一键智能抠图背景，保存退出即可。

（3）打开在线图片编辑器网站，如 https://www.remove.bg/zh/，导入图片可以自动将图片的背景删除。

这样，图片的背景就被删除了，只留下要保留的部分。如果要将编辑后的图像另存为单独的文件，可以右击图片，从弹出快捷菜单中选择"另存为图片"命令即可。

3）裁剪图片

插入幻灯片的图片往往并不是最适合排版的尺寸，为达到排版美观、突出重点的目的，除了调整图片大小外，对图片裁剪是图片处理的惯用手法。

例：将人物介绍幻灯片中"钟南山"人物图像裁剪为圆角矩形，尺寸大小合适。

裁剪图片的具体操作步骤如下。

（1）选择图片，选择"图片工具"选项卡，单击"裁剪"按钮。

（2）图片周围出现裁切线和形状及比例选项菜单，拖曳裁剪手柄从侧面、顶部或底部方向进行裁剪，也可以在右侧菜单中选择圆角矩形，让图片按照形状裁切，如图 6-21 所示。

（3）再次单击"裁剪"按钮或按 Esc 键完成裁剪。

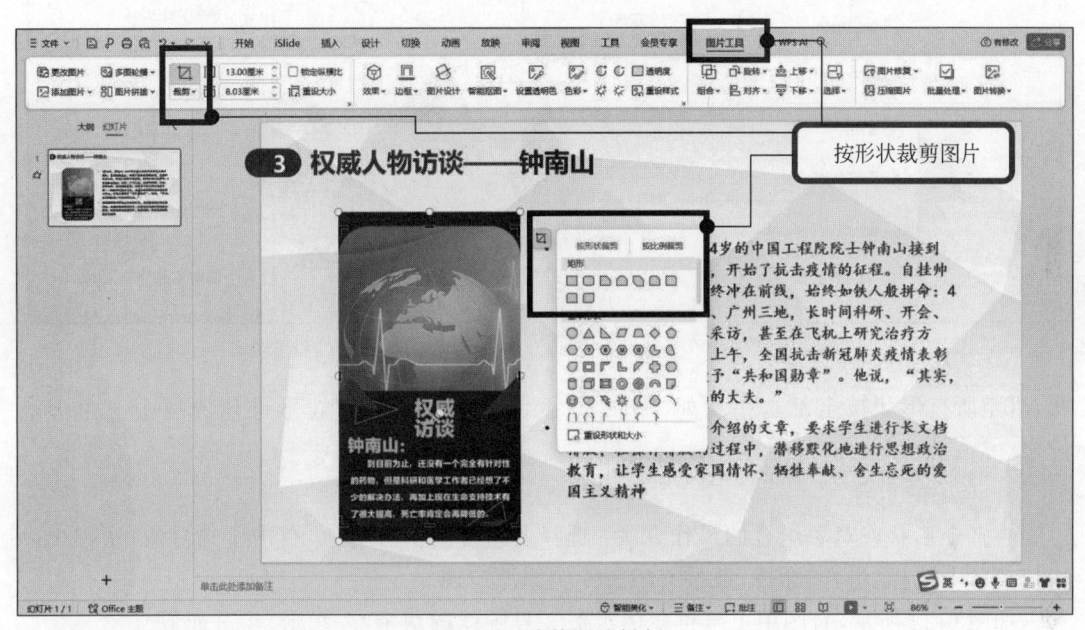

图 6-21　裁剪图片样例

2. 插入形状

除了使用图片或 Web 联机图片外，WPS 演示文稿提供了非常强大的绘图工具，形状便是其中一个重要工具。下面介绍常用的形状操作。

1）添加文字

形状或对象添加文字的操作方法如下。

右击选择的形状，从弹出的快捷菜单中选择"编辑文字"命令，如图 6-22 左图所示。

2）编辑形状

编辑形状或对象的操作方法：右击选择的形状，从弹出的快捷菜单中选择"编辑顶点"命令。通过"编辑顶点"命令，用户可创建出形态各异的图形。如图 6-22 所示，右图中 2 号锥体侧面形状就是由基本形状"三角形"编辑顶点而成。注意：在"编辑顶点"状态下的实心控制点与单击对象后出现的空心控制点不同。

3）选择多个对象

选择多个形状或对象的操作方法：选择第一个形状，按住 Shift 键同时再选择其余形

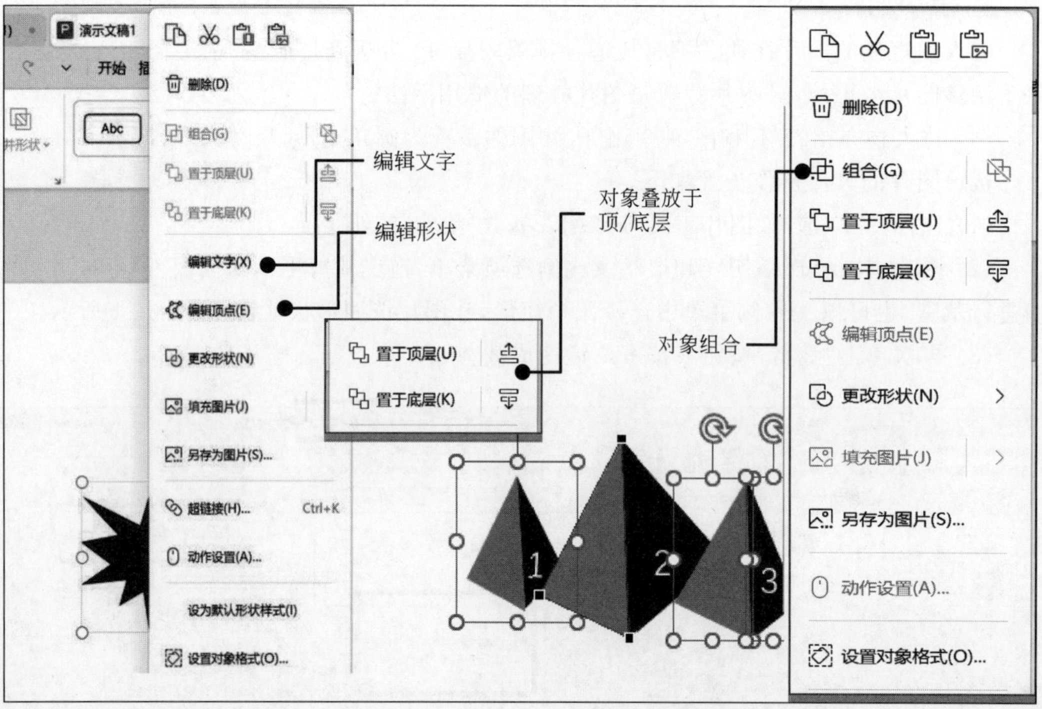

图 6-22 右击单个形状(左图)及多个形状(右图)的快捷菜单

状,直至所有形状被全部选中。如图 6-22 所示,右图中 1 号和 3 号锥体的两个三角形被选定。

4) 对象的组合

将多个形状或对象组合的操作方法:选择要组合的所有对象,右击所选对象,从弹出的快捷菜单中选择"组合"命令,或按 Ctrl+G 快捷键实现。

如图 6-22 所示,右图中 1 号锥体由类似 3 号锥体的两个"三角形"组合而成。

5) 多个对象的叠放

当多个形状或其他对象叠放在一起的时候,往往需要调整其叠放次序。调整对象的叠放次序的操作方法:选择要叠放的对象,右击所选对象,从弹出的快捷菜单中选择"置于顶层"或"置于底层"命令的对应选项。

当叠放的对象要叠放于其他对象的下层,可以选择"置于底层"或"下移一层"命令;当叠放的对象要叠放于其他对象的上层,可以选择"置于顶层"或"上移一层"命令。如图 6-22 右图所示,1 号锥体在最底层,执行了"置于底层"操作;2 号锥体在 1 号锥体上一层,执行了"上移一层"操作;3 号锥体在最顶层,执行了"置于顶层"操作。

3. 插入表格

在含有"内容"占位符的幻灯片中,单击"插入表格"命令,用户仅需要在弹出的"插入表格"对话框中确定表格的"行数"和"列数"即可。演示文稿表格的编辑及格式与 WPS 文字操作类同,此处不再赘述。

4. 插入图表

图表对数据有极强的表现力,近年来,图表广泛应用于工作汇报、产品推广、项目竞标等场合的演示文稿中。幻灯片中用图表来表示数据,可以使数据更容易理解。

在幻灯片中插入图表后,在弹出的图表类型列表中选择需要的图表类型,如柱状图、折线图、饼图等,插入图表后,在图表工具栏专区(如图 6-23 所示),一般都需要用户重新编辑数据。用户可以在菜单栏中找到"编辑数据",直接在该数据表中编辑数据,也可以将其他程序中的数据粘贴到此工作表中。如果需要将关闭的工作簿重新显示,可以右击图表空白处,从弹出的快捷菜单中选择"编辑数据"命令,即可修改图表的数据表。

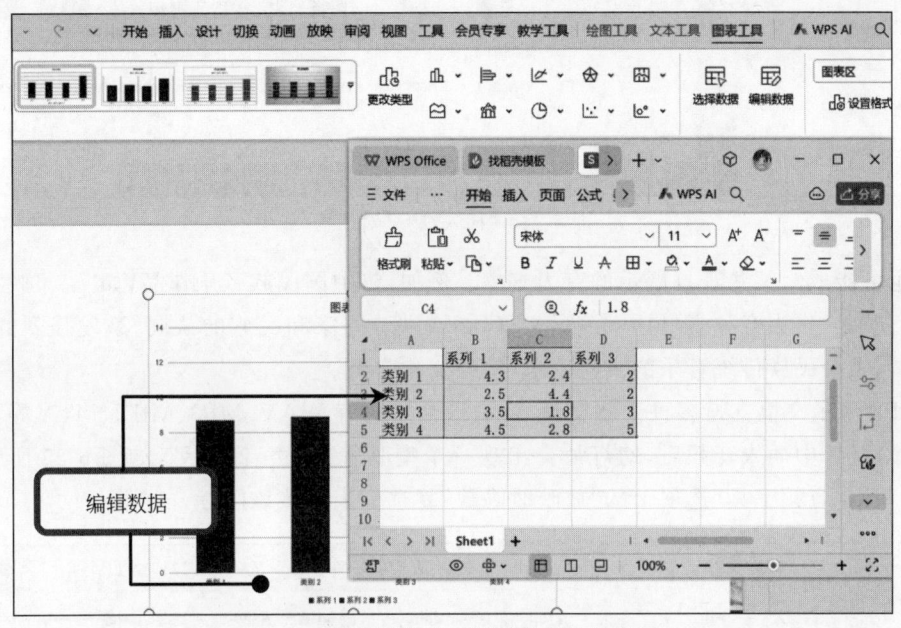

图 6-23　图表的插入 及"图表工具"选项卡

演示文稿的图表编辑及格式化操作与 WPS 文字操作类同。随着图表的插入,"图表工具"选项卡也就被激活,用户可以在"图表工具"选项卡中设置图表格式。

5. 插入视频

WPS 演示文稿支持多种格式的视频文件。最常见的视频格式文件扩展名有:WMV (Windows 媒体视频格式)、SWF(Adobe 公司的 Flash 文件)、MP4 等。

单击含有"内容"占位符幻灯片的"视频"图标,与使用"插入"选项卡中"视频"按钮下的"嵌入视频"命令一样,都会使系统自动弹出"插入视频"对话框(如图 6-24 所示),让用户选择要插入的视频文件。

当插入视频后,会激活相应的"视频工具"选项卡,用户可以在"视频工具"选项卡中播放或编辑视频。

除了网上下载视频文件外,WPS 演示文稿支持直接录屏,即利用"插入"→"视频"下拉菜单中的"屏幕录制"命令,录制计算机屏幕以及相关的音频,将其作为一个视频嵌入当前幻灯片中。

说明:利用"屏幕录制"功能录制视频需要声卡、麦克风和扬声器等硬件的支持。

6. 插入声音

适当在幻灯片中添加声音,如背景音乐、音效和真人配音等,能营造气氛,吸引观众的注

图 6-24 "插入视频"对话框

意力,也可能成为某些观点展示的有力支撑。例如,将中国民族音乐作品,如"二泉映月""春江花月夜"等,作为音频素材插入演示文稿,能增进对国家和民族的认同,激发强烈的共鸣,帮助人们领会民族传统音乐的文化底蕴,增强文化自信。

WPS 演示文稿支持多种音频文件格式,最常见的有 WAV、MP3、MIDI、M4A 等。

在幻灯片中插入音频后,幻灯片会出现一个喇叭状的"声音图标",如图 6-25 所示。用户可以利用"音频工具"选项卡的"放映时隐藏"复选框来隐藏该图标。

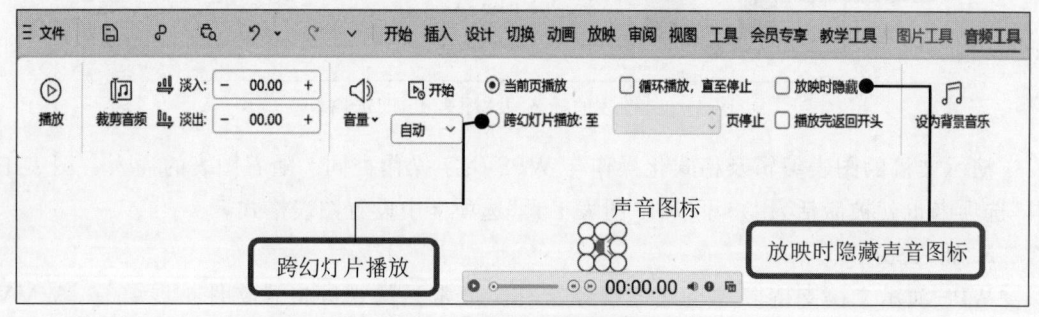

图 6-25 "音频工具"选项卡

小贴士:

Tip1:如图 6-25 所示,利用"跨幻灯片播放"按钮可以在幻灯片切换时声音不中断。该功能常应用于连续多张幻灯片播放的背景音乐中。

Tip2:WPS 提供了多种音乐和音效文件,可以通过搜索关键词来找寻,比如输入"孩子笑声"就会在菜单中有多个文件供用户使用,非常方便。

7. 插入超链接

在幻灯片中插入超链接,可以让幻灯片放映时直接跳转到其他幻灯片、文档或 Internet 网页,实现演示文稿的交互功能。

除了利用"插入"选项卡中插入超链接的方法外,还可以右击指定对象,从弹出的快捷菜单中选择"超链接"命令。插入超链接后,在弹出的"插入超链接"对话框的左侧"链接到"列表框中,选择要插入的超链接类型,如图 6-26 所示。

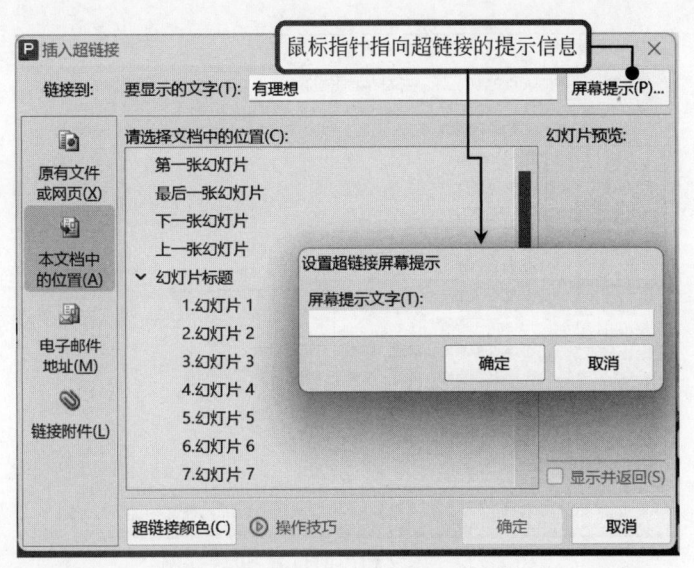

图 6-26 "插入超链接"与"设置超链接屏幕提示"对话框

超链接的基本操作有如下几种。

1) 添加超链接对象

给对象插入超链接的方法很多,但无论哪种方法,前提条件是先选中该对象才能插入超链接。这个对象可能为幻灯片中的各元素,如文本、图形、形状或艺术字等。幻灯片放映时,当用户的鼠标指针指向超链接对象时,鼠标指针会由"箭头"转换为"手型",用户可以根据此特征判断对象是否添加了超链接。

2) 链接本文档某幻灯片

演示文稿中,常常要实现本文档幻灯片间的交互,即链接本文档某幻灯片操作。其操作方法如下:右击指定对象,从弹出的快捷菜单中选择"超链接"命令,从弹出的"插入超链接"对话框中选择"链接到"列表的"本文档中的位置"选项,然后在"请选择文档中的位置"下方列表中,选择链接的目标幻灯片。

例:如图 6-27 所示,对象链接的目标幻灯片是第 4 张幻灯片。

3) 编辑／删除超链接

当对象超链接需要修改或者删除时,其常规方法有如下两种。

方法 1:选择指定编辑／删除超链接的对象,单击"插入"选项卡的"超链接"按钮,在弹出的"编辑超链接"对话框中编辑该对象的超链接;或者单击"删除链接"按钮删除该对象的超链接。

方法 2:右击指定编辑／删除超链接的对象,从弹出的快捷菜单中选择"编辑超链接"命令编辑该对象的超链接,或选择"取消超链接"命令删除该对象的超链接。

4) 添加动作按钮

要使幻灯片中的元素具有更多的交互功能,可以在幻灯片中插入动作按钮。除了利用"插入"选项卡的"动作"按钮外,还可以直接选择添加"形状"库中所提供的内置"动作按钮",如"下一张""上一张""第一张"和"最后一张"等。其具体操作步骤如下。

(1) 选择"插入"选项卡,在"形状"下拉列表最底端"动作按钮"的按钮库中,选择某一动

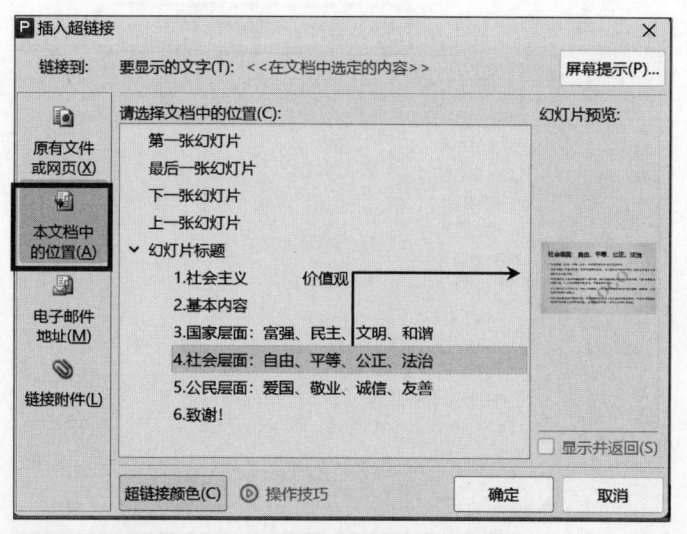

图 6-27 "本文档中的位置"设置样例

作按钮。

（2）在幻灯片中绘制该动作按钮的位置和大小。

（3）在弹出的"动作设置"对话框的"鼠标单击"和"鼠标移过"选项卡中设置播放声音选项，然后单击"确定"按钮关闭对话框。

例：如图 6-28 所示，在幻灯片中添加了一个"鼓掌"的声音动作按钮。

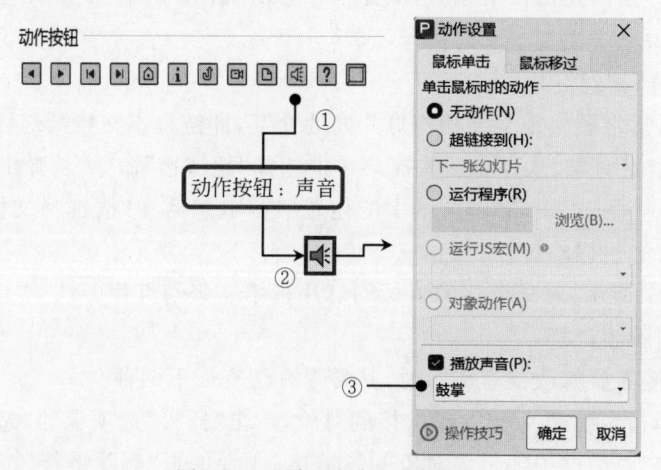

图 6-28 添加"声音"动作按钮

注意：当演示文稿移到另一台计算机时，链接到计算机上的所有文件也需要移动。这时，可以考虑将演示文稿打包成 CD。

8. 设置幻灯片的主题

幻灯片主题是指为幻灯片应用的预设风格和样式。幻灯片主题通常包括主题颜色、背景样式、文本样式、图片样式等。在创建幻灯片时，用户可以选择合适的主题，以便为幻灯片添加统一的视觉效果和设计风格。在 WPS 演示文稿默认情况下，采用"空白"主题，运用演示文稿的主题功能，可以轻松赋予演示文稿和谐的外观。

1）应用主题

用户可以向所有幻灯片或指定某些幻灯片应用主题，其操作方法如下：单击"设计"选项卡的"精选主题"下拉列表，选择要应用的主题，即可将主题应用于所有幻灯片。

2）修改主题

将主题应用于幻灯片后，在"设计"选项卡的"全文美化""配色方案"等选项中可以修改其颜色、字体、效果以及背景等。用户可以直接选择一套内置的配色方案、字体，也可以通过自定义主题保存自己搭配的色彩方案、字体方案，使其产生与原主题不一样的外观。

9. 设置幻灯片的背景格式

为了使幻灯片的版面美观，可以为幻灯片设置背景效果。其常规方法有以下两种。

方法 1：在视图窗格中，右击要设置背景格式的幻灯片，从弹出的快捷菜单中选择"设置背景格式"命令，在"对象属性"窗格中设置其背景填充。

方法 2：选择"设计"选项卡的"背景"→"背景填充"命令，在"对象属性"窗格中设置当前幻灯片的背景选项值。

设置背景格式填充操作，主要包括纯色、渐变和图片或纹理填充等。如图 6-29 所示，如果需要将所有幻灯片的背景统一，可以在设置某幻灯片的背景格式后，在"对象属性"窗格中单击"全部应用"按钮快速实现。

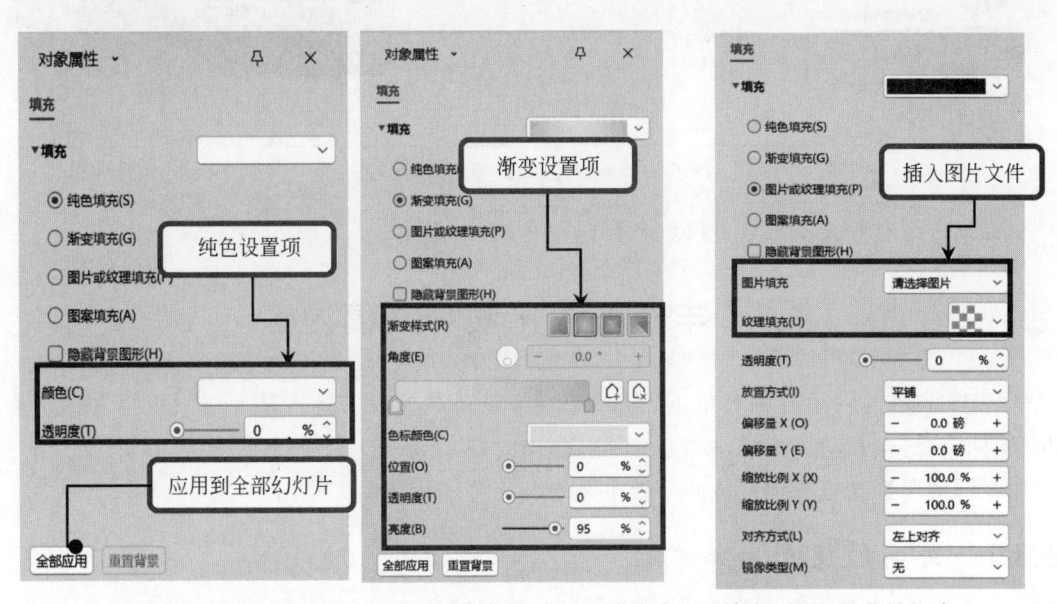

图 6-29　设置纯色填充（左图）、渐变填充（中图）、图片或纹理填充（右图）的背景格式

"对象属性"窗格中包含一个"隐藏背景图形"复选框，如图 6-29 所示，此功能只对幻灯片母版中的图形起作用。而在"对象属性"窗格中的"重置背景"按钮可恢复回原来的幻灯片背景。

10. 更改幻灯片的版式

幻灯片版式包含幻灯片上显示的所有内容的格式、位置和占位符。每个版式除空白版式外，至少存在 1 个占位符。当幻灯片的版式不适应当前表达内容时，可以更改其版式。如图 6-30 所示，更改幻灯片版式的常规方法有以下两种。

方法1：右击选定要更改版式的幻灯片，从弹出的快捷菜单中选择"版式"命令，从列表版式库中选择要更改的版式。

方法2：选定要更改版式的幻灯片，切换"开始"选项卡，单击"版式"下拉列表，从列表版式库中选择要更改的版式。

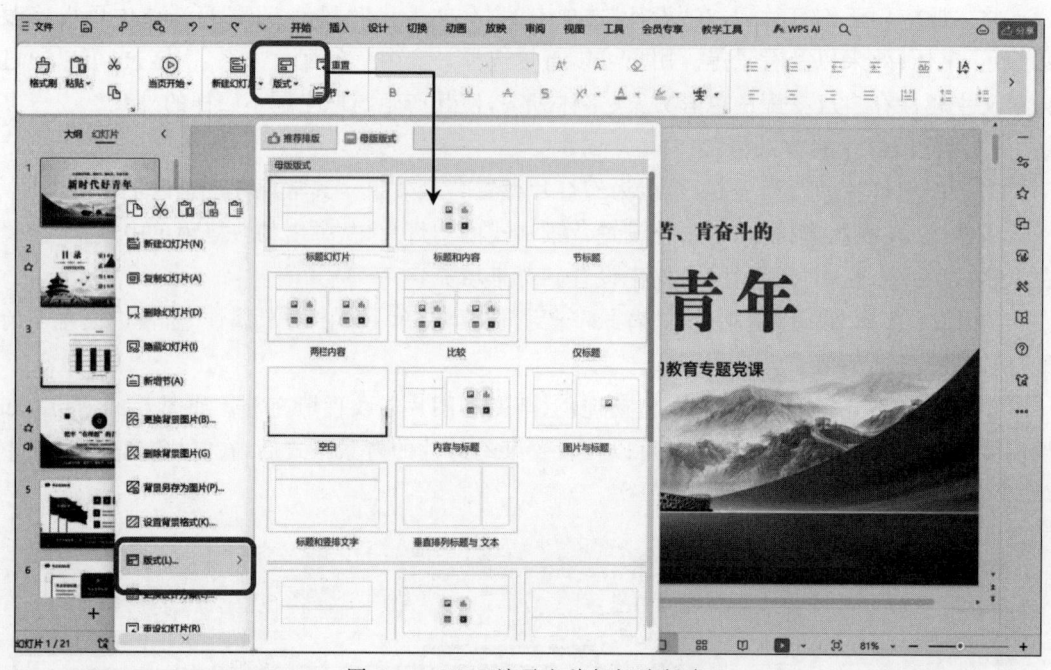

图 6-30　WPS演示文稿幻灯片版式

如果对现有版式不满意，可以在幻灯片的母版中修改。

6.3　丰富与美化演示文稿内容

WPS演示提供了各种丰富的幻灯片元素，如文本、图片、艺术字、公式、表格、图表、形状、图标、超链接和动作按钮、视频及声音等；同时，除了系统提供的大量模板主题之外，用户可以根据情况选择免费和付费的模板主题来美化自己的演示文稿。

6.3.1　文字的使用与格式化

不论是在 WPS 文字或是演示文稿文档的编排中，文字均是不可缺少的重要元素。但与 WPS 文字文档不同的是，演示文稿的文字并不能直接输入到幻灯片中，必须要有一个幻灯片元素（或对象）作为载体，如文本框、文本占位符、艺术字等。

1. 添加文字对象

常见文字对象如图 6-31 所示。

（1）文本占位符：存在于版式中，如标题、页脚、内容等占位符，可以在母版中添加。添加文字可以通过单击文本占位符的虚框处输入。只有占位符中的文本才会出现在大纲窗格中。

(2)文本框：选择"插入"选项卡，选择"文本框"绘制添加。

(3)艺术字：选择"插入"选项卡，选择"艺术字"下拉列表的指定样式。单击艺术字上的文字即可编辑艺术字。

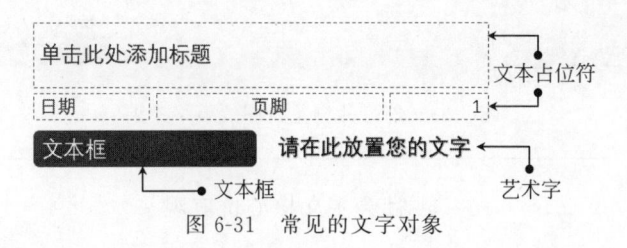

图 6-31 常见的文字对象

2. 文字对象的格式化

当文字对象被选定后，文本对象四周会出现 8 个控制点以及 1 个旋转控制柄，用户可以利用这些控制点或旋转控制柄手动调整文字对象的位置、大小及旋转角度；同时，用户可以通过文本框右侧出现的"工具组"选项卡来实现文字对象的格式化。

如图 6-32 所示，用户还可以在"文本工具"选项卡中，找到"填充""轮廓""效果""形状样式"等按钮，这里包含文字对象的主要文本格式设置。文字对象的格式化与 WPS 文字操作类同，此处不再赘述。

图 6-32 文字对象的格式设置

6.3.2 综合案例 1——创建演示文稿

结合前面所学知识，本节练习制作"社会主义核心价值观"主题学习交流会的演示文稿，并将完成的演示文稿保存为 example_ppt_1.pptx。图 6-33 为演示文稿在幻灯片浏览视图下显示的最终效果。

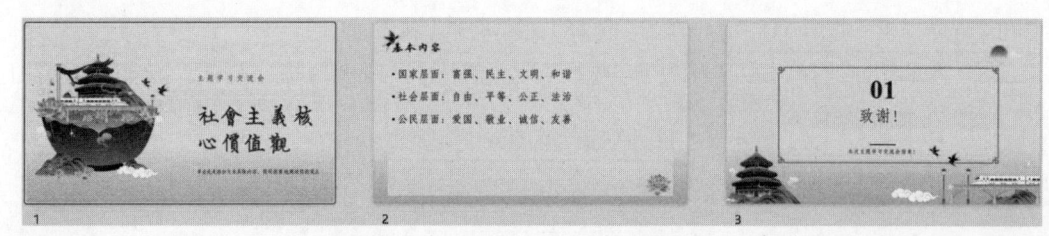

图6-33 幻灯片浏览视图的最终效果

课程思政

社会主义核心价值观

　　社会主义核心价值观的基本内容是富强、民主、文明、和谐、自由、平等、公正、法治、爱国、敬业、诚信、友善。

　　"富强、民主、文明、和谐",是我国社会主义现代化国家的建设目标。"自由、平等、公正、法治",是对美好社会的生动表述。"爱国、敬业、诚信、友善"是从公民层面上的价值要求。

　　社会主义核心价值观是社会主义核心价值体系的内核,体现社会主义核心价值体系的根本性质和基本特征,反映社会主义核心价值体系的丰富内涵和实践要求,是社会主义核心价值体系的高度凝练和集中表达。

　　习近平同志在党的十九大报告中指出,要培育和践行社会主义核心价值观。要以培养担当民族复兴大任的时代新人为着眼点,强化教育引导、实践养成、制度保障,发挥社会主义核心价值观对国民教育、精神文明创建、精神文化产品创作生产传播的引领作用,把社会主义核心价值观融入社会发展各方面,转化为人们的情感认同和行为习惯。

具体操作步骤如下。

1. 新建演示文稿,输入文稿内容

（1）启动 WPS 演示文稿,新建空白演示文稿。

（2）在第 1 张幻灯片的"标题"占位符中输入演示文稿的标题文字"社会主义核心价值观";在"副标题"占位符中输入文字"主题学习交流会"。

（3）右击第 1 张幻灯片,从弹出的快捷菜单中选择"新建幻灯片"命令,创建第 2 张新幻灯片。如图 6-34 所示,在第 2 张幻灯片的"标题"占位符中输入幻灯片的标题文字"基本内容"。在"内容"占位符中输入第一行内容;按 Enter 键换行输入第二行内容;按 Enter 键换行输入第三行内容。

2. 更改幻灯片版式

（1）右击第 2 张幻灯片,从弹出的快捷菜单中选择"新建幻灯片"命令,创建第 3 张新幻灯片。右击第 3 张幻灯片,从弹出的快捷菜单中选择"版式"的"标题幻灯片"版式,如图 6-35 所示。

（2）在第 3 张幻灯片的"标题"占位符中输入"致谢!";在"副标题"占位符中输入"本次主题学习交流会结束!"。

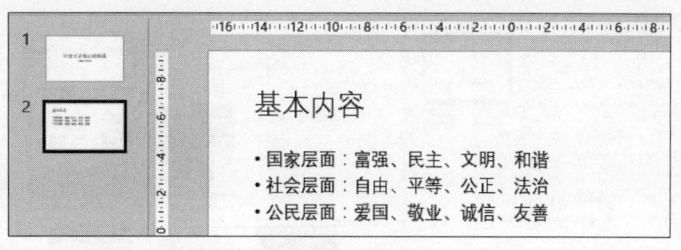

图 6-34　创建第 2 张新幻灯片

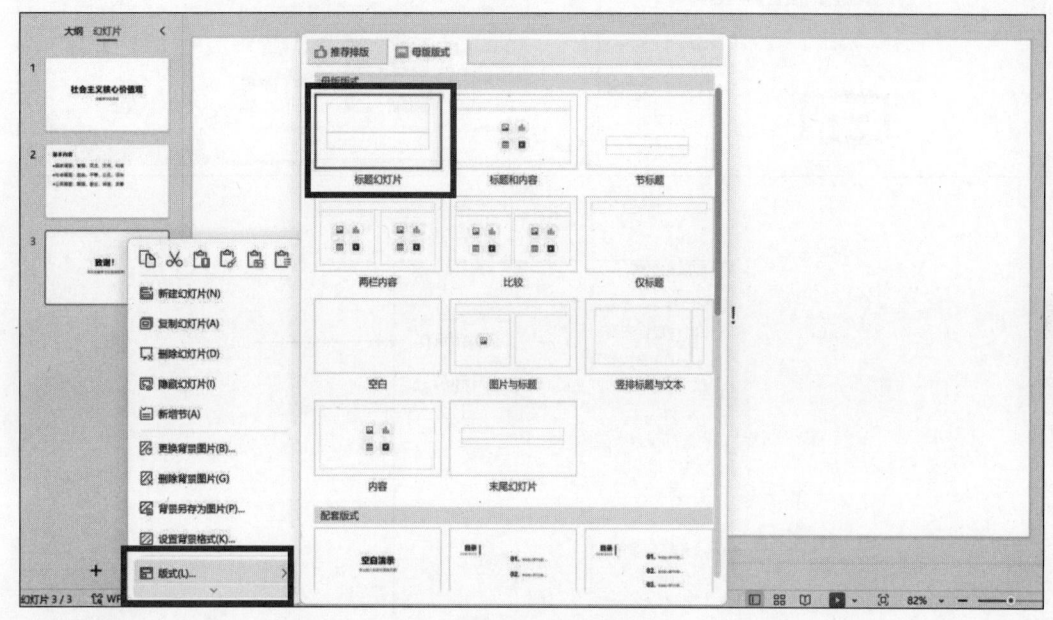

图 6-35　更改幻灯片版式

3. 应用及修改主题

（1）在"设计"选项卡中选择"更多设计"，在联网的情况下，WPS 会有很多主题模板提供，在搜索栏内输入"党政风"，在模板中选择一个合适的主题样式，单击"应用美化"按钮。

（2）在"设计"选项卡的"统一字体"中，选择下拉列表中提供了非常多在线的"字体"样式，也可以在下拉菜单中选择"替换字体"选项，选择一款系统自带的字体，如图 6-36 所示。

4. 添加页眉和页脚（文本占位符）

切换"插入"选项卡，单击"页眉和页脚"按钮，在"页眉和页脚"对话框中设置：①勾选"幻灯片编号"复选框。②勾选"页脚"复选框，并在下方输入页脚内容"×××市工会活动"。③勾选"标题幻灯片中不显示"复选框。使"标题幻灯片"版式应用的第 1 和第 3 张幻灯片页均不显示页眉和页脚所设置内容。④单击"全部应用"按钮。以上步骤如图 6-37 所示。

说明：以上设置虽然看似仅应用于第 2 张幻灯片，但当用户在新增非"标题幻灯片"版式的幻灯片时，页码自动显示，不需要重复设置。

5. 设置文字格式，修改幻灯片母版

（1）在"视图"选项卡中，单击"幻灯片母版"按钮进入"幻灯片母版"视图；单击"母版版式"中的第一个版式"标题幻灯片 版式"。

图 6-36 应用并修改主题

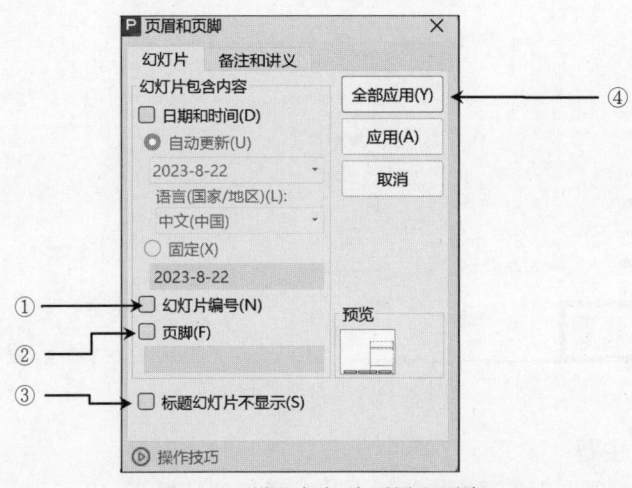

图 6-37 设置幻灯片页眉和页脚

(2) 选定"单击此处编辑母版副标题样式"文本占位符。切换至"开始"选项卡"字体"功能组,设置"字号"为 36。选择"绘图工具"选项卡右下角的箭头按钮,在"对象属性"窗格的"文本选项"标签卡中,单击"文本框"选项卡,设置文本框的"垂直对齐方式"为"中部对齐",如图 6-38 所示。

说明:以上母版设置,应用于第 1、3 张幻灯片的副标题,实现格式的统一设置。

6. 视图间的切换

(1) 切换"幻灯片母版"选项卡,单击"关闭母版视图"按钮,退出幻灯片母版视图,返回普通视图。

(2) 单击状态栏中的"幻灯片浏览"视图按钮,浏览全部幻灯片,检查与题目要求效果是否一致。单击状态栏中的"普通"视图按钮返回普通视图。

7. 演示文稿的保存

选择"文件"选项卡或者直接单击"快速工具栏"的"保存"命令,从弹出的对话框中输入文件名"example_ppt_1",保存类型保持默认"pptx"演示文稿格式类型。

图 6-38　应用并修改主题

6.4　幻灯片的动画设置

演示文稿制作的目的是配合演讲者或制作人准确传递信息,而设置动画是为静态的演示文稿增强动态和美感,起到锦上添花的作用。所以,添加动画时需要根据内容选择合适的动画效果,坚持少而精的原则。例如物理实验的演示过程用动画的效果制作,远比其他表现形式要直观和容易理解。要尽量避免动画滥用或有炫技之嫌,导致喧宾夺主。

6.4.1　设置对象的动画效果

动画设置在"动画"选项卡中实现,设置对象动画效果的具体操作步骤如下。

(1) 选择要添加动画的对象。
(2) 选择"动画"选项卡的下拉列表,然后选择某一动画效果。
(3) 在"效果选项"下拉列表中按设置要求设置选项。
(4) 单击"预览效果"按钮,或按 Shift+F5 快捷键放映幻灯片,预览动画设计效果。

"动画"选项卡中列举的动画效果仅为系统提供的一部分,可以通过单击"其他"下拉列表的向下箭头按钮来寻找更多的动画效果,如图 6-39 所示。

幻灯片动画包含"进入""强调""退出"和"动作路径"4 种效果,每种效果又根据动画的微弱和明显分为基本型、细微型、温和型、华丽型这四大组,而每组里的每种动画效果应用于对象后,又可以通过相应的"效果选项"选择不同"方向"。如进入基本型的"飞入"动画的效果选项有:自顶部、自底部、自左侧、自右侧等 8 种方向效果。

1. 进入效果(绿色图标显示)

"进入"是指通过动画方式让对象效果从无到有,即从看不见到出现在人们视线中的动画效果。在日常办公、正式场合的演示文稿中并不适合华丽型(如弹跳、空翻)的动画效果,而应尽量使用细微或温和型的动画,确保对象呈现自然、不突兀的效果。

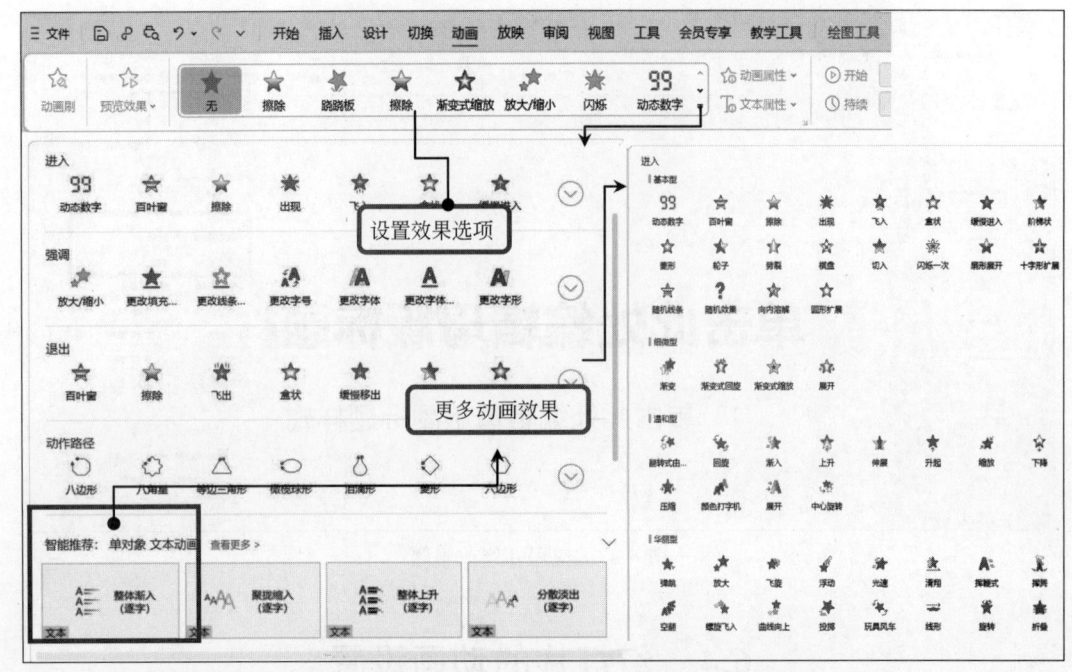

图 6-39 "动画"选项卡及"更多进入动画效果"对话框

下面推荐几种常用的进入动画效果。

(1) 渐变(细微型):经典的进入动画,万用动画效果,文字、图片、形状等对象都适用。

(2) 上升、下降(温和型):这种下降或上升的效果适用于重点推出,提醒关注的文本、图片等对象。

(3) 缩放(温和型):缩放有外、轻微缩小、从屏幕底部缩小、内、轻微放大、从屏幕中心放大 6 种效果选项。相对前两种缩放效果动作的可调节度较高。如轻微放大 / 缩小效果偏向柔和;而屏幕中心放大或屏幕底部缩小效果适用于强调重点的文本类对象。

2. 强调效果(黄色蓝色图标显示)

"强调"是指对象原本就可见于幻灯片中,到合适时候对象有与周围对象不一样的动画效果。强调效果适用于演讲者在向观众展示演讲内容时强调突出重点的内容。

下面推荐几种常用的强调动画效果。

(1) 忽明忽暗(细微型):目的是让观众注意到某个对象,起到吸引注意力的作用。可设置"计时"的"重复"设置值,让效果持续变化来高度吸引观众的关注。

(2) 放大 / 缩小:让对象放大来实现强调的目的,而采用缩小来实现退出人们关注的中心。

3. 退出效果(红色图标显示)

"退出"是"进入"效果的逆过程,实现从有到无,即对象从开始可见于幻灯片中,到对象从幻灯片中消失的动画效果。其目的是让对象离开观众视线时,有一定时间的延缓,不至于消失得过于突兀。

常用的退出动画效果:与进入动画对应的"飞出""擦除"等。

4. 动作路径(轨迹线图标显示)

"动作路径"是指原本就在幻灯片中的对象,沿着指定路线发生位移的动画效果。

常用的动画路径效果："直线""曲线"等。

同时 WPS 演示对动画进行了优化,针对不同的使用场景,内置了多种特色动画,如呈现数字变化的动态数字动画,单对象文本动画等可以用于销售数据汇报、年终总结等场景。

例：如图 6-40 所示,在编辑动作路径动画时,结束位置会以红色箭头显示,便于用户对运动轨迹(即动作路径)的方向及长度进行编辑。

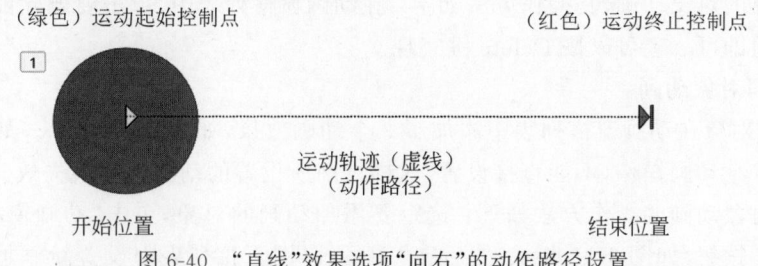

图 6-40 "直线"效果选项"向右"的动作路径设置

6.4.2 动画的基本设置

1. 显示动画窗格

设置对象的动画效果后,用户要打开"动画窗格"对各个对象动画进行管理。显示动画窗格的操作方法如下。

在"动画"选项卡中单击"动画窗格"按钮。如图 6-41 所示为某一幻灯片的动画窗格样例。

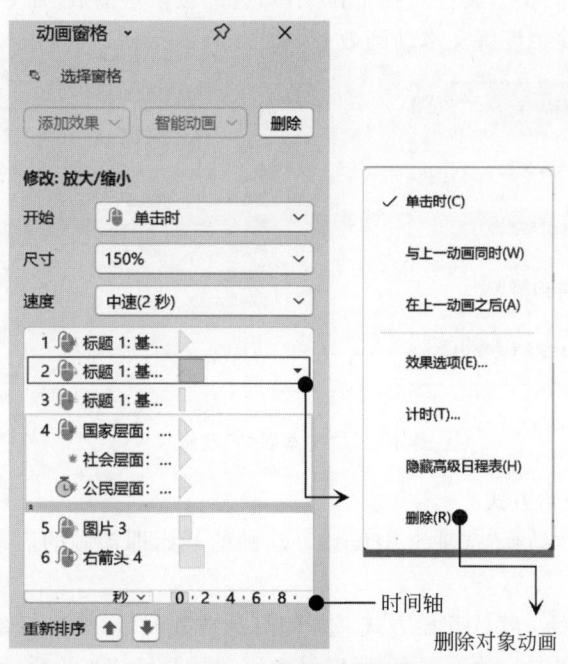

图 6-41 "动画窗格"样例

2. 调整对象的动画顺序

用户在一张幻灯片中添加了多个动画效果后,添加的顺序会显示在"动画窗格"中,当需要调整某一对象动画的播放顺序时,其常规方法有以下两种。

方法1:在动画窗格列表中,选择要调整顺序的对象动画,单击动画窗格列表下方的"重新排序"的上下箭头按钮来调整动画播放顺序。

方法2:在动画窗格列表中,将要调整顺序对象的动画直接拖曳到指定位置。

3. 删除对象动画

删除多余的对象动画,其操作方法如下:在动画窗格列表中,单击要删除的对象动画单击"删除"按钮即可。也可以按 Delete 键实现。

4. 添加同对象动画

"标题1"对象在动画窗格列表中添加了3个动画效果,如图6-41所示。如果需要实现同一对象的多个动画操作,不能直接设置,这样之前所设置的动画效果会失效。

添加同对象动画的操作方法如下:选定要添加动画的对象,单击"动画窗格"选项卡中的"添加效果"按钮,如图6-41所示,然后在"动画效果"下拉列表中设置新添加对象的动画效果。

5. 多段文字对象按段落动画

针对幻灯片中的多段文字对象,WPS演示文稿提供了"按段落播放"和"逐字播放"等的"文本属性"动画效果选项。设置"文本属性"动画效果选项,让多段文字对象既可以作为一个对象全部显示,也可以按段逐一播放,方便演讲者控制节奏的同时,也能让观众聚焦于重点段落。

多段文字对象按段落动画的操作方法如下:单击多段文字对象,在"动画"选项卡中设置其动画效果后,选择"文本属性",在下拉菜单选择"按段落播放"命令或者"更多文本动画"命令,在弹出的对话框中设置文本动画效果,如图6-42所示。

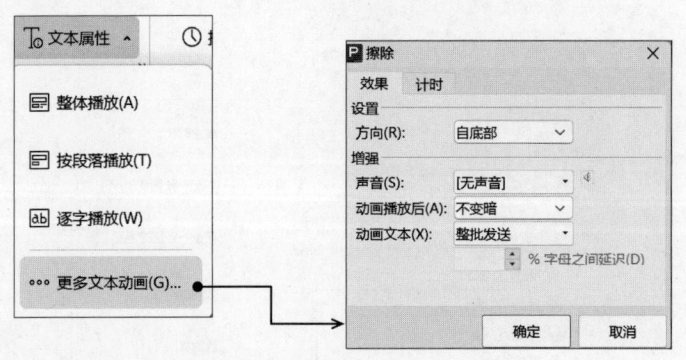

图6-42 "文本属性"动画设置

6. 设置动画的开始方式

动画的"开始"在"动画"选项卡中设置。动画的开始即动画的启动方式,它包含如下3种开始方式。

(1)"单击时"开始:默认开始方式。即幻灯片放映时,需要鼠标单击,该对象动画才会播放,否则一直停留在上一动画画面,所以触发该动画开始相当于手动播放方式。

(2)"与上一动画同时"开始:即对象动画与上一动画同时播放,所以触发该动画开始相当于与上一动画的同步播放方式。

(3)"在上一动画之后"开始:即在上一动画播放结束后,对象动画不需要用户单击自动执行,所以触发该动画开始相当于自动播放方式。

7. 动画添加声音

动画添加声音,可以大大增强动画效果。动画添加声音的常用操作方法如下:在动画窗格列表中,单击要添加声音对象的动画,从该动画右侧的下拉列表中选择"效果选项"命令,在弹出的选定动画对应的对话框(如图6-43所示)中,从"效果"选项卡的"声音"下拉列表中选择某一声音即可。

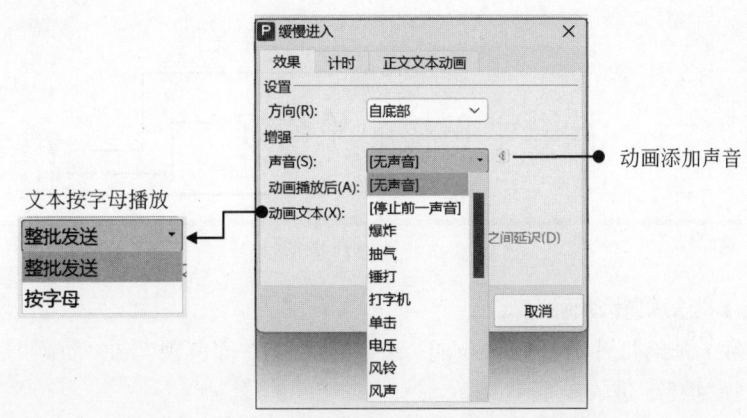

图6-43 "效果选项"对话框的"效果"选项卡

8. 文本按字母顺序播放

文字对象动画的默认方式是作为一个对象一次性全部显示。如果需要文字逐字顺序播放,其操作方法如下:在动画窗格列表中,单击要设置对象的动画,从该动画右侧的下拉列表中选择"效果选项",在弹出选定动画对应的对话框(如图6-43所示)中,从"效果"选项卡的"动画文本"下拉列表中选择"按字母"选项即可。

6.4.3 综合案例2——添加幻灯片动画

结合本节所学动画知识,打开综合案例1保存的"example_ppt_1.pptx"演示文稿,并为其添加动画及背景音乐(五星红旗.mp3),将完成后的演示文稿保存为"example_ppt_2.pptx",并另存为"example_ppt_2.ppsx"演示文稿放映文件。

具体操作步骤如下:

1. 打开演示文稿,显示"动画窗格"

(1)打开综合案例1保存的"example_ppt_1.pptx"文件。

(2)切换"动画"选项卡,单击"动画窗格"按钮。

2. 添加背景音乐

(1)选择第1张幻灯片,在"插入"选项卡中,单击"音频"下拉列表中的"嵌入音频"选项,选择插入声音素材"五星红旗.mp3"。

(2)单击幻灯片上的声音图标,切换"音频工具"选项卡,设置3个选项值:① 在"开始"下拉列表中选择"自动"选项;② 勾选"跨幻灯片播放"复选框;③ 勾选"放映时隐藏"复选框。上述操作如图6-44所示。

建议:按F5键从头开始放映,观察背景音乐的设置效果。

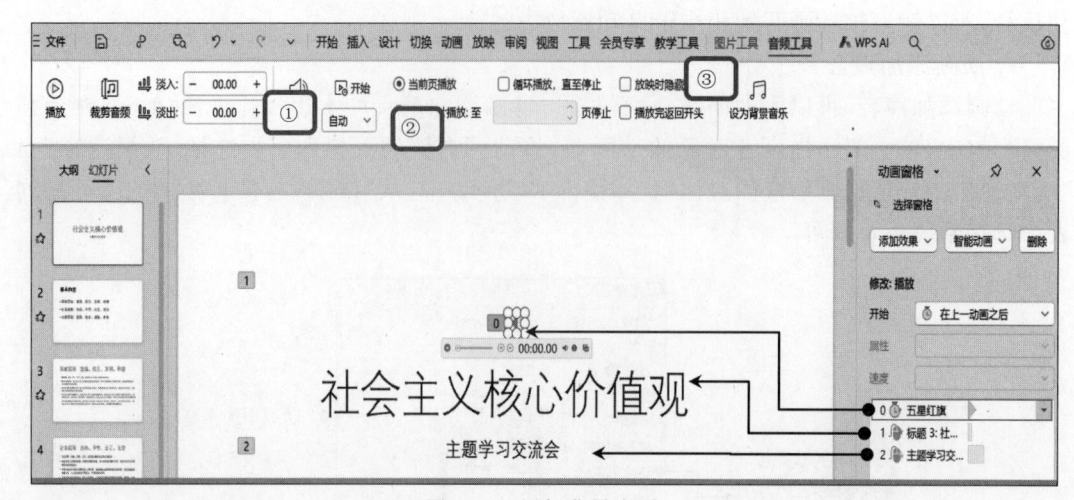

图 6-44 添加背景音乐

3. 设置第 1 张幻灯片动画

(1) 选择第 1 张幻灯片的标题占位符"社会主义核心价值观",在"动画"选项卡的动画下拉列表中选择"擦除"进入动画效果。

(2) 在动画窗格中单击第(1)步所添加的第 1 个动画右侧的下拉列表,从列表中选择"效果选项",在弹出的"擦除"对话框中,如图 6-45 所示,分别设置"方向""声音"和"动画文本"选项值。

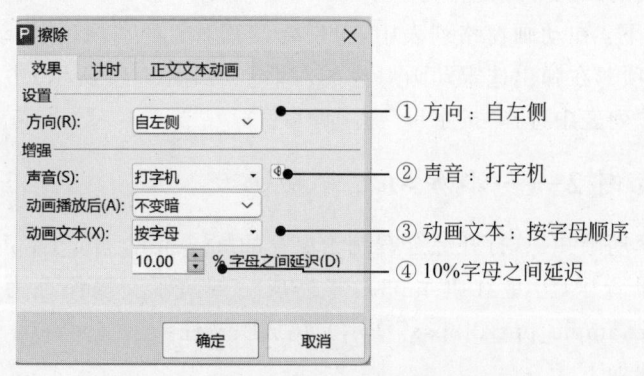

图 6-45 "擦除"动画效果对话框设置选项

(3) 选择副标题"主题学习交流会",在"动画"选项卡的"动画"下拉列表中选择"放大/缩小"强调动画效果。

建议:按 Shift+F5 快捷键放映幻灯片,观察第 1 张幻灯片动画的设置效果。

4. 设置第 2 张幻灯片动画

切换第 2 张幻灯片,如图 6-46 所示,单击"内容"占位符(即"国家层面……"),在"动画"选项卡中选择"渐变"进入动画效果,并在选项卡"文本属性"下拉列表中选择"按段落播放"选项。

建议:按 Shift+F5 快捷键放映幻灯片,观察第 2 张幻灯片动画的设置效果。

5. 设置第 3 张幻灯片动画

(1) 切换第 3 张幻灯片,如图 6-47 所示,单击"副标题"占位符(即"本次主题……"),在

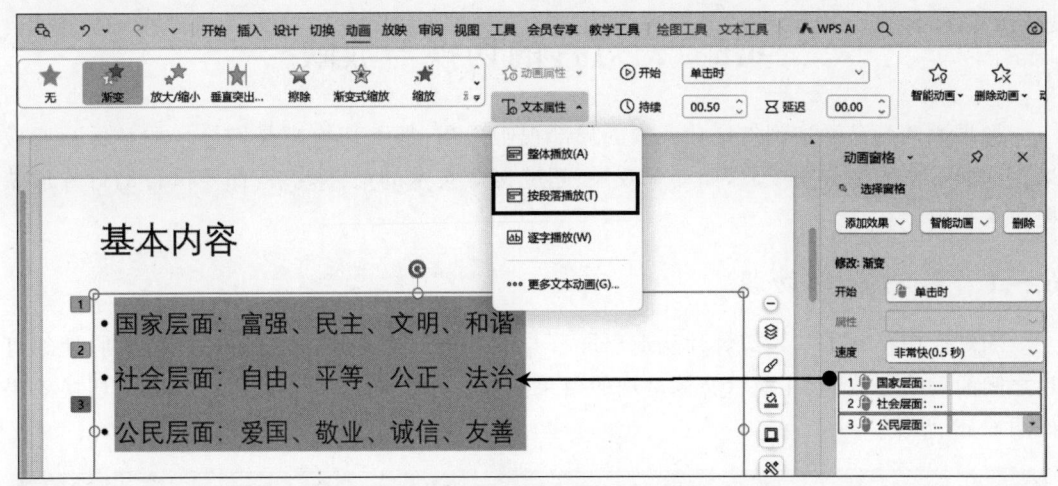

图 6-46 设置第 2 张幻灯片动画

"动画"选项卡中选择"直线""绘制自定义路径"动画效果,鼠标指针呈现"+"形状,从底向上拖曳出一条运动路径,使其呈现向上的动画效果。

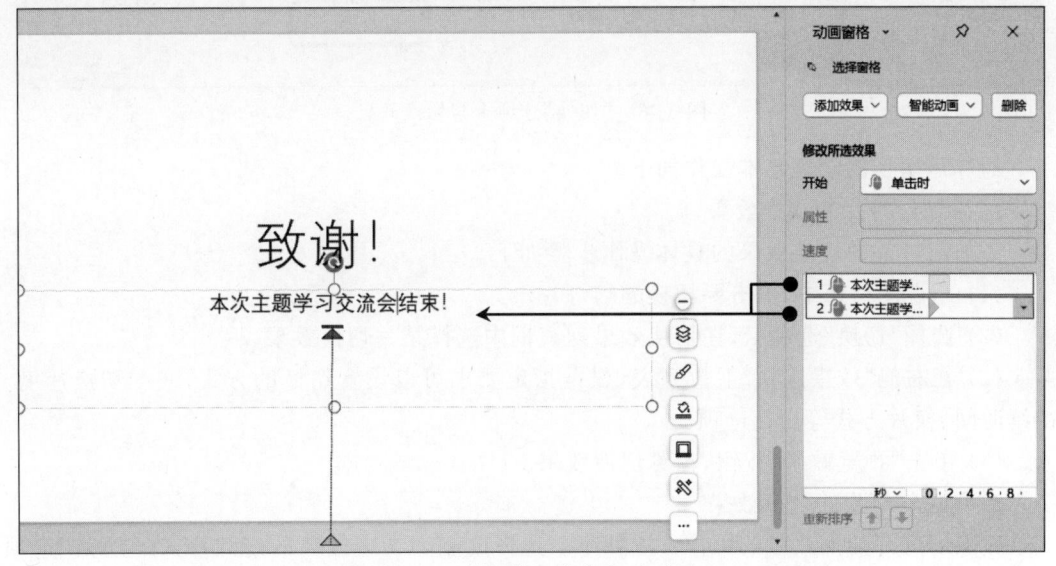

图 6-47 设置第 3 张幻灯片动画

(2) 再次单击"副标题"占位符(即"本次主题……"),在"动画窗格"中单击"添加效果"按钮。在"动画"选项卡中选择"消失"退出动画效果。

建议:按 Shift+F5 快捷键放映幻灯片,观察第 3 张幻灯片动画的设置效果。

6. 保存演示文稿,另存为放映文件

(1) 选择"文件"→"另存为"命令,从弹出的对话框中输入文件名"example_ppt_2",文件类型保持默认"pptx"演示文稿类型。

(2) 选择"文件"→"另存为"命令,在弹出对话框的"保存类型"下拉列表中选择"放映文件(*.ppsx)"选项,输入文件名"example_ppt_2"。

建议:按 F5 键从头开始放映,观察演示文稿全部动画的设置效果。

285

第 6 章

WPS 演示文稿制作

6.5 幻灯片的切换与放映

如果说动画是添加到幻灯片元素的局部视听效果,那么切换则是幻灯片的整体视听效果。在演示文稿制作完成后,如动画效果、超链接等技术的最终效果,都要执行幻灯片放映操作来呈现。

6.5.1 幻灯片的切换

幻灯片切换是指一张幻灯片从退出屏幕与下一张幻灯片进入之间的过渡动画,使幻灯片之间的播放更流畅,让演示文稿呈现的效果更加生动。幻灯片"切换"选项卡与切换效果如图 6-48 所示。

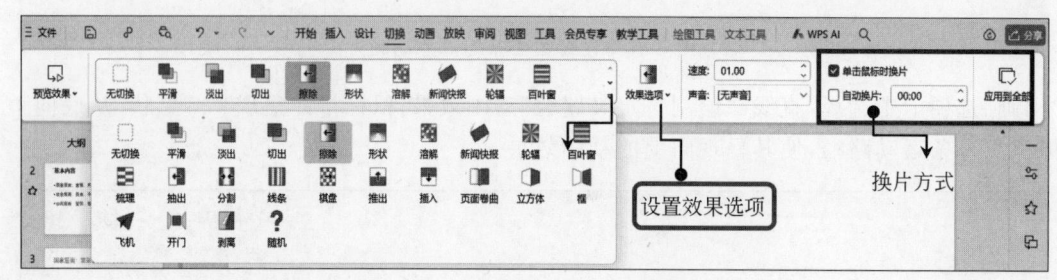

图 6-48 "切换"选项卡与切换效果

幻灯片切换的常规基本操作如下。

1. 添加幻灯片的切换效果

添加幻灯片的切换效果的具体操作步骤如下。

(1) 在视图窗格中,单击要切换的幻灯片。

(2) 选择"切换"选项卡,在切换效果列表框中选择某一切换效果。

(3) 在右侧"效果选项"下拉列表,根据指定要求可以设置切换的方式,或者切换速度、持续时间、换片方式等切换选项。

(4) 单击"预览效果"按钮,预览切换效果。

2. 删除幻灯片的切换效果

删除幻灯片切换效果的操作方法如下。选择要删除切换效果的幻灯片,在"切换"选项卡中选择"无切换"选项即可。

3. 设置自动换片方式

默认情况下,幻灯片之间的切换是以手动单击方式来完成,但也能按一定的时间间隔进行自动切换幻灯片。

设置自动换片方式的操作方法如下:选择要设置自动切换的幻灯片,在"切换"选项卡中勾选"自动换片"复选框,并在其右侧的文本框中设置时间间隔值,单位为"秒"。

如果需要将当前幻灯片的切换效果、播放持续时间和换片方式应用于其他所有幻灯片,只要单击"切换"选项卡的"应用到全部"按钮即可。

在每张幻灯片切换所需的时间间隔不能确定的情况下,可以使用"放映"选项卡的"排练计时"功能,其操作方法可参考 6.5.2 节的"使用排练计时"。

6.5.2 幻灯片的放映

制作完成后的 WPS 演示文稿,无论是由演讲者播放,还是让观众自行播放,都需要通过设置放映方式来进行控制幻灯片的放映。这包括幻灯片的放映、放映类型的选择、自定义幻灯片放映、使用排练计时等相关内容,如图 6-49 所示。

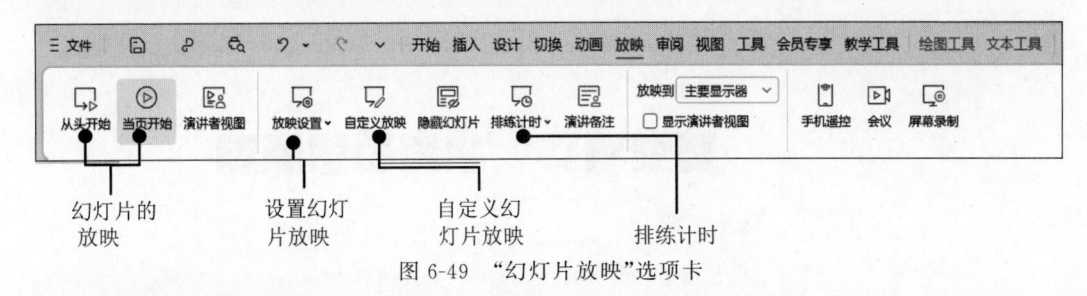

图 6-49 "幻灯片放映"选项卡

下面将详细介绍幻灯片放映的具体内容。

1. 幻灯片的放映

(1) 从当前幻灯片开始。

当演示文稿未制作为成品时,只需浏览当前幻灯片,而不用从头开始播放。这时用户可以让幻灯片的放映从当前幻灯片开始,其常规方法有以下三种。

方法 1:单击状态栏右侧的"幻灯片放映"按钮。

方法 2:按 Shift+F5 快捷键。

方法 3:选择"放映"选项卡,单击"当页开始"按钮。

(2) 从头开始。

从第 1 张幻灯片开始播放的操作方法如下:选择"放映"选项卡,单击"从头开始"按钮。或按 F5 键实现。

2. 幻灯片的常用放映技巧

幻灯片放映时,WPS 演示文稿会向使用者提供各种放映控制命令(如上一页、下一页、指针选项、放大等),让使用者能很好地操控放映现场。使用这些放映控制命令,可以通过以下两种方式获取。

方式 1:幻灯片放映时,在屏幕的左下角获取(如图 6-50 所示)。

方式 2:幻灯片放映时右击屏幕,从弹出的快捷菜单中获取。

下面介绍几个幻灯片实用的放映技巧。

(1) 激光笔。

激光笔以一个红斑状鼠标指针显示,类似教师的教鞭,可以精确地指向幻灯片具体的某个地方。其操作方法如下:幻灯片放映时,选择"演示焦点"列表中的"激光笔"命令。

当演讲者需要关闭激光笔状态时,可以按 Esc 键或再次单击"激光笔"命令结束。

(2) 屏幕录制。

WPS 的屏幕录制功能可以帮助我们在播放幻灯片的时候进行屏幕录制,用于录制操作过程、讲解视频等。其操作方法如下。

① 幻灯片放映时,单击"屏幕录制"按钮。在弹出的窗口中选择录制区域。可以选择全

图 6-50 "演讲者放映"快捷菜单

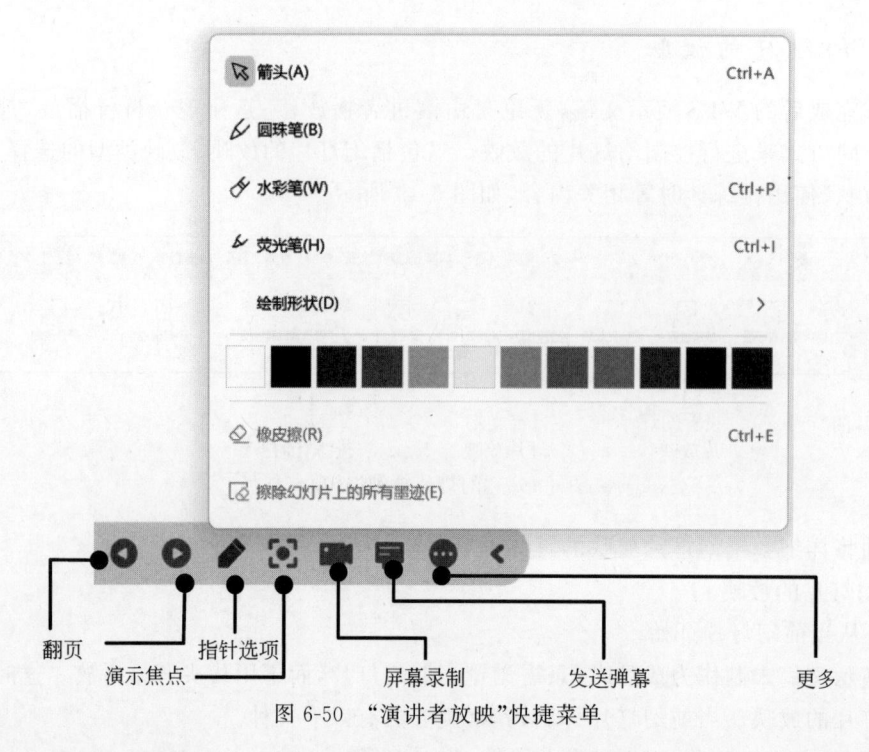

屏录制或自定义区域录制。

② 录制完成后,单击"停止"按钮或按 Esc 键结束,录制的视频会自动保存到指定的位置。

(3) 发送弹幕。

WPS Office 2019 版本更新后,可以在幻灯片放映时发送弹幕了:选择菜单栏中的"幻灯片放映"→"弹幕"命令,即可开始发送弹幕。发送弹幕时,可以在弹幕区域输入文字,并选择弹幕的颜色、速度等设置。

请注意,WPS Office 2019 的弹幕功能可能仅在某些区域或学校的教育版本中可用。如果无法使用弹幕功能,请联系 WPS 客户支持获取帮助。

3. 放映类型的选择

除了"演讲者放映(全屏幕)"这种默认的放映类型外,WPS 演示文稿还提供了 1 种自动全屏幕放映类型,用户可以根据放映的场合来选择合适的放映类型。

幻灯片的放映类型有以下三种。

(1) 演讲者放映(全屏幕):默认类型,全屏显示。常用于具有完全控制权的演讲者播放演示文稿的放映方式。

(2) 展台自动循环放映(全屏幕):全屏自动播放方式。放映前,可以使用"放映"选项卡中的"排练计时"命令设置幻灯片的放映速度和次序。

当用户需要更改放映类型时,可以执行如下操作方法:选择"放映"选项卡,在"放映设置"下拉列表中单击"放映设置"选项,在弹出的"设置放映方式"对话框(如图 6-51 所示)中选择要更改的放映类型。

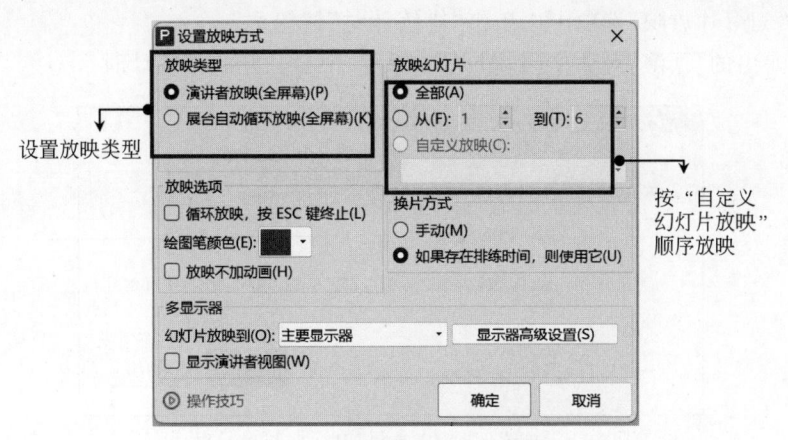

图 6-51 "设置放映方式"对话框

4. 自定义幻灯片放映

在默认状态下,放映顺序是按幻灯片创建的先后次序来放映,当放映者需要改变这个次序时,可以自定义幻灯片的放映顺序。其具体操作步骤如下。

（1）在"放映"选项卡中单击"自定义放映"按钮。

（2）在弹出的"自定义放映"对话框中单击"新建"按钮。

（3）在弹出的"定义自定义放映"对话框（如图 6-52 所示）中编辑幻灯片放映名称,以及确定幻灯片放映的先后顺序,然后单击"确定"以及"关闭"按钮关闭所有对话框。

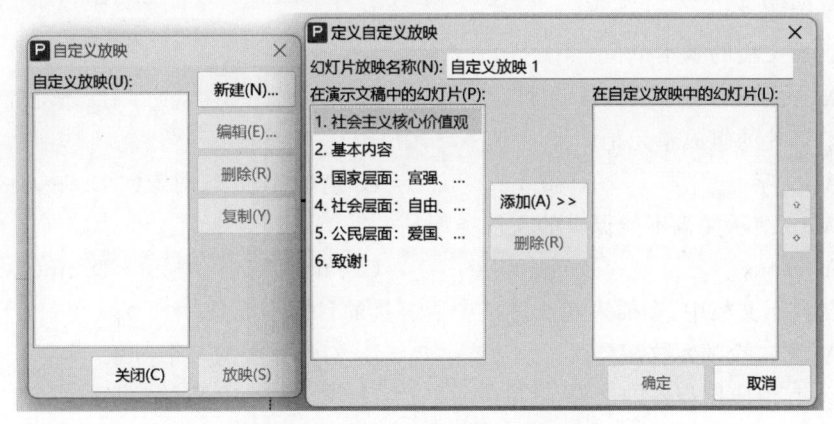

图 6-52 "定义自定义放映"对话框

（4）在"放映"选项卡中单击"放映设置"按钮。

（5）在弹出的"设置放映方式"对话框（如图 6-51 所示）中,从"放映幻灯片"功能组中选择"自定义放映"选项,并在下方的列表框中选择第（3）步预先定义好的放映名称。单击"确定"按钮关闭对话框。

（6）按 F5 键从头开始放映,预览自定义幻灯片放映效果。

5. 使用排练计时

当用户选择"展台自动循环放映（全屏幕）"放映类型时,需要使用排练计时功能。排练计时功能类似于模拟演示文稿的整个放映过程,记录用户预留的放映时间,从而实现自动播放演示文稿的效果。其具体操作步骤如下。

(1) 在"幻灯片放映"选项卡中单击"排练计时"按钮。

(2) 在弹出的"预演"对话框(如图 6-53 所示)中自动开始排练计时。

图 6-53 排练计时的"录制"对话框与提示对话框

(3) 第 1 张幻灯片放映录制完成后,单击进入下一张幻灯片进行录制,直至录制完最后一张幻灯片。如果需要中途停止可按 Esc 键。

(4) 在弹出是否保留计时的提示对话框中单击"是"按钮。

(5) 按 F5 键从头开始放映,预览排练计时的放映效果。

习 题 6

一、单选题

(1) 演示文稿的基本单位是(　　)。
　　A. 文字　　　　　B. 幻灯片　　　　C. 图片　　　　　D. 形状

(2) 幻灯片的组成单元是(　　)。
　　A. 文字　　　　　B. 图片　　　　　C. 幻灯片元素(对象)　D. 单元格

(3) WPS 演示文稿不能保存的文件类型是(　　)。
　　A. .ppsx　　　　　B. .pdf　　　　　C. .mp3　　　　　D. .jpg

(4) 在演示文稿中,在插入超级链接中所链接的目标不能是(　　)。
　　A. 另一个演示文稿　　　　　　B. 幻灯片中的某个对象
　　C. 其他应用程序的文档　　　　D. 同一演示文稿的某张幻灯片

(5) 删除一张幻灯片方法错误的是(　　)。
　　A. 使用快捷键 Ctrl+D 可以删除当前幻灯片
　　B. 在视图窗格中,选中想要删除的幻灯片,然后按 Delete 键
　　C. 在视图窗格中,选中想要删除的幻灯片,然后按下小键盘区的 Del 键
　　D. 在视图窗格中,右击想要删除的幻灯片,从弹出的快捷菜单中选择"删除幻灯
　　　　片"命令

二、操作题

(1) 演示文稿修改。打开综合案例 2 保存的"example_ppt_2.pptx"演示文稿,并按要求将其修改为如图 6-54～图 6-56 所示的效果。

图 6-54　演示文稿完成效果 1

图 6-55　演示文稿完成效果 2

图 6-56　演示文稿完成效果 3

要求：

① 删除原主题，自定义新主题，封面与封底版式一致（可与效果图不相同）。

② 将第 2 张幻灯片的文本转换为智能图形。

③ 在第 2 张和最后 1 张幻灯片之间新增 3 张幻灯片，使其成为第 3～5 张幻灯片（具体文本内容可以从网上搜索）。

④ 给第 2 张的文字添加超链接。如幻灯片放映时，单击"社会层面"文字处，可跳转显示第 4 张幻灯片。

⑤ 除封面和封底外，其他幻灯片在标题左侧添加一个"党徽"图片，并且在幻灯片放映单击"党徽"图片时，可以实现显示第 2 张幻灯片的功能。

⑥ 第 3～5 张幻灯片在合适位置添加一个任意形状，置于文字下方，颜色与主题主色调一致。

⑦ 为所有幻灯片添加合适的幻灯片切换效果。

WPS 演示文稿制作

⑧ 使用排练计时功能,使演示文稿能自动放映。
⑨ 将最终完成的演示文稿保存为"example_ppt_3.pptx"。

(2) 演示文稿的制作。制作一个与爱国主义题材相关的演示文稿,以"感动中国"中的典型人物为素材,感受将个人努力融入到祖国所焕发出来的精神力量。

课程思政

"感动中国 2019 年度人物"樊锦诗

获得"感动中国 2019 年度人物"荣誉的有奉献大半生光阴、致力于敦煌保护的学者,战功赫赫却深藏功名、坚守初心不改本色的老英雄,努力让世界了解中国的外籍教师,创造世界大赛十冠王奇迹的国家队……

"感动中国 2019 年度人物"樊锦诗,敦煌研究院名誉院长。樊锦诗从小在上海长大,1963 年于北大毕业后,把大半辈子的光阴都奉献给了大漠上的敦煌石窟。人们亲切地喊她"敦煌的女儿"。为了敦煌,樊锦诗和丈夫两地分居长达 19 年,两个儿子出生后都没有得到很好的照料,但她却视敦煌石窟的安危如生命,扎根大漠,潜心石窟考古研究和创新管理,完成了敦煌莫高窟的分期断代、构建"数字敦煌"等重要文物研究和保护工程。

2019 年,国庆前夕,樊锦诗获颁国家荣誉称号勋章。颁奖辞:舍半生,给茫茫大漠。从未名湖到莫高窟,守住前辈的火,开辟明天的路。半个世纪的风沙,不是谁都经得起吹打。一腔爱,一洞画,一场文化苦旅,从青春到白发。心归处,是敦煌。

要求:
① 新建文件名为"myppt.pptx"的演示文稿。其中必须包含 4 部分:主题封面、目录、内容、结束。幻灯片页数不得少于 6 张。
② 演示文稿的目录部分:为对应内容添加具有交互性的超链接或动作按钮。
③ 幻灯片元素:必须包含文字、图片、智能图形、声音或视频等对象。
④ 为演示文稿应用适合的主题或模板。
⑤ 为幻灯片添加与内容相符的动画与切换效果。
⑥ 将完成后的作品以原文件名保存,并导出同名的视频文件。

第 7 章　数字媒体技术

无论是抖音里的微视频,还是影院播放的数字电影;无论是户外 LED 屏幕广告,还是 VR 游戏,这些都是数字媒体呈现的内容。数字媒体技术不断突破,极大促进了数字媒体产业发展,也不断刷新我们的视听观感。数字媒体技术涉及的范围非常广泛,包括计算机通信技术、网络技术、计算机图形学、数字视频技术、多媒体技术等多个学科领域或技术。

7.1　数字媒体技术概述

数字媒体技术的产生经历了漫长的演化过程。从媒体技术最早的表现形态——口耳相传、结绳记事,到数字媒体技术的表现形态——计算机多媒体技术、网络技术、虚拟现实技术等,每一次媒体技术的演进都具有革命性的意义,一步步为受众呈现多样化的图景,从想象的到可以感觉到的,从视觉的到听觉的再到触觉的,从个体的到群体的,从封闭的到开放的,从非实时的到实时的,在一定意义上突破了时空的局限,把诸多不可能演变成为可能。

7.1.1　媒体、数字媒体与数字媒体技术

1. 媒体

媒体(media)一词来源于拉丁语 Medius,意为两者之间。媒体是传播信息的媒介。它是指人借助用来传递信息与获取信息的工具、渠道、载体、中介物或技术手段,也指传送文字、声音等信息的工具和手段。还可以把媒体看作为实现信息从信息源传递到受信者的一切技术手段。

媒体在计算机领域有两种含义:一是指存储信息的实体,如磁盘、光盘、磁带、半导体存储器等,中文常译为媒质;二是指传递信息的载体,如数字、文字、声音、图形和图像等,中文译作媒介。

"媒体"的概念范围是相当广泛的。国际电话电报咨询委员会(Consultative Committee on International Telephone and Telegraph,CCITT,国际电信联盟 ITU 的一个分会)把媒体分成 5 类:

(1) 感觉媒体(perception medium):指的是能直接作用于人们的感觉器官,从而能使人产生直接感觉的媒体。如语言、音乐、自然界中的各种声音、图像、动画、文本等。

(2) 表示媒体(representation medium):指的是为了传送感觉媒体而人为研究出来的媒体。借助于此种媒体,便能更有效地存储感觉媒体或将感觉媒体从一个地方传送到遥远的另一个地方。诸如语言编码、电报码、条形码等。

(3) 显示媒体(presentation medium)：指的是用于通信中使电信号和感觉媒体之间产生转换用的媒体。如输入、输出设施、键盘、鼠标器、显示器、打印机等。

(4) 存储媒体(storage medium)：指的是用于存放某种媒体的媒体。如纸张、磁带、磁盘、光盘等。

(5) 传输媒体(transmission medium)：指的是用于传输某些媒体的媒体。常用的如电话线、电缆、光纤等。

2. 数字媒体

数字媒体是指以二进制数的形式记录、处理、传播、获取信息的载体。这些载体包括数字化的文字、图形、图像、声音、视频影像和动画等感觉媒体，和表示这些感觉媒体的表示媒体(编码)等，通称为逻辑媒体，以及存储、传输、显示逻辑媒体的实物媒体。

(1) 如果按时间属性分，数字媒体可分成静止媒体(still media)和连续媒体(continues media)。静止媒体是指内容不会随着时间而变化的数字媒体，比如文本和图片。而连续媒体是指内容随着时间而变化的数字媒体，比如音频、视频、虚拟图像等。

(2) 按来源属性分，则可分成自然媒体(natural media)和合成媒体(synthetic media)。其中自然媒体是指客观世界存在的景物，声音等，经过专门的设备进行数字化和编码处理之后得到的数字媒体，比如数码相机拍的照片、数字摄像机拍的影像、MP3数字音乐、数字电影电视等。合成媒体则是指的是以计算机为工具，采用特定符号、语言或算法表示的，由计算机生成(合成)的文本、音乐、语音、图像和动画等，比如用3D制作软件制作出来的动画角色。

(3) 如果按组成元素来分，则又可以分成单一媒体(single media)和多媒体(multi media)。顾名思义，单一媒体就是指单一信息载体组成的载体；而多媒体(multimedia)则是指多种信息载体的表现形式和传递方式。

简单来讲，"数字媒体"一般就是指"多媒体"，是由数字技术支持的信息传输载体，其表现形式更复杂，更具视觉冲击力，更具有互动特性。多媒体计算机技术(multimedia computer technology)是指计算机综合处理多种媒体信息，文本、图形、图像、音频和视频，使多种信息建立逻辑连接，集成为一个系统并具有交互性。

3. 数字媒体技术

数字媒体技术是以计算机技术、网络通信技术等为手段，综合处理文字、声音、图形、图像等媒体信息，实现数字媒体的表现、记录、处理、存储、传输、显示和管理等多个环节，使抽象的信息变成可感知、可管理和可交互的一种硬件和软件技术。

数字媒体技术主要研究与数字媒体信息的获取、处理、存储、传播、管理、安全、输出等相关的理论、方法、技术与系统。由此可见，数字媒体技术是包括计算机技术、通信技术和信息处理技术等各类信息技术的综合应用技术，其所涉及的关键技术及内容主要包括数字信息的获取与输出技术、数字信息存储技术、数字信息处理技术、数字传播技术、数字信息管理与安全等。其他的数字媒体技术还包括在这些关键技术基础上综合的技术，比如，基于数字传输技术和数字压缩处理技术的广泛应用于数字媒体网络传输的流媒体技术，基于计算机图形技术的广泛应用于数字娱乐产业的计算机动画技术，以及基于人机交互、计算机图形和显示等技术的且广泛应用于娱乐、广播、展示与教育等领域的虚拟现实技术等。

本章重点讲述的数字媒体技术主要包括数字音频处理技术、数字图像处理技术、数字视频处理技术、虚拟现实技术等。

7.1.2 从模拟信号到数字信号

计算机内的信息都是以数字信号而不是模拟信号进行存储和传输的。要将外部设备获得的模拟信号转换为数字信号，计算机才能够存储和处理。从模拟信号转换为数字信号，这个过程就是 A/D 转换，简称为模数转换。例如，话筒录制的声音，通过声卡将连续的语音模拟信号转换为二进制的数字信号，播放时经过 D/A 转换，将数字信号转换成模拟信号，通过音箱发出声音。计算机用户并不能直接操作这些二进制形式的数字信号，而是基于操作系统，通过文件系统来管理各类文件。通过文件的扩展名，计算机用户能够辨别不同媒体类型的文件，从而能够进行文本、声音、图形、图像、视频等类型文件的编辑。

模拟信号到数字信号的数字化过程，一般要经过采样、量化和编码三个步骤。这样模拟信号就转换为计算机能够识别、存储和处理的数字信号。

1. 采样

采样(sampling)也称取样，指把时间域或空间域的连续量转化成离散量的过程。例如，把模拟音频转成数字音频的过程。每秒的采样样本数叫做采样频率。采样位数可以理解为采集卡处理模拟信号的解析度。采样是将时间上、幅值上都连续的模拟信号，在采样脉冲的作用下，转换成时间上离散(时间上有固定间隔)、但幅值上仍连续的离散模拟信号。所以采样又称为波形的离散化过程。

2. 量化

量化是指将幅值上仍连续的离散模拟信号近似为有限多个(或较少的)离散值的过程。例如，经过抽样的图像，只是在空间上被离散成为像素(样本)的阵列，而每个样本灰度值还是一个由无穷多个取值组成的连续变化量，必须将其转化为有限个离散值，赋予不同码字才能真正成为数字图像。这种转化称为量化。

3. 编码

编码是将量化获得的离散值，用二进制的编码方式表示，就生成了最终的数字信号。

在整个数字化过程中，有两个主要参数，一是采样频率，二是量化精度。采样定理(又称取样定理、抽样定理)说明采样频率与信号频谱之间的关系，是连续信号离散化的基本依据。在进行模拟/数字信号的转换过程中，当采样频率大于信号中最高频率的 2 倍时，采样之后的数字信号完整地保留了原始信号中的信息，一般实际应用中保证采样频率为信号最高频率的 2.56~4 倍。例如，声音的最高频率为 20kHz，所以采样频率大多为 44.1kHz。量化精度取决于表示一个采样值二进制位数，位数越高，精度就越高，数据量就越大。例如，16 位的量化精度表示的声音音质比 8 位的好很多。

7.1.3 数据压缩

数字媒体技术要处理、传输、存储多媒体信息，主要包括文本、图形、图像、视频等，由于这些媒体的表示在计算机系统中以大量数据存在，所以数据的高效表示和压缩技术就成为其中的关键技术。

数字化信息的数据量是巨大的，如果没有数据压缩技术，市场上的数码录音笔就只能记录不到 20 分钟的语音；这样庞大的数据量与当前硬件技术所能提供的计算机存储资源和网络带宽之间有很大的差距，所以要实现网络多媒体，数据不进行压缩是不可能实现的。到目前为止，对数据压缩的研究除了有关信源编码，还在数字图像信号、语音信号等的压缩编码方面取得了很大的进展，出现了一系列压缩编码的国际或国家标准。

1. 数据压缩

数据压缩，简单地说就是用最少的数码来表示信息。数据是用来记录和传输信息的，香农创立信息论时，提出把数据看成是信息和冗余信息的组合，信息量和数据量的关系可以表示为：

信息量＝数据量＋数据冗余

那么数据为什么能被压缩呢？就是因为数据冗余的存在。其实，声音和图像数据表示中存在着大量的冗余，通过去除这些冗余可以使原始的声音及图像数据极大地减小。数据压缩技术就是研究如何利用数据的冗余性来减少多媒体数据的方法。比如：根据人的听觉感知机理，可以将人耳听不到或感知极不灵敏的声音分量都视为冗余，即利用人的听觉具有掩蔽效应。当几个强弱不同的声音同时存在时，强声使弱声难以被听见——同时掩蔽，它受掩蔽声音和被掩蔽声音之间的相对频率关系影响很大。声音在不同时间先后发生时，强声使其周围的弱声难以听见的现象称为异时掩蔽。

2. 数据压缩方法分类

多媒体数据压缩方法根据不同的依据可产生不同的分类。根据质量有无损失可分为：无损压缩和有损压缩。根据其作用域在空间域或频率域上分为：空间方法、变换方法和混合方法。根据是否自适应分为自适应性编码和非自适应性编码。

（1）无损压缩。无损压缩是指使用压缩后的数据进行重构（或者叫做还原，解压缩），重构后的数据与原来的数据完全相同，也就是利用数据的冗余进行压缩，可完全恢复原始数据而不引入任何失真；无损压缩用于要求重构的信号与原始信号完全一致的场合。一个很常见的例子是磁盘文件的压缩。根据目前的技术水平，无损压缩算法受到统计冗余度的理论限制，一般可以把普通文件的数据压缩到原来的1/4～1/2。一些常用的无损压缩编码有哈夫曼（Huffman）编码、算术编码、行程编码和 LZW（Lenpel-Ziv & Welch）压缩编码。

我们常用来压缩文件的 WinZip 和 WinRAR 软件就是基于无损压缩原理设计的，因此可以用它来压缩任何类型的文件。常用于图像的无损压缩如 TIFF 格式中使用的 LZW 压缩等。

（2）有损压缩。有损压缩利用了人类视觉和听觉器官对图像或声音中某些频率成分不敏感的特性，允许在压缩过程中损失一定信息。它将压缩后的数据进行重构，重构后的数据与原来的数据有所不同，但不影响人对原始资料表达的信息造成误解。有损压缩适用于重构信号不一定非要和原始信号完全相同的场合。例如，图像和声音的压缩就可以采用有损压缩，因为其中包含的数据往往多于我们的视觉系统和听觉系统所能接收的信息，丢掉一些数据而不至于对声音或者图像所表达的意思产生误解，但可大大提高压缩比。目前，常用的静态图像压缩技术有 JPEG，视频压缩技术标准有 MPEG。由于有损压缩是以损失某些信息为代价来换取较高的压缩率，所以不要重复使用有损压缩对图像或声音进行压缩，这样会因损失累积而造成更大的失真。

3. 数据压缩的标准

（1）JPEG 标准。联合图片专家小组（Joint Photographic Experts Group，JPEG）是针对静止图像的压缩制定的标准。该小组提出了一个适用于彩色和单色多灰度或连续色调静止图像的数字压缩国际标准，简称 JPEG 标准。它可将图像数据压缩到 1/90 至 1/10，如果不考虑图像质量，JPEG 甚至可以将图像压缩到"无限小"，并可实时再生。JPEG 是目前用于摄影图像的最好压缩方法，主要应用于摄像图像的存储和显示。由于 JPEG 采用一种对称压缩算法，其压缩和解压缩可以使用相同的软件和硬件，压缩时间和解压缩时间大致是相同的。

（2）MPEG 标准。动态图像专家小组（Moving Picture Experts Group，MPEG）提出了一个适用于动态图像数据压缩的国际标准，简称 MPEG 标准。该标准包括 MPEG 视频、MPEG 音频和视频音频同步。1993 年，ISO 通过了动态图像专家组 MPEG 提出的 MPEG-1 标准。MPEG-1 可以对普通质量的视频数据进行有效编码。VCD 就是使用 MPEG-1 标准来压缩视频数据的。为了支持更清晰的视频图像，特别是支持数字电视等高端应用，ISO 于 1994 年提出了 MPEG-2 标准。DVD 所采用的正是 MPEG-2 标准。Internet 的发展对视频压缩提出了更高的要求，在内容交互、对象编辑、随机存取等新的需求下，ISO 于 1999 年通过了 MPEG-4 标准。MPEG-4 标准拥有更高的压缩比率，支持并发数据流的编码、基于内容的交互操作、增强的时间域随机存取、容错、基于内容的尺度可变性等先进特性。Internet 上 DivX 和 XviD 文件格式就是采用 MPEG-4 标准来压缩视频数据的，它们可以用更小的存储空间或通信带宽提供与 DVD 不相上下的高清晰视频，这使在 Internet 上发布或下载数字电影的梦想成为现实。对于计算机中存储的普通音频信息，最常使用的压缩方法主要是 MPEG 系列中的音频压缩标准。例如，MPEG-1 标准提供了 Layer I、Layer II 和 Layer III 共三种可选的音频压缩标准，MPEG-2 又进一步引入了 AAC（Advanced Audio Coding）音频压缩标准。我们常说的 MP3 音频压缩标准就属于 MPEG-1 标准的一部分（MPEG Audio layerIII），该技术可以将声音文件以 1∶10 或更高的压缩比压缩成很小的文档，同时还保持高品质的效果。

（3）LZ 压缩。LZ 码是 1977 年两位以色列研究人员，J.Ziv 和 A.Lempel 提出的，它是一种基于字典的编码方法。1984 年，T.A.Welch 给出了 LZ 算法的修正形式，称为 LZW 算法，成为计算机文件压缩的标准算法。该算法是目前使用的较多的一种无损压缩算法，压缩比通常在 1∶1 到 10∶1 之间。常用的 GIF 和 TIFF 图像格式中使用了 LZW 压缩算法，几乎我们日常使用的所有通用压缩工具，像 WinZip，RAR 等，甚至许多硬件如网络设备中内置的压缩算法，都有 LZW 的身影。

7.2　音频处理技术

声音（audio）是由物体振动产生的声波，是通过介质（空气或固体、液体）传播并能被人或动物听觉器官所感知的波动现象。声音作为一种波，频率在 20Hz～20kHz 之间的声音是可以被人耳识别的。

声音是一种模拟信号，经过录制的数字化过程后，就转换为数字信号。录制的声音质量和采样频率、量化精度和声道数量密切相关。采样频率越大,量化精度越高,声道数量越多,那么声音的品质就越高,还原出来的声音质量就越好。常见的音频编辑软件有 Adobe Audition,这是一个专业音频编辑和混合环境,前身为 Cool Edit Pro。常见的音频文件扩展名有.wav、.mp3、.wma、.mid、.ra、.rm 等。

7.2.1 数字音频文件格式

1. WAV 格式

WAV 格式是微软公司开发的一种声音文件格式,也称为波形声音文件格式,是最早的数字音频格式,Windows 平台及其应用程序都支持这种格式。这种格式支持 MSADPCM、CCITTA LAW 等多种压缩算法,支持多种音频位数、采样频率和声道。标准格式的 WAV 文件和 CD 格式一样,也是 44.1kHz 的采样频率,速率 88kHz/s,16 位量化位数,音质和 CD 相差无几,也是目前广为流行的声音文件格式,几乎所有的音频编辑软件都能够识别 WAV 格式。

2. MP3 格式

MP3 既是一种声音文件格式,也是一种音频压缩技术,由于这种压缩方式的全称叫 MPEG Audio Layer3,所以人们把它简称为 MP3。MP3 是利用 MPEG Audio Layer 3 的技术,将音乐以 1∶10 甚至 1∶12 的压缩率,压缩成容量较小的文件,能够在音质丢失很小的情况下把文件压缩到更小的程度,而且还非常好地保持了原来的音质。正是因为 MP3 体积小、音质高的特点使得 MP3 格式广为流行。

3. WMA 格式

WMA(Windows Media Audio)格式是微软公司开发的用于 Internet 音频领域的一种音频格式。音质要强于 MP3 格式,是以减少数据流量但保持音质的方法来达到比 MP3 压缩率更高的目的,WMA 的压缩率一般都可以达到 1∶18 左右。WMA 还支持音频流(Stream)技术,适合在网络上在线播放,只要安装了 Windows 操作系统就可以直接播放 WMA 音乐,Windows Media Player 7.0 更是增加了直接把 CD 光盘转换为 WMA 声音格式的功能,在操作系统 Windows 中,WMA 是默认的编码格式。WMA 这种格式在录制时可以对音质进行调节。同一格式,音质好的可与 CD 媲美,压缩率较高的可用于网络广播。

4. MIDI 格式

MIDI(Musical Instrument Digital Interface)又称为乐器数字接口,是数字音乐电子合成乐器的国际统一标准。它定义了计算机音乐程序、数字合成器及其他电子设备交换音乐信号的方法,规定了不同厂家的电子乐器与计算机连接的电缆、硬件及设备之间进行数据传输的协议。

5. RealAudio

RealAudio 是 Real Networks 公司推出的一种音频文件格式,其特点是可以实时传输音频信息,尤其是在网速较慢的情况下,仍然可以较为流畅地传送数据,它主要用于网络上的在线播放。RealAudio 的文件格式主要有 RA(RealAudio)、RM(RealMedia,RealAudio G2)、RMX(RealAudio Secured)等。这些格式的特点是可以随网络带宽的不同而改变声音的质量,在保证大多数人听到流畅声音的前提下,带宽较大的听众能获得较好的音质。

7.2.2 数字音频软件

1. Adobe Audition

Adobe Audition(简称 Au,原名 Cool Edit Pro)是由 Adobe 公司开发的一个专业音频编辑和混合环境。Audition 专为在照相室、广播设备和后期制作设备方面工作的音频和视频专业人员设计,可提供先进的音频混合、编辑、控制和效果处理功能。最多混合 128 个声道,可编辑单个音频文件,创建回路并可使用 45 种以上的数字信号处理效果。Audition 是一个完善的多声道录音室,可提供灵活的工作流程并且使用简便。无论是要录制音乐、无线电广播,还是为录像配音,Audition 中的工具均可提供充足动力,以创造可能的最高质量音响。它是 Cool Edit Pro 2.1 的更新版和增强版。

2013 年,Adobe 公司将版本系列改为 CC,CC 系列已有多个版本,例如,CC、CC 2014、CC 2015、CC 2017、CC 2018。Adobe Audition 的较新版本是 Adobe Audition CC 2024(如图 7-1 所示)。CC 新功能包括以下内容。

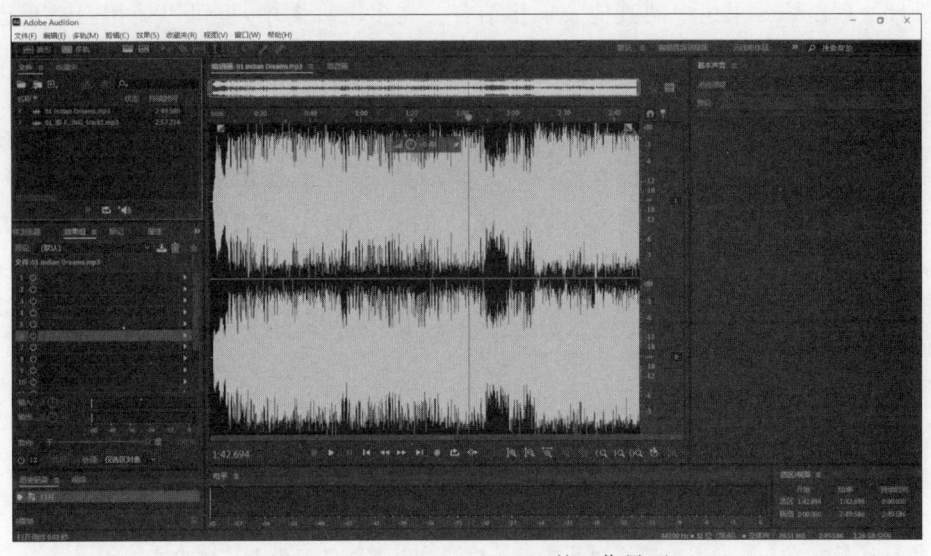

图 7-1 Adobe Audition CC 的工作界面

(1) 声音移除效果。使用新的"声音移除"效果可从录制中移除不需要的音频源。此效果分析录制的选定部分,并生成一个声音模型。生成的模型也可以使用表示其复杂性的参数进行修改。高复杂性声音模型需要更多的改进遍数来处理录制,但会提供更加准确的结果。用户可以保存声音模型供以后使用,还可保存一些常用预设以最好地处理声音,例如警报器和响铃手机。

(2) 咔嗒声/爆音消除器效果。使用咔嗒声/爆音消除器效果可去除麦克风爆音、轻微嘶声和噼啪声。这种噪声在诸如老式黑胶唱片和现场录音之类的录制中比较常见。"效果"对话框保持打开,可以调整选区,并且修复多个咔嗒声,而无须多次重新打开效果。

(3) 生成噪声。可以生成各种颜色(白色、粉色、棕色和灰色)的随机噪声。可以修改噪声的参数,例如样式、延迟时间、强度、持续时间以及 DC 偏移。噪声的功率谱密度显示为预览。如果时间轴上有一个选区,则新添加的噪声会替换或重叠选定的音频。多轨视图中还支持生成噪声函数，并且噪声在生成之后将自动插入到音轨。

（4）ITU 响度表。Adobe Audition 现有具有"TC 电子响度探测计"增效工具的一个集成的自定义版本。在波形和多轨视图中均可使用，它提供了有关峰值、平均值和范围级别的信息。"雷达"扫描视图同样可供使用，它提供了响度随时间而变化的极佳视图。

（5）科学滤波器效果。科学滤波器效果在 Audition 中作为实时效果提供。使用此效果可对音频进行高级操作。用户也可以从"效果组"查看波形编辑器中各项资源的效果，或者查看"多轨编辑器"中音轨和剪辑的效果。

（6）立体声扩展器效果。使用新的立体声扩展器可定位并扩展立体声声像，也可以将其与效果组中的其他效果相结合。在多轨视图中，还可以通过使用自动化通道随着时间的推移改变效果。

（7）变调器效果。使用变调器效果可随着时间改变节奏以改变音调。该效果使用横跨整个波形的关键帧编辑包络，类似于淡化包络和增益包络效果。

（8）音高换档器效果。使用音高换档器效果可改变音乐的音调。它是一个实时效果，可与母带处理组或效果组中的其他效果相结合。在多轨视图中，也可以使用自动化通道随着时间改变音调。

2. GoldWave

GoldWave 是一个功能强大的数字音频编辑器，是一个集声音编辑、播放、录制和转换的音频工具。它还可以对音频内容进行转换格式等处理。它体积小巧，功能强大，支持许多格式的音频文件，包括 WAV、OGG、VOC、IFF、AIFF、AIFC、AU、SND、MP3、MAT、DWD、SMP、VOX、SDS、AVI、MOV、APE 等音频格式。也可从 CD、VCD 和 DVD 或其他视频文件中提取声音。内含丰富的音频处理特效，从一般特效如多普勒、回声、混响、降噪到高级的公式计算，效果多多。

GoldWave 的特性如下。

（1）直观、可定制的用户界面，使操作更简便。图 7-2 显示了其工作界面。

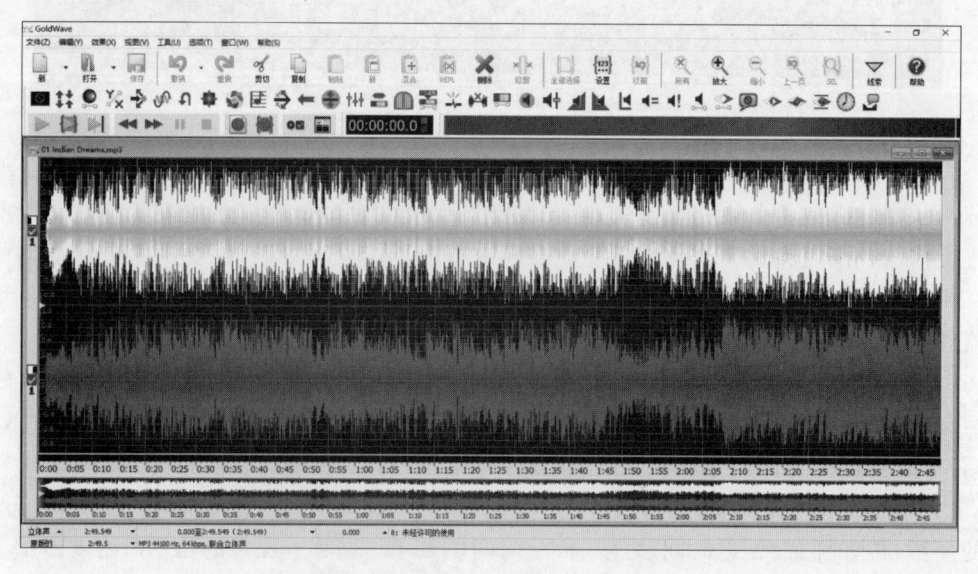

图 7-2　GoldWave 6.48 的工作界面

（2）多文档界面可以同时打开多个文件，简化了文件之间的操作。

（3）编辑较长的音乐时，GoldWave 会自动使用硬盘，而编辑较短的音乐时，GoldWave 就会在速度较快的内存中编辑。

（4）GoldWave 允许使用很多种声音效果，如：倒转（Invert）、回音（Echo）、摇动、边缘（Flange）、动态（dynamic）和时间限制、增强（strong）、扭曲（warp）等。

（5）精密的过滤器（如降噪器和突变过滤器）帮助修复声音文件。

（6）批转换命令可以把一组声音文件转换为不同的格式和类型。该功能可以转换立体声为单声道，转换 8 位声音到 16 位声音，或者是文件类型支持的任意属性的组合。如果安装了 MPEG 多媒体数字信号编解码器，还可以把原有的声音文件压缩为 MP3 的格式，在保持出色的声音质量的前提下使声音文件的尺寸缩小为原有尺寸的十分之一左右。

（7）CD 音乐提取工具可以将 CD 音乐拷贝为一个声音文件。为了缩小尺寸，也可以把 CD 音乐直接提取出来并存为 MP3 格式。

（8）表达式求值程序在理论上可以制造任意声音，支持从简单的声调到复杂的过滤器。内置的表达式有电话拨号音的声调、波形和效果等。

7.3 图像处理技术

图形（graphics）是指由外部轮廓线条构成的矢量图，即由计算机绘制的直线、圆、矩形、曲线、图表等。图形用一组指令集合来描述图形的内容，如描述构成该图的各种图元位置维数、形状等，描述对象可任意缩放不会失真。在显示方面图形使用专门软件将描述图形的指令转换成屏幕上的形状和颜色。适用于描述轮廓不很复杂、色彩不是很丰富的对象，如：几何图形、工程图纸、CAD、3D 造型软件等。它的编辑通常用绘图程序，产生矢量图形，可对矢量图形及图元独立进行移动、缩放、旋转和扭曲等变换；主要参数是描述图元的位置、维数和形状的指令和参数。常见的图形绘制软件有 CorelDRAW、Illustrator、Freehand、AutoCAD 等，常见的图形文件扩展名有.eps、.wmf、.mef、.cmx、.svg 等。

图像（image）是由一系列排列有序的像素组成，它的基本构成单位是像素点阵，在缩放过程中会出现锯齿或者马赛克现象，这是图像区别于图形的主要特点。数字化存储或传输的照片、绘画、地图、书法作品、卫星云图、影视画面等都是图像。图像是客观对象的一种相似性的、生动性的描述或写真，是人类社会活动中最常用的信息载体。图像是客观对象的一种表示，是人们最主要的信息源。最常见的图像处理软件是 Adobe Photoshop，常见的图像文件格式扩展名有.bmp、.jpg、.tiff、.png、.gif、.psd 等。

7.3.1 图形文件格式

1. EPS 格式

EPS（Encapsulated PostScript）是跨平台的标准格式，专用的打印机描述语言，可以描述矢量信息和位图信息。作为跨平台的标准格式，扩展名在 PC 平台上是.eps，在 Macintosh 平台上是.epsf，主要用于矢量图像和光栅图像的存储。EPS 格式突出的优点是打印效果好。它采用 PostScript 语言进行描述，并且可以保存其他一些类型信息，例如多色调曲线、Alpha 通道、分色、剪辑路径、挂网信息和色调曲线等，因此 EPS 格式常用于印刷或打印输出。EPS 格式兼容性好。由于该标准制定得早,几乎所有的平面设计软件都能够兼容,所以用 Photoshop、CorelDRAW、Illustrator、Freehand 等都可以打开。

2. WMF 格式

WMF(Windows Metafile)简称图元文件,是微软公司设计开发的一种矢量图形文件格式,是由简单的线条和封闭线条(图形)组成的矢量图,其主要特点是文件非常小,可以任意缩放而不影响图像质量,广泛应用于 Windows 平台。WMF 格式是设备无关的,即它的输出特性不依赖于具体的输出设备。

3. EMF 格式

EMF(Enhanced MetaFile)格式是 WMF 格式的增强版本,实际上 EMF 是原始 WMF(Windows metafile)格式的 32 位版本。EMF 格式是为了解决 WMF 在印刷行业中的不足而改进的矢量文件格式。

4. CDR 格式

CDR 格式是绘图软件 CorelDRAW 的专用图形文件格式,记录文件的属性、位置和分页等信息。作为一种矢量图形格式,它能够和 Illustrator 的 AI 格式相互导入导出,同样能够实现无极缩放,不会产生锯齿现象。

5. SVG 格式

SVG (Scalable Vector Graphics)格式是 W3C 推出的基于 XML 的二维矢量图形标准。SVG 可以提供高质量的矢量图形渲染,同时由于支持 JavaScript 和文档对象模型,SVG 图形通常具有强大的交互能力。另一方面,SVG 作为 W3C 所推荐的基于 XML 的开放标准,能够与其他网络技术进行无缝集成。SVG 作为一种开放标准的矢量图形语言,可设计高质量、高分辨率的 Web 图形页面,相关软件提供了制作复杂元素的工具,如渐变、嵌入字体、透明效果、动画和滤镜效果并且可使用平常的字体命令插入到 HTML 编码中。

7.3.2 图像文件格式

1. BMP 格式

BMP 格式文件的色彩深度有 1 位、4 位、8 位及 24 位几种。BMP 格式是应用比较广泛的一种图像格式,由于采用 RLE 无损压缩方式,所以图像质量较高,但 BMP 格式的缺点是文件占空间较大,通常用于单机上,不适于网络传输。BMP 格式主要用于保存位图图像,支持 RGB、位图、灰度和索引颜色模式,但是不支持 Alpha 通道。

2. JPEG 格式

JPEG 格式简称 JPG,文件的后缀名为 jpg,这是最常用、最有效、最基本的有损压缩格式。文件的格式小,占用存储空间少,兼容性极强。同时 JPEG 还是一种很灵活的格式,具有调节图像质量的功能,支持不同的文件压缩比。但是 JPG 格式采用有损压缩方式,对图像的呈现质量有一定影响,所以如果对于输出品质要求较高,则不适用这种格式,建议使用 TIFF 格式。一般在电子设备上显示的图像经常使用这种格式。

3. TIFF 格式

TIFF 格式简称 TIF 格式,文件名后缀是 tif。适用于不同的应用程序及平台,用于存储和图形媒体之间的交换效率很高,是图形图像处理中常用的格式之一。TIFF 格式最大的特点就是保存图像质量不受影响,而且能够保存文档中的图层信息以及 Alpha 通道。但

TIFF 格式并不是 Photoshop 专有格式，有些 Photoshop 特有的功能，如调整图层、智能滤镜等，无法被保存下来。TIFF 图像格式很复杂，但由于它对图像信息的存放灵活多变，可以支持很多色彩系统，而且独立于操作系统，因此得到了广泛应用。TIFF 格式输出的图像具有较高的质量，适合从 Photoshop 中导出图像到其他排版制作软件中。一般来说，如果设计的图像需要高品质印刷输出的话，通常保存为该格式。

4. PNG 格式

PNG 是一种专门为 Web 开发的网络图像格式，文件的后缀名为 png，结合了 GIF 和 JPG 的优点，具有存储形式丰富的特点。PNG 最大的色深为 48b，PNG 文件采用 LZ77 算法的派生算法进行压缩，其结果是获得高的压缩比，生成文件小。PNG 格式可以为图像定义 256 个透明层次，并产生无锯齿状的透明背景。由于 PNG 格式可以实现无损压缩，并且背景部分是透明的，常用于存储背景透明的图像素材。这种支持透明效果的功能是 JPEG 所没有的。

5. GIF 格式

GIF 格式是一种流行的彩色图形文件格式，文件的后缀名为 gif，常应用于网络图像上，是输出图像到网页最常用的格式。GIF 文件格式采用了可变长度的压缩编码和其他一些有效的压缩算法，按行扫描迅速解码，且与硬件无关。GIF 支持 256 种颜色的彩色图像，并且在一个 GIF 文件中可以记录多幅图像。GIF 是一种 8 位彩色图形文件格式，采用了一种经过改进的 LZW 压缩算法，同时支持透明和动画，而且文件较小，所以广泛用于网络动画。

6. PSD 格式

PSD 格式是 Photoshop 的默认格式，也是 Photoshop 专用的分层图像格式。文件的后缀名为 psd。在 Photoshop 中，这种格式的存取速度比其他格式都要快，且支持 Photoshop 的所有图像模式，可以存放 Photoshop 中所有图层、通道、路径、选区、未栅格化的文字、图层样式等数据，便于对图像进行反复修改。但是，这种格式文件大，占用存储空间多，兼容性差。一般来说，在进行计算机平面设计时，大多数排版软件并不支持 PSD 格式的文件。但可对作品保留一份该格式的源文件方便修改，再根据作品的应用情况，另存为其他格式。PSD 格式文件可以应用在不同的 Adobe 软件中，可以直接将 PSD 格式文件导入到 Illustrator、InDesign 等平面设计软件中，也可以导入到 After Effects（AE）、Premiere 等后期制作软件。

7.3.3 图像处理软件 Photoshop

图像处理软件 Photoshop 是 Adobe 系列软件之一。Adobe 系列软件还包括矢量图形编辑软件 Adobe Illustrator、音频编辑软件 Adobe Audition、文档创作软件 Adobe Acrobat、网页编辑软件 Adobe Dreamweaver、二维矢量动画创作软件 Adobe Animate、视频特效编辑软件 Adobe After Effects、视频剪辑软件 Adobe Premiere Pro、摄影图片处理软件 LightRoom 等。

Photoshop 的应用体现在我们生活的方方面面，无论是商业海报、户外平面广告、书籍封面包装、数码照片处理、网页设计，还是手机 APP 界面、企业 logo、网店美工，都有 Photoshop 大显身手之处。

Photoshop 全称为 Adobe Photoshop，是由 Adobe Systems 开发并发行的一款图像处

理软件，常被缩写或简称为PS。从20世纪90年代至今，Photoshop历经了多次版本的迭代更新。比较早期的版本有Photoshop 5.0、Photoshop 6.0、Photoshop 7.0，2002年推出CS套装的第一个版本，CS是Creative Suite（创意套件）的首字母缩写，2008年、2010年、2012年分别推出了Photoshop CS4、Photoshop CS5、Photoshop CS6等版本。

2013年推出了Photoshop CC，CC是Creative Cloud的首字母缩写。历经了Photoshop CC、Photoshop CC 2015、Photoshop CC 2017、Photoshop CC 2019、Photoshop CC 2020等版本。

1. Photoshop工作界面

启动Photoshop后，打开一张图像，可见Photoshop的工作界面包括菜单栏、选项栏、文档窗口、工具箱、状态栏以及"图层""通道""路径"等多个面板，还有最小化、恢复和关闭按钮等几个部分，如图7-3所示。

图7-3 Photoshop工作界面

（1）菜单栏。Photoshop的菜单栏包含各种可以执行的命令，通过单击菜单即可打开菜单及选择需要的命令。每个菜单包含多个命令，其中有些命令带有"箭头"符号，表示该命令还有多个子命令；有些命令后面带有一连串的字母或字母组合，表示是Photoshop命令的快捷键。例如："文件"下拉菜单中的"打开"命令后面，显示了Ctrl+O快捷键。

（2）文档窗口。这是Photoshop显示和编辑图像的区域。打开一张图片，即会打开该图片对应的文档窗口。有三种方式打开：一是使用Ctrl+O快捷键；二是双击文档窗口的空白区域；三是选择"文件"→"打开"命令，在弹出的"打开"对话框中选择一张图片，单击"打开"按钮。打开图片文档之后，图片就在文档窗口中显示出来了。在文档窗口的标题栏中就可看到这个图片文档的名称、文件格式、窗口缩放比例、颜色模式、色彩深度等信息。

（3）状态栏。状态栏位于文档窗口的下方，可以显示当前文档的大小、文档尺寸、当前工具和测量比例等信息。在状态栏中单击向右箭头按钮，在弹出的快捷菜单中选择相应的命令，即可显示相关的内容信息，可根据个人喜好和需要在各种选项之间进行切换。

（4）工具箱及选项栏。工具箱包含各种编辑处理图像的工具（如图7-4所示），位于Photoshop工作界面的右侧。有的图标右下角带有箭头标记，例如矩形选框工具，表示这是一个工具组，包含了多个其他工具。右击该图标，或者鼠标左键长按该图标，即可看到该工具组中的其他工具。将指针移动到某个工具图标上，即可选择该工具。选项栏用于设置当前所选工具的各种功能。选项栏随着所选工具的不同而改变选项设置内容与功能。当选择了某个工具后，即可在其选项栏中设置相关参数选项。

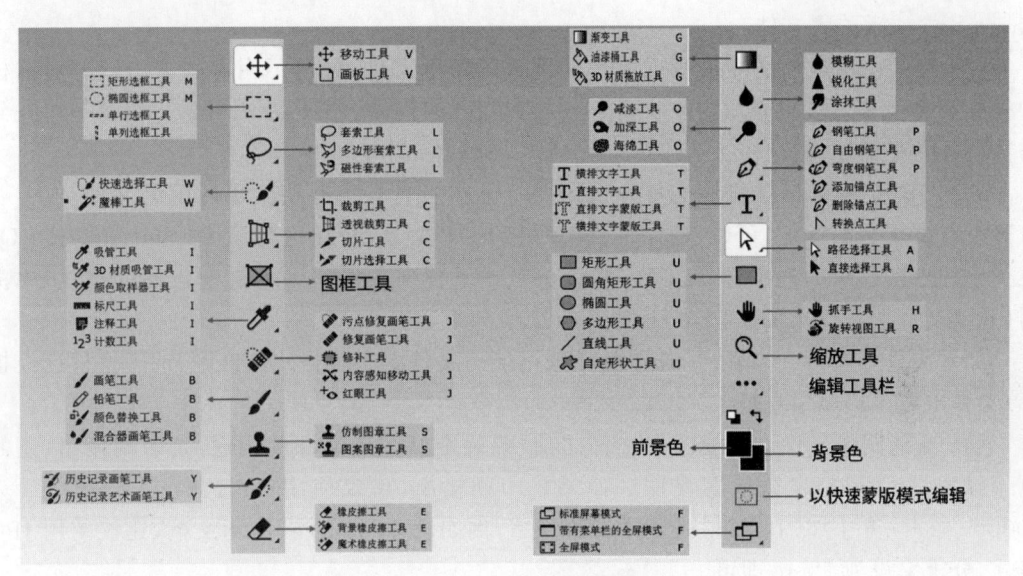

图7-4 工具箱总体组成图

（5）面板。面板主要用来配合图像的编辑、操作控制及参数设置等，帮助修改和监视图像处理的工作。面板在默认情况下，位于文档窗口的右侧。面板可以层叠在一起，单击面板名称（标签）即可切换到相对应的面板。将指针移至面板名称（标签）的上方，按住鼠标左键拖曳，即可将面板与窗口进行分离。如果要将面板层叠在一起，可以拖曳该面板到界面上方，当出现蓝色边框后松开鼠标，即可完成堆叠工作。每一个面板的右上角都有一个"面板菜单"按钮，单击该按钮可以打开该面板的相关设置菜单。Photoshop包含大量面板，如图层面板、通道面板、路径面板等，要打开相应的面板，可以通过"窗口"菜单，选择相应的命令，即可将其打开或者关闭。

2. 图像文件基本操作

（1）打开文件。选择"文件"→"打开"命令，在弹出的"打开"对话框中选择一张图片，单击"打开"按钮，即可在Photoshop中打开并进行相关的编辑工作。

如果找到了图片所在的文件夹，却没有看到要打开的图片，这时候要检查一下"打开"对话框的底部，"文件名"下拉列表框的右侧是否显示的是"所有格式"，如果是某种图像文件格式，和你要打开的图像文件格式不一致，那么在"打开"对话框中就显示不出你要打开的图片。此时，只要将"文件名"下拉列表框的右侧选择为"所有格式"即可。

（2）关闭文件。Photoshop CC是一个支持多个文件窗口的软件，在完成所需的设计制作后，也可以将暂时不需要的文件关闭。关闭图像文件有多种方式。

① 使用Ctrl+W快捷键，关闭当前的图像文件。

②使用 Alt+Ctrl+W 快捷键,关闭已经打开的全部图像文件。

③选择"文件"→"关闭"命令、"关闭全部"或"关闭并转到 Bridge"命令。如果图像在打开之后被修改过,则会弹出"要在关闭前存储对 Adobe Photoshop 文档(文件名)的更改吗?"对话框,以确定是否保存修改过的文件。

④选择"文件"→"退出"命令,就会直接退出 Photoshop 软件。

⑤单击 Photoshop 工作界面或文件文档窗口右上角的"关闭"按钮,就可以退出 Photoshop 或者关闭文件。

(3)打开使用过的文件。最近操作处理过的图像文件,可以不用再次去"打开"对话框中查找文件目录,可以通过选择"文件"→"最近打开的文件"命令,在展开的二级菜单里找到需要打开处理的图像文件。

(4)打开扩展名不匹配的文件。如果要打开扩展名与实际格式不匹配的文件,或者要打开没有扩展名的文件,可以选择"文件"→"打开为"命令,快捷键为 Alt+Shift+Ctrl+O;在弹出的"打开"对话框中选择文件,然后在格式下拉列表框中为它选定正确的格式,单击"打开"按钮。

如果文件不能打开,则表示选取的格式可能与文件的实际格式不匹配,或者文件已经损坏,会弹出错误提示信息框。

(5)新建图像文件。新建图像文件之前,要确定好图像文件的用途,是印刷输出,还是电子屏幕展示,还是发微信朋友圈。如果是印刷输出,建议使用 TIFF 格式,分辨率设为 300ppi(像素/英寸)以上;如果是电子屏幕展示,例如设计网页或者演示文稿,建议使用 JPG 格式,分辨率设为 72ppi 即可。

第一次打开 Photoshop,工作界面没有文档窗口。要进行平面设计作品的创作或者处理,首先要新建图像文件。

新建图像文件,有两种方式:一是按快捷键 Ctrl+N;二是选择"文件"→"新建"命令。此时,会弹出"新建文档"对话框。

弹出的"新建文档"对话框可以分为三个部分:顶部是预设的尺寸选项卡,提供了预设的几种文档样式,如"照片""打印""图稿和插图""Web""移动设备""胶片和视频"等几类;左侧是预设选项或者最近使用的项目;右侧是自定义选项设置区域,包括图像文件的"宽度""高度""分辨率""颜色模式""背景内容等。

在预设的选项卡中,Photoshop 根据不同行业的需求,对常见的尺寸大小及分辨率进行了分类。使用者可以根据自己的需要,在预设中找到合适的尺寸。例如,如果用于排版、印刷等纸质媒体,可以选择"打印"选项卡,可以在对应的下方列表框中查看常见的打印尺寸。如果用于用户界面(UI)设计,则可以选择"移动设备"选项卡,同样可以看到电子移动设备的常用尺寸大小等设置。

自定义选项设置区域有关参数设置说明如下。

- 高度、宽度:设置图像文件的高度和宽度,单位有"像素""英寸""厘米""毫米"等。
- 分辨率:分辨率是单位尺寸内像素的数量多少,单位有"像素/英寸""像素/厘米"两种。新建图像文件,主要应考虑到输出成品的尺寸大小,要根据图像文件的用途来具体设置。如前所述,如果是印刷输出,建议分辨率设为 300ppi 以上;如果是电子屏幕展示,建议分辨率设为 72ppi 即可。

- 颜色模式：设置文件的颜色模式及相应的颜色深度。颜色模式有"位图""灰度""RGB 颜色""CMYK 颜色""Lab 颜色"等五个选项；颜色深度有"8 位""16 位""32 位"等三个选项。高品质印刷输出应选择 16 位颜色深度；一般多媒体设备显示输出则选择 8 位颜色深度即可。
- 背景内容：设置文件的背景内容，有"白色""背景色""透明"三个选项。
- 高级选项：可进行"颜色配置文件""像素长宽比"的设置。

（6）打开多个图像文件。在"打开"对话框中，可以一次性选择多个图像文件，同时将它们打开。选择方法有两种：一是按住鼠标左键，框选多个文件；二是按住键盘 Ctrl 键，同时单击多个图像文件。选定之后，再单击"打开"按钮。在 Photoshop 工作界面，就会打开多个文档的文档窗口。默认情况下只能显示其中一幅图片。

（7）文档窗口之间的切换。虽然可以打开多个文档，但是文档窗口只能显示一个文档。单击标题栏上的文档名称，即可切换到相应的文档窗口，进行进一步的处理操作。

（8）切换文档浮动模式。默认情况下，打开多个图像文档后，多个图像文档均一起合并在文档窗口中，还可以把单个图像文档单独显示一个文档窗口。方法是把鼠标移动到文档名称上，按住鼠标左键向外拖曳，释放鼠标后，该文档即为浮动的模式。

（9）多文档窗口同时显示。有时候要同时显示多个图像文档，以便于查看对比，此时可以通过设置"窗口排列方式"。选择"窗口"菜单→"排列"命令，选择相应的显示排列方式即可。例如，选择"六联"排列方式，则可以同时打开六张图片的文档窗口。

（10）复制文件。复制是 Photoshop 进行图像处理的基本功能与常用功能，通过复制图像和文件可以方便操作、节省时间、提高效率。Photoshop 打开文件后，选择"图像"菜单→"复制"命令，可以为当前操作文件生成一个文件副本。

（11）存储文件。对文件进行编辑处理后，需要将操作处理的结果保存到当前文件中，选择"文件"菜单→"存储"命令，或者使用快捷键 Ctrl+S。如果文件储存后没有弹出任何窗口，则表示是以原有的文件位置、文件名和文件格式保存，存储时将保留所做的修改，并替换掉上一次保存的文件。

如果是第一次对文件进行存储，或者选择"文件"菜单→"存储为"命令，或者使用快捷键 Shift+Ctrl+S，则会弹出"存储为"窗口，从中可以选择文件存储位置，并设置文件存储格式以及文件名。

（12）调整图像大小。通过"图像大小"命令来调整图像尺寸，首先在 Photoshop 中使用快捷键 Ctrl+O，找到并打开一个图像文件；选择"图像"菜单→"图像大小"命令，在弹出的"图像大小"对话框中，根据需要对图像"宽度""高度""分辨率"等进行修改。

"图像大小"对话框中各项设置说明如下。

- 图像大小：显示原图像的大小与修改后图像的大小。
- 缩放样式：单击对话框右上角的"缩放样式"按钮，可在弹出选项中选择是否缩放样式。若选择"缩放样式"选项，则在图像文件中添加了图层样式的情况下，在修改图像的尺寸时，会自动缩放样式。
- 尺寸：显示当前文档的尺寸。单击右侧的下拉按钮，可在弹出的下拉菜单中根据需要与习惯选择尺寸的度量单位。
- 调整为：可选择图像的自定义尺寸或各种预设尺寸，单击右侧的下拉按钮，在弹出的下拉菜单中根据需要设置图像的尺寸。
- 宽度、高度：可以修改图像的宽度和高度，通过单击右侧的下拉按钮，可在弹出的下拉菜单中根据需要与习惯选择尺寸的度量单位。"宽度""高度"右侧中间的"链接"按钮处于按下状态时，表示约束长宽比，宽度、高度成比例缩放；若处于弹起状态，表示不约束长宽比，宽度、高度的缩放不相互关联。
- 分辨率：用于设置图像分辨率大小，输入数值之前，要选择合理的单位。由于图像原始文件的像素总数是固定的，即使人为调大分辨率，也不会使得模糊的图片变得清晰。
- 重新采样：在该下拉列表框中可以选择重新取样的方式。

未选中"重新采样"选项时，修改图像尺寸或分辨率不会改变图像中的像素总数，也就是说，图像尺寸变小或增大，分辨率就会增大或变小。选中该项时，修改图像尺寸或分辨率会调整图像像素总数，并可在右侧菜单中选取插值方法来确定增加或减少像素的方式。

通过图像大小命令，可调整图像的尺寸、分辨率、像素数量。一般说来，建议将图像的尺寸变小，尽量不要将尺寸变大。因为前者不会影响图像质量，而后者会降低图像质量。调整图像尺寸大小，要注意保持原有画面的比例关系，否则容易产生变形，影响图片视觉效果。

调整图像尺寸大小，也可以使用工具箱的"裁剪工具"，直观便捷地进行图像的裁剪。

3. 图层基本操作

Photoshop 是建立在分层处理的基础之上的图像处理软件，图层是以分层的形式显示图像，具有空间上层层叠加的特性，充分理解了图层的属性和操作特点，就能够很好地掌握相关操作要领。

图 7-5 是一幅生动喜庆的插画图，是由气球、汽车、人物和草地天空背景等四个图层叠加而成的，图层叠加有上下层的关系，上层的图层会覆盖到下层的图层之上，依次覆盖叠加，形成了一个统一的整体。

图层与图层之间，相互独立，这就为操作编辑带来了极大的方便。当然，上方的图层的不透明度、图层混合模式的修改，会给下方的图层带来影响。选择"窗口"菜单→"图层"命令，可以打开"图层"面板。"图层"面板常用于图层的选择、新建、删除、复制、组合等操作，还可以设置图层混合模式，添加和编辑图层样式等。

"图层"面板各组成部分，如图 7-6 所示。

（1）选择单个图层。当打开一张 JPG 格式的图像文件后，在图层面板上会出现一个"背景"图层。"背景"图层，顾名思义，就是所有后续建立的图层的"背景"，也就是最底层的图层。

解锁背景图层：背景图层是一种比较特殊的图层，当打开一张图片时，在图层面板中会有一个"背景"图层，右侧有一个锁形图标，表示是背景图层，无法移动或者删除，有的操作命令也不能使用。如果要进行这些操作，则需要"解锁"图层，即将"背景"图层转换为普通图层。操作方法：按住 Alt 键，同时双击"背景"图层，或者单击锁形图标，即可将其转换为普通图层。

单击图层面板中的某一个图层，就会选择这个图层，那么所有的操作都会针对这个图层起作用。

按住 Ctrl 键，同时单击文档窗口中某一个对象，则会选中该对象所在的图层。在图像

图 7-5　图层叠加的示意图

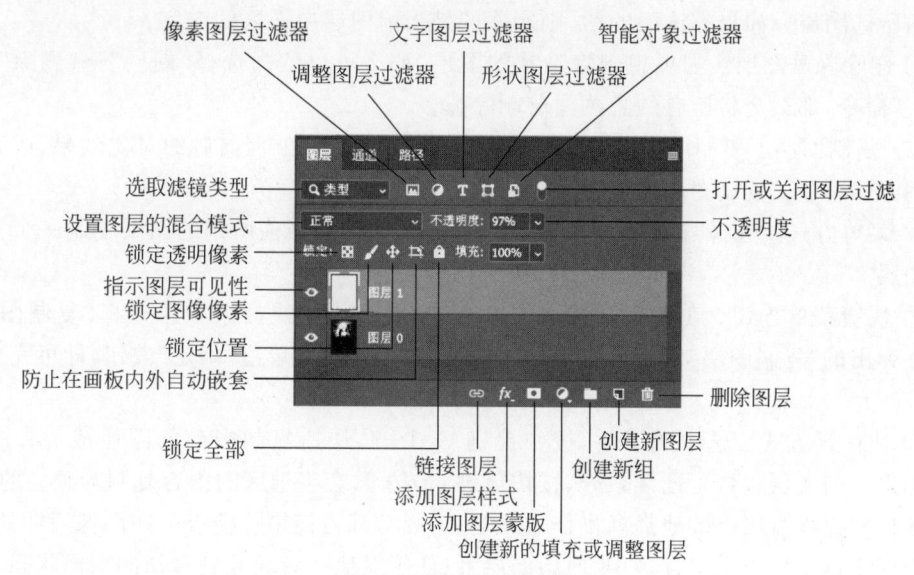

图 7-6　图层面板组成

文件的图层较多的情况下，这是较为便捷快速的选择图层方式。

在图层面板空白处单击，可以取消所有图层的选择。没有选中任何一个图层，那么就无法进行编辑操作处理。

（2）选择多个图层。如果要对多个图层进行编辑操作，则需要同时选中多个图层。选择多个图层有两个方法。

① 非相邻图层选择。按住 Ctrl 键，依次选择多个图层。单击图层的名称位置，不要单击图层的缩览图。

② 相邻图层选择。按住 Shift 键，单击相邻的第一个图层，再单击最后一个图层，这样

就会选中两个图层中间的所有图层。

(3) 新建图层。新建图层是为了编辑处理一个与其他图层互不影响的新对象,从而能够较好地进行缩放、变形、填充、设置不透明度等操作。新建图层的方式如下。

① 菜单方式。选择"图层"→"新建"→"图层"命令。

② 快捷键方式。按快捷键 Shift+Ctrl+N。

③ 图标方式。在"图层"面板底图单击"创建新图层"图标。

④ 快捷菜单方式。单击图层面板右上角图标,在弹出的快捷菜单中选择"新建图层"命令;然后在弹出的"新建图层"对话框中为图层命名,单击"确定"按钮,这样也可以创建新图层。

(4) 删除图层。图像文件中不再需要的图层,可以直接删除,以便于清晰地观看其他图层对象。删除图层的方法也有多种。

① 菜单方式。选择"图层"→"删除"→"图层"命令。

② 图标方式。选中图层,单击"图层"面板底部的"删除图层"图标,在弹出的对话框中单击"是"按钮,即可删除该图层,如果选中"不再显示"复选框,则在以后使用这种方式删除图层时,不会弹出该对话框。

③ 快捷键方式。如果图像文档窗口中,没有建立选区,那么直接按 Del 键,也可以删除当前的所选图层。如果有选区的话,则删除的是当前图层中选区的内容。

④ 删除隐藏图层。如果想删除隐藏的图层,那么可以依次选择"图层"→"删除"→"隐藏图层"命令,那么会将所有的隐藏图层删除掉。

(5) 复制图层。复制图层的目的,是为了便于观察图层处理前后的对比效果,或者是重复使用图层对象。复制图层的多种方法如下。

① 菜单方式。选择"图层"→"复制图层"命令,即可为当前所选的图层复制一个完全相同的图层。

② 快捷菜单方式。在要复制的图层上右击,在弹出的快捷菜单中选择"复制图层"命令。在弹出的"复制图层"对话框中对复制的图层命名,然后单击"确定"按钮,即可完成复制图层。

③ 快捷键方式。选中图层后,按快捷键 Ctrl+J,快速复制当前的图层成为一个新图层。如果当前图层包含了选区,那么按快捷键 Ctrl+J,会将选区的内容复制为独立的图层。

快捷键操作可以有效地提高操作效率,应当经常练习使用快捷键。在图像后期处理时,常常会使用这个快捷键组合,复制原始图层,以便于对比或者回复到最初的图像状态。这是一条非常实用而且重要的经验技巧。

(6) 调整图层顺序。平面设计作品时,图层的顺序关系非常重要,往往影响到图像里各类对象的前后层次关系和最终显示效果,这时候调整图层顺序就非常关键了。在图层面板中,位于上面的图层会遮盖住下面的图层,这是由图层上下层的空间叠加决定的。

调整图层顺序的操作方法如下。

① 菜单方式。选择"图层"→"排列"命令,根据操作需要选择二级菜单命令。

② 鼠标拖曳方式。首先单击选中该图层,再按住鼠标左键拖曳到另外的图层位置,然后松开鼠标,即可完成图层顺序的调整,画面的效果也会发生改变。

(7) 移动图层位置。移动图层内容的位置,是平面设计的必备操作之一。有两种常用方法,一是使用工具箱中的"移动工具";如果要调整图层中的部分内容的位置,可以使用选区工具把范围选出来,然后使用移动工具进行移动;二是使用键盘上的方向键,可以实现较为精确的位置移动调整。

4. 通道抠图

(1) 通道。Photoshop 中通道的概念是由暗房曝光技术发展而来的。以往在暗房合成时代,图像合成工作者在底片曝光时会使用不同的遮光板遮住不需要曝光的部分而形成了明暗区域的对比,而这些在 Photoshop 中以黑白灰三种颜色的形式保存在通道里。

在 RGB 色彩模式下,一幅图像由红、绿、蓝三种颜色共同合成。也就是说,在 RGB 色彩模式下,一幅图像会有四个默认通道:RGB 复合通道(同时也是彩色通道)、红色通道、蓝色通道、绿色通道。和"图层"面板类似,Photoshop 提供了一个"通道"面板供我们选择所需要的原色通道。

当我们选择某一原色通道进行调整时,实际上是在调整该颜色的明暗程度,同时对图像整体颜色产生影响:每一条通道类似于一块玻璃片,白色部分表示该种颜色完全透光,黑色则完全不透光,中间色调则视颜色深浅决定透光程度。

图像是以黑白灰三种颜色的形式存储在各个通道里的,通道转化为选区时,黑色的区域不会转化,白色的区域会转化为选中的区域,灰色表示介于两者之间,根据灰度值的多少,决定选区的透明度。

通道可以用各类工具对通道中的图像进行调整,通过通道可以创建一些奇妙的或者常规选取工具不好创建的选区,如毛发的选取、边缘带喷溅效果的选区等都可以通过通道实现。

(2) 色阶。色阶是 Photoshop 中一个基础的色彩调整工具,是表示图像亮度强弱的指数标准,亦称灰度分辨率。色阶以 0~255 共 256 个阶度表示图像的明暗程度:255 表示最亮的白色(称为高光或白场),0 表示最暗的黑色(称为暗部或黑场),其余数值表示黑到白之间的灰色。

因为色阶决定了图像的色彩丰满度和精细度,很多修图人员都喜欢在正式修图前利用色阶调节后,再运用其他工具处理图片。在 Photoshop 中,打开色阶面板的快捷键是 Ctrl+L。

色阶主要用于调整画面的明暗程度以及增强或降低对比度,可以单独对画面的阴影、中间调、高光以及亮部、暗部区域进行调整,这样就可以提高画面的层次感。色阶可以对某个颜色的通道进行调整,以实现色彩调整的目的。

色阶图本身只是一个直方图,它表现的是一幅图各部分的明暗分布比例。

正常状态下,图片呈现全色阶状态,明暗比例为 1.00,而当移动中间调的时候,灰色滑块若右移,等于是有更多的中间调像素进入了暗部,此时暗部多于亮部,整张照片会变暗;反之则有更多的中间调像素进入亮部,亮部多于暗部,照片变亮。

对于直方图本身,可以从横向与纵向两方面理解:横向代表的是图像中像素的绝对亮度,纵向黑色部分代表的是该亮度下像素的数量。要想知道图像上是否有纯黑或纯白像素,只需将鼠标指针移动到 0 或 255 位置看像素数量是否为 0 即可。

(3) 通道抠图实例。这里以抠取白色背景的梅花为例,详解使用通道抠图的方法,操作步骤如下:

(1) 打开原图，原图如图7-7所示。

(2) 选择"窗口"→"通道"命令，可以打开"通道"面板；选择"蓝"通道，右击"蓝"通道，在弹出的快捷菜单中选择"复制通道"命令；在弹出的"复制通道"对话框中，单击"确定"按钮，这样就复制了蓝色通道，如图7-8所示；复制的蓝色通道图如图7-9所示。

图7-7　打开原图

图7-8　复制蓝通道后的通道面板

(3) 选择复制的"蓝 拷贝"通道，按下快捷键Ctrl+L，在弹出的"色阶"对话框中调整色阶，向中间滑动黑场滑块和白场滑块，增加黑白对比度，如图7-10所示；调整后图片黑白对比度反差加大，如图7-11所示。

图7-9　新复制的通道图

图7-10　"色阶"对话框调整滑块位置

(4) 在"面板"通道里，按Ctrl键，同时单击"蓝 拷贝"通道的缩览图，载入选区，此时选区选择的是白色背景，如图7-12所示。

(5) 在选区中右击，在弹出的快捷菜单中选择"选择反向"命令，将选区由白色背景变为梅花，如图7-13所示。

(6) 在"通道"面板中选择"RGB"通道，回到RGB视图模式，按下快捷键Ctrl+C复制，然后再按快捷键Ctrl+V粘贴。图层面板中出现了背景透明的梅花图层，如图7-14所示。

图 7-11 增强通道的黑白对比度后的效果

图 7-12 选区选择白色背景部分

图 7-13 反选选区

图 7-14 复制粘贴后的新图层

(7) 单击"背景"图层左侧的"指示图层可见性"图标，让"背景"图层不可见，此时可以看到，梅花树已经被抠取出来了，可用于图像合成，如图 7-15 所示。

图 7-15 去背景后的梅花树

(8) 打开另外一张背景图，在该图像文档窗口中，按住鼠标左键，把它拖曳到抠好的梅花树图像上；调整图层顺序，把梅花图层拖曳到最上层，如图 7-16 所示；此时可以查看抠图效果，如图 7-17 所示。

图 7-16　梅花树图层调整到最上层　　　　图 7-17　更换背景后的效果

5. 利用蒙版制作双重曝光效果

1）蒙版概念

蒙版，作为摄影术语而言，是指控制照片不同区域曝光的传统暗房技术。在早期暗房合成时代，摄影工作人员会用一块遮光板遮挡住不要曝光的部分。

Photoshop 中的蒙版，指的是通过色阶的灰度信息（黑白灰）来控制图像的显示区域。在蒙版中，白色覆盖区域的图像会显示，而黑色覆盖区域的图像则被隐藏（概括为"白留黑不留"），灰色覆盖的区域会呈现半透明或不同程度透明的效果。

蒙版这种隐藏或者显示图像的区域的作用，非常适合于图像的抠图与合成。在 Photoshop 中，蒙版在图像合成中将不需要显示的图像遮盖掉而不会破坏原图像，这使得对图像的遮盖或显示能够反复修改。如果使用"橡皮擦工具"直接擦除或删除图像多余的部分，保存并退出 Photoshop，下次再次打开该图像时，那么被删除的图像部分将无法恢复。

2）蒙版分类

蒙版分为剪贴蒙版、图层蒙版、矢量蒙版和快速蒙版四个类别。

（1）剪贴蒙版。其原理是通过下层图层的形状来限制上层图层的显示内容，即下面的基底图层控制了上面的内容图层的显示内容。"基底图层"，决定了剪贴蒙版的形状，可以移动或者缩放大小；"内容图层"则是形状内显示的内容，对其操作只会影响显示内容，如果内容图层小于基底图层，那么空出来的部分显示为基底图层。

创建方法：打开素材图片，一张是树叶图片，一张是山峰图片；把树叶图片拖曳到山峰图片中，再调整图层顺序，把树叶图层拖曳到山峰图层之下；单击选中"内容图层"山峰图层，再右击该图层，在弹出的快捷菜单中选择"创建剪贴蒙版"命令，效果如图 7-18 所示。

剪贴蒙版可以创建特殊的几何外形效果，常用于为图层内容添加特殊外形图案，为版式设计的常用技法之一。

（2）图层蒙版。通过"黑白"来控制图层内容的显示与隐藏，可以用于对象的抠图处理。

创建方法：打开山峰图片，在"图层"面板中单击"锁"图标　，把背景图层转化为普通

图 7-18　剪贴蒙版效果

图层;选择工具箱中的"横排文字工具",在文档窗口的画面中输入文字"万峰林";单击选中山峰图层,单击"图层"面板中的"添加图层蒙版"图标 ,为当前图层创建白色蒙版,按快捷键 Ctrl+I,反转蒙版,即白色蒙版变为黑色蒙版;单击选中文字图层,按住 Ctrl 键,同时单击该文字图层的缩览图,即可选中文字区域,再单击选中山峰图层蒙版,单击工具箱中的"前景色"图标,在弹出的"拾色器(前景色)"对话框中,将颜色设为白色,单击"确定"按钮;按快捷键 Alt+Del,用前景色填充选区,这样就建立了山峰图层的图层蒙版,效果如图 7-19 所示。

图 7-19　图层蒙版效果

(3) 矢量蒙版。通过路径的形态,来控制图层内容的显示与隐藏,路径以内的部分被显示,路径以外的部分被隐藏。

创建方法:在"图层"面板中单击选中山峰图层;单击工具箱中的"钢笔工具" ,绘制出"山"字样的路径;然后选择"图层"→"矢量蒙版"→"当前路径"命令,即可为当前图层创建矢量蒙版,效果如图 7-20 所示。

按住 Ctrl 键,单击"图层"面板底部的"添加图层蒙版"图标 ,即可为当前图层添加一个新的矢量蒙版。当已有图层蒙版时,再次单击"图层"面板底部的 图标,即可为该图层创建一个矢量蒙版,此时,第一蒙版缩览图是图层蒙版,第二个缩览图是矢量蒙版,两者同时为当前图层起作用。

(4) 快速蒙版。以"绘图"的方式,创建各种需要的选区,也可以称为一种选区工具。

图 7-20　矢量蒙版效果

创建方法：单击工具箱底部的"以快速蒙版模式编辑"图标，该图标变为，表明当前处于"快速蒙版模式编辑"状态；单击工具箱中的"前景色"图标，设置颜色为黑色 RGB(0,0,0)；单击工具箱中的"画笔工具"，在其选项栏中设置画笔笔尖大小为 200 像素，硬度为 0%，样式为"柔边圆"；在文档窗口中的画面上，使用画笔涂抹要显示的部分，此时被涂抹的部分显示出半透明的红色覆盖的效果，如图 7-21 所示。

图 7-21　黑色画笔涂抹画面

绘制完成后，单击工具箱底部的"以标准模式编辑"图标，即可退出快速蒙版编辑模式。此时，获得了红色覆盖区域之外的部分的选区；设置前景色为绿色 RGB(135,175,42)，按快捷键 Alt+Del，用前景色填充选区，效果如图 7-22 所示。

3）双重曝光效果实例

双重曝光指在同一张底片上进行多次曝光，取得重影效果。利用蒙版能够轻松实现双重曝光效果，而蒙版是一种非破坏性的设置图层显示区域和透明程度的最好方法。本例使用剪贴蒙版，配合使用黑色画笔，实现边缘的过渡效果，具体操作步骤如下：

（1）打开原图，原图如图 7-23 所示。

（2）单击工具箱中的"快速选择工具"，拖曳鼠标快速选择图像的人物背景，获得灰

图 7-22 使用前景色填充选区

色背景的选区,如图 7-24 所示;选择"选择"→"反选"命令,或按住快捷键 Shift+Ctrl+I 进行反选,选择人物;然后按快捷键 Ctrl+J,复制当前选区成为一个新图层。

图 7-23 原图   图 7-24 建立选区

(3) 打开一张风景图片;单击工具箱中的"移动工具" ,按住鼠标左键,将风景图片直接拖曳到人物图层之上,如图 7-25 所示,按快捷键 Ctrl+T,拖曳控制点,调整风景图层大小,使之完全覆盖整个人物图层。

(4) 在"图层"面板中,右击风景图层,在弹出的快捷菜单中选择"创建剪贴蒙版"命令,效果如图 7-26 所示。

(5) 此时"图层"面板如图 7-27 所示;单击"图层"面板底部的"添加图层蒙版"按钮 ,为风景图层添加图层蒙版;单击工具箱中的"设置前景色"色块,在弹出的"拾色器(前景色)"对话框中,单击拾取前景色为黑色 RGB(0,0,0);单击工具箱中的"画笔工具" ,在其选项栏中,设置画笔"大小"设为 260 像素,"硬度"为 0%,选择"常规画笔"中的"柔边圆";在图像窗口中,按住鼠标左键,用设置好的黑色画笔涂抹人像的边缘,"图层"面板如图 7-28 所示。

317

第7章

数字媒体技术

图 7-25　拖曳复制风景图层　　　　图 7-26　"剪贴蒙版"效果

图 7-27　"图层"面板　　　　图 7-28　设置蒙版后的"图层"面板

完成的效果如图 7-29 所示。

图 7-29　双重曝光效果

7.4 动画制作技术

动画是通过把人物的表情、动作、变化等分解后画成许多动作瞬间的画幅,再用摄影机连续拍摄,或者计算机生成一系列画面,给视觉造成连续变化的图画。

动画按照不同的标准可以分为多种类型:按工艺技术分为:平面手绘动画、立体拍摄动画、虚拟生成动画、真人结合动画;按传播媒介分为:影院动画、电视动画、广告动画、科教动画;按动画性质分为:商业动画、实验动画;按空间维度分为:二维动画、三维动画。

动画和视频不同。制作动画的每帧图像都是由人工或计算机产生的。根据人眼"视觉暂留"的特性,用 15 帧/秒~20 帧/秒的速度顺序地播放静止图像帧,就会产生运动的感觉。视频的每帧图像都是通过实时摄取自然景象或者活动对象获得的。视频信号可以通过摄像机、录像机等连续图像信号输入设备来产生。

7.4.1 动画文件格式

动画文件指由相互关联的若干帧静止图像所组成的图像序列,这些静止图像连续播放便形成一组动画,通常用来完成简单的动态过程演示。

1. GIF 格式

GIF 是图形交换格式(Graphics Interchange Format)的英文缩写,是由 CompuServe 公司于 80 年代推出的一种高压缩比的彩色图像文件格式。CompuServe 公司是一家著名的美国在线信息服务机构,针对当时网络传输带宽的限制,CompuServe 公司采用无损数据压缩方法中压缩效率较高的 LZW(Lempel Ziv & Welch)算法,推出了 GIF 图像格式,主要用于图像文件的网络传输,鉴于 GIF 图像文件的尺寸通常比其他图像文件(如 PCX)小好几倍,这种图像格式迅速得到了广泛的应用。考虑到网络传输中的实际情况,GIF 图像格式除了一般的逐行显示方式之外,还增加了渐显方式,也就是说,在图像传输过程中,用户可以先看到图像的大致轮廓,然后随着传输过程的继续而逐渐看清图像的细节部分,从而适应了用户的观赏心理,这种方式以后也被其他图像格式所采用,如 JPEG/JPG 等。最初,GIF 只是用来存储单幅静止图像,称 GIF87a,后来又进一步发展成为 GIF89a,可以同时存储若干幅静止图像并进而形成连续的动画,Internet 上大量采用的彩色动画文件多为这种格式的 GIF 文件。

2. FLIC 格式

Flic 文件是 Autodesk 公司在其出品的 Autodesk Animator、Animator Pro、3D Studio 等 2D 和 3D 动画制作软件中采用的彩色动画文件格式,其中,FLI 是最初的基于 320×200 分辨率的动画文件格式,而 FLC 则是 FLI 的进一步扩展,采用了更高效的数据压缩技术,其分辨率也不再局限于 320×200。Flic 文件采用行程编码(RLE)算法和 Delta 算法进行无损的数据压缩,由于动画序列中前后相邻图像的差别通常不大,因此采用行程编码可以得到相当高的数据压缩率。

GIF 和 Flic 文件,通常用来表示由计算机生成的动画序列,其图像相对而言比较简单,因此可以得到比较高的无损压缩率,文件尺寸也不大。然而,对于来自外部世界的真实而复杂的影像信息而言,无损压缩便显得无能为力,即使采用了高效的有损压缩算法,影像文件的尺寸也仍然相当庞大。

3. SWF 格式

SWF 是 Adobe 公司的 Flash 软件（现名 Animate）支持的矢量动画格式，它采用曲线方程描述其内容，不是由点阵组成内容，因此这种格式的动画在缩放时不会失真，非常适合描述由几何图形组成的动画。由于这种格式的动画可以与 HTML 文件充分结合，并能添加 MP3 音乐，因此被广泛应用于网页上，成为一种流式媒体文件。

7.4.2 动画制作软件

动画的形成是由连续显示数张图片所造成的视觉效果，其原理与卡通影片是一样的。我们在互联网上经常看到各式各样栩栩如生的动画，这些动态显示的图片吸引了浏览者的注意力，也给原本较呆板的页面增加了不少生机。二维动画软件主要包括 Animate、Animo、Retas Pro、Toonz、Toob Boom 等。三维动画软件主要包括 Softimage、LightWave 3D、Renderman、Maya、3ds Max、Houdini、CINEMA 4D 等。

1. 二维动画制作软件

二维动画制作软件比较典型常用的有 Ulead 的 Gif Animator、Adobe 的 Fireworks、Adobe 的 ImageReady。

1）Gif Animator

Gif Animator 是一种专门的动画制作软件，利用它可以很轻松方便地制作出自己需要的动画。Gif Animator 巧妙地利用 GIF 格式的特点来生成"小而美"的二维动态图像，在网页设计过程中非常受欢迎。Gif Animator 还可以将目前常见的图像格式顺利导入，并能够存成时下最流行的 Flash 文件。另外 Gif Animator 还有很多经典的动画效果滤镜，只要输入一张图片，Gif Animator 即可自动套用动画模式将其分解成数张图片，制作出动画。

2）ImageReady

ImageReady 是基于图层来建立 gif 动画的，它能自动划分动画中的元素，并能将 Photoshop 中的图像用于动画帧。它具有非常强大的 Web 图像处理能力，可以创作富有动感的 gif 动画、有趣的动态按键，甚至漂亮的网页。所以，ImageReady 完全有能力独立完成从制图到动画的过程，它与 Photoshop 的紧密结合更能显示出它的优势。

3）Flash

Flash 是 1999 年 6 月推出的优秀网页动画设计软件，已更名为 Animate，是一种交互式动画设计工具，用它可以将音乐、声效、动画以及富有新意的界面融合在一起，以制作出高品质的网页动态效果。其特点可以归纳如下：

（1）使用矢量图形和流式播放技术。与位图图像不同的是，矢量图形可以任意缩放尺寸而不影响图形的质量；流式播放技术使得动画可以边播放边下载，从而缓解了网页浏览者焦急等待的情绪。

（2）通过使用关键帧和图符使得所生成的动画（.swf）文件非常小，几千字节的动画文件已经可以实现许多令人心动的动画效果，用在网页设计上不仅可以使网页更加生动，而且小巧玲珑下载迅速，使得动画可以在打开网页很短的时间里就得以播放。

（3）把音乐、动画、声效、交互方式融合在一起，越来越多的人已经把 Flash 作为网页动画设计的首选工具，并且创作出许多令人叹为观止的动画效果。而且在 Flash 中可以支持

MP3 的音乐格式,这使得加入音乐的动画文件也能保持小巧的"身材"。

(4) 强大的动画编辑功能使得设计者可以随心所欲地设计出高品质的动画,通过 ACTION 和 FS COMMAND 可以实现交互性,使 Flash 具有更大的设计自由度。另外,它与网页设计工具 Dreamweaver 配合默契,可以直接嵌入网页的任一位置,非常方便。

2. 三维动画制作软件

1) SoftImage

SoftImage 最初是一款历史悠久、功能强大的工作站上应用的三维造型、绘图、动画软件,尤其擅长动画的制作,SoftImage 在动画制作中可以借助于大量的动画辅助工作完成令人惊异的效果,作品中的元素栩栩如生,相信大家都对《侏罗纪公园》中的恐龙形象记忆尤深,这就是使用 SoftImage 工具创作的动画中极具代表性的作品之一。同样地,SoftImage 也越来越多地被游戏开发人员所接受,当然同样是因为其卓越的性能所决定的。

2) Lightwave 3D

起初 Lightwave 3D 是由 NewTek 公司为 Amiga 平台设计的一款三维软件,当然已可以运行于 Windows 的操作平台,该三维软件的主要特点就是可以实现粒子动画以及不同类型的图像映射和图像融合效果。

3) Renderman

Renderman 是 Pixar 公司开发的一款可编程的三维创作软件,它在三维电影的制作中取得了重大成功,《玩具总动员》中的三维造型全部是由 Renderman 绘制的。

4) Maya

Maya 是一款功能强大的三维动画设计软件。Alias|Wavefront 公司(现更名为 Alias)从成立至今,一直保持着强劲的增长势头,在业界始终处于前沿领域。公司目标是为创造最逼真的数字视觉体验而开发前沿软件,这个目标业已实现。公司开发的众多三维软件中,以 Maya 为大家所熟知,尤其是公司为适应如今飞速发展的 PC 电脑,又推出了适用于 Windows NT 工作环境下的 Maya 版本,更加扩大了业界人员的使用普及率。Maya 常被应用于影视动画和特技制作中,大家所熟知的《星际战队》《指环王》等影片中的电脑特技部分制作都由其完成。

5) 3d Max

由 Discreet 公司(后被 Autodesk 公司合并)开发的三维动画软件是该公司的旗舰产品,从最早的 3D Studio 到换代产品 3d Max 在我国一直有着非常大的用户群。很多的读者也许都知道国内很长一段时间内使用这个软件进行建筑效果图的制作,也是由于当时的实际情况,3d Max 成为国内 3D 行业入门必须学习掌握的软件。

6) Extreme 3D

经常被应用于美术设计、多媒体制作以及在三维动画的合成方面,Extreme 3D 设计了符合人性化的界面操作环境,使操作与使用浅显易懂极易上手。Extreme 3D 还具有一套完整的 3D 动画制作环境,从最初的三维模型的建立到动画的控制与调整再到最后的场景着色,这一系列的操作步骤可以一气呵成。应用方面通常是和多媒体制作软件 FreeHand、Director 以及 Authorware 结合使用,最大的特点就是可以在 Windows 和 Macintosh 操作系统间跨平台使用。

7) Poser

由 Metacreations 公司开发的 Poser 软件是一款人物模型与动画设计的三维软件,最初通常被应用到服装设计领域,作为服装设计师利用电脑参与设计的辅助工具。随着科技要求的不断提高,也被应用到其他的一些三维领域内。

8) Bryce

和 Poser 一样,同为 Metacreations 公司旗下产品。Bryce 操作软件拥有非常强大的三维场景制作功能,无论专业设计人员或者业余爱好者都可以轻松掌握与操作,Bryce 可以将库文件中的天空、海洋、山脉以及建筑等环境中有的东西直接导入三维模型组中制作生成动画,并且可以对其进行细微的编辑调整。

7.4.3 Flash 动画实例

1. 树叶生长 Flash 动画

动画过程分解如图 7-30 所示,几株植物分别生长,看起来复杂,仔细观察不难发现其实只需要做好一片叶子生长的动画,然后进行缩放、错开起始时间、透明度变化等细节调整即可做出完整动画,所以难点在一片叶子的生长上。

图 7-30　树叶生长动画

元件分解如图 7-31 所示,准备好正反两片叶子与树枝的元件。

叶子的生长动画通过大小缩放即可做出,需要注意的是,缩放的起始位置应从底部开始,如图 7-32 所示,在图形元件中,直接将图形放置舞台中心点的上方,或通过调整中心点可实现从下往上的生长动画。

新建元件,将树枝原件和叶子生长动画原件组合起来,调整大小、方向以及错开时间轴上每片叶子的关键帧,一组树叶的生长动画就完成了。

图 7-31 叶子元件

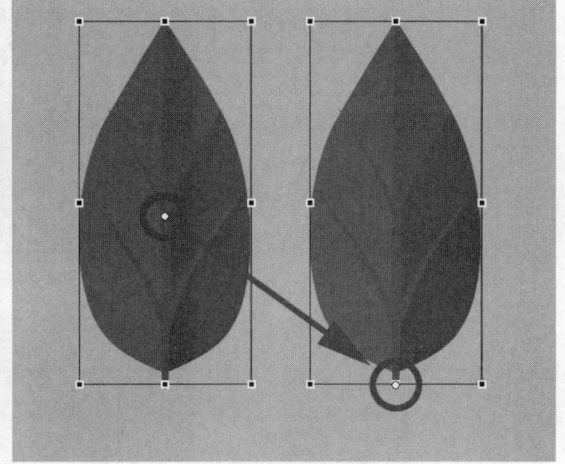

图 7-32 元件中心点的调整

2. 五四青年节 Flash 动画

此案例属于动画宣传短片类型,它由三个场景动画组成。

(1) 第一个场景动画如图 7-33 所示,从太阳光芒开场,通过显现的动画引出旗帜画面,同时上方的五角星从左至右慢慢呈现。宣传标语也在旗帜中间慢慢浮现,最后上方的五角星加上了扫光特效,增强质感和效果。此动画是通过设置遮罩、透明度、位移等属性制作而成。

(2) 第二个场景动画如图 7-34 所示。结合场景一的最后一张画面可以分析出,场景一与场景二之间的转换效果,是通过文字的渐隐后,旗帜放大并向左移,从而带出场景二的画面。进入场景二中,首先背后的太阳缓缓升起,前面的人物也通过显现和不同方向的出现方式进入画面,最后出现宣传语。

(3) 第三个场景动画如图 7-35 所示。场景二与场景三之间的场景转换是通过场景二整个场景的放大和渐隐效果实现。随后出现缓缓上升的五角星和人物,最后出现主标题。不难发现,在此案例中,透明度、位移的变化构成了整个动画。有时候动画的制作并不需要太复杂的属性调整,更多的是需要想法和创意。

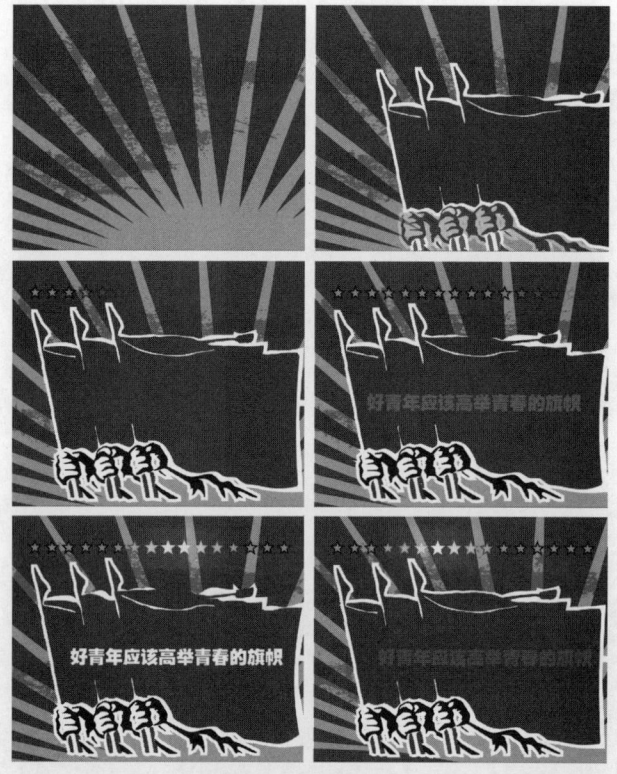

图 7-33 五四青年节动画场景一

图 7-34 五四青年节动画场景二

图 7-35　五四青年节动画场景三

7.5　视频处理技术

　　视频(video)是以一定的帧率连续播放的动态活动影像。连续的图像变化每秒超过 24 帧(frame)画面以上时,根据视觉暂留原理,人眼无法辨别单幅的静态画面,看上去是平滑连续的视觉效果,这样连续的画面叫做视频。

　　视频技术最早是为了电视系统而发展,但现在已经发展为各种不同的格式。一般使用视频长宽比、帧率、分辨率等属性衡量视频的品质。视频长宽比是视频画面的长和宽的比例,常见长宽比有 4∶3、16∶9、16∶10 等。帧率是指每秒钟播放的帧数,常见的帧率有电影 24fps,PAL 电视制式帧率 25fps,SECAM 电视制式 29.97fps。分辨率是视频画面长和宽的像素数量,如高清视频分辨率为 1920×1080,即每条水平扫描线有 1920 个像素,每个画面有 1080 条扫描线。常见的视频编辑软件有 Adobe Premiere、Final Cut Pro、会声会影、快剪辑、剪映等,常见的视频文件格式扩展名有.mp4、.mpg、.avi、.asf、.mov、.wmv、.rm、.rmvb 等。

抖音海外版在美遭禁用

短视频是指在各种新媒体平台上播放的、适合在移动状态和短时休闲状态下观看的、高频推送的视频内容,时长几秒到几分钟不等。内容融合了技能分享、幽默搞怪、时尚潮流、社会热点、街头采访、公益教育、广告创意、商业定制等主题。短视频内容较短,可以单独成片,也可以成为系列栏目。

抖音,是由今日头条孵化的一款音乐创意短视频社交软件,该软件于 2016 年 9 月 20 日上线,是一个面向全年龄的音乐短视频社区平台。用户可以通过这款软件选择歌曲,拍摄音乐短视频,形成自己的作品。该软件根据用户的爱好,更新用户喜爱的视频。

2020 年 8 月,时任美国总统特朗普表示,他将禁止抖音海外版应用 TikTok(如图 7-36 所示)在美国运营,此举立即引发了各界强烈的反应,TikTok 在美的命运前路未知。美国政府以及相关部门从未拿出具体的理由来证明 TikTok 存在问题。美国为什么要禁用中国微视频网站抖音海外版 TikTok?美国在害怕什么?美国以抖音威胁数据安全为名,想通过政治方式打击一家中国互联网公司,是美国文化霸权的体现,是以安全之名行经济掠夺之实。

图 7-36 抖音海外版 TikTok

TikTok 在美国的遭遇说明,这是美国借助政治方式掠夺一家中国互联网成功的创业公司,其本质是商业上的一场巧取豪夺,而不是真正的安全问题。随着中国科技力量和产品逐步走向世界,必然会和同类产品产生竞争,争夺市场。抖音海外版的在美遭遇,就说明了以美国为首的西方国家采取包括经济和政治在内的方式,对中国科技品牌的进行打击和掠夺。我们一方面要进一步自足自我、发展壮大自身力量,另一方面也要加强自主创新,时不我待地做好充分的应对准备。

7.5.1 视频文件格式

1. MPEG 格式

MPEG 的英文全称为 Moving Picture Experts Group,即运动图像专家组格式,VCD、

SVCD、DVD 就是这种格式。MPEG 文件格式是运动图像压缩算法的国际标准,它采用了有损压缩方法,从而减少运动图像中的冗余信息。MPEG 的压缩方法保留相邻两幅画面绝大多数相同的部分,而把后续图像中和前面图像有冗余的部分去除,从而达到压缩的目的。目前 MPEG 主要压缩标准有 MPEG-1、MPEG-2、MPEG-4、MPEG-7 与 MPEG-21。其中 MPEG-1 是针对 1.5Mb/s 以下数据传输率的数字存储媒体运动图像及其伴音编码而设计的国际标准,也就是通常所见到的 VCD 制作格式。这种视频格式的文件扩展名包括 mpg、mlv、mpe、mpeg 及 VCD 光盘中的 .dat 文件等。MPEG-2 是针对 3~10Mb/s 的影音视频编码标准。这种格式主要应用在 DVD/SVCD 的制作(压缩)方面,同时在一些 HDTV(高清晰电视广播)和一些高要求视频编辑、处理上面也有相当的应用。这种视频格式的文件扩展名包括 .mpg、.mpe、.mpeg、.m2v 及 DVD 上的 .vob 文件等。MPEG-4 是面向低传输速率下的影音编码标准,它可利用很窄的带度,通过帧重建技术压缩和传输数据,以求使用最少的数据获得最佳的图像质量。MPEG-4 在压缩量及品质上,较 MPEG-1 和 MPEG-2 更好。MPEG-4 支持内容的交互性和流媒体特性。

2. AVI 格式

AVI(Audio Video Interleaved)是音频视频交错格式,将视频和音频封装在一个文件里,且允许音频同步于视频播放。这种视频格式的优点是图像质量好,可以跨多个平台使用;其缺点是体积过大,压缩标准不统一,最普遍的现象就是高版本 Windows 媒体播放器播放不了采用早期编码编辑的 AVI 格式视频,而低版本 Windows 媒体播放器又播放不了采用最新编码编辑的 AVI 格式视频。如果用户在进行 AVI 格式的视频播放时遇到了这些问题,可以通过下载相应的解码器来解决,与 DVD 视频格式类似,AVI 文件支持多视频流和音频流。它对视频文件采用了一种有损压缩方式,但压缩比较高,因此尽管画面质量不是太好,但其应用范围仍然非常广泛。

3. ASF 格式

ASF(Advanced Streaming Format)高级流格式,是 Microsoft 为了和 Real Player 竞争而发展出来的一种可以直接在网上观看视频节目的文件压缩格式。用户可以直接使用 Windows 自带的 Windows Media Player 对其进行播放。它使用了 MPEG-4 的压缩算法,其压缩率和图像质量都很不错。因为 ASF 是以一种可以在网上即时观看的视频流格式存在的,所以它的图像质量比 VCD 差一点,但比同是视频流格式的 RAM 格式要好。

4. MOV 格式

MOV 格式即 QuickTime 影片格式,它是 Apple 公司开发的一种音频、视频文件格式,用于存储常用数字媒体类型。Quick Time 原本是 Apple 公司用于 Mac 计算机上的一种图像视频处理软件。QuickTime 提供了两种标准图像和数字视频格式,即可以支持静态的 .PIC 和 .JPG 图像格式,动态的基于 Indeo 压缩法的 .MOV 和基于 MPEG 压缩法的 .MPG 视频格式。QuickTime 文件格式支持 25 位彩色,支持领先的集成压缩技术,提供 150 多种视频效果,并配有提供了 200 多种 MIDI 兼容音响和设备的声音装置。它无论是在本地播放还是作为视频流格式在网上传播,都是一种优良的视频编码格式。QuickTime 具有跨平台(MacOS/Windows)、存储空间要求小等技术特点,采用了有损压缩方式的 MOV 格式文件,画面效果较 AVI 格式要稍微好一些。

5. WMV 格式

WMV（Windows Media Video）是微软推出的一种流媒体格式，它是在 ASF 格式升级延伸来得。在同等视频质量下，WMV 格式的体积非常小，因此很适合在网上播放和传输。WMV 是一种独立于编码方式的在 Internet 上实时传播多媒体的技术标准。WMV 的主要优点在于：可扩充的媒体类型、本地或网络回放、可伸缩的媒体类型、流的优先级化、多语言支持、扩展性好等。

6. RM、RMVB 格式

RM 格式是 Real Networks 公司所制定的音频视频压缩规范，全称为 Real Media。用户可以使用 RealPlayer 或 RealOne Player 对符合 Real Media 技术规范的网络音频/视频资源进行实时播放，并且 Real Media 可以根据不同的网络传输速率制定出不同的压缩比率，从而实现在低速率的网络上进行影像数据实时传送和播放。RMVB 格式是由 RM 视频格式升级而来的视频格式，它的先进之处在于 RMVB 视频格式打破了原先 RM 格式那种平均压缩采样的方式，对于静止和动作场面少的画面场景采用较低的编码速率，这样可以留出更多的带宽空间，而这些带宽会在出现快速运动的画面场景时被利用。这样在保证了静止画面质量的前提下，大幅提高了运动图像的画面质量。这种视频格式还具有内置字幕和无须外挂插件支持等优点。

7.5.2 视频编辑软件 Premiere

Adobe Premiere Pro 是由 Adobe 公司推出的影视编辑、制作软件。用户凭借其强大的功能、简洁的界面、简便的操作，能制作出专业级的影视作品。Adobe Premiere Pro 是一款编辑画面质量比较好的软件，有较好的兼容性，而且可以与 Adobe 公司推出的其他软件相互协作。目前这款软件广泛应用于广告制作和电视节目制作中。

1. Premiere 工作界面

Premiere Pro CC 工作界面如图 7-37 所示，从该图中可以看出，Premiere Pro CC 的用户操作界面由标题栏、菜单栏、Project（项目）面板、Source/Effect Controls/Audio Mixer（源监视器/效果控制/调音台）面板组、Program（节目监视器）面板、Media Browser/Info/Effects（媒体浏览/信息/效果）面板组、Timeline（时间线）面板、Audio Master Meters（音频控制）面板、Tools（工具）面板等组成。

2. 视频编辑基本流程

Premiere Pro CC 使用的操作流程为，首先新建项目文件，然后导入素材进行编辑，最后输出结果。在大多情况下，Premiere Pro CC 的操作流程确实如此简单，但在具体环节上会有更复杂的编辑过程，以及针对不同的输出格式需要设置不同的参数等。

1) 新建项目

（1）加载项目设置。启动 Premiere Pro CC 后，会进入项目文件的设定界面，单击 New Project（新建项目）按钮，弹出 New Project 对话框。

（2）在 New Project 对话框中进行设置。进入 New Project 对话框，单击 Browse（浏览）按钮，选择保存路径，并在 Name（名称）右侧的文本框中为新建的项目文件命名。单击 OK 按钮，进入主面板，选择 File（文件）→ New（新建）→ Sequence（序列）命令，在 New

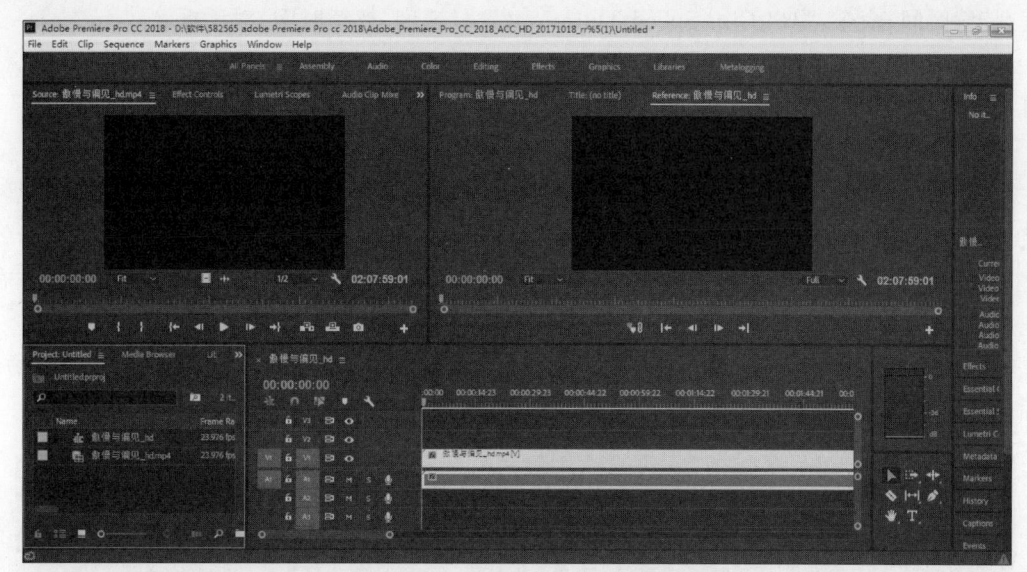

图 7-37　Premiere Pro CC 工作界面

Sequence(新建序列)对话框下方设置 Sequence Name(序列名称)。在此对话框中,可以对新建项目进行预设,决定项目的格式、节目的帧速率、压缩、预览等设置。在 Avaliable Presets 选项区中可以选择一种预设影视模式,如 DV-PAL 制式下的 Standard 48kHz(标准 48kHz),此时,在 Preset Description(预设描述)选项区域中将列出相应的项目信息。除了 Video Setting(视频设置)、Audio Settings(音频设置)、Default Sequence(默认序列)预设情况外,Preset Description 选项区中还详细列出了各预设的具体设置。

如果想对项目进行另外的设置,可以单击 Settings(设置)选项卡,转换到常规面板。Settings 选项卡可以控制视频节目的基本特征,包括编辑模式、时间显示、回放视频的方法等。

单击 OK 按钮,进入 Premiere Pro CC 主界面。

2) 导入素材

(1) 创建新项目。右击 Project 面板,在弹出的快捷菜单中选择 New Bin 命令。

Project 面板中便新建了一个素材箱,默认名称为 Bin 01,单击 Bin 01 名称可更改素材箱的名称。

(2) 导入素材。在 Premiere 中导入的素材包括图片文件、视频文件、音频文件、字幕文件等内容。选中 Bin 01 文件夹,选择 File(文件)→Import(导入)命令(快捷键为 Ctrl+I),或者双击 Project 面板中的空白区域,弹出 Import 对话框。

选择图像文件,单击"打开"按钮,将选中的素材文件导入 Project 面板中。

注意:Premiere 不会把源文件复制到项目文件中,只是导入了源文件的文件名并将其路径创建了索引保存下来。如果用户在导入素材文件后对源文件进行了移动、改名或删除的操作,则再次打开项目时,Premiere 就不能自动找到该文件,需要手动更改搜索路径。

3) 素材的调整

选中 Project 面板中的素材文件,右击,在弹出的快捷菜单中选择 Speed/Duration(速度/持续时间)命令,弹出 Clip Speed/Duration(素材速度/持续时间)对话框。

如果是图片素材,可在此对话框中设置 Duration(持续时间)的长度;如果是视频素材,可在此对话框中修改 Speed(速度)或 Duration(持续时间)参数。

4) 时间线的使用

在 Project 面板的素材库区域把图像文件 1.JPG、3.JPG、5.JPG 拖曳到时间线 V1 视频轨道中。在 Tools 面板中单击"选择"工具,拖曳轨道中的素材,可改变它们的位置。将指针移动到素材的最左或最右端,鼠标指针将变为可左右拉动的形状,这时按住鼠标左键并左右拖曳,可改变素材在轨道中的持续时间。

用同样的方法将 2.JPG、4.JPG、6.JPG 拖曳到时间线 V2 轨道中,放在相应的图片下方,如图 7-38 所示。

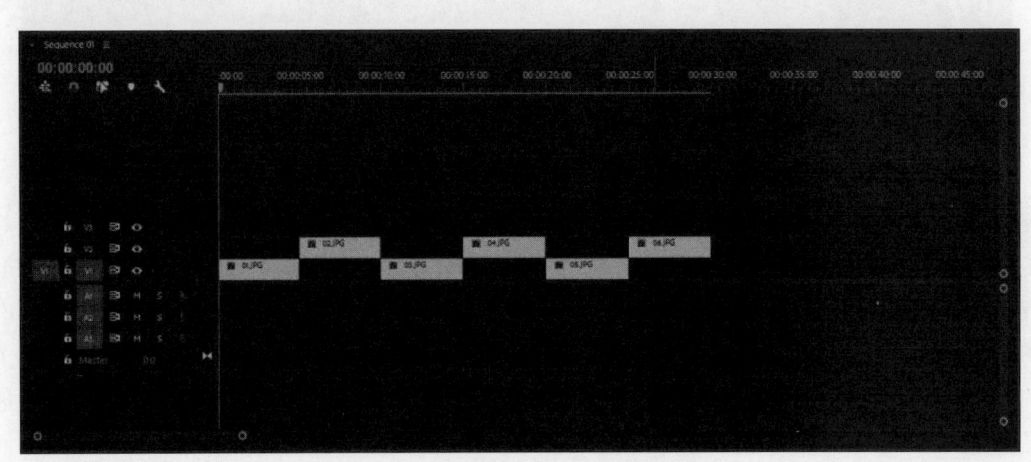

图 7-38 将素材拖至 Timeline 面板

注意:从素材窗口中一次性选择多个素材放置到时间线上时,素材选择的先后顺序会影响放置到时间线上的先后顺序,先选择的素材排列在前面。按顺序一次性选择多个素材的方法是按住 Ctrl 键,按顺序单击素材窗口中的素材文件,选择完再放开 Ctrl 键。

5) 节目保存与输出

(1) 节目保存。选择 File(文件)→Save(保存)命令,则项目文件以最初新建项目文件时设置的路径和文件名进行保存,文件的后缀名为.prproj。该文件为 Premiere 的可编辑文件,如果对此文件继续进行编辑,则只需要在其保存的路径中双击该文件,便可在 Premiere 中打开。

(2) 节目输出。

① 选择 File(文件)→Export(导出)→Media(媒体)命令,弹出 Export Settings(导出设置)对话框。在 Export Settings 选项区将 Format(格式)设置为 AVI,单击 Output Name(输出名称)右侧,选择文件的存储路径和文件名,单击"保存"按钮。

② 进入 Video 选项卡,将 Video Codec(视频编解码器)设置为 Microsoft Video 1,将 Quality(品质)设置为 100,将 Field Type(场类型)设置为 Progressive(逐行)。

③ 单击 Export 按钮,对视频进行渲染输出,渲染进度如图 7-39 所示。

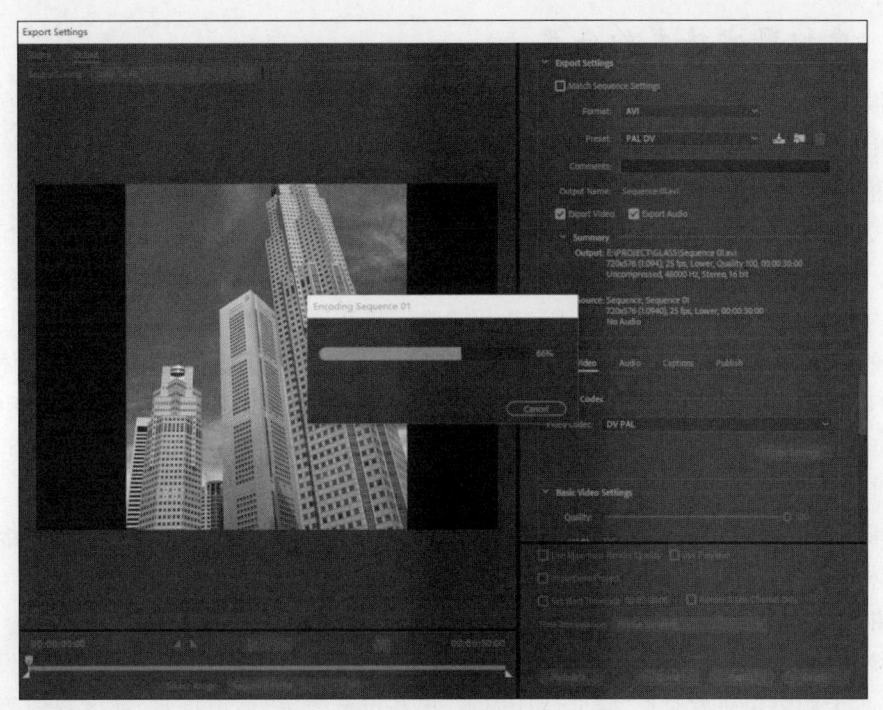

图 7-39　渲染输出

7.6　虚拟现实技术

　　虚拟现实技术(Virtual Reality,VR),又称灵境技术,是 20 世纪发展起来的一项全新的实用技术。虚拟现实技术囊括计算机、电子信息、仿真技术于一体,其基本实现方式是计算机模拟虚拟环境从而给人以环境沉浸感。随着社会生产力和科学技术的不断发展,各行各业对 VR 技术的需求日益旺盛,VR 技术也取得了巨大进步,并逐步成为一个新的科学技术领域。

　　虚拟现实技术是一种可以创建和体验虚拟世界的计算机仿真系统,它利用计算机生成一种模拟环境,使用户沉浸到该环境中。虚拟现实技术利用现实生活中的数据,通过计算机技术产生的电子信号,将其与各种输出设备结合使其转化为能够让人们感受到的现象,这些现象可以是现实中真真切切的物体,也可以是我们肉眼所看不到的物质,通过三维模型表现出来。因为这些现象不是我们直接所能看到的,而是通过计算机技术模拟出来的现实中的世界,故称为虚拟现实。

　　虚拟现实技术受到了越来越多人的认可,用户可以在虚拟现实世界体验到最真实的感受,其模拟环境的真实性与现实世界难辨真假,让人有种身临其境的感觉;同时,虚拟现实具有一切人类所拥有的感知功能,比如听觉、视觉、触觉、味觉、嗅觉等感知系统;最后,它具有超强的仿真系统,真正实现了人机交互,使人在操作过程中,可以随意操作并且得到环境最真实的反馈。正是虚拟现实技术的存在性、多感知性、交互性等特征使它受到了许多人的喜爱。

7.6.1 虚拟现实技术的分类

虚拟现实技术涉及学科众多,应用领域广泛,系统种类繁杂,这是由其研究对象、研究目标和应用需求决定的。从不同角度出发,可对 VR 系统做出不同分类。

1. 根据沉浸式体验角度分类

沉浸式体验分为非交互式体验、人-虚拟环境交互式体验和群体-虚拟环境交互式体验等几类。该角度强调用户与设备的交互体验,相比之下,非交互式体验中的用户更为被动,所体验内容均为提前规划好的,即便允许用户在一定程度上引导场景数据的调度,也仍没有实质性交互行为,如场景漫游等,用户几乎全程无事可做;而在人-虚拟环境交互式体验系统中,用户则可用数据手套、数字手术刀等设备与虚拟环境进行交互,如驾驶战斗机模拟器等,此时的用户可感知虚拟环境的变化,进而也就能产生在相应现实世界中可能产生的各种感受。

如果将该套系统网络化、多机化,使多个用户共享一套虚拟环境,便得到群体-虚拟环境交互式体验系统,如大型网络交互游戏等,此时的 VR 系统与真实世界无甚差异。

2. 根据系统功能角度分类

系统功能分为规划设计、展示娱乐、训练演练等几类。规划设计系统可用于新设施的实验验证,可大幅缩短研发时长,降低设计成本,提高设计效率,城市排水、社区规划等领域均可使用,如 VR 模拟给排水系统,可大幅减少原本需用于实验验证的经费;展示娱乐类系统适用于提供给用户逼真的观赏体验,如数字博物馆,大型 3D 交互式游戏,影视制作等,VR 技术早在 20 世纪 70 年代便被 Disney 用于拍摄特效电影;训练演练类系统则可应用于各种危险环境及一些难以获得操作对象或实操成本极高的领域,如外科手术训练、空间站维修训练等。

7.6.2 虚拟现实技术的特征

1. 沉浸性

沉浸性是虚拟现实技术最主要的特征,就是让用户成为并感受到自己是计算机系统所创造环境中的一部分,虚拟现实技术的沉浸性取决于用户的感知系统,当使用者感知到虚拟世界的刺激时,包括触觉、味觉、嗅觉、运动感知等,便会产生思维共鸣,造成心理沉浸,感觉如同进入真实世界。

2. 交互性

交互性是指用户对模拟环境内物体的可操作程度和从环境得到反馈的自然程度,使用者进入虚拟空间,相应的技术让使用者跟环境产生相互作用,当使用者进行某种操作时,周围的环境也会做出某种反应。如使用者接触到虚拟空间中的物体,那么使用者手上应该能够感受到,若使用者对物体有所动作,物体的位置和状态也相应改变。

3. 多感知性

多感知性表示计算机技术应该拥有很多感知方式,比如听觉、触觉、嗅觉等。理想的虚拟现实技术应该具有一切人所具有的感知功能。由于相关技术,特别是传感技术的限制,目前大多数虚拟现实技术所具有的感知功能仅限于视觉、听觉、触觉、运动等几种。

4. 构想性

构想性也称想象性，使用者在虚拟空间中，可以与周围物体进行互动，可以拓宽认知范围，创造客观世界不存在的场景或不可能发生的环境。构想可以理解为使用者进入虚拟空间，根据自己的感觉与认知能力吸收知识、发散拓宽思维、创立新的概念和环境。

5. 自主性

自主性是指虚拟环境中物体依据物理定律动作的程度。如当受到力的推动时，物体会向力的方向移动或翻倒，或从桌面落到地面等。

7.6.3 虚拟现实的关键技术

1. 动态环境建模技术

虚拟环境的建立是 VR 系统的核心内容，目的就是获取实际环境的三维数据，并根据应用的需要建立相应的虚拟环境模型。

2. 实时三维图形生成技术

三维图形的生成技术已经较为成熟，那么关键就是"实时"生成。为保证实时，至少保证图形的刷新频率不低于 15 帧/秒，最好高于 30 帧/秒。

3. 立体显示和传感器技术

虚拟现实的交互能力依赖于立体显示和传感器技术的发展，力学和触觉传感装置的研究进一步深入，虚拟现实设备的跟踪精度和跟踪范围也正逐步提高。

4. 应用系统开发工具

虚拟现实应用的关键是寻找合适的场合和对象，选择适当的应用对象可以大幅度提高生产效率，减轻劳动强度，提高产品质量。想要达到这一目的，则需要研究虚拟现实的开发工具。

5. 系统集成技术

由于 VR 系统中包括大量的感知信息和模型，因此系统集成技术起着至关重要的作用，集成技术包括信息的同步技术、模型的标定技术、数据转换技术、数据管理模型、识别与合成技术等。

7.6.4 虚拟现实技术的应用

1. 在影视娱乐中的应用

近年来，由于虚拟现实技术在影视业的广泛应用，以虚拟现实技术为主而建立的第一现场 9DVR 体验馆得以实现。第一现场 9DVR 体验馆自建成以来，在影视娱乐市场中的影响力非常大，此体验馆可以让观影者体会到置身于真实场景之中的感觉，让体验者沉浸在影片所创造的虚拟环境之中。同时，随着虚拟现实技术的不断创新，此技术在游戏领域也得到了快速发展。虚拟现实技术利用电脑产生的三维虚拟空间，而三维游戏刚好是建立在此技术之上的，三维游戏几乎包含了虚拟现实的全部技术，使得游戏在保持实时性和交互性的同时，也大幅提升了游戏的真实感，如图 7-40 所示。

2. 在教育中的应用

虚拟现实技术已经成为促进教育发展的一种新型教育手段。传统的教育只是一味地给学生灌输知识，而利用虚拟现实技术可以帮助学生打造生动、逼真的学习环境，使学生通过

图 7-40　虚拟现实在游戏中的应用

真实感受来增强记忆，相比于被动性灌输，利用虚拟现实技术来进行自主学习更容易让学生接受，这种方式更容易激发学生的学习兴趣，如图 7-41 所示。利用虚拟现实技术建立与学科相关的虚拟训练实验室可以帮助学生更好地训练。

图 7-41　虚拟现实在教育中的应用

3. 在设计领域的应用

虚拟现实技术在设计领域可以大展身手，例如室内设计，人们可以利用虚拟现实技术把室内结构、房屋外形通过虚拟技术表现出来，使之变成可以看得见的物体和环境。在工业设计领域，设计师可以将自己的想法通过虚拟现实技术模拟出来，可以在虚拟环境中预先看到产品的效果，这样既节省了时间，又降低了成本，如图 7-42 所示。

4. 在医疗领域中的应用

医学专家们利用计算机，在虚拟空间中模拟出人体组织和器官，让学生在其中进行模拟操作，并且能让学生感受到手术刀切入人体肌肉组织、触碰到骨头的感觉，使学生能够更快地掌握手术要领。主刀医生们在手术前，可以建立一个病人器官的虚拟模型，在虚拟空间中先进行一次手术预演，这样能够大大提高手术的成功率，让更多的病人得以痊愈，如图 7-43 所示。

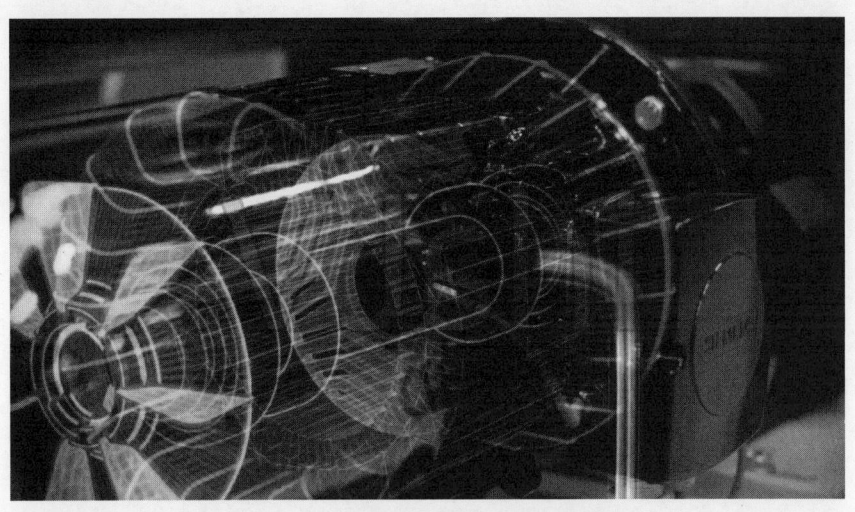

图 7-42　虚拟现实在设计领域中的应用

图 7-43　虚拟现实在医疗领域中的应用

5. 在军事方面的应用

由于虚拟现实的立体感和真实感,在军事方面,人们将地图上的山川地貌、海洋湖泊等数据通过计算机进行编写,利用虚拟现实技术,能将原本平面的地图变成一幅三维立体的地形图,再通过全息技术将其投影出来,这更有助于进行军事演习等训练,提高军事训练水平,如图 7-44 所示。

现代战争是信息化战争,战争机器都朝着自动化方向发展,无人机便是信息化战争的最典型产物。无人机由于它的自动化以及便利性深受各国喜爱,在战士训练期间,可以利用虚拟现实技术去模拟无人机的飞行、射击等工作模式。战争期间,军人也可以通过眼镜、头盔等机器操控无人机进行侦察和暗杀任务,减小战争中军人的伤亡率。由于虚拟现实技术能将无人机拍摄到的场景立体化,降低操作难度,提高侦查效率,虚拟现实技术在军事领域的发展前景广阔。

6. 在航空航天方面的应用

由于航空航天是一项耗资巨大、非常庞大的系统工程。人们利用虚拟现实技术和计算

图 7-44　虚拟现实在军事训练的应用

机的统计模拟,在虚拟空间中重现了现实中的航天飞机与飞行环境,使飞行员在虚拟空间中进行飞行训练和实验操作,极大地降低了实验经费和危险系数,如图 7-45 所示。

图 7-45　虚拟现实在航空航天方面的应用

习　题　7

一、单选题

(1)（　　）是把时间域或空间域的连续量转化成离散量的过程。
　　A. 采样　　　　　　B. 量化　　　　　　C. 编码　　　　　　D. 数字化
(2)（　　）不是音频文件的扩展名。
　　A. WAV　　　　　　B. MP3　　　　　　C. WMA　　　　　　D. MP4
(3)下列采集的波形声音质量最好的是（　　）。
　　A. 单声道、16 位量化、22.05kHz 采样频率
　　B. 双声道、16 位量化、44.1kHz 采样频率
　　C. 单声道、8 位量化、22.05kHz 采样频率
　　D. 双声道、8 位量化、44.1kHz 采样频率

(4) 下列( )是 Photoshop 图像最基本的组成单元。
　　　A. 节点　　　　　B. 色彩空间　　　C. 像素　　　　　D. 路径
(5) ( )图像文件格式可以实现无损压缩,并且背景部分是透明的,常用于存储背景透明的图像素材。
　　　A. JPG　　　　　B. GIF　　　　　C. PNG　　　　　D. PSD
(6) 人们把自然界红(R)、绿(G)、蓝(B)3 种不同波长强度的光称为三基色或三原色。把这 3 种基色交互重叠,产生了次混合色——青(Cyan)、洋红(Magenta)、黄(Yellow)。这就是人们常说的三基色原理。在 RGB 模式中,由红、绿、蓝可以叠加而成其他颜色,因此 RGB 颜色模式也称为( )。
　　　A. 减色模式　　　B. 混合模式　　　C. 加色模式　　　D. 单色模式
(7) CMYK 颜色模式是一种印刷模式,由青(Cyan)、洋红(Magenta)、黄(Yellow)、黑(Black)4 种印刷颜色的油墨。在 RGB 颜色模式中,是由光源发出的色光混合而成颜色;在 CMYK 模式中,是由光线照到不同比例 C、M、Y、K 油墨的纸,部分光谱被吸收后,产生颜色。C、M、Y、K 在混合成色时,由于 C、M、Y、K 四种成分的逐渐增多,反射到人眼的光逐渐减少,因此光线的亮度就会越来越低,所以 CMYK 模式又称为( )。
　　　A. 减色模式　　　B. 混合模式　　　C. 加色模式　　　D. 单色模式
(8) 色彩深度是指在一个图像中( )的数量。
　　　A. 颜色　　　　　B. 饱和度　　　　C. 亮度　　　　　D. 灰度
(9) 虚拟现实技术英文缩写为( )。
　　　A. AR　　　　　B. VR　　　　　C. MR　　　　　D. RT
(10) 下面( )不是虚拟现实的特征。
　　　A. 沉浸性　　　　B. 交互性　　　　C. 多感知性　　　D. 现实性

二、判断题
(1) 计算机可以直接对声音信号进行处理。　　　　　　　　　　　　　　( )
(2) 音频数字化的三个阶段是采样、量化、编码。　　　　　　　　　　　( )
(3) 采样频率越高,量化深度越小,声音质量越差。　　　　　　　　　　( )
(4) 图像在显示设备的显示效果与图像分辨率和显示分辨率有关。　　　　( )
(5) 32 位颜色深度指的是青、洋红、黄、黑四种颜色各 8 位。　　　　　　( )
(6) 当图像分辨率大于显示分辨率,则图像只占显示屏幕的一部分。　　　( )
(7) 当图像分辨率小于显示分辨率,则图像只占显示屏幕的一部分。　　　( )
(8) 视频采集卡的作用是将模拟视频信号输入计算机,并转换成数字信号。( )
(9) 在计算机系统的音频数据存储和传输中,数据压缩会造成音频质量的下降。
　　　　　　　　　　　　　　　　　　　　　　　　　　　　　　　　　( )
(10) 数据压缩的原理是:将原有的数据经过物理压缩,使其占地空间减少,但不会影响文件应用性。　　　　　　　　　　　　　　　　　　　　　　　　　　( )

第 8 章　计算机新技术

计算机技术的发展,产生了一系列影响深远的新技术。这些新技术的突出代表就是人工智能、大数据、物联网、云计算、区块链等技术,并且深刻地改变着人们的生产和生活方式。

8.1　人工智能

人工智能(Artificial Intelligence,AI),是研究、开发用于模拟、延伸和扩展人的智能的理论、方法、技术及应用系统的一门新的技术科学。人工智能是计算机科学的一个分支,它企图了解智能的实质,并生产出一种新的能以人类智能相似的方式做出反应的智能机器,该领域的研究包括机器人、语言识别、图像识别、自然语言处理和专家系统等。人工智能从诞生以来,理论和技术日益成熟,应用领域也不断扩大,未来人工智能带来的科技产品,将会是人类智慧的"容器"。人工智能可以对人的意识、思维的信息过程进行模拟。人工智能不是人的智能,但能像人那样思考,也可能超过人的智能。

人工智能是一门极富挑战性的学科,从事这项工作的人必须懂得计算机知识、心理学和哲学。人工智能包括十分广泛的学科,它由不同的领域组成,如机器学习、计算机视觉等。人工智能研究的一个主要目标是使机器能够胜任一些通常需要人类智能才能完成的复杂工作。但不同的时代、不同的人对这种"复杂工作"的理解是不同的。

8.1.1　人工智能的定义与学派

1. 智能与人工智能

智能是知识与智力的总和,其中的知识是一切智能行为的基础,智力是获取知识并应用知识求解问题的能力。智能的特征有四个方面:具有感知能力、具有记忆与思维能力、具有学习能力、具有行为能力。

"智能"涉及到意识、自我、思维(包括无意识的思维)等问题。人唯一了解的智能是人本身的智能,这是普遍认同的观点。但是我们对自身智能的理解都非常有限,对构成人的智能的必要元素也了解有限,所以就很难定义什么是"人工"制造的"智能"。因此人工智能的研究往往涉及对人的智能本身的研究。其他关于动物或其他人造系统的智能也普遍被认为是人工智能相关的研究课题。

人工智能的定义可以分为两部分,即"人工"和"智能"。人工是指人力所为的,与"自然""天然"相对。

美国尼尔逊教授对人工智能定义为:"人工智能是关于知识的学科——怎样表示知识以及怎样获得知识并使用知识的科学。"

美国麻省理工学院的温斯顿教授认为:"人工智能就是研究如何使计算机去做过去只有人才能做的智能工作。"

麦卡锡教授提出,"人工智能就是要让机器的行为看起来就像是人所表现出的智能行为一样。"

这些说法反映了人工智能学科的基本思想和基本内容。即人工智能是研究人类智能活动的规律,构造具有一定智能的人工系统,研究如何让计算机去完成以往需要人的智力才能胜任的工作,也就是研究如何应用计算机的软硬件来模拟人类某些智能行为的基本理论、方法和技术。

人工智能是计算机学科的一个分支,20 世纪 70 年代以来被称为世界三大尖端技术之一(空间技术、能源技术、人工智能)。也被认为是 21 世纪三大尖端技术(基因工程、纳米科学、人工智能)之一。这是因为近三十年来它迅速地发展,在很多学科领域都获得了广泛应用,并取得了丰硕的成果,人工智能已逐步成为一个独立的分支,无论在理论和实践上都已自成一个系统。

人工智能是研究使计算机来模拟人的某些思维过程和智能行为(如学习、推理、思考、规划等)的学科,主要包括计算机实现智能的原理,制造类似于人脑智能的计算机,模拟、延伸、扩展人类智能,使计算机能实现更高层次的应用。人工智能涉及到计算机科学、心理学、哲学和语言学等学科。

2. 人工智能的研究学派

目前人工智能的主要学派主要有下面三家。

(1) 符号主义,又称为逻辑主义、心理学派或计算机学派,其原理主要为物理符号系统(即符号操作系统)假设和有限合理性原理。

符号主义认为人工智能源于数理逻辑。数理逻辑从 19 世纪末得以迅速发展,到 20 世纪 30 年代开始用于描述智能行为。计算机出现后,又在计算机上实现了逻辑演绎系统。其有代表性的成果为启发式程序 LT 逻辑理论家,证明了 38 条数学定理,表明了可以应用计算机研究人的思维,模拟人类智能活动。

正是这些符号主义者,早在 1956 年首先采用"人工智能"这个术语。后来又发展了启发式算法、专家系统、知识工程理论与技术,并在 20 世纪 80 年代取得很大发展。符号主义曾长期一枝独秀,为人工智能的发展做出重要贡献,尤其是专家系统的成功开发与应用,为人工智能走向工程应用和实现理论联系实际具有特别重要的意义。

在人工智能的其他学派出现之后,符号主义仍然是人工智能的主流派别。这个学派的代表人物有纽厄尔(Newell)、西蒙(Simon)和尼尔逊(Nilsson)等。

(2) 连接主义,又称为仿生学派或生理学派,其主要原理为神经网络及神经网络间的连接机制与学习算法。

连接主义认为人工智能源于仿生学,特别是对人脑模型的研究。它的代表性成果是 1943 年由生理学家麦克洛克(McCulloch)和数理逻辑学家皮茨(Pitts)创立的脑模型,即 MP 模型,开创了用电子装置模仿人脑结构和功能的新途径。它从神经元开始进而研究神经网络模型和脑模型,开辟了人工智能的又一发展道路。

20 世纪 60 至 70 年代,连接主义,尤其是对以感知机为代表的脑模型的研究出现过热潮,由于受到当时的理论模型、生物原型和技术条件的限制,脑模型研究在 20 世纪 70 年代后期至 80 年代初期落入低潮。直到 Hopfield 教授在 1982 年和 1984 年发表两篇重要论文,提出用硬件模拟神经网络以后,连接主义才又重新抬头。1986 年,鲁梅尔哈特(Rumelhart)等人提出多层网络中的反向传播算法(BP)算法。

此后,连接主义势头大振,从模型到算法,从理论分析到工程实现,为神经网络计算机走向市场打下基础。现在,对人工神经网络的研究热情仍然较高,但研究成果没有像预想的那样好。

(3) 行为主义,又称为进化主义或控制论学派,其原理为控制论及感知-动作型控制系统。

行为主义认为人工智能源于控制论。控制论思想早在 20 世纪 40 至 50 年代就成为时代思潮的重要部分,影响了早期的人工智能工作者。

维纳和麦克洛克等人提出的控制论和自组织系统以及钱学森等人提出的工程控制论和生物控制论,影响了许多领域。控制论把神经系统的工作原理与信息理论、控制理论、逻辑以及计算机联系起来。

早期的研究工作重点是模拟人在控制过程中的智能行为和作用,如对自寻优、自适应、自镇定、自组织和自学习等控制论系统的研究,并进行"控制论动物"的研制。到 20 世纪 60 至 70 年代,上述这些控制论系统的研究取得一定进展,播下智能控制和智能机器人的种子,并在 20 世纪 80 年代诞生了智能控制和智能机器人系统。

行为主义是 20 世纪末才以人工智能新学派的面孔出现的,引起许多人的兴趣。这一学派的代表作首推布鲁克斯(Brooks)的六足行走机器人,它被看作是新一代的"控制论动物",是一个基于感知-动作模式模拟昆虫行为的控制系统。

8.1.2 人工智能的研究领域

1. 机器学习

学习是一个有特定目的的知识获取过程,其内在行为是获取知识、积累经验、发现规律;外部表现是改进性能、适应环境、实现系统的自我完善。

机器学习是使计算机能够模拟人的学习行为,自动地通过学习来获取知识和技能,不断改善性能,实现自我完善的过程。

机器学习是人工智能的核心,是使计算机具有智能的根本途径,涉及概率论、统计学、逼近论、凸分析、算法复杂度理论等多门学科。机器学习专门研究计算机怎样模拟或实现人类的学习行为,以获取新的知识或技能,重新组织已有的知识结构使之不断改善自身的性能。

机器学习是研究怎样使用计算机模拟或实现人类学习活动的科学,是人工智能中最具智能特征、最前沿的研究领域之一。自 20 世纪 80 年代以来,机器学习作为实现人工智能的途径,在人工智能界引起了广泛的兴趣,特别是近十几年来,机器学习领域的研究工作发展很快,它已成为人工智能的重要课题之一。机器学习不仅在基于知识的系统中得到应用,而且在自然语言理解、非单调推理、机器视觉、模式识别等许多领域也得到了广泛应用。一个系统是否具有学习能力已成为是否具有"智能"的一个标志。机器学习的研究主要分为两类研究方向:第一类是传统机器学习的研究,该类研究主要是研究学习机制,注重探索模拟人的学习机制;第二类是大数据环境下机器学习的研究,该类研究主要是研究如何有效利用信息,注重从巨量数据中获取隐藏的、有效的、可理解的知识。

机器学习在军事领域和民用领域的应用都非常广泛,主要有以下几个方面:

(1) 数据分析与挖掘。"数据挖掘"和"数据分析"通常被相提并论,并在许多场合被认为是可以相互替代的术语。关于数据挖掘,已有多种文字不同但含义接近的定义,例如"识别出巨量数据中有效的、新颖的、潜在有用的最终可理解的模式的非平凡过程",无论是数据分析还是数据挖掘,都是帮助人们收集、分析数据,使之成为信息,并做出判断,因此可以将这两项合称为数据分析与挖掘。数据分析与挖掘技术是机器学习算法和数据存取技术的结合,利用机器学习提供的统计分析、知识发现等手段分析海量数据,同时利用数据存取机制实现数据的高效读写。机器学习在数据分析与挖掘领域中拥有无可取代的地位,2012年Hadoop进军机器学习领域就是一个很好的例子。

(2) 模式识别。模式识别起源于工程领域,而机器学习起源于计算机科学,这两个不同学科的结合带来了模式识别领域的调整和发展。模式识别研究主要集中在两个方面:研究生物体(包括人)是如何感知对象的,属于认识科学的范畴;在给定的任务下,如何用计算机实现模式识别的理论和方法,这些是机器学习的长项,也是机器学习研究的内容之一。模式识别的应用领域广泛,包括计算机视觉、医学图像分析、光学文字识别、自然语言处理、语音识别、手写识别、生物特征识别、文件分类、搜索引擎等,而这些领域也正是机器学习大展身手的舞台,因此模式识别与机器学习的关系越来越密切。

(3) 在生物信息学上的应用。随着基因组和其他测序项目的不断发展,生物信息学研究的重点正逐步从积累数据转移到如何解释这些数据。在未来,生物学的新发现将极大地依赖于我们在多个维度和不同尺度下对多样化的数据进行组合和关联的分析能力,而不再仅仅依赖于对传统领域的继续关注。序列数据将与结构和功能数据、基因表达数据、生化反应通路数据、表现型和临床数据等一系列数据相互集成。如此大量的数据,在生物信息的存储、获取、处理、浏览及可视化等方面,都对理论算法和软件的发展提出了迫切的需求。另外,由于基因组数据本身的复杂性也对理论算法和软件的发展提出了迫切的需求。而机器学习方法,例如神经网络、遗传算法、决策树和支持向量机等正适合于处理这种数据量大、含有噪声并且缺乏统一理论的领域。

(4) 更广阔的领域。IT巨头正在深入研究和应用机器学习,他们把目标定位于全面模仿人类大脑,试图创造出拥有人类智慧的机器大脑。2012年Google在人工智能领域发布了一个划时代的产品——人脑模拟软件,这个软件具备自我学习功能。模拟脑细胞的相互交流,可以通过看YouTube视频学习识别猫、人以及其他事物。当有数据被送达这个神经网络的时候,不同神经元之间的关系就会发生改变。而这也使得神经网络能够得到对某些特定数据的反应机制,据悉这个网络已经学到了一些东西,Google将有望在多个领域使用这一新技术,最先获益的可能是语音识别。

(5) 具体应用。①虚拟助手。Siri、Alexa、Google Now都是虚拟助手。顾名思义,当使用语音发出指令后,它们会协助查找信息。对于回答,虚拟助手会查找信息,回忆我们的相关查询,或向其他资源(如电话应用程序)发送命令以收集信息。我们甚至可以指导助手执行某些任务,例如"设置7点的闹钟"等。②交通预测。生活中我们经常使用北斗卫星导航服务。我们当前的位置和速度被保存在中央服务器上来进行流量管理。之后使用这些数据用于构建当前流量的映射。通过机器学习可以解决配备北斗卫星导航系统的汽车数量较少的问题,在这种情况下的机器学习有助于根据估计找到拥挤的区域。③过滤垃圾邮件和恶意软件。电子邮件客户端使用了许多垃圾邮件过滤方法。为了确保这些垃圾邮件过滤器能够不断更新,它们使用了机器学习技术。多层感知器和决策树归纳等是由机器学习提供支持的垃圾邮件过滤技术。每天检测到超过 325 万以上个恶意软件,每个代码与之前版本的 90%~98% 相似。由机器学习驱动的系统安全程序理解编码模式。因此,它们可以轻松检测到 2%~10% 变异的新恶意软件,并提供针对它们的保护。

2. 自然语言处理

自然语言处理(Natural Language Processing,NLP)是计算机科学领域与人工智能领域中的一个重要方向。它研究能实现人与计算机之间用自然语言进行有效通信的各种理论和方法。这一领域的研究涉及自然语言,即人们日常使用的语言,所以它与语言学的研究有着密切的联系,但又有重要的区别。自然语言处理并不是一般地研究自然语言,而在于研制能有效地实现自然语言通信的计算机系统,特别是其中的软件系统。自然语言处理主要应用于机器翻译、舆情监测、自动摘要、观点提取、文本分类、问题回答、文本语义对比、语音识别、中文 OCR 等方面。

自然语言处理是指利用人类交流所使用的自然语言与机器进行交互通信的技术。通过人为的对自然语言的处理,使得计算机对其能够可读并理解。自然语言处理的相关研究始于人类对机器翻译的探索。虽然自然语言处理涉及语音、语法、语义、语用等多维度的操作,但简单而言,自然语言处理的基本任务是基于本体词典、词频统计、上下文语义分析等方式对待处理语料进行分词,形成以最小词性为单位、且富含语义的词项单元。

自然语言处理包括自然语言理解和自然语言生成两部分,是关注计算机和人类(自然)语言之间的相互作用的领域。实现人机间自然语言通信意味着要使计算机既能理解自然语言文本的意义,也能以自然语言文本来表达给定的意图、思想等。前者称为自然语言理解,后者称为自然语言生成。历史上对自然语言理解研究得较多,而对自然语言生成研究得较少。但这种状况已有所改变。

无论实现自然语言理解,还是自然语言生成,都远不如人们原来想象的那么简单,而是十分困难的。从现有的理论和技术现状看,通用的、高质量的自然语言处理系统,仍然是较长期的努力目标,但是针对一定应用、具有相当自然语言处理能力的实用系统已经出现,有些已商品化,甚至开始产业化。典型的例子有:多语种数据库和专家系统的自然语言接口、各种机器翻译系统、全文信息检索系统、自动文摘系统等。

目前自然语言处理的主要技术有以下几种。

(1) 信息抽取。信息抽取是将嵌入在文本中的非结构化信息提取并转换为结构化数据的过程,从自然语言构成的语料中提取出命名实体之间的关系,是一种基于命名实体识别更深层次的研究。信息抽取的主要过程有三步:首先对非结构化的数据进行自动化处理,其次是针对性地抽取文本信息,最后对抽取的信息进行结构化表示。信息抽取最基本的工作是命名实体识别,而核心在于对实体关系的抽取。

(2) 自动文摘。自动文摘是利用计算机按照某一规则自动地对文本信息进行提取、集合成简短摘要的一种信息压缩技术,旨在实现两个目标:首先使语言简短,其次要保留重要信息。

(3) 语音识别技术。语音识别技术就是让机器通过识别和理解过程把语音信号转变为相应的文本或命令的技术,也就是让机器听懂人类的语音,其目标是将人类语音中的词汇内容转化为计算机可读的数据。要做到这些,首先必须将连续的讲话分解为词、音素等单位,还需要建立一套理解语义的规则。语音识别技术从流程上讲有前端降噪、语音切割分帧、特征提取、状态匹配几个部分,而其框架可分成声学模型、语言模型和解码三个部分。

(4) Transformer 模型。Transformer 模型在 2017 年由 Google 团队首次提出。Transformer 是一种基于注意力机制来加速深度学习算法的模型,模型由一组编码器和一组解码器组成,编码器负责处理任意长度的输入并生成其表达,解码器负责把新表达转换为目的词。Transformer 模型利用注意力机制获取所有其他单词之间的关系,生成每个单词的新表示。Transformer 的优点是注意力机制能够在不考虑单词位置的情况下,直接捕捉句子中所有单词之间的关系。模型抛弃之前传统的 encoder-decoder 模型必须结合 RNN 或者卷积神经网络(Convolutional Neural Networks,CNN)的固有模式,使用全 Attention 的结构代替了 LSTM,减少计算量和提高并行效率的同时不损害最终的实验结果。但是此模型也存在缺陷:首先此模型计算量太大,其次还存在位置信息利用不明显的问题,无法捕获长距离的信息。

(5) 基于传统机器学习的自然语言处理技术。自然语言处理可将处理任务进行分类,形成多个子任务,传统的机器学习方法可利用 SVM(支持向量机模型)、Markov(马尔可夫模型)、CRF(条件随机场模型)等方法对自然语言中多个子任务进行处理,进一步提高处理结果的精度。但是,从实际应用效果上来看,仍存在着以下不足:传统机器学习训练模型的性能过于依赖训练集的质量,需要人工标注训练集,降低了训练效率。传统机器学习模型中的训练集在不同领域应用会出现差异较大的应用效果,削弱了训练的适用性,暴露出学习方法单一的弊端。若想让训练数据集适用于多个不同领域,则要耗费大量人力资源进行人工标注。在处理更高阶、更抽象的自然语言时,机器学习无法人工标注出来这些自然语言特征,使得传统机器学习只能学习预先制定的规则,而不能学规则之外的复杂语言特征。

(6) 基于深度学习的自然语言处理技术。深度学习是机器学习的一大分支,在自然语言处理中需应用深度学习模型,如卷积神经网络、循环神经网络等,通过对生成的词向量进行学习,以完成自然语言分类、理解的过程。与传统的机器学习相比,基于深度学习的自然语言处理技术具备以下优势:深度学习能够以词或句子的向量化为前提,不断学习语言特征,掌握更高层次、更加抽象的语言特征,满足大量特征工程的自然语言处理要求。深度学习无需专家人工定义训练集,可通过神经网络自动学习高层次特征。

3. 模式识别

模式识别是指对表征事物或现象的各种形式的(数值的、文字的和逻辑关系的)信息进行处理和分析,以对事物或现象进行描述、辨认、分类和解释的过程,是信息科学和人工智能的重要组成部分。

模式识别通过计算机用数学技术方法来研究模式的自动处理和判读,把环境与客体统称为"模式"。随着计算机技术的发展,人类有可能研究复杂的信息处理过程,其过程的一个重要形式是生命体对环境及客体的识别。模式识别以图像处理与计算机视觉、语音语言信息处理、脑网络组、类脑智能等为主要研究方向,研究人类模式识别的机理以及有效的计算方法。

模式识别的主要应用有以下几类:

(1) 文字识别。汉字已有数千年的历史，也是世界上使用人数最多的文字，对于中华民族灿烂文化的形成和发展有着不可磨灭的作用。所以在信息技术及计算机技术日益普及的今天，如何将文字方便、快速地输入到计算机已成为影响人机接口效率的一个重要瓶颈，也关系到计算机能否真正在我国得到普及的应用。汉字输入主要分为人工键盘输入和机器自动识别输入两种。其中人工键入速度慢而且劳动强度大；自动输入又分为汉字识别输入及语音识别输入。从识别技术的难度来说，手写体识别的难度高于印刷体识别，而在手写体识别中，脱机手写体的难度又远远超过了联机手写体识别。

(2) 语音识别。语音识别技术所涉及的领域包括：信号处理、模式识别、概率论和信息论、发声机理和听觉机理、人工智能等。近年来，在生物识别技术领域中，声纹识别技术以其独特的方便性、经济性和准确性等优势受到世人瞩目，并日益成为人们日常生活和工作中重要且普及的验证方式。而且利用基因算法训练连续隐马尔可夫模型的语音识别方法现已成为语音识别的主流技术，该方法在语音识别时识别速度较快，也有较高的识别率。

(3) 指纹识别。我们手掌及其手指、脚、脚趾内侧表面的皮肤凹凸不平产生的纹路会形成各种各样的图案。而这些皮肤的纹路在图案、断点和交叉点上各不相同，是唯一的。依靠这种唯一性，就可以将一个人同他的指纹对应起来，通过比较他的指纹和预先保存的指纹进行比较，便可以验证他的真实身份。一般的指纹分成有以下几个大的类别：环型(loop)、螺旋型(whorl)、弓型(arch)，这样就可以将每个人的指纹分别归类，进行检索。指纹识别基本上可分成：预处理、特征选择和模式分类几个大的步骤。

(4) 遥感。遥感图像识别已广泛用于农作物估产、资源勘察、气象预报和军事侦察等。

(5) 医学诊断。在癌细胞检测、X射线照片分析、血液化验、染色体分析、心电图诊断和脑电图诊断等方面，模式识别已取得了成效。

4. 专家系统

专家系统是一个智能计算机程序系统，其内部含有大量的某个领域专家水平的知识与经验，能够利用人类专家的知识和解决问题的方法来处理该领域问题。也就是说，专家系统是一个具有大量的专门知识与经验的程序系统，它应用人工智能技术和计算机技术，根据某领域一个或多个专家提供的知识和经验，进行推理和判断，模拟人类专家的决策过程，以便解决那些需要人类专家处理的复杂问题，简而言之，专家系统是一种模拟人类专家解决领域问题的计算机程序系统。

专家系统是人工智能中最重要的也是最活跃的一个应用领域，它实现了人工智能从理论研究走向实际应用、从一般推理策略探讨转向运用专门知识的重大突破。专家系统是早期人工智能的一个重要分支，它可以看作是一类具有专门知识和经验的计算机智能程序系统，一般采用人工智能中的知识表示和知识推理技术来模拟通常由领域专家才能解决的复杂问题。

专家系统的发展已经历了三个阶段，正向第四代过渡和发展。第一代专家系统(Dendral、Macsyma等)以高度专业化、求解专门问题的能力强为特点。但在体系结构的完整性、可移植性、系统的透明性和灵活性等方面存在缺陷，求解问题的能力弱。第二代专家系统(Mycin、Casnet、Prospector、Hearsay等)属单学科专业型、应用型系统，其体系结构较完整，移植性方面也有所改善，而且在系统的人机接口、解释机制、知识获取技术、不确定推理技术、增强专家系统的知识表示和推理方法的启发性、通用性等方面都有所改进。第三代专家系统属多学科综合型系统,采用多种人工智能语言,综合采用各种知识表示方法和多种推理机制及控制策略,并开始运用各种知识工程语言、骨架系统及专家系统开发工具和环境来研制大型综合专家系统。在总结前三代专家系统的设计方法和实现技术的基础上,已开始采用大型多专家协作系统、多种知识表示、综合知识库、自组织解题机制、多学科协同解题与并行推理、专家系统工具与环境、人工神经网络知识获取及学习机制等最新人工智能技术来实现具有多知识库、多主体的第四代专家系统。

专家系统通常由知识库、推理机、人机界面、综合数据库、解释器、知识获取等6个部分构成:

(1) 知识库。知识库用来存放专家提供的知识。专家系统的问题求解过程是通过知识库中的知识来模拟专家的思维方式的,因此,知识库是专家系统质量是否优越的关键所在,即知识库中知识的质量和数量决定着专家系统的质量水平。一般来说,专家系统中的知识库与专家系统程序是相互独立的,用户可以通过改变、完善知识库中的知识内容来提高专家系统的性能。人工智能中的知识表示形式有产生式、框架、语义网络等,而在专家系统中运用得较为普遍的知识是产生式规则。产生式规则以 IF…THEN…的形式出现,就像 BASIC 等编程语言里的条件语句一样,IF 后面跟的是条件(前件),THEN 后面的是结论(后件),条件与结论均可以通过逻辑运算 AND、OR、NOT 进行复合。在这里,产生式规则的理解非常简单:如果前提条件得到满足,就产生相应的动作或结论。

(2) 推理机。推理机针对当前问题的条件或已知信息,反复匹配知识库中的规则,获得新的结论,以得到问题求解结果。推理方式可以有正向和反向推理两种。正向链的策略是寻找出前提可以同数据库中的事实或断言相匹配的那些规则,并运用冲突的消除策略,从这些都可满足的规则中挑选出一个执行,从而改变原来数据库的内容。这样反复地进行寻找,直到数据库的事实与目标一致即找到解答,或者到没有规则可以与之匹配时才停止。逆向链的策略是从选定的目标出发,寻找执行后可以达到目标的规则;如果这条规则的前提与数据库中的事实相匹配,问题就得到解决;否则把这条规则的前提作为新的子目标,并对新的子目标寻找可以运用的规则,执行逆向序列的前提,直到最后运用的规则的前提可以与数据库中的事实相匹配,或者直到没有规则再可以应用时,系统便以对话形式请求用户回答并输入必需的事实。由此可见,推理机就如同专家解决问题的思维方式,知识库就是通过推理机来实现其价值的。

(3) 人机界面。人机界面是系统与用户进行交流时的界面。通过该界面,用户输入基本信息、回答系统提出的相关问题,并输出推理结果及相关的解释等。

(4) 综合数据库。综合数据库专门用于存储推理过程中所需的原始数据、中间结果和最终结论,往往是作为暂时的存储区。

(5) 解释器。解释器能够根据用户的提问,对结论、求解过程做出说明,因而使专家系统更具有人情味。

(6) 知识获取。知识获取是专家系统知识库是否优越的关键,也是专家系统设计的"瓶颈"问题,通过知识获取,可以扩充和修改知识库中的内容,也可以实现自动学习功能。

5. 数据挖掘与知识发现

计算机网络,尤其是移动互联网,飞速发展,计算机处理的信息量越来越大。海量的信息如果无法充分的利用,就会造成信息浪费,甚至变成大量的数据垃圾。

数据挖掘和知识发现以数据库作为新的知识源,在20世纪90年代初期兴起并活跃起来。

知识发现系统通过各种学习方法,自动处理数据库中大量的原始数据,提炼出具有必然性、有意义的知识,从而揭示出蕴涵在这些数据背后的内在联系和本质规律,实现知识的自动获取。知识发现是从数据库中发现知识的全过程,而数据挖掘是这个过程的一个关键性的步骤。

数据挖掘的目的是从数据库中找出有意义的模式。这些模式可以是一组规则、聚类、决策树、依赖网络或以其他方式表示的知识。

典型的数据挖掘过程分为4个阶段:数据预处理、建模、模型评估、模型应用。数据预处理阶段主要包括数据的理解、属性选择、连接属性离散化、数据中噪声及丢失值处理、实例选择等。建模包括学习算法的选择、算法参数的确定等。模型评估是进行模型训练和测试,对得到的模型进行评价。模型应用是运用得到的满意模型对新的数据进行解释。

6. 人工神经网络

人工神经网络是20世纪80年代以来人工智能领域兴起的研究热点。它从信息处理角度对人脑神经元网络进行抽象,建立某种简单模型,按不同的连接方式组成不同的网络。在工程与学术界也常直接简称为神经网络或类神经网络。

神经网络是一种运算模型,由大量的节点(或称神经元)之间相互联接构成。每个节点代表一种特定的输出函数,称为激励函数。每两个节点间的连接都代表一个对于通过该连接信号的加权值,称之为权重,这相当于人工神经网络的记忆。网络的输出则依网络的连接方式、权重值和激励函数的不同而不同。而网络自身通常都是对自然界某种算法或者函数的逼近,也可能是对一种逻辑策略的表达。

人工神经网络是由大量处理单元互联组成的非线性、自适应信息处理系统。它是在现代神经科学研究成果的基础上提出的,试图通过模拟大脑神经网络处理、记忆信息的方式进行信息处理。人工神经网络具有四个基本特征:

(1)非线性。非线性关系是自然界的普遍特性。大脑的智慧就是一种非线性现象。人工神经元处于激活或抑制二种不同的状态,这种行为在数学上表现为一种非线性关系。具有阈值的神经元构成的网络具有更好的性能,可以提高容错性和存储容量。

(2)非局限性。一个神经网络通常由多个神经元广泛连接而成。一个系统的整体行为不仅取决于单个神经元的特征,而且可能主要由单元之间的相互作用、相互连接所决定。通过单元之间的大量连接模拟大脑的非局限性。联想记忆是非局限性的典型例子。

(3)非常定性。人工神经网络具有自适应、自组织、自学习能力。神经网络不但处理的信息可以有各种变化,而且在处理信息的同时,非线性动力系统本身也在不断变化。经常采用迭代过程描写动力系统的演化过程。

(4)非凸性。一个系统的演化方向,在一定条件下将取决于某个特定的状态函数。例如能量函数,它的极值对应于系统比较稳定的状态。非凸性是指这种函数有多个极值,故系统具有多个较稳定的平衡态,这将导致系统演化的多样性。

人工神经网络中,神经元处理单元可表示不同的对象,例如特征、字母、概念,或者一些有意义的抽象模式。网络中处理单元的类型分为三类:输入单元、输出单元和隐单元。输入单元接受外部世界的信号与数据;输出单元实现系统处理结果的输出;隐单元是处在输入和输出单元之间,不能由系统外部观察的单元。神经元间的连接权值反映了单元间的连接强度,信息的表示和处理体现在网络处理单元的连接关系中。人工神经网络是一种非程序化、适应性、大脑风格的信息处理,其本质是通过网络的变换和动力学行为得到一种并行分布式的信息处理功能,并在不同程度和层次上模仿人脑神经系统的信息处理功能。它是涉及神经科学、思维科学、人工智能、计算机科学等多个领域的交叉学科。

人工神经网络是并行分布式系统,采用了与传统人工智能和信息处理技术完全不同的机理,克服了传统的基于逻辑符号的人工智能在处理直觉、非结构化信息方面的缺陷,具有自适应、自组织和实时学习的特点。

7. 智能 CAI

计算机辅助教学(Computer Aided Instruction,CAI)是在计算机辅助下进行的各种教学活动,以对话方式与学生讨论教学内容、安排教学进程、进行教学训练的方法与技术。

智能 CAI 就是把人工智能技术引入计算机辅助教学领域,建立智能 CAI 系统,即 ICAI。近年来,出现以智能化、感知化为特征的智慧教育,人工智能、大数据、云计算、物联网、虚拟现实等新一代的信息技术进入教学领域,能够获取教育与管理过程中的多源异构数据、信息和知识,分析学习行为和教学行为的认知过程,研究知识个性化推荐机制。

ICAI 的特点是能够对学生进行个性化的指导,具备以下智能特征:

(1) 自动生产各种问题与联系。
(2) 根据学生的水平和学习情况自动选择与调整教学内容与进度。
(3) 在理解教学内容的基础上自动解决问题生成解答。
(4) 具有自然语言生成和理解能力。
(5) 对教学内容有理解咨询能力。
(6) 能诊断学生错误,分析原因并纠正措施。
(7) 能评价学生的学习行为。
(8) 能不断地在教学中改进教学策略。

为了实现上述 ICAI 系统,把整个系统分成专门知识、教导策略和学生模型等三个基本模块和一个自然语言的智能接口。

ICAI 是人工智能的一个重要应用领域和研究方向,成为人工智能界和教育界共同关注的热点。20 世纪 80 年代以来,知识工程、专家系统技术兴起发展,ICAI 与专家系统关系愈加密切。ICAI 也被列入近几届美国与国际人工智能会议的重要研究议程。

课程思政

亚洲首个中国创造的无人码头

在青岛港,2017 年 5 月 11 日启用的一个新码头却空无一人,来来回回的机器人承担了卸载、分配、运送等繁重的工作。那么它们是如何工作的呢?

来自远洋的船舶停靠前,全自动码头操作系统就根据船舶信息,自动生成了作业计划并下达指令。整个过程不需要人工操控,一群机器人像人一样完成装卸。

课程思政

在自动化码头上，是几十台自动导引车来回穿梭，井然有序地工作着，它的控制系统过去国际上只有一家公司掌握，青岛港项目团队历时三年、经过 5 万多次测试，终于研发出新一代控制系统，可满足 100 台以上导引车同时高效工作。

青岛港的全自动化码头还和互联网、物联网、大数据平台深度融合，形成"超级大脑"，使自动化码头设计作业效率达每小时 40 自然箱，比传统码头提升 30%，同时节省工作人员 70%，成为当今世界装卸效率最快的自动化码头，如图 8-1 所示。

图 8-1　央视晚间新闻报道：山东青岛，亚洲首个全自动码头今天启用

中国创造的亚洲首个无人码头，是人工智能技术服务人类的典范，同时也彰显了中国科技工作者打破垄断、勇于攻关、自主创新的精神。我们要学习这种精神并贯穿到未来学习和职业生涯中。

8.2　大　数　据

大数据是一个体量规模巨大、数据类别多样的数据集。研究机构 Gartner 认为，"大数据"是需要新处理模式才能具有更强的决策力、洞察发现力和流程优化能力来适应海量、高增长率和多样化的信息资产。麦肯锡全球研究所给出的定义是：一种规模大到在获取、存储、管理、分析方面大大超出了传统数据库软件工具能力范围的数据集合，具有海量的数据规模、快速的数据流转、多样的数据类型和价值密度低四大特征。

大数据技术的战略意义不在于掌握庞大的数据信息，而在于对这些含有意义的数据进行专业化处理。换而言之，如果把大数据比作一种产业，那么这种产业实现盈利的关键，在于提高对数据的"加工能力"，通过"加工"实现数据的"增值"。

8.2.1　从数据到大数据

1. 数据的定义与分类

数据是指对客观事件进行记录并可以鉴别的符号，是对客观事物的性质、状态以及相互关系等进行记载的物理符号或这些物理符号的组合。它是可识别的、抽象的符号。

它不仅指狭义上的数字,还可以是具有一定意义的文字、字母、数字符号的组合、图形、图像、视频、音频等,也是客观事物的属性、数量、位置及其相互关系的抽象表示。例如,"0、1、2…""阴、雨、下降、气温""学生的档案记录""货物的运输情况"等都是数据。数据经过加工后就成为信息。

在计算机科学中,数据是指所有能输入计算机并被计算机程序处理的符号介质的总称,是用于输入电子计算机进行处理,具有一定意义的数字、字母、符号和模拟量等的通称。计算机存储和处理的对象十分广泛,表示这些对象的数据也随之变得越来越复杂。

数据的分类方法很多,按照数据形态可以分为结构化数据和非结构化数据两种类型。结构化数据结构固定,每个字段有固定的语义和长度,计算机程序可以直接处理。非结构化数据是计算机程序无法直接处理的数据,需要先对数据进行格式转换或信息提取。

数据按表现形式分为数字数据、模拟数据。数字数据在某个区间内是离散的值,如各种统计或量测数据。模拟数据,是指在某个区间连续变化的物理量,由连续函数组成,又可以分为图形数据(如点、线、面)、符号数据、文字数据和图像数据等,如声音的大小和温度的变化等。

2. 大数据的特点

大数据是由多种数据类型组成、体量巨大、高速增长的信息资产。大数据的核心是运用数学和软件技术,通过数据分析和挖掘的方法,稳定快速地获取其内在价值和知识。大数据具有以下 4V 特点,即 Volume(体量)、Variety(种类)、Velocity(速度)、Value(价值)4 方面。

(1) 数据规模大。在信息时代背景下,大数据采集和存储的数据数量非常巨大,数据量的单位从 TB 级别跃升到 PB、EB,甚至到了 ZB 级别。各单位换算关系如下:

$$1TB=1024GB=1048576MB$$
$$1PB=1024TB=1048576GB$$
$$1EB=1024PB=1048576TB$$
$$1ZB=1024EB=1048576PB$$

(2) 数据类型多。大数据包括结构化(如数组、二维表等)、半结构化(如树结构数据、文本文字等)和非结构化数据(如图片、视频、音频、地理位置信息等),非结构化数据越来越成为数据的主要部分。

(3) 处理速度快。在数据量非常庞大的情况下,需要做到数据的实时处理。如果无法及时有效地处理得到的信息,那么获得的信息也是没有意义的。

(4) 价值密度低,但是总体的数据价值高。互联网时代信息不断地产生海量数据,价值密度很低。例如,城市的监控视频、互联网网页访问数据、环境监测信息、电子交易数据等。但是海量数据内含着巨大的使用价值和商业价值,大数据挖掘获得丰厚的价值回报,凸显了数据的总体价值高的特点。

3. 大数据的价值

现在的社会是一个高速发展的社会,科技发达,信息流通,人们之间的交流越来越密切,生活也越来越方便,大数据就是这个高科技时代的产物。

大数据并不在"大",而在于"有用"。价值含量、挖掘成本比数量更为重要。对于很多行业而言,如何利用这些大规模数据是赢得竞争的关键。

大数据地位不断跃升,并且在创造新价值。根据国际数据公司(IDC)对欧美62家已经运用数据挖掘的企业的调查显示,其三年投资回报率达到401%,其中25%的企业三年投资回报率更是超过了600%,可见大数据在为企业创造价值方面发挥了巨大的威力和作用。

大数据的价值体现在以下几个方面:

(1) 对大量消费者提供产品或服务的企业可以利用大数据进行精准营销。

(2) 中小微企业可以利用大数据做服务转型。

(3) 面临互联网压力之下必须转型的传统企业需要与时俱进充分利用大数据的价值。

4. 大数据应用经典案例

生活中大数据经典案例的出现,使人们真正认识了大数据的威力。

(1) 啤酒与尿布。20世纪90年代,全球零售业巨头沃尔玛在对消费者购物行为分析时发现,男性顾客在购买婴儿尿片时,常常会顺便搭配几瓶啤酒来犒劳自己,于是尝试推出了将啤酒和尿布摆在一起的促销手段。没想到这个举措居然使尿布和啤酒的销量都大幅增加了,取得了较好的经济效益。如今,"啤酒+尿布"的例子早已成了大数据技术应用的经典案例,被人们津津乐道。

(2) Google成功预测冬季流感。2009年,Google通过分析5000万条美国人最频繁检索的词汇,将之和美国疾病中心在2003年到2008年间季节性流感传播时期的数据进行比较,并建立一个特定的数学模型。通过该模型,最终成功预测了2009年冬季流感的传播,甚至可以具体到特定的地区和州。

(3) 大数据与乔布斯癌症治疗。乔布斯是苹果手机的创始人,也是世界上第一个对自身所有DNA和肿瘤DNA进行排序的人。他支付了高达几百万美元的费用,得到了包括整个基因的数据文档。医生根据分析结果按需下药,最终这种方式帮助乔布斯延长了好几年的生命。

除此之外,还有其他很多的大数据应用案例,如淘宝平台对用户的精准画像、"互联网+"思维下的平台优势,以及近年来频频爆出的演唱会上利用AI技术和人脸大数据抓捕逃犯等。随着技术的不断发展,未来会有更多的大数据应用出现。

8.2.2 大数据技术

大数据带来的不仅是机遇,同时也是挑战。传统的数据处理手段已经无法满足大数据的海量实时需求,需要采用新一代的信息技术来应对大数据的爆发。大数据技术可以归纳为如表8-1中所示的五大类。

表8-1 大数据技术分类

大数据技术分类	大数据技术与工具
基础架构支持	云计算平台
	云存储
	虚拟化技术
	网络技术
	资源监控技术

续表

大数据技术分类	大数据技术与工具
数据采集	数据总线
	ETL 工具
数据存储	分布式文件系统
	关系型数据库
	NoSQL 技术
	关系型数据库与非关系型数据库融合
	内存数据库
数据计算	数据查询、统计与分析
	数据预测与挖掘
	图谱处理
	BI 商业智能
展现与交互	图形与报表
	可视化工具
	增强现实技术

基础架构支持。主要包括为支撑大数据处理的基础架构级数据中心管理、云计算平台、云存储设备及技术、网络技术、资源监控等技术。大数据处理需要拥有大规模物理资源的云数据中心和具备高效的调度管理功能的云计算平台的支撑。

数据采集技术。数据采集技术是数据处理的必备条件,首先需要有数据采集的手段,把信息收集上来,才能应用上层的数据处理技术。数据采集除了各类传感设备等硬件软件设施之外,主要涉及到的是数据的 ETL(采集、转换、加载)过程,能对数据进行清洗、过滤、校验、转换等各种预处理,将有效的数据转换成适合的格式和类型。同时,为了支持多源异构的数据采集和存储访问,还需设计企业的数据总线,方便企业各个应用和服务之间数据的交换和共享。

数据存储技术。数据经过采集和转换之后,需要存储归档。针对海量的大数据,一般可以采用分布式文件系统和分布式数据库的存储方式,把数据分布到多个存储节点上,同时还需提供备份、安全、访问接口及协议等机制。

数据计算。与数据查询、统计、分析、预测、挖掘、图谱处理、BI 商业智能等各项相关的技术统称为数据计算技术。数据计算技术涵盖数据处理的方方面面,也是大数据技术的核心。

数据展现与交互。数据展现与交互在大数据技术中也至关重要,因为数据最终需要为人们所使用,为生产、运营、规划提供决策支持。选择恰当的、生动直观的展示方式能够帮助我们更好地理解数据及其内涵和关联关系,也能够更有效地解释和运用数据,发挥其价值。在展现方式上,除了传统的报表、图形之外,还可以结合现代化的可视化工具及人机交互手段,甚至是基于最新的如 Google 眼镜等增强现实手段,来实现数据与现实的无缝接口。

1. 基础架构支持

大数据处理需要拥有大规模物理资源的云数据中心和具备高效的调度管理功能的云计

算平台的支撑。云计算管理平台能为大型数据中心及企业提供灵活高效的部署、运行和管理环境,通过虚拟化技术支持异构的底层硬件及操作系统,为应用提供安全、高性能、高可扩展、高可靠和高伸缩性的云资源管理解决方案,降低应用系统开发、部署、运行和维护的成本,提高资源使用效率。

作为新兴的计算模式,云计算在学术界和业界获得巨大的发展动力。政府、研究机构和行业领跑者正在积极尝试应用云计算来解决网络时代日益增长的计算和存储问题。除了亚马逊的 AWS、Google 的 App Engine 和 Microsoft 的 Windows Azure Services 等商业云平台之外,还有一些如 OpenNebula、Eucalyptus、Nimbus 和 OpenStack 等开源的云计算平台,每个平台都有其显著的特点和不断发展的社区。

亚马逊的 AWS 是有代表性的云计算平台,其系统架构最大的特点就是通过 Web Service 接口开放数据和功能,并通过 SOA 的架构使系统达到松耦合。AWS 提供的 Web Service 栈可分为四层。

(1) 访问层:提供管理控制台、API 和各种命令行等。

(2) 通用服务层:包括身份认证、监控、部署和自动化等。

(3) PaaS 层服务:包括并行处理、内容传输和消息服务等。

(4) IaaS 层服务:包括云计算平台 EC2、云存储服务 S3/EBS、网络服务 VPC/ELB、数据库服务等。

2. 数据采集

足够的数据量是企业大数据战略建设的基础,因此数据采集就成了大数据分析的前站。采集是大数据价值挖掘重要的一环,其后的分析挖掘都建立在采集的基础上。大数据技术的意义确实不在于掌握规模庞大的数据信息,而在于对这些数据进行智能处理,从中分析和挖掘出有价值的信息,但前提是拥有大量的数据。绝大多数的企业现在还很难判断,到底哪些数据未来将成为资产,通过什么方式将数据提炼为现实收入。对于这一点即便是大数据服务企业也很难给出确定的答案。但有一点是肯定的,大数据时代,谁掌握了足够的数据,谁就有可能掌握未来,现在的数据采集就是将来的资产积累。

数据的采集有基于物联网传感器的采集,也有基于网络信息的数据采集。比如在智能交通中,数据的采集有基于北斗卫星导航系统的定位信息采集,基于交通摄像头的视频采集,基于交通卡口的图像采集,基于路口的线圈信号采集等。而在互联网上的数据采集是对各类网络媒介,如搜索引擎、新闻网站、论坛、微博、博客、电商网站等的各种页面信息和用户访问信息进行采集,采集的内容主要有文本信息、URL、访问日志、日期和图片等。之后把采集到的各类数据进行清洗、过滤、去重等各项预处理并分类归纳存储。

数据采集过程中的 ETL(抽取 extract、转换 transform、加载 load)工具负责将分布的、异构数据源中的不同种类和结构的数据如文本数据、关系数据,以及图片、视频等非结构化数据等抽取到临时中间层后进行清洗、转换、分类、集成,最后加载到对应的数据存储系统如数据仓库或数据集市中,成为联机分析处理、数据挖掘的基础。针对大数据的 ETL 工具有别于传统的 ETL 处理过程,因为一方面大数据的体量巨大,另一方面数据的产生速度也非常快,比如一个城市的视频监控头、智能电表每一秒钟都在产生大量的数据,对数据的预处理需要实时快速,因此在 ETL 的架构和工具选择上,也会采用如分布式内存数据库、实时流处理系统等现代信息技术。

3. 数据存储

大数据每年都在激增庞大的信息量，加上已有的历史数据信息，对整个业界的数据存储、处理带来了很大的机遇与挑战。为了满足快速增长的存储需求，云存储需要具备高扩展性、高可靠性、高可用性、低成本、自动容错和去中心化等特点。常见的云存储形式可以分为分布式文件系统和分布式数据库。其中，分布式文件系统采用大规模的分布式存储节点来满足存储大量文件的需求，而分布式的 NoSQL 数据库则为大规模非结构化数据的处理和分析提供支持。

Google 在早期面对海量互联网网页的存储及分析难题时，率先开发出了 Google 文件系统 GFS 以及基于 GFS 的 MapReduce 分布式计算分析模型。由于一部分的 Google 应用程序需要处理大量的格式化以及半格式化数据，Google 又构建了弱一致性要求的大规模数据库系统 BigTable，能够对海量数据进行索引、查询和分析。Google 的这一系列产品，开创了云计算时代大规模数据存储、查询和处理的先河。

由于 Google 的技术并不对外开放，因此 Yahoo 以及开源社区协同开发了 Hadoop 系统，相当于 GFS 和 MapReduce 的开源实现。其底层的 Hadoop 文件系统 HDFS 和 GFS 的设计原理完全是一致的，同时也实现了 Bigtable 的开源系统 HBase 分布式数据库。Hadoop 以及 HBase 自推出以来在全世界得到了广泛的应用，现在已经由 Apache 基金会管理，Yahoo 本身的搜索系统就是运行在上万台的 Hadoop 集群之上。

4. 数据计算

面向大数据处理的数据查询、统计、分析、挖掘等需求，促生了大数据计算的不同计算模式，整体上可以把大数据计算分为离线批处理计算、实时交互计算和流计算三种。下面以实时交互计算为例讲解。

当今的实时计算一般都需要针对海量数据进行，除了要满足非实时计算的一些需求（如计算结果准确）以外，实时计算最重要的一个需求是能够实时响应计算结果，一般要求为秒级。实时计算一般可以分为以下两种应用场景：

（1）数据量巨大且不能提前计算出结果的，但要求对用户的响应时间是实时的。主要用于特定场合下的数据分析处理。当数据量庞大，同时发现无法穷举所有可能条件的查询组合，或者大量穷举出来的条件组合无用的时候，实时计算就可以发挥作用，将计算过程推迟到查询阶段进行，但需要为用户提供实时响应。这种情形下，也可以将一部分数据提前进行处理，再结合实时计算结果，以提高处理效率。

（2）数据源是实时的不间断的，要求对用户的响应时间也是实时的。数据源实时不间断的也称为流式数据。所谓流式数据是指将数据看作是数据流的形式来处理。数据流是在时间分布和数量上无限的一系列数据记录的集合体；数据记录是数据流的最小组成单元。例如，在物联网领域传感器产生的数据可能是源源不断的。实时的数据计算和分析可以动态实时地对数据进行分析统计，对于系统的状态监控、调度管理具有重要的实际意义。

海量数据的实时计算过程可以被划分为以下三个阶段：数据的产生与收集阶段、传输与分析处理阶段、存储和对外提供服务阶段。

（1）数据实时采集。在功能上需要保证可以完整地收集到所有数据，为实时应用提供实时数据；响应时间上要保证实时性、低延迟；配置简单，部署容易；系统稳定可靠等。目前，互联网企业的海量数据采集工具，有 Facebook 开源的 Scribe、LinkedIn 开源的 Kafka、

Cloudera 开源的 Flume、淘宝开源的 TimeTunnel、Hadoop 的 Chukwa 等，均可以满足每秒数百 MB 的日志数据采集和传输需求。

（2）数据实时计算。传统的数据操作，首先将数据采集并存储在数据库管理系统（DBMS）中，然后通过 query 和 DBMS 进行交互，得到用户想要的答案。整个过程中，用户是主动的，而 DBMS 系统是被动的。但是，对于现在大量存在的实时数据，这类数据实时性强，数据量大，数据格式多种多样，传统的关系型数据库架构并不合适。新型的实时计算架构一般都是采用海量并行处理 MPP 的分布式架构，数据的存储及处理会分配到大规模的节点上进行，以满足实时性要求，在数据的存储上，则采用大规模分布式文件系统，比如 Hadoop 的 HDFS 文件系统，或是新型的 NoSQL 分布式数据库。

（3）实时查询服务。可以分为三种实现方式：①全内存：直接提供数据读取服务，定期 dump 到磁盘或数据库进行持久化。②半内存：使用 Redis、Memcache、MongoDB、BerkeleyDB 等数据库提供数据实时查询服务，由这些系统进行持久化操作。③全磁盘：使用 HBase 等以分布式文件系统（HDFS）为基础的 NoSQL 数据库，对于 key-value 引擎，关键是设计好 key 的分布。

5. 数据展现与交互

计算结果需要以简单直观的方式展现出来，才能最终为用户所理解和使用，形成有效的统计、分析、预测及决策，应用到生产实践和企业运营中，因此大数据的展现技术，以及与数据的交互技术在大数据全局中也占据重要的位置。

Excel 形式的表格和图形化展示方式是人们熟知和使用已久的数据展示方式，也为日常的简单数据应用提供了极大的方便。华尔街的很多交易员还都依赖 Excel 和他们很多年积累和总结出来的公式来进行大宗的股票交易，而微软公司和一些创业者也看到市场潜力，在开发以 Excel 为展示和交互方式，结合 Hadoop 等技术的大数据处理平台。

人脑对图形的理解和处理速度，大大高于文字。因此，通过视觉化呈现数据，可以深入展现数据中的潜在的或复杂的模式和关系。随着大数据的兴起，也涌现了很多新型的数据展现和交互方式，和专注于这方面的一些创业公司。这些新型方式包括交互式图表，可以在网页上呈现，并支持交互，可以操作、控制图标、动画和演示。另外交互式地图应用如 Google 地图，可以动态标记、生成路线、叠加全景航拍图等，由于其开放的 API 接口，可以跟很多用户地图和基于位置的服务应用结合，因而获得了广泛的应用。Google Chart Tools 也给网站数据可视化提供了很多种灵活的方式。从简单的线图、Geo 图、gauges（测量仪），到复杂的树图，Google Chart Tools 提供了大量设计优良的图表工具。

诞生于斯坦福大学的大数据创业公司研发的软件 Tableau 正逐渐成为优秀的数据分析工具之一。Tableau 将数据运算与美观的图表完美地结合在一起，可以用它将大量数据拖放到数字"画布"上，转眼间就能创建好各种图表。Tableau 的设计与实现理念是：界面上的数据越容易操控，公司对自己在所在业务领域里的所作所为到底是正确还是错误，就能了解得越透彻。快速处理，便捷共享，是 Tableau 的另一大特性。仅需几秒钟，Tableau Server 就可以将交互控制面板发布在网上，用户只需要一个浏览器，就可以方便地过滤、选择数据并且对他们的问题得到回应，这将使得用户使用数据的积极性大大增加。

另一家大数据可视化创业公司 Visual.ly 以丰富的信息图资源而著称。它是一个社会化的信息图创作分享平台。我们生活在数据收集和内容创作的时代，Visual.ly 正是这个数据时代的产物,一个全新的可视化信息图新平台,很多用户乐意把自己制作的信息图上传到网站中与他人分享。信息图形将极大地刺激视觉表现,促进用户间相互学习、讨论。用Visual.ly制作信息图并不复杂,它是一个自动化工具,让人快速而简易插入不同种类的数据,并通过图形把数据表达出来。

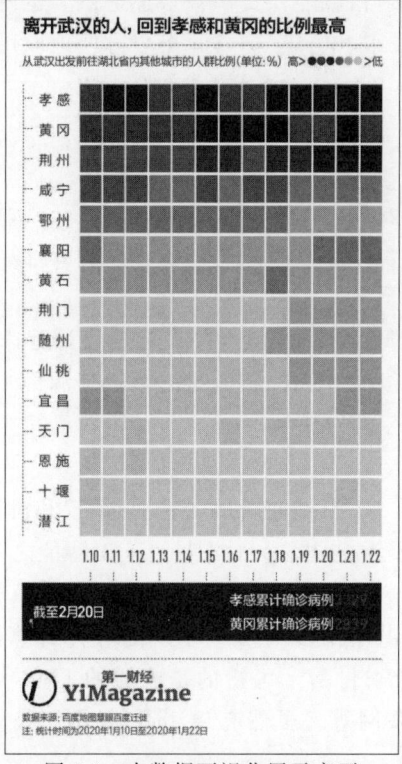

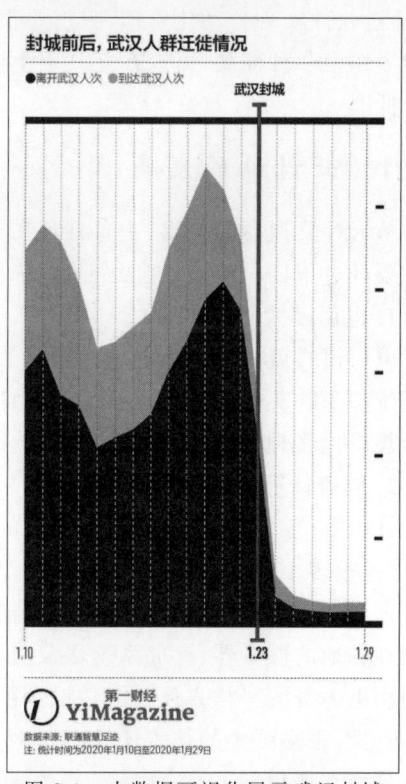

> **课程思政**
>
> ### 大数据:防控疫情的"定海神针"
>
> 新冠疫情像是一场突如其来的大考,政府对大型突发公共卫生事件的应急能力摊开在大众面前,而效率是其中关键。近年热议的智慧城市建设,到底能否实现精细化、动态化管理,大数据能否提升政府决策效率?
>
> 以前缺乏大数据的支撑,政府想要判断跨城市人口流动的情况,通常需要在道路卡口,挨个询问车辆的去向,或是入户做社区调查。但往往基层上报的汇总数据都是滞后的结果。
>
> 现在开展大数据咨询,建立了疫情电信大数据分析模型,统计全国特别是武汉市和湖北省等地区的人员向不同城市的流动情况,从而帮助预判疫情传播趋势、提升各地疫情防控工作效率。
>
> 图8-2和图8-3显示了通过电信大数据采集到的湖北省人员流动情况。
>
> 图 8-2　大数据可视化展示离开武汉的人群比例　　　图 8-3　大数据可视化展示武汉封城前后人群迁徙情况

> **课程思政**
>
> 大数据在疫情防控中的作用：①获知人口流向，预判疫情传播趋势；②结合确诊数据，验证政策效果；③预警风险区域，找到风险人群。
>
> 武汉封城之后，联通智慧足迹大数据显示，当天流出的用户量呈现断崖式下跌，下降近一半。封城第二天，离开武汉的人口数接近冰点。从大数据的表现来看，武汉的封城效果是显著的。
>
> 利用大数据技术为疫情防控服务，为人民身体健康服务，大数据发挥了大作用。

8.3 云 计 算

云计算是以互联网为中心，在网站上提供快速且安全的云计算服务与数据存储，让每一个使用互联网的人都可以使用网络上的庞大计算资源与数据中心。狭义上讲，云计算就是一种提供资源的网络，使用者可以随时获取"云"上的资源，按需求量使用，并且可以看成是无限扩展的，只要按使用量付费就可以。"云"就像自来水厂一样，我们可以随时接水，并且不限量，按照自己家的用水量，付费给自来水厂就可以。从广义上说，云计算是与信息技术、软件、互联网相关的一种服务，这种计算资源共享池叫做"云"，云计算把许多计算资源集合起来，通过软件实现自动化管理，只需要很少的人参与，就能让资源被快速提供。也就是说，计算能力作为一种商品，可以在互联网上流通，就像水、电、煤气一样，可以方便地取用，且价格较为低廉。

8.3.1 云计算的发展

从云计算概念的提出，一直到现在云计算的发展，云计算渐渐的成熟起来。云计算的发展主要经过了四个阶段，这四个阶段依次是电厂模式、效应计算、网格计算和云计算。

1. 电厂模式阶段

电厂模式就好比利用电厂的规模效应，来降低电力的价格，并让用户使用起来方便，且无需维护和购买任何发电设备。云计算就是这样一种模式，将大量的分散资源集中在一起，进行规模化管理，降低成本，方便用户。

2. 效应计算阶段

在1960年前后，由于计算机设备的价格非常昂贵，远非一般的企业、学校和机构所能承受，于是很多IT界的精英们就有了共享计算机资源的想法。1961年，人工智能之父麦肯锡在一次会议上提出了"效应计算"这个概念，其核心就是借鉴了电厂模式，具体的目标是整合分散在各地的服务器、存储系统以及应用程序来共享给多个用户，让人们使用计算机资源就像使用电力资源一样方便，并且根据用户使用量来付费。可惜的是当时的IT界还处于发展的初期，很多强大的技术还没有诞生，比如互联网等。虽然有想法，但是由于技术的原因还是停留在那里。

3. 网格计算阶段

网格计算研究的是如何把一个需要非常巨大的计算能力才能解决的问题分成许多小部分，然后把这些部分分配给许多低性能的计算机来处理，最后把这些结果综合起来解决大问题。由于网格计算在商业模式、技术和安全性方面的不足，使得其并没有在工程界和商业界取得预期的成功。

4. 云计算阶段

云计算的核心与效应计算和网格计算非常类似，也是希望 IT 技术能像使用电力那样方便，并且成本低廉。但与效用计算和网格计算不同的是，现在在需求方面已经有了一定的规模，同时在技术方面也已经成熟了。

8.3.2 云计算的特点

云计算的可贵之处在于高灵活性、可扩展性和高性价比等，与传统的网络应用模式相比，其具有如下优势与特点：

1. 虚拟化技术

虚拟化突破了时间、空间的界限，是云计算最为显著的特点，虚拟化技术包括应用虚拟和资源虚拟两种。众所周知，物理平台与应用部署的环境在空间上是没有任何联系的，正是通过虚拟平台对相应终端完成数据备份、迁移和扩展等操作。

2. 动态可扩展

云计算具有高效的运算能力，在原有服务器基础上增加云计算功能，使计算速度迅速提高，最终动态扩展虚拟化的层次，达到对应用进行扩展的目的。

3. 按需部署

计算机包含了许多应用、程序软件等，不同的应用对应的数据资源库不同，所以用户运行不同的应用需要较强的计算能力对资源进行部署，而云计算平台能够根据用户的需求快速配备计算能力及资源。

4. 灵活性高

目前市场上大多数 IT 资源、软、硬件都支持虚拟化，比如存储网络、操作系统等。虚拟化要素统一放在云系统资源虚拟池当中进行管理，可见云计算的兼容性非常强，不仅可以兼容低配置机器、不同厂商的硬件产品，还能够让外设获得更高性能计算。

5. 可靠性高

倘若服务器发生故障也不影响计算与应用的正常运行。因为单点服务器出现故障可以通过虚拟化技术，将分布在不同物理服务器上面的应用进行恢复，或利用动态扩展功能部署新的服务器进行计算。

6. 性价比高

将资源放在虚拟资源池中统一管理在一定程度上优化了物理资源，用户不再需要昂贵、存储空间大的主机，可以选择相对廉价的 PC 组成云，一方面减少费用，另一方面计算性能不逊于大型主机。

7. 可扩展性

用户可以利用应用软件的快速部署条件，更为简单快捷地将自身所需的已有业务以及新业务进行扩展。如，计算机云计算系统中出现设备的故障，对于用户来说，无论是在计算机层面上，亦或是在具体运用上均不会受到影响，可以利用计算机云计算具有的动态扩展功能来对其他服务器开展有效扩展。这样一来就能够确保任务得以有序完成。在对虚拟化资源进行动态扩展的情况下，同时能够高效扩展应用，提高计算机云计算的操作水平。

8.3.3 云计算的服务层次

云计算的服务类型分为三类,即基础设施即服务(IaaS)、平台即服务(PaaS)和软件即服务(SaaS)。

1. 基础设施即服务

基础设施即服务是主要的服务类别之一,IaaS 位于云计算 3 层服务的最底层,通常按照所消耗资源的成本进行收费。它向云计算提供商的个人或组织提供虚拟化计算资源,如虚拟机、存储、网络和操作系统。

2. 平台即服务

PaaS 位于云计算三层服务的最中间,也称为"云计算操作系统"。平台即服务是一种服务类别,为开发人员提供通过全球互联网构建应用程序和服务的平台。PaaS 为开发、测试和管理软件应用程序提供按需开发环境。

3. 软件即服务

SaaS 位于云计算三层服务的最顶层,是最常见的云计算服务。软件即服务是其服务的一类,通过互联网提供按需付费的应用程序,云计算提供商托管和管理软件应用程序,并允许其用户连接到应用程序并通过全球互联网访问应用程序。

8.3.4 云计算的分类

云计算技术已经融入现今的社会生活,按照在不同领域的应用,可以分为以下几个类别:

1. 存储云

存储云,又称云存储,是在云计算技术上发展起来的一个新的存储技术。云存储是一个以数据存储和管理为核心的云计算系统。用户可以将本地的资源上传至云端上,可以在任何地方连入互联网来获取云上的资源。大家所熟知的谷歌、微软等大型网络公司均有云存储的服务,在国内,腾讯云、阿里云和华为云则是市场占有量最大的存储云。存储云向用户提供了存储容器服务、备份服务、归档服务和记录管理服务等,大大方便了使用者对资源的管理。

2. 医疗云

医疗云,是指在云计算、移动技术、多媒体、4G 通信、大数据,以及物联网等新技术基础上,结合医疗技术,使用"云计算"来创建的医疗健康服务云平台,实现了医疗资源的共享和医疗范围的扩大。因为云计算技术的运用与结合,医疗云可提高医疗机构的效率,方便居民就医。医院的预约挂号、电子病历、医保等都是云计算与医疗领域结合的产物,医疗云还具有数据安全、信息共享、动态扩展、布局全国的优势。

3. 金融云

金融云是指利用云计算的模型,将信息、金融和服务等功能分散到庞大分支机构构成的互联网"云"中,旨在为银行、保险和基金等金融机构提供互联网处理和运行服务,同时共享互联网资源,从而解决现有问题并且达到高效、低成本的目标。因为金融与云计算的结合,现在只需要在手机上简单操作,就可以完成银行存款、购买保险和基金买卖。

4. 教育云

教育云,实质上是指教育信息化的一种发展。教育云可以将所需要的任何教育硬件资源虚拟化,然后将其联入互联网中,以向教育机构和学生老师提供一个方便快捷的平台。现在流行的慕课就是教育云的一种应用。慕课 MOOC,指的是大规模开放的在线课程。现阶段慕课的三大优秀平台为 Coursera、edX 以及 Udacity,在国内,中国大学 MOOC 也是非常好的平台。2013 年 10 月 10 日,清华大学推出了 MOOC 平台——学堂在线,许多大学现已使用学堂在线开设了一些课程的 MOOC。

课程思政

阿里云计算能力全球第一:云计算领域的中国力量

2020 年,国际知名咨询机构 Gartner 发布了最新云厂商产品评估报告,在云计算大类中,阿里云以 92.3% 的得分率排名第一(见图 8-4)。在存储和 IaaS 基础能力大类中,阿里云位列全球第二。而在 2017 年全球云计算排名,这里曾几乎全是美企的天下,如同筑起了一道城墙,让他国企业只能远观。

Gartner全球云厂商产品能力评估报告

云厂商	计算	存储	网络	IaaS基础能力
阿里云	第一	第二	第四	第二
亚马逊	第二	第一	第一	第一
微软	第四	第三	第三	第四
谷歌	第三	第四	第二	第三
甲骨文	第五	第五	第五	第五

数据来源:Gartner solution scorecard 2020

图 8-4 阿里云计算能力全球排名第一

2018 年,阿里云计算冲破了城墙,全世界第一次在这里看到了中企的身影。令人振奋的是,城墙不仅被冲破,还一举杀入金銮殿,拿下全球前四,与亚马逊、微软、谷歌一决高下。

而如今,阿里云计算在云计算领域已经超过世界上任何一家企业,谁也没想到被西方称霸垄断的国际前沿技术领域中出现了中企的身影;更没人想到的是它能成为巅峰。

国内云计算市场从 2007 年起步,初期一直处于对国外先进概念和技术消化的阶段。2010 年前后市场逐渐激活,经过近几年的增速发展国内逐渐形成相对成熟的环境(见图 8-5)。阿里云、Ucloud 及腾讯云等服务商逐渐走向国际,并率先在海外部署数据中心,布局市场。让世界又一次见证了中国速度。中国不仅仅在基建领域实力强劲,在科技领域中的云计算领域也是异军突起,依靠自身的自主创新和科技攻关,站立在这项前沿技术的顶端。

课程思政

图 8-5 阿里云为智慧城市提供服务

习 题 8

一、单选题

(1)（　　）是用人工的方法在机器（计算机）上实现的智能，或称机器智能。
　　A. 人工智能　　　B. 机器学习　　　C. 神经网络　　　D. 模式识别
(2)（　　）是指让计算机能够对给定的事务进行鉴别，并把它归入与其相同或相似的模式中。
　　A. 知识表示　　　B. 机器感知　　　C. 搜索　　　　　D. 模式识别
(3)（　　）是使计算机能够模拟人的学习行为，自动地通过学习来获取知识和技能，不断改善性能，实现自我完善的过程。
　　A. 知识表示　　　B. 机器学习　　　C. 搜索　　　　　D. 模式识别
(4) IaaS 是云计算的（　　）服务类型的简称。
　　A. 基础设施即服务　　　　　　　　B. 平台即服务
　　C. 软件即服务　　　　　　　　　　D. 硬件即服务
(5) 首次提出"人工智能"是在（　　）年。
　　A. 1946　　　　　B. 1956　　　　　C. 1916　　　　　D. 1960
(6) 下列（　　）不是人工智能研究领域的学派。
　　A. 符号主义　　　B. 连接主义　　　C. 行为主义　　　D. 建构主义
(7) 大数据的起源是（　　）。
　　A. 金融　　　　　B. 电信　　　　　C. 互联网　　　　D. 公共管理
(8) 智能健康手环的应用开发，体现了（　　）的数据采集技术的应用。
　　A. 统计报表　　　B. 网络爬虫　　　C. API 接口　　　D. 传感器
(9) 大数据的最显著特征是（　　）。
　　A. 数据规模大　　　　　　　　　　B. 数据类型多样
　　C. 数据处理速度快　　　　　　　　D. 数据价值密度高
(10) 当前社会中，最为突出的大数据环境是（　　）。

  A. 互联网   B. 物联网   C. 综合国力   D. 自然资源

二、判断题

（1）云计算是信息技术发展和集成应用到新阶段产生的新技术。（ ）

（2）在产业发展领域，大数据加速了产业优化升级的步伐。（ ）

（3）"大数据"是需要新处理模式才能具有更强的决策力、洞察发现力和流程优化能力的海量、高增长率和多样化的信息资产。（ ）

（4）对于大数据而言，最基本、最重要的要求就是减少错误、保证质量。因此，大数据收集的信息量要尽量精确。（ ）

（5）谷歌流感趋势充分体现了数据重组和扩展对数据价值的重要意义。（ ）

（6）啤酒与尿布的经典案例，充分体现了实验思维在大数据分析理念中的重要性。（ ）

附录 A

全国计算机等级考试一级 WPS Office 考试大纲（2023 年版）

基 本 要 求

1. 具有微型计算机的基础知识（包括计算机病毒的防治常识）。
2. 了解微型计算机系统的组成和各部分的功能。
3. 了解操作系统的基本功能和作用，掌握 Windows 的基本操作和应用。
4. 了解文字处理的基本知识，熟练掌握文字处理 WPS 文字的基本操作和应用，熟练掌握一种汉字（键盘）输入方法。
5. 了解电子表格软件的基本知识，掌握 WPS 表格的基本操作和应用。
6. 了解多媒体演示软件的基本知识，掌握演示文稿制作软件 WPS 演示的基本操作和应用。
7. 了解计算机网络的基本概念和因特网（Internet）的初步知识，掌握 IE 浏览器软件和 Outlook Express 软件的基本操作和使用。

考 试 内 容

一、计算机基础知识

1. 计算机的发展、类型及其应用领域。
2. 计算机中数据的表示、存储与处理。
3. 多媒体技术的概念与应用。
4. 计算机病毒的概念、特征、分类与防治。
5. 计算机网络的概念、组成和分类；计算机与网络信息安全的概念和防控。
6. 因特网网络服务的概念、原理和应用。

二、操作系统的功能和使用

1. 计算机软、硬件系统的组成及主要技术指标。
2. 操作系统的基本概念、功能、组成及分类。
3. Windows 操作系统的基本概念和常用术语，文件、文件夹、库等。

4. Windows 操作系统的基本操作和应用:
（1）桌面外观的设置，基本的网络配置。
（2）熟练掌握资源管理器的操作与应用。
（3）掌握文件、磁盘、显示属性的查看、设置等操作。
（4）中文输入法的安装、删除和选用。
（5）掌握检索文件、查询程序的方法。
（6）了解软、硬件的基本系统工具。

三、WPS 文字处理软件的功能和使用

1. 文字处理软件的基本概念，WPS 文字的基本功能、运行环境、启动和退出。
2. 文档的创建、打开和基本编辑操作，文本的查找与替换，多窗口和多文档的编辑。
3. 文档的保存、保护、复制、删除、插入。
4. 字体格式、段落格式和页面格式设置等基本操作，页面设置和打印预览。
5. WPS 文字的图形功能，图形、图片对象的编辑及文本框的使用。
6. WPS 文字表格制作功能，表格结构、表格创建、表格中数据的输入与编辑及表格样式的使用。

四、WPS 表格软件的功能和使用

1. 电子表格的基本概念，WPS 表格的功能、运行环境、启动与退出。
2. 工作簿和工作表的基本概念，工作表的创建、数据输入、编辑和排版。
3. 工作表的插入、复制、移动、更名、保存等基本操作。
4. 工作表中公式的输入与常用函数的使用。
5. 工作表数据的处理，数据的排序、筛选、查找和分类汇总，数据合并。
6. 图表的创建和格式设置。
7. 工作表的页面设置、打印预览和打印。
8. 工作簿和工作表数据安全、保护及隐藏操作。

五、WPS 演示软件的功能和使用

1. 演示文稿的基本概念，WPS 演示的功能、运行环境、启动与退出。
2. 演示文稿的创建、打开和保存。
3. 演示文稿视图的使用，演示页的文字编排、图片和图表等对象的输入，演示页的输入、删除、复制以及演示页顺序的调整。
4. 演示页版式的设置、模板与配色方案的套用、母版的使用。
5. 演示页放映效果的设置、换页方式及对象动画的选用，演示文稿的播放与打印。

六、因特网（Internet）的初步知识和应用

1. 了解计算机网络的基本概念和因特网的基础知识，主要包括网络硬件和软件，TCP/IP 的工作原理，以及网络应用中常见的概念，如域名、IP 地址、DNS 服务等。
2. 能够熟练掌握浏览器、电子邮件的使用和操作。

考 试 方 式

1. 采用无纸化考试，上机操作。考试时间为 90 分钟。
2. 软件环境：Windows 7 操作系统，WPS Office 2019 办公软件。
3. 在指定时间内，完成下列各项操作：

(1) 选择题(计算机基础知识和网络的基本知识)。(20 分)

(2) Windows 操作系统的使用。(10 分)

(3) WPS 文字的操作。(25 分)

(4) WPS 表格的操作。(20 分)

(5) WPS 演示软件的操作。(15 分)

(6) 浏览器(IE)的简单使用和电子邮件收发。(10 分)

附录 B 全国计算机等级考试二级 WPS Office 高级应用与设计考试大纲（2023 年版）

基本要求

1. 正确采集信息并能在 WPS 中熟练应用。
2. 掌握 WPS 处理文字文档的技能，并熟练应用于编制文字文档。
3. 掌握 WPS 处理电子表格的技能，并熟练应用于分析计算数据。
4. 掌握 WPS 处理演示文稿的技能，并熟练应用于制作演示文稿。
5. 掌握 WPS 处理 PDF 文件的技能，并熟练应用于处理版式文档。
6. 熟悉 WPS 在线办公的概念，并了解相关产品功能和应用场景。

考试内容

一、WPS 综合应用基础

1. WPS 功能界面和窗口视图设置。
2. 文件的新建、保存、加密、打印等基本操作。
3. PDF 的阅读、批注、编辑、处理、保护、转换等操作。
4. WPS 在线办公的概念，在文档上云、共享协作、创新应用等相关产品功能。

二、WPS 处理文字文档

1. 文档的创建、输入编辑、查找替换、打印等基础操作。
2. 设置字体和段落格式、应用文档样式和主题、调整页面布局等排版操作。
3. 文档中表格的制作与编辑。
4. 文档中图形、图像（片）对象的编辑和处理，文本框和文档部件的使用，符号与数学公式的输入与编辑。
5. 文档的分栏、分页和分节操作，文档页眉、页脚的设置，文档内容引用操作。
6. 文档审阅和修订。
7. 利用邮件合并功能批量制作和处理文档。
8. 多窗口和多文档的编辑，文档视图的使用。

9. 分析图文素材,并根据需求提取相关信息引用到 WPS 文字文档中。

三、WPS 处理数据表格

1. 工作簿和工作表的基本操作,工作视图的控制,工作表的打印和输出。
2. 工作表数据的输入和编辑,单元格格式化操作,数据格式的设置。
3. 数据的排序、筛选、对比、分类汇总、合并计算、数据有效性和模拟分析。
4. 单元格的引用,公式、函数和数组的使用。
5. 表的创建、编辑与修饰。
6. 数据透视表和数据透视图的使用。
7. 工作簿和工作表的安全性和跟踪协作。
8. 多个工作表的联动操作。
9. 分析数据素材,并根据需求提取相关信息引用到 WPS 表格文档中。

四、WPS 设计演示文稿

1. 演示文稿的基本功能和基本操作,幻灯片的组织与管理,演示文稿的视图模式和使用。
2. 演示文稿中幻灯片的主题应用、背景设置、母版制作和使用。
3. 幻灯片中文本、艺术字、图形、智能图形、图像(片)、图表、音频、视频等对象的编辑和应用。
4. 幻灯片中对象动画、幻灯片切换效果、链接操作等交互设置。
5. 幻灯片放映设置,演示文稿的打包和输出。
6. 分析图文素材,并根据需求提取相关信息引用到 WPS 演示文档中。

考 试 方 式

上机考试,考试时长 120 分钟,满分 100 分。

1. 题型及分值

单项选择题 20 分(含公共基础知识部分 10 分)。
WPS 处理文字文档操作题 30 分。
WPS 处理电子表格操作题 30 分。
WPS 处理演示文稿操作题 20 分。

2. 软件环境

操作系统:中文版 Windows 7 或以上,推荐 Windows 10。
考试环境:WPS 教育考试专用版。

附录 C 习题答案

习题 1

一、单选题

CACDD　AADCC　DCDBA　DBDDA　CCBDA　BDBC

二、判断题

（1）错　（2）对　（3）对　（4）对　（5）错　（6）错　（7）错　（8）对　（9）错　（10）错

习题 2

一、选择题

DCDCA　CBCBB

二、简答题

（1）简述操作系统的主要功能。

答：操作系统是管理软硬件资源、控制程序执行，改善人机界面，合理组织计算机工作流程和为用户使用计算机提供良好运行环境的一种系统软件。操作系统具有以下几个主要功能：处理机管理、存储管理、文件管理、设备管理。

（2）简述桌面的基本组成元素及其功能。

答：由桌面、快速启动栏、任务栏、快捷图标四部分组成。

① 桌面：桌面是打开计算机并登录到系统之后看到的显示器主屏幕区域。就像实际的桌面一样，它是用户工作的界面。打开程序或文件夹时，它们便会出现在桌面上。还可以将一些项目（如文件和文件夹）放在桌面上，并且随意排列它们。

② 快速启动栏：位于屏幕左下方，用于快速找到应用程序的功能键。

③ 任务栏：在 Windows 系统中，任务栏（taskbar）就是指位于桌面最下方的小长条，主要由开始菜单（屏幕）、应用程序区、语言选项带（可解锁）和托盘区组成，而 Windows 7 及其以后版本系统的任务栏右侧则有"显示桌面"功能。

④ 快捷图标：应用于计算机软件方面，包括：程序标识、数据标识、命令选择、模式信号或切换开关、状态指示等。

（3）简述窗口和对话框的区别。

答：对话框与窗口很相似，但是工作起来不同，因为对话框不能改变大小，而窗口一般都可以进行最大化和最小化等操作。一般而言，当屏幕显示一个对话框时，对文档窗口的其他操作将不起作用，直到该对话框关闭为止。

(4) 如何删除文件不放入回收站？

答：直接删除文件而不进入回收站的操作：选择文件，按下 Shift+Del 键即可；或者，在回收站属性中，选中"删除是不将文件移入回收站，而是彻底删除"，单击确定后，按下 Del 键也是直接删除。

(5) 什么是控制面板？它的作用是什么？

答：控制面板是 Windows 图形用户界面一部分，可通过开始菜单访问。它允许用户查看并更改基本的系统设置，比如添加/删除软件、控制用户/账户、更改辅助功能选项。

(6) 窗口由哪些部分组成？可以对窗口进行哪些操作？

答：窗口由边框、标题栏、菜单栏、工具栏、状态栏、滚动条、工作区等组成。窗口的操作有：移动、改变大小、多窗口排列、复制、活动窗口切换、关闭、打开等。

习题 3

一、单选题

CBDBA　DBAAA　ACBBA

二、简答题

(1) 请描述什么是计算机网络。

答：计算机网络，是指将地理位置不同的具有独立功能的多台计算机及其外部设备，通过通信线路连接起来，在网络操作系统、网络管理软件及网络通信协议的管理和协调下，实现资源共享和信息传递的计算机系统。

(2) 通信子网与资源子网各有什么功能？

答：通信子网主要包括中继器、集线器、网桥、路由器、网关等硬件设备。

资源子网主要包括网络的服务器、用户计算机、网络存储系统、网络终端、共享的打印机和其他设备及相关软件，资源子网的主体为网络资源设备。

(3) 概述计算机网络拓扑。

答：计算机网络拓扑是通过网络中各节点与通信线路、设备之间的几何关系表示的网络结构，反映网络中实体间的结构关系。网络拓扑设计是网络建设中的第一步，决定网络中的线路选择、线路容量、连接方式，直接影响着网络性能、系统可靠性、费用与维护工作。

(4) 物理拓扑与逻辑拓扑有什么区别。

答：物理拓扑是描述如何将设备用线缆物理地连接在一起，如 10BaseT 拥有物理星型，而 FDDI 具有物理双环。逻辑拓扑是描述设备之间如何通过物理拓扑进行通信。物理拓扑与逻辑拓扑是相对独立的。

(5) 什么叫网络协议？

答：网络协议，就是网络通信必须遵守的规则、约定与标准。协议由语法、语义、时序三部分组成。

(6) 简述 OSI 七层模型。

OSI 从上到下各层包括：应用层、表示层、会话层、传输层、网络层、数据链路层、物理层。

(7) 二层交换机与三层交换机有什么不同？

答：二层交换机，具有集线器与网桥的双重功能，并且性能更好。交换机是目前使用最多的网络设备。连接在同一交换机的计算机,处在同一个广播域。

三层交换机,具有二层交换机与部分路由器功能的交换机。在中小型局域网或园区网中,可以作为核心交换设备,并且可以代替路由器的一部分功能。

(8) 双绞线为什么进行扭绞?

答:成对线的扭绞旨在使电磁辐射和外部电磁干扰减到最小。

(9) 划分子网的作用是什么?

答:由于 A、B、C 类地址中的主机数都是固定的,有可能不适合具体的应用,因此可能造成 IP 地址使用上的浪费,因而在实际应用中,需要对 IP 地址进行再次划分,这种技术叫做划分子网。子网编址 Subnet Addressing,又叫子网寻径 Subnet routing,是广泛使用的 IP 网络地址复用方式。

(10) 简述 TCP/IP。

答:TCP/IP 是 Internet 支持的唯一的通信协议。TCP/IP 的体系结构一共为四层:网络接口层、互联网层、传输层和应用层。

(11) 什么叫 DNS?

答:通过 IP 地址,就可以定位 Internet 中的主机,IP 地址提供了一种统一的寻址方式,定位主机后就可以使用主机提供的网络服务。但是 IP 地址是由数字组成的,记忆起来比较困难。为了方便记忆,Internet 在 IP 地址的基础上,提供了一种方便用户使用的字符型主机命名机制,这就是域名系统 DNS。

(12) 简述 WWW 服务的特点。

答:WWW 服务可以说是人们最熟悉、应用最多的网络服务,它几乎成为网络服务的代名词。可实现利用浏览器在网页之间进行浏览,包括超文本和超媒体技术,WWW 服务系统由服务器端和客户端组成,WWW 服务采用的是 C/S(客户机/服务器)工作模式。WWW 服务以超文本标记语言 HTML(Hyper Text Markup Language)与超文本传输协议 HTTP(Hyper Text Transfer Protocol)为基础,为用户提供界面一致的信息浏览系统。Internet 中有数以百万计的 WWW 服务器,其中提供的信息种类繁多、范围广泛、内容丰富。用户就是靠搜索引擎,在无数的网站中快速、有效地查找想要的信息。

(13) 简述 FTP 服务的特点。

答:文件传输协议(FTP),是文件传输服务所使用的协议。文件传输服务是 Internet 最早的网络服务功能之一,是允许用户在 Internet 主机之间进行发送和接收双向传输文件的协议,即允许用户将本地计算机中的文件上载到远端的计算机中,或将远端计算机中的文件下载到本地计算机中。FTP 服务多用于文件下载,利用它可以下载各种类型的文件,包括文本文件、二进制文件、语音、图像和视频文件等。

(14) 简述 E-mail 服务的特点。

答:E-mail,即电子邮件服务,它为网络用户之间发送和接收信息提供了一种方便、快捷、高效、廉价的现代化通信手段。E-mail 服务已经从最早的文本信息邮件发展到多媒体邮件,成为基于计算机网络的多媒体通信重要手段之一。E-mail 服务也是采用客户机/服务器模式。使用时可以基于 C/S 结构,也可以使用浏览器的 B/S 结构,现在基于 B/S 结构的邮件服务越来越多。E-mail 服务器有点类似于邮局,一方面负责处理和转发用户发出的邮件,根据用户要发送的目的地址,将邮件传送到目的邮件服务器,另一方面负责接收其他邮件服务器发到本地服务器的邮件,并根据收件人的不同将邮件分发到各自的电子邮箱。在发送电子邮件时,一般使用简单邮件传送协议(Simple Mail Transfer Protocol,SMTP),而从邮件服务器接收邮件时,一般使用 POP3(Post Office Protocol 3)协议或 IMAP(Interactive Mail Access Protocol)协议。POP3 协议与 IMAP 协议的区别是,POP3 协议不在服务器上保留邮件的复本,而 IMAP 协议在服务器上保留邮件复本,因而 IMAP 适合于用户不在固定的计算机上查看邮件。

(15) 什么叫网络管理?

答:网络管理包括对硬件、软件和人力的使用、综合与协调,以便对网络资源进行监视、测试、配置、分析、评价和控制,这样就能以合理的价格满足网络的一些需求,如实时运行性能、服务质量等。另外,当网络出现故障时能及时报告和处理,并协调、保持网络系统的高效运行等。网络管理常简称为网管。

(16) 网络管理分为哪几个功能?各具有什么特点?

答:网络管理包括五个功能:配置、故障、性能、计费和安全。

配置管理:目标是掌握和控制网络的配置信息,从而保证网络管理员可以跟踪、管理网络中各种设备的运行状态。

故障管理:故障是出现大量或者严重错误需要修复的异常情况,故障管理是对网络中的问题或故障进行定位的过程,其目标是自动监测网络硬件和软件中的故障并通知用户,以便网络能有效地运行。当网络出现故障时,要进行故障的确认、记录、定位,并尽可能排除这些故障。

性能管理:允许管理者查看网络运行的好坏。目标是衡量和呈现网络特性的各个方面,使网络的性能维持在一个可以接受的水平上。性能管理使网络管理人员能够监视网络运行的关键参数,如吞吐率、利用率、错误率、响应时间、网络的一般可用度等。

计费管理:目标是跟踪个人和团体用户对网络资源的使用情况,建立度量标准,收取合理费用,从而更有效地使用网络资源。

安全管理:目标是按照一定的策略控制对网络资源的访问,保证重要的信息不被未授权的用户访问,并防止网络遭到恶意或无意的攻击。安全管理是对网络资源以及重要信息的访问进行约束和控制。

(17) 什么是网络安全?

答:网络安全的本质是网络信息安全。凡涉及到信息的保密性、完整性、可用性、真实性与可控性的相关技术与理论都是网络安全的研究内容。主要有:网络安全技术、网络安全体系结构、网络安全设计、网络安全标准、安全评测与认证、网络安全设备、安全管理、安全审计、网络犯罪、网络安全理论与政策、网络安全教育、网络安全法律法规等。

(18) 什么是计算机安全?

答:国际标准化委员会的定义是"为数据处理系统、采取技术和管理的安全保护,保护计算机硬件、软件、数据不因偶然的或恶意的原因而遭到破坏、更改、显露。"

中国公安部计算机管理监察司的定义是"计算机安全是指计算机资产安全,即计算机信息系统资源和信息资源不受自然和人为有害因素的威胁和危害。"我们应树立正确的互联网信息的判断标准,坚守正确的政治立场和价值观。

习题 4

一、单选题

ABBDB DBDC

二、操作题(略)

习题 5

一、单选题

ADDDD DDD

二、操作题(略)

习题 6

一、单选题

BCCBA

二、操作题(略)

习题 7

一、填空题

ADBCC CAABD

二、判断题

(1)错 (2)对 (3)错 (4)对 (5)错 (6)错 (7)对 (8)对 (9)对 (10)对

习题 8

一、单选题

ADBAB DCDAA

二、判断题

(1)对 (2)对 (3)对 (4)错 (5)错 (6)错

参 考 文 献

[1] 石宇航. 浅谈虚拟现实的发展现状及应用[J]. 中文信息,2019,(1):20.

[2] 徐一夫. 虚拟现实技术发展浅谈[J]. 科技传播,2018,10(23):122-123,130.

[3] 笪旻昊. 虚拟现实技术的应用研究[J]. 电脑迷,2019,(1):53.

[4] 汤朋,张晖. 浅谈虚拟现实技术[J]. 求知导刊,2018,(36):50-51.

[5] 陈沅. 虚拟现实技术的发展与展望[J]. 中国高新区,2019,(1):231-232.

[6] 许子明,田杨锋. 云计算的发展历史及其应用[J]. 信息记录材料,2018,19(8):66-67.

[7] 罗晓慧. 浅谈云计算的发展[J]. 电子世界,2019,(8):104.

[8] 赵斌. 云计算安全风险与安全技术研究[J]. 电脑知识与技术,2019,15(2):27-28.

[9] 北京互联网法院. 白皮书. 互联网技术司法应用场景展现. 央广网[引用日期 2019-08-19]

[10] 李文军. 计算机云计算及其实现技术分析[J]. 军民两用技术与产品,2018,(22):57-58.

[11] 王雄. 云计算的历史和优势[J]. 计算机与网络,2019,45(2):44.

[12] 王德铭. 计算机网络云计算技术应用[J]. 电脑知识与技术,2019,15(12):274-275.

[13] 黄文斌. 新时期计算机网络云计算技术研究[J]. 电脑知识与技术,2019,15(3):41-42.

[14] 郝强,段炬霞,张丽娟. 高职计算机基础课教学中如何有效融入思想政治教育[J]. 当代教育实践与教学研究,2019(18):59-60.

[15] 张竹,韩天,王北一. 基于 MOOC 平台的计算机基础相关课程研究[J]. 教育现代化,2018(47):210-211.

[16] 原虹,张鸿雁. 基于任务驱动的大学计算机基础课程教学模式改革与实践[J]. 梧州学院学报,2018(6):104-107.

[17] 陆欢. 基于 OBE 模式的工科院校计算机基础课程教学改革研究[J]. 电脑知识与技术,2017(11):174-175.

[18] 范盱阳,徐日,张晓昆. 基于任务、项目、竞赛驱动的大学文科计算机基础课程改革与探索[J]. 教育理论与实践,2017(36):49-51.

[19] 杨慧丽. 以计算机等级考试为导向的高职院校计算机基础课程教学策略研究[D]. 石家庄:河北师范大学,2015.

[20] 熊福松,黄蔚,李小航. 计算机基础与计算思维[M]. 北京:清华大学出版社,2018.

[21] 蒋加伏,张林峰. 大学计算机[M]. 北京:北京邮电大学出版社,2020.

[22] 战德臣,聂兰顺等. 大学计算机——计算思维导学[M]. 北京:人民邮电出版社,2018.

[23] 郭芬,陆芳,林育蓓. 多媒体技术及应用[M]. 北京:电子工业出版社,2018.

[24] 童小素,孙瑞霞,顾国松. 办公自动化高级应用:Office 2010[M]. 北京:人民邮电出版社,2018.

[25] 刘知远,崔安颀. 大数据智能[M]. 北京:电子工业出版社,2016.

[26] 杨端阳. 电脑音乐家——Adobe Audition CC 电脑音乐制作从入门到精通[M]. 北京:清华大学出版社,2016.

[27] 吴宛萍,魏媛媛,许小静,等. 大学计算机基础[M]. 北京:清华大学出版社,2018.

[28] 夏启寿,严筱永,丁志云,等. Office 高级应用[M]. 北京:清华大学出版社,2015.

[29] 叶惠文,李丽萍,等. 大学计算机应用基础[M]. 北京:高等教育出版社,2015.

[30] 李芳,张智,王红伟. 办公自动化[M]. 上海:上海交通大学出版社,2019.

[31] 吴登峰,晏愈光,等. 大学计算机基础教程[M]. 北京:中国水利水电出版社,2015.

[32] 周智文. 计算机应用基础[M]. 北京:机械工业出版社,2016.